全球变化研究国家重大科学研究计划(2010CB951001)
国家自然科学基金项目(41375101,41075049,41005050)
中国气象局气候变化专项(CCSF-09-20)
新疆维吾尔自治区自然科学基金(200821176)

新疆降水与水汽的时空分布及变化研究

主　编:史玉光
副主编:杨　青　杨莲梅

内容简介

本书较系统地总结了近几十年新疆水汽和降水方面研究的进展，重点介绍了新疆的气候和地表水资源及其变化，论述了新疆面雨量及估算方法、大气含水量的时空分布、水汽源地水汽输送路径、水汽收支的气候特征及其变化与降水时空分布的联系，对降水异常进行了动力学诊断，研究了新疆降水与海温、青藏高原地表热通量等外强迫因子的关系，并探讨了灌溉和地形对降水的影响。

本书可供气象、水文业务科研人员和相关大专院校师生参考。

图书在版编目(CIP)数据

新疆降水与水汽的时空分布及变化研究/史玉光主编.
北京:气象出版社，2014.5
ISBN 978-7-5029-5921-0

Ⅰ.①新… Ⅱ.①史… Ⅲ.①降水-研究-新疆②水汽-研究-新疆 Ⅳ.①P426

中国版本图书馆 CIP 数据核字(2014)第 073380 号

出版发行：气象出版社
地　　址：北京市海淀区中关村南大街 46 号　　邮政编码：100081
总 编 室：010-68407112　　发 行 部：010-68409198
网　　址：http://www.cmp.cma.gov.cn　　E-mail：qxcbs@cma.gov.cn
责任编辑：张　斌　　终　　审：周诗健
封面设计：博雅思企划　　责任技编：吴庭芳
印　　刷：北京中新伟业印刷有限公司
开　　本：787 mm×1092 mm　1/16　　印　　张：15.25
字　　数：384 千字　　插　　页：8
版　　次：2014 年 6 月第 1 版　　印　　次：2014 年 6 月第 1 次印刷
定　　价：60.00 元

《新疆降水与水汽的时空分布及变化研究》

主　　编:史玉光

副 主 编:杨　青　杨莲梅

参编人员:崔彩霞　毛炜峄　张广兴　赵　勇

李　军　汤　浩　赵　玲　马玉芬

序

从大气及相关科学领域来说，水汽是水文循环系统中最重要的大气分量之一。大气中的水汽输送与大气环流密切相关，与降水的形成和分布有直接联系，是控制地表水资源及其分布的关键因子，在云和降水的演变、感热潜热的输送、大气化学等过程中起关键性的作用。此外，水汽作为最显著的温室气体，在全球天气和气候变化中也扮演着十分的重要角色。

新疆是典型的干旱半干旱区，是一个水资源短缺且时空分布极不均匀的地区，大气降水是新疆所有形式的地表水和地下水体的根本补给源，它不仅决定着干旱地区水资源总量，而且降水的时空变化直接关系到水资源的分布状况，对干旱地区河川径流的形成和高山冰川发育有着重要影响，是制约和影响新疆经济社会可持续发展与生态环境保护的关键因素。因此，新疆水资源问题多年来一直受到社会各界和科学领域的广泛关注。空中水汽是降水的物质基础，降水量的大小不但与地理位置有关，也和大尺度环流背景下的水汽输送密切相连。一方面，由于气候变暖，山区雪线存在上升趋势，冰川融水量加剧，缺水矛盾十分突出；但另一方面，近年来气候变化导致新疆降水量显著增加，极端降水事件强度和频率加大。气候变化强烈改变着这一地区的水循环过程，加剧了水系统的不稳定性。

由于新疆地处欧亚大陆中部，受西风带环流控制，加上“三山夹两盆”的特殊地形，在水汽源地、输送路径以及产生降水的机理方面与我国东南部季风区有着巨大的差异，形成了独特的天气气候特征。特别是新疆是一个多自然灾害地区，当地的暴雨型洪水、强对流之冰雹、寒潮时的暴风雪、少雨导致的干旱、降水引发的泥石流以及雷击、雾、雨凇、雾凇等等的气象灾害及其衍生灾害，极大地影响了新疆城镇与广大农牧区群众的生活、生产与经济有序的发展，而这些灾害生成却与新疆独特的水汽分布流动变化有极大关系，为了减灾防灾，必须对新疆水汽有一个科学而基本的认识。因此，在全球气候变化的背景下，研究水汽输送状况的变化对新疆降水的影响，对于未来新疆经济社会的稳定和可持续发展、提高应对气候变化的能力都具有十分重要的意义。

本书正是在这样的背景下，从研究新疆降水和水汽角度出发，重点分析了新疆的水汽源地、输送路径及其与降水时空分布的联系，讨论了新疆的气候和地表水资源及其变化，计算和分析了区域面雨量、大气含水量的时空分布以及水汽输送和降水转化率的气候特征及其变化，进行了气候异常的动力学诊断，研究了降水异常与外强迫因子的关系。

本书比较系统地总结了近几年新疆气象科研业务人员在水汽和降水方面的研究成果，对于丰富和补充人们对新疆空中水资源的认识，为气象工作者研究天气系统演变、气候变化提供了有益的借鉴和参考。同时，也为合理开发新疆空中水资源、制定新疆中长期空中水资源开发战略、从理论上科学指导人工增雨(雪)作业以及应对气候变化、改善生态环境，提供了科学依据。

李泽椿

2014年3月

前　言

新疆属典型的温带大陆性干旱气候，年均天然降水量 165 mm。区内山脉融雪形成众多河流，绿洲分布于盆地边缘和河流流域，绿洲总面积约占全区面积的5%，具有典型的绿洲生态特点，水资源分布极不均匀。水是影响人类生存的首要问题，也是制约和影响新疆经济社会发展与生态环境保护的关键因素。有水就有绿洲，无水则成荒漠，绿洲是干旱区人类赖以生存的基础，因此，水资源问题多年来一直受到社会各界和科学领域的广泛关注。

过去关于新疆降水和水汽的研究，由于观测资料、技术手段和大气科学理论的限制，以及缺少对复杂地形的处理和考虑，我们对新疆区域空中水汽输送和收支、实际降落至地面的总降水量、降水异常的原因等问题认识还不够客观、定量和科学，无法满足社会经济发展的需求。因此，全面系统地利用近 50 年观测资料、新的技术手段和方法研究新疆降水与水汽的时空分布及变化很有必要。课题组经过 5 年的努力，取得了大量新的研究成果，在此基础上编写了本书。

本书章节安排如下：第 1 章“概论”介绍了新疆的地理状况、水汽和降水研究的进展，并提出了面临的科学问题；第 2 章“新疆的气候特征及其变化”、第 3 章“新疆地表水资源及其变化”介绍了新疆地表径流、积雪与冰川水资源、地表水资源的变化；第 4 章“新疆面雨量的估算及其变化特征”介绍了北疆、天山山区和南疆区域面雨量估算及其变化；第 5 章“新疆典型流域面雨量的变化及其与径流的关系”介绍了阿克苏河流域、开都河流域和伊犁河流域面雨量的变化及其与径流的关系；第 6 章“大气含水量的时空分布特征及其变化”介绍了基于探空、地面、地基遥感和 NCEP/NCAR 再分析资料分析的新疆区域大气含水量时空分布特征；第 7 章“水汽输送的气候特征及其变化”介绍了新疆区域的水汽源地与输送路径、水汽输入、输出、收支和降水转化率的气候特征及其变化；第 8 章“新疆气候增湿的动力学诊断分析”介绍了新疆冬、春、夏季降水异常的环流和水汽输送特征，以及典型强降水天气过程的水汽输送及演变；第 9 章“降水异常与外强迫因子的关系”介绍了夏季降水异常与海温、青藏高原地表潜热通量的关系，以及灌溉和地形对降水的影响；第10章是“结论与讨论”。

由于我们水平所限和编写时间匆忙，书中不妥之处在所难免，欢迎读者不吝赐教。

作者
2014年1月

目　　录

第 1 章　概　论

1.1　新疆的地理状况

新疆位于中国的西北地区，地域辽阔，东西最长达 1900 km，南北最宽为 1500 km，面积约 164×10^4 km^2，约占中国陆地面积的六分之一。新疆地形复杂，地处欧亚大陆腹地，四面高山环抱，北有阿尔泰山，南有昆仑山系，中有横亘全境的天山，三山环抱中为广袤的准噶尔盆地和塔里木盆地，构成了“三山夹两盆”的独特地理环境，习惯上称天山以南为南疆，天山以北为北疆((彩)图 1-1)。塔里木盆地位于天山与昆仑山中间，面积约 53×10^4 km^2，是中国最大的盆地。塔克拉玛干沙漠位于盆地中部，面积约 33×10^4 km^2，是中国最大、世界第二大流动沙漠。塔里木河长约 2100 km，是中国最长的内陆河。

图 1-1　新疆区域地形影像图

新疆是典型的干旱、半干旱地区，水资源分布极不均匀。新疆属典型的温带大陆性干旱气候，年均天然降水量 165 mm。水是影响人类生存的首要问题，也是制约和影响新疆经济社会发展与生态环境保护的关键因素。区内山脉融雪形成众多河流，绿洲分布于盆地边缘和河流流域，绿洲总面积约占全区面积的 5%，具有典型的绿洲生态特点。有水就有绿洲，无水则成荒漠。绿洲是干旱区人类赖以生存的基础。荒漠绿洲是干旱区的主要特征,对水具有明显的依赖性。水资源问题多年来一直受到社会各界尤其是科学技术领域工作者的广泛关注。

新疆水资源包括三种相态,即固态、液态和气态。固态水资源主要包括高山积雪和冰川,又称为固体水库,对水资源起到一个调节作用。许多地质、地理学方面的专家对新疆的高山积雪和冰川水资源进行了大量的研究,取得了丰硕的成果。液态水资源主要包括地面降水、河水、湖水和地下水,是水资源利用的主要形式。水文专家多侧重于地表径流和地下水资源方面的研究,大量的水文站资料使我们能够较全面地了解新疆河流和湖泊水资源情况。气态水资源主要指蕴藏在大气中源源不断地流经新疆区域的空中水汽,是各类水资源的根本补给源。气象学者从空中水资源和大气自然降水方面进行了大量的研究和探讨。这些研究成果使得人们对新疆区域的水资源分布有了一定的认识。

新疆共有大小河流570多条,湖泊面积12949 km^2,全区河川年径流量879.0×10^8 m^3(章曙明等,2008)。新疆水资源的特点,一是山区降水较为丰富,是众多河流的径流形成区,平原地区和沙漠区降水稀少,蒸发强烈,降水除少量补给地下水外很少或不产生地表径流,是径流散失区和无流区;二是河川径流量年际变化平稳,年内分配极不均匀,春季占年水量的10%～20%,夏季占50%～70%,秋季占10%～20%,冬季占10%以下;三是大部分河流流程短、水量小,年径流量不足1×10^8 m^3 的就有487条,占总径流量的9%左右;四是新疆西北部地表水资源有737.5×10^8 m^3,占全疆地表水资源量的93%,而东南部仅占7%。水资源"春旱、夏洪、秋缺、冬枯"的特点,造成全区洪旱灾害交替发生,防洪问题十分突出。

降水是新疆所有形式的地表水、地下水和高山积雪冰川等水体的根本补给源,是水分循环过程中的一个重要分量。降水不仅决定着新疆水资源总量,而且其空间分布和随时间的变化直接影响着新疆的水分布状况、河川径流形成等,直接关系到新疆的生态环境与经济社会发展。

1.2 水汽与自然降水研究进展

空中水汽含量的分布与地理纬度、海拔高度和大气环流有着密切的关系。我国是一个水资源短缺、时空分布不均的发展中国家,增加我国水资源可开发利用总量,是21世纪我国水资源开发利用中的一个具有战略意义的重要研究领域。大气中的水汽含量和水汽输送不仅与大气环流有着密切的内在联系,而且作为全球能量和水分循环过程的重要一环,对区域水分平衡也起着重要作用。大气降水是某一地区水资源的主要来源,而水汽则是降水的物质基础,每个地区降水量的多寡不但和该地区的地理位置有关,也和大尺度环流背景下的水汽输送特征密切相连,因而,分析研究水汽分布及其输送有利于深刻理解降水的特征。

邹进上等(1981)研究了我国平均水汽含量分布的基本特点及其控制因子,指出我国平均水汽含量南方大、西方小,愈深入内陆,水汽含量愈小。水汽含量主要集中在大气低层,其季节变化特征是夏季大、冬季小,影响和控制水汽含量的因子有地理纬度(气温)、海陆分布、地形、环流等。徐淑英(1958)讨论了我国的水汽输送和平衡。陈隆勋等(1991)发现中国大陆夏季降水的水汽属于外界输送进入的,主要来自南中国海,其次来自孟加拉湾的西南季风,再次是副热带高压的东南季风。陆渝蓉和高国栋(1987)指出水汽输送与东亚夏季风进退有关。黄荣辉等(1998)比较了夏季东亚季风区水汽输送特征及其与南亚季风区水汽输送的差别,指出东亚季风区夏季水汽输送经向输送要大于纬向输送，而南亚季风区夏季水汽输送则以纬向输送为主。徐建军等(1994)分析了亚洲夏季风季节与季节内平均水汽输送特征，指出热带准 40 天振荡、准双周振荡和准一周振荡的水汽输送在亚洲夏季风时期具有同等的重要性。王会军(2003)发现索马里急流对两个半球间水汽输送起最关键的作用。蔡英和钱正安(2003)等对华北区和西北区干湿年间水汽场及东亚夏季风进行了对比分析，梁萍等(2007)讨论了华北夏季强降水的水汽来源，指出华北地区的夏季暴雨降水中心区与其夏季平均降水中心区的位置一致，且暴雨降水量占整个夏季降水量的主要部分。张强等(2007)将卫星遥感资料与探空资料、地面观测降水资料相结合，分析了祁连山山区空中水汽含量和云迹风的空间分布特征，并以此为基础研究了祁连山大气水汽和地面降水的空间分布及其与大气环流和地形的关系。王宝鉴等(2006)研究了祁连山空中云水资源的季节分布与演变，指出祁连山春、夏两季空中云水资源具有较好的开发潜力。卓嘎和徐祥德等(2002)分析了青藏高原夏季降水的水汽分布特征，揭示了高原夏季降水与邻近地区水汽分布之间的关系，讨论造成高原夏季降水的主要水汽汇集路径。苗秋菊等(2004,2005)研究发现，青藏高原大地形东南部水汽输送的多尺度辐合特征是高原东部周边“多雨中心”形成的重要因素，高原周边水汽输送纬向—经向分量间的相互“转换”效应是认识长江流域异常洪涝过程形成的关键环节之一。王宝鉴和黄玉霞等(2006)将西北地区划分为西风带区、高原区与东亚季风区等 3 个气候影响区，发现水汽沿西北、西方与西南 3 条路径输送到西北地区；东亚季风区是西北大气可降水量和水汽通量的最丰富区，西风带区次之，高原区最少。靳立亚等(2006)研究了西北地区空中水汽输送的时变特征及其与降水的关系，指出西北地区对流层整层的水汽含量从 20 世纪 60 年代到 80 年代初有下降趋势，而在 20 世纪 80 年代中期以后又开始出现显著增加的趋势，降水的年际变化趋势与水汽的变化趋势在部分年份里存在一定差异。王可丽等(2005)研究了西风带与季风对我国西北地区水汽输送的影响域、垂直分布、影响强度及其年际变化。冯文等(2004)研究发现，西风年际变化对西北地区风场辐合(辐散)的影响是我国西北地区水汽场年际变化的主要原因。胡文超等(2005)研究发现，我国西部夏季空中水汽含量呈现线性下降趋势，冬季比湿呈线性上升趋势。王秀荣等(2002,2003,2007)研究了影响西北地区夏季降水的前期环流特征和水汽差异情况以及西北地区夏季降水与大气水汽含量状况区域性特征，讨论了西北地区不同季节(春季、夏季)里的降水特征与同期水汽源异常空间输送特征之间的关系。任宏利等(2004)研究了西北东部地区春季降水及其水汽输送过程的气候特征和异常变化，指出该地区是维系西北内陆地区空中水资源乃至水分循环过程的水汽输送关键区。刘世祥等(2005)分析了甘肃省空中水汽含量、水汽输送的时空分布特征。陈勇航等(2005)利用 1983 年 7 月至 1998 年 12 月国际卫星云气候计划 ISCCP D2 的月平均云资料，对西北地区空中云水资源的时空分布特征进行了系统的研究。

多年来新疆的降水研究一直是气象业务与科研的重点，对大降水(暴雨、暴雪)天气过程已经进行了许多研究并取得了很多科研成果，认识不断加深。张学文(1962)利用新疆阿勒泰、伊宁、乌鲁木齐、哈密、库车、和田 6 个探空站资料计算了 1959 年 1 月、4 月、7 月、10 月大气水汽含量总量的情况，是对新疆空中水汽总量的最早了解。此后一些气象工作者利用多年的探空站资料研究了中国空中水汽含量的气候特征(其中包括新疆地区)，如邹进上等(1981)、翟盘茂等(1997)、刘国纬(1997)利用探空站资料分析的新疆空中水汽含量的季节和区域分布特征与张学文的研究结果基本一致，南疆的空中水汽含量基本与北疆一致或略偏多。另外还得出一些局地特征:春季北疆西部有一个 10 mm 的中心、夏季南疆盆地东部为小于 15 mm 的低值区。戴新刚等(2006)研究了新疆近几十年水汽源地变换特征,指出新疆的水汽主要来自其以西的湖泊或海洋,再分析资料和观测资料分析都发现,1987 年后随着全球增暖,7 月和 1 月中高纬度行星尺度大气的水汽含量增加,地中海所在纬度带大气的水汽含量减少;新疆上空的水汽更多地直接来自于较高纬度带,来自地中海所在纬度带的水汽输送减少了。李霞等(2003)对中天山及其北麓的降水分析表明,该区域大气可降水量多年表现为增加的趋势。

随着观测资料的丰富,近年俞亚勋等(2003)、王秀荣等(2003)、蔡英等(2003)利用长时间序列的 2.5°×2.5°经纬网格距 NCEP/NCAR 资料讨论了西北地区四季和年大气含水量气候平均状况及年代际变化,得出了较为细致的大气水汽分布情况,指出对于年平均而言新疆有两个水汽含量相对高值中心,一个位于南疆盆地,最大中心年平均值超过 50 mm ,另一个位于北疆,最大中心年平均值大于 40 mm,与巴尔喀什湖南部的伊犁河谷下游地区连成一体。大气含水量具有明显的季节变化,夏季是全年中水汽含量最多的季节,冬季是最少的季节,夏季比冬季有明显增加。四季水汽含量相对高值中心与年平均高值中心分布一致,即南疆和北疆,且南疆比北疆略大。由上可见,南疆空中水汽并不比北疆少,但降水却差异很大,这主要是形成降水的机制不同所致,北疆的年降水转化率(3%)高于南疆(1%),远低于我国东部地区(约10%)。虽然天山山区大气含水量小于南北疆,但是夏季山区降水转化率却高达 10%~20%,最大为 35%,可以与青藏高原 22%(全国最高)相媲美。总之,新疆平原地区降水转化率很低,区域整层大气水汽含量具有可开发潜力。

面雨量能够反映一定区域内总的降水量,是区域内形成地表径流的重要指数。在制作洪水预报,防洪抗旱以及水库调度等重大决策中,面雨量发挥着重要作用。面雨量也是气象学与水文学共同关注的交叉点和结合点。面雨量对于气象学、地理学、水文学、环境生态学等许多学科都是一个重要的输入变量,尤其在很多研究雨量—径流的模式中更是如此。在欧美发达国家,面雨量预报已较早地用于水文预报,如美国的 SWAT 模式、丹麦的 SHE 模式、瑞典的 HBV 模式等。在面雨量的计算过程中,选择或设计合适的插值方案将直接影响到计算结果的准确性。为此,国内外许多学者进行了大量研究,提出了各种插值方法,并应用于实际工作中。Amani 和 Lebel(1998)根据在尼日尔首都尼亚美周围地区进行的 3 年试验(在 16 km^2 面积上布置了 100 个雨量站)的观测数据,得出了稠密站网估算的平均面雨量与稀疏站网估算的平均面雨量之间的线性关系,并建立了面雨量实际值与点雨量之间的线性关系。Hewitson 和 Crane(2005)考虑到把台站的空间代表性变化作为天气状况运动的函数,提出了一个从观测站估算网格的面平均雨量的条件差值方法。以高分辨率数据为基础的南美试验结果表明,条件差值在确定降水场的空间范围方面是非常有效的。Johansson 和 Chen(2003,2005)为了改进瑞典山区日雨量估算的精确性,考虑了地形、海岸以及日风向风速对日雨量分布的影响,采用 4 km×4 km 的网格,把内插值直接与对应点的观测值进行比较,并通过水量平衡方程对长期平均面雨量的估算进行了验证,且认为对于没有观测的高海拔地区来讲,这是惟一验证估计值的方法。还有许多学者为了进一步提高估算的精度,结合雷达、卫星遥感等资料不断地进行试验和改进。国内学者对面雨量的计算方法也做了大量的研究,比较了不同的面雨量计算方法,并应用于我国主要江河流域,对降雨信息空间插值的不确定性进行了分析。秦承平等(1999)利用算术平均法对清江流域和长江上游干支流域面雨量进行了探讨,结果证明对三峡区域气象测站分布较均匀,雨量资料较齐全的情况,算术平均法简单易行。高斯权重客观分析简称高斯权重法，利用流域密集的气象站点和水文站点的降水资料，并充分考虑流域内各地的气候差异和地形的影响，计算江河流域面雨量。这种方法从汛期应用情况来看，取得了较好的效果。North 等(1994) 根据频率理论提出了一个使用点雨量代表平均面雨量时的相对误差估计方法，但其结果依赖于计算区域的形状和雨量过程的谱密度函数来得出实时的雨量场，这在实际应用中是非常有限的。

目前，如何考虑流域内各地的气候差异和地形作用所引起的降水分布不均匀对面雨量的影响仍然是一个难题。对于平原地区的江河流域或者是集水面积大的流域来说，流域上各地的气候差异和地形作用所引起的降水分布不均匀对面雨量的影响并不明显，但对于丘陵地区且集水面积较小的流域来说，流域内各地的气候差异和地形作用所引起的降水分布不均匀对面雨量的影响要明显得多。

1.3　面临的科学问题及未来发展

①气候变化研究的需要。气候变化是当今国际上的一个重大问题。全球气候变暖已是一个不争的事实，而降水的变化各地区却存在着较大的差异。因此，深入了解新疆区域降水的情况，开展新疆区域面雨量变化的研究工作，对丰富新疆气候变化研究和水文学研究内容具有重要的科学意义。

②实际应用的需要。每年的春、夏季防洪抗旱服务工作是新疆各级领导和群众非常关注的重点问题。但目前我们还缺乏对不同季节、不同区域面雨量时空变化规律客观定量的认识。因此，开展面雨量和空中水汽的研究对如何加强新疆现有水资源的科学管理、使用与调配，适应西部大开发对水资源的需求具有重大的现实意义，对科学合理地规划和开展山区人工增雨工作和提高作业效率也具有重要的指导意义。

③再完善、再提高的需要。过去的许多研究主要局限于单点观测资料，缺少总体概念。对面雨量的研究主要基于各类统计方法，缺少对复杂地形的处理和考虑，更没有条件使用地理信息技术。另外，对新疆空中水资源的研究也存在着很大的局限性。技术和数据上受当时计算机条件、观测站数量、资料年代长度、计算方案的改进等方面的限制，大多数研究都存在着所使用的资料站点数量少、时间序列短和代表性相对不足的缺陷，计算能力和计算方案的设计也都存在着一定的问题。

④计算方案的设计。设计一个科学合理的计算方案，不仅有利于建立各类气象要素变化的长时间序列，方便开展科学研究工作，而且也有利于在实际业务服务中得到应用，及时发挥作用。

随着资料序列的延长和大量的格点客观再分析资料的出现以及大气科学理论、地理信息系统和计算方法的发展，对新疆区域面雨量和空中水资源的深入研究已经成为可能。

第 2 章　新疆的气候特征及其变化

在全球变暖背景下，新疆呈现出以变暖增湿为主要特征的变化。近 50 年(1961—2010 年)，新疆区域及北疆、天山山区、南疆各分区的年和四季平均气温、平均最高气温、平均最低气温呈一致的上升趋势，年和四季降水量呈一致的增加趋势，年降水日数呈显著增多趋势，水汽压呈显著增大趋势。

2.1　近 50 年来新疆气候变化

2.1.1　气温变化

(1)平均气温

新疆区域及北疆、天山山区、南疆各分区 1971—2000 年平均气温分别为 7.8℃、6.5℃、3.0℃、10.8℃。1961—2010 年，新疆区域年平均气温呈显著上升趋势(见图 2-1)，升温速率约为 0.32℃/10a，远远高于全球近百年平均升温速率 0.07℃/10a(IPCC，2007)，也高于全球近 50 年升温速率 0.13℃/10a 和全国同期平均升温速率 0.22℃/10a(第二次气候变化国家评估报告编写委员会，2011)；20 世纪 90 年代以前以偏冷为主，90 年代以后以偏暖为主，其中 1997 年以后出现了明显增暖，年平均气温连续 14 年持续偏高，是近 50 年最暖的 14 年，2001—2010 年平均气温比 1961—1970 年升高了 1.3℃。北疆、天山山区、南疆各分区年平均气温变化趋势与新疆区域一致，均呈显著上升趋势，升温速率分别为 0.37℃/10a、0.34℃/10a、0.26℃/10a，2001—2010 年平均气温比 1961—1970 年分别升高了 1.5℃、1.4℃、1.0℃。

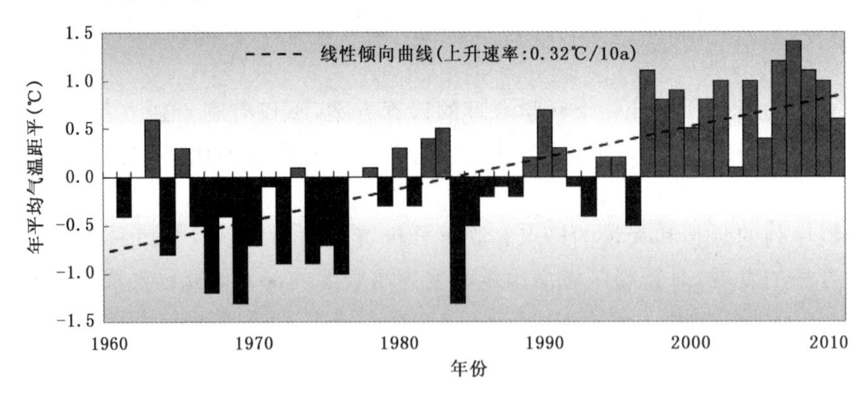

图 2-1　新疆区域 1961—2010 年年平均气温距平变化趋势

从地域分布看，近 50 年新疆区域年平均气温变化趋势的空间分布地区差异较小，仅南疆偏西的库车、阿克陶呈降温趋势，降温速率在 0.1℃/10a 以内；全疆其他地区均呈显著升温趋势，增温幅度由南向北增加，北疆东部和天山山区东部气温上升最为明显，升温速率为 0.6～0.8℃/10a，北疆北部和西部、天山山区及其两侧升温速率主要在 0.4～0.6℃/10a，北疆沿天山一带、南疆大部分地区小于 0.4℃/10a。富蕴升温趋势最明显，升温速率为 0.72℃/10a；巴里坤次之，为 0.68℃/10a。可见，单站年平均气温的升温趋势远远大于降温趋势（见图 2-2）。

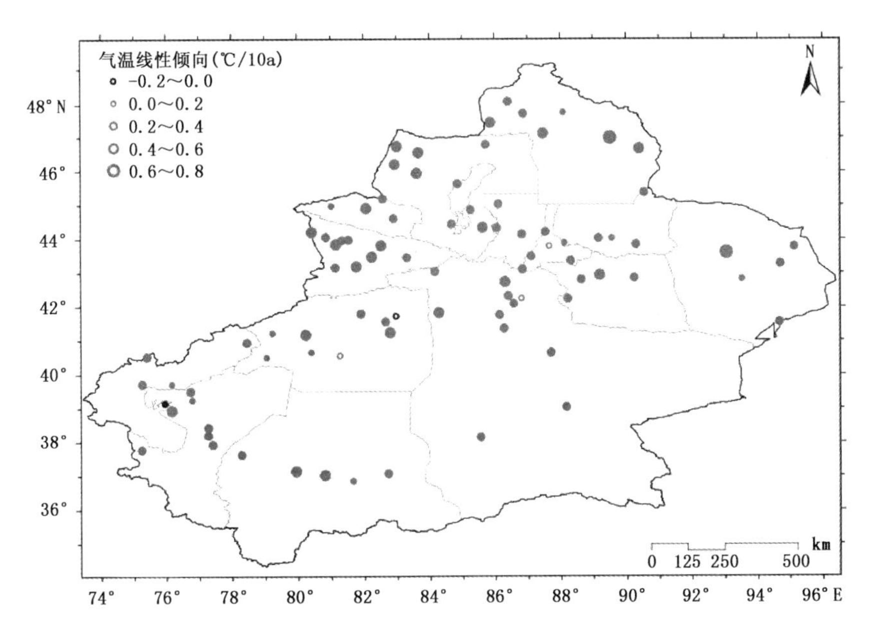

图 2-2　1961—2010 年新疆区域年平均气温变化率空间分布
（实心表示通过 0.05 显著性水平检验）

从季节变化看，近 50 年新疆区域春、夏、秋、冬四季平均气温均呈显著上升趋势，冬、秋季升温速率大于年平均气温升温速率，春、夏季升温速率小于年平均气温升温速率，其中冬季升温趋势最明显，升温速率达 0.45℃/10a；秋季次之，升温速率为 0.38℃/10a；再者春季，升温速率为0.24℃/10a；夏季最弱，升温速率为 0.19℃/10a。北疆、天山山区、南疆各分区四季平均气温变化趋势与新疆区域一致，均呈上升趋势，北疆和南疆冬季升温趋势最明显，升温速率分别为 0.50℃/10a 和 0.41℃/10a，夏季升温趋势最弱，升温速率分别为 0.22℃/10a 和 0.14℃/10a，天山山区则是秋季升温趋势最明显，升温速率为 0.44℃/10a，春季升温趋势最弱，升温速率为 0.22℃/10a；仅北疆春季平均气温呈不显著上升趋势，其他区域其他季节均呈显著上升趋势（表 2-1）。

表 2-1　1961—2010 年新疆区域及各分区年和四季平均气温的变化趋势系数(℃/10a)

区域	全年	春季	夏季	秋季	冬季
新疆	0.32*	0.24*	0.19*	0.38*	0.45*
北疆	0.37*	0.25	0.22*	0.47*	0.50*
天山山区	0.34*	0.22*	0.28*	0.44*	0.40*
南疆	0.26*	0.21*	0.14*	0.26*	0.41*

注：带有 * 的表示通过 0.05 的显著性水平检验

(2)平均最高气温

新疆区域及北疆、天山山区、南疆各分区1971—2000年平均最高气温分别为22.0℃、21.2℃、17.2℃、24.6℃。1961—2010年,新疆区域年平均最高气温呈显著上升趋势,升温速率为0.25℃/10a,低于年平均气温的升温速率(0.32℃/10a)。北疆、天山山区、南疆各分区年平均最高气温变化趋势与新疆区域一致,均呈显著上升趋势,升温速率分别为0.26℃/10a、0.19℃/10a、0.27℃/10a。

从地域分布看,近50年新疆区域各地年平均最高气温呈现一致的升温趋势。北疆北部、南疆西部、塔里木盆地东南部部分地区升温速率大于0.4℃/10a,其他绝大部分地区升温速率小于0.4℃/10a。且末升温趋势最明显,升温速率为0.48℃/10a;英吉沙次之,为0.46℃/10a(图2-3)。

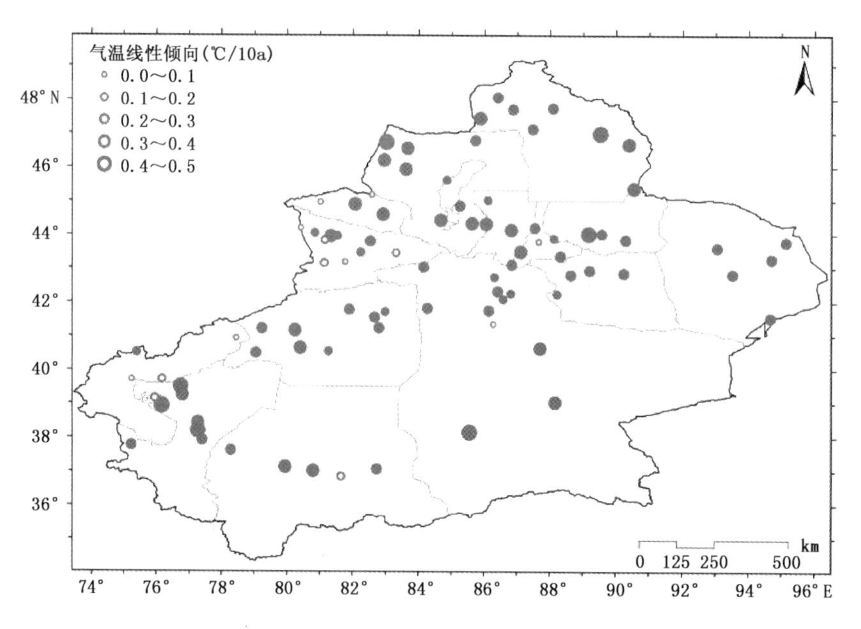

图2-3 1961—2010年新疆区域年平均最高气温变化率空间分布
(实心表示通过0.05显著性水平检验)

(3)平均最低气温

新疆区域及北疆、天山山区、南疆各分区1971—2000年平均最低气温分别为−5.4℃、−7.4℃、−10.0℃、−1.8℃。1961—2010年,新疆区域年平均最低气温呈显著上升趋势,升温速率为0.54℃/10a,远远高于年平均气温的升温速率(0.32℃/10a),是年平均最高气温升温速率(0.25℃/10a)的2倍,对年平均气温上升趋势的贡献较大,同时也表明日较差在减小。北疆、天山山区、南疆各分区年平均最低气温变化趋势与新疆区域一致,均呈显著上升趋势,升温速率分别为0.61℃/10a、0.56℃/10a、0.45℃/10a。

从地域分布看,近50年新疆年平均最低气温的空间分布地区差异较小,仅南疆的库车、阿克陶呈下降趋势,降温速率分别为0.12℃/10a、0.02℃/10a;全疆其他地区均呈上升趋势,升温速率多在0.3℃/10a以上,北疆北部、西部和天山山区的个别地方在0.9℃/10a以上。托里和霍尔果斯升温趋势最明显,升温速率为1.13℃/10a,巴里坤次之,为1.06℃/10a。可见,单站年平均最低气温的升温趋势远远大于降温趋势,而且各站同样也是最低气温的线性趋势普遍高于最高气温的线性趋势(图 2-4)。

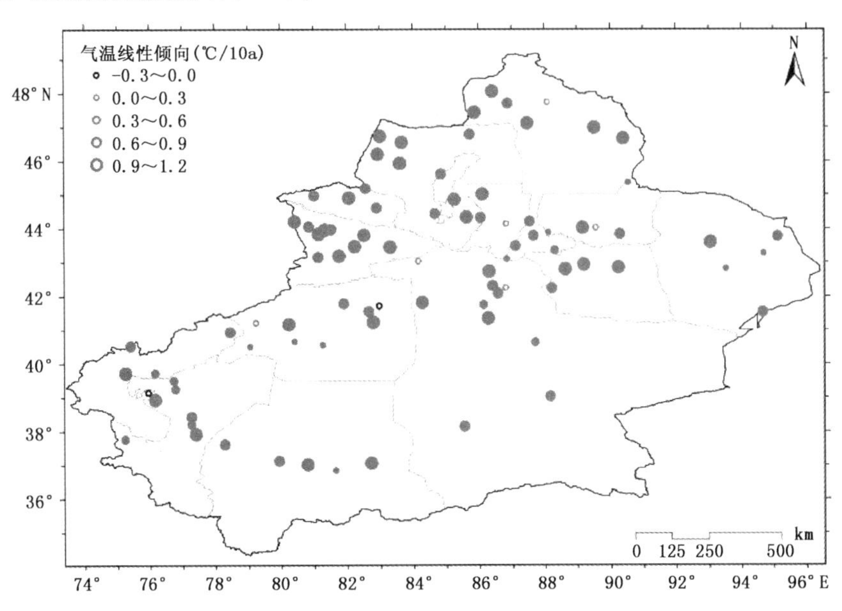

图 2-4　1961—2010 年新疆区域年平均最低气温变化率空间分布
(实心表示通过 0.05 显著性水平检验)

2.1.2　降水变化

(1)降水量

新疆区域及北疆、天山山区、南疆各分区 1971—2000 年平均降水量分别为 158.1 mm、192.1 mm、337.1 mm、59.1 mm。1961—2010 年,新疆区域年降水量呈显著增加趋势(图 2-5),增加速率为 6.51%/10a;1986 年以前降水量以偏少为主,1987 年以后相反,以偏多为主,降水量明显增多;2001—2010 年比 1961—1970 年年平均降水量增加了 37.9 mm,增幅为 26%。北疆、天山山区、南疆各分区年降水量变化趋势与新疆区域一致,均呈显著增加趋势,增加速率分别为 6.80%/10a、4.61%/10a、9.48%/10a,2001—2010 年比 1961—1970 年分别增加了 45.7 mm、53.8 mm、24.0 mm,增幅分别为 26%、17%、52%。

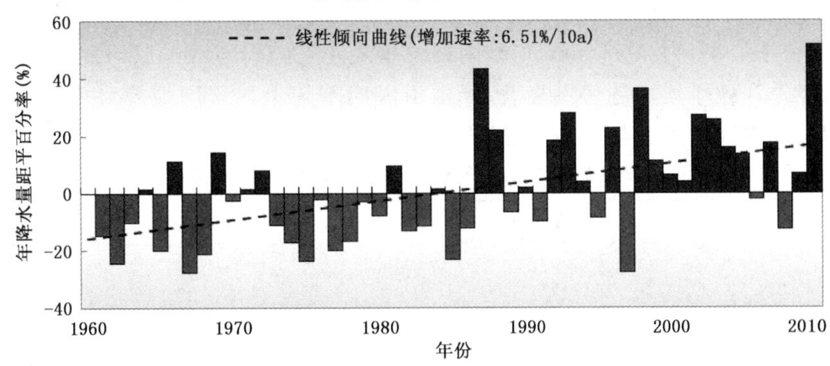

图 2-5　新疆区域 1961—2010 年年降水量距平百分率变化趋势

从地域分布看，近 50 年新疆区域年降水量的空间分布地区差异较小，仅南疆塔里木盆地以东的铁干里克、鄯善呈减少趋势，减少速率分别为 0.25 mm/10a、0.11 mm/10a；全疆其他地区均呈增加趋势，北疆和天山山区增加趋势大于南疆，南疆西部大于南疆偏东地区，其中天山山区增加趋势最明显，增加速率在 20～40 mm/10a 之间，北疆大部分地区和南疆塔里木盆地北缘增加速率在 10～20 mm/10a 之间，南疆偏东地区在 10 mm/10a 以下。乌鲁木齐增多趋势最明显，增加速率为 30.43 mm/10a，新源次之，为 28.35 mm/10a。可见，单站年降水量的增加趋势远远大于减少趋势(图 2-6)。

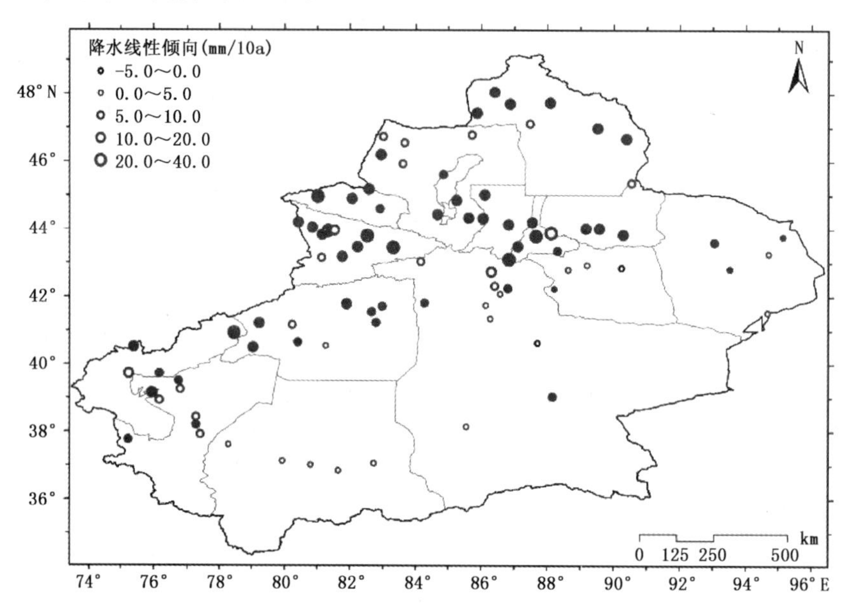

图 2-6 1961—2010 年新疆区域年降水量变化率空间分布
(实心表示通过 0.05 显著性水平检验)

从季节变化看，近 50 年新疆区域春、夏、秋、冬各季节降水量呈现一致的显著增加趋势，其中夏季降水量增加趋势最明显，增加速率为 3.51 mm/10a；冬季和春季相当，分别为 2.58 mm/10a、2.21 mm/10a；秋季最弱，为 1.95 mm/10a。北疆、天山山区、南疆各分区各季节降水量变化趋势与新疆区域一致，均呈增加趋势，北疆冬季增加速率最大，为 4.53 mm/10a，秋季最小，为 2.25 mm/10a；天山山区和南疆夏季增加速率最大，分别为 6.40 mm/10a、2.64 mm/10a，天山山区秋季最小，为 2.58 mm/10a，南疆冬季最小，为 0.64 mm/10a；北疆夏季和冬季增加趋势显著，春季和秋季增加趋势不显著；天山山区四季均呈显著增加趋势；南疆夏季和秋季增加趋势显著，春季和冬季增加趋势不显著(表 2-2)。

表 2-2 1961—2010 年新疆区域及各分区年和四季降水量的变化趋势系数(mm/10a)

区域	全年	春季	夏季	秋季	冬季
新疆	10.29*	2.21*	3.51*	1.95*	2.58*
北疆	13.06*	2.87	3.31*	2.25	4.53*
天山山区	15.56*	4.08*	6.40*	2.58*	2.62*
南疆	5.60*	0.88	2.64*	1.44*	0.64

注：带有 * 的表示通过 0.05 的显著性水平检验

(2)降水日数

新疆区域及北疆、天山山区、南疆各分区 1971—2000 年年降水日数(24 小时降水量≥0.1 mm)分别为 60.8 d、81.0 d、98.9 d、27.1 d。1961—2010 年,新疆区域及北疆、天山山区、南疆各分区年降水日数均呈显著增加趋势,增加速率分别为 1.93 d/10a、2.54 d/10a、1.72 d/10a、1.42 d/10a。

从地域分布看,近 50 年新疆区域年降水日数变化趋势的空间分布地区差异较小,仅北疆偏西地区的额敏、伊宁市和南疆偏东地区的焉耆、鄯善呈减少趋势,减少速率在 2 d/10a 以内;全疆其他地区均呈增加趋势,北疆西部的博尔塔拉(以下简称博州)地区降水日数增加最明显,增加速率在 6～8 d/10a 之间,北疆北部、天山两侧增加速率在 2～6 d/10a 之间,天山山区和南疆南部增加速率在 2 d/10a 以下,南疆大部分区域变化趋势不明显。阿拉山口增加趋势最明显,增加速率为 7.12 d/10a,精河次之,为 6.85 d/10a,均位于北疆西部;焉耆减少趋势最明显,减少速率为 1.21 d/10a,额敏次之,为 0.29 d/10a。可见,单站年降水日数的增加趋势远远大于减少趋势。

2.2　近百年来的气候变化

新疆气候实测资料大多仅有 50 年,而历史气候记载又残缺不全,无法构成连续的序列。新疆干旱的气候及山区、平原的原始森林为从事年轮气候、年轮水文研究创造了得天独厚的条件,一些研究成果可以揭示新疆近百年来的气候变化情况。20 世纪 70 年代中期以来,采集了大量的树木年轮标本,利用年轮年表重建了近二三百年来新疆降水、温度、径流量和水热指数的历史序列,并建成了国内惟一的年轮样本资料库。近年来,年轮气候学发展迅速,提取的历史气候信息更加丰富,同时利用年轮资料恢复了更多区域的长时间气候要素序列,最长的是巴仑台地区过去 645 年(1360—2004 年)的年降水量序列(张同文等,2011)。总的来看,新疆 16 世纪初到 19 世纪末为冷湿期,但 16—19 世纪的中期出现了偏暖的时段。

2.2.1　树木年轮揭示的天山山区气候变化事实

(1)天山山区温度

利用天山北坡西部博州地区年平均最低气温重建序列(喻树龙等,2008)和 6—7 月平均温度重建序列(陈峰等,2008)以及天山山区实测气温资料,构建了 1681—2011 年天山山区年平均气温长时间序列(图 2-7)。结果显示,天山山区年平均气温大体经历了 8 个偏暖阶段和 7 个偏冷阶段,最暖阶段出现在 1986 年以来,最冷阶段出现在 1910—1917 年。20 世纪 70 年代开始温度迅速上升。

(2)天山山区降水

利用 4 个降水重建序列与天山山区 10 个气象站降水变化的响应关系,重建了天山山区近 235 年来气候变化的年降水序列(图 2-8)(魏文寿等,2008)。近 235 年天山山区降水大致经历了 7 个偏干阶段和 7 个偏湿阶段,其中偏湿年份为 124 年,多于偏干年份。天山山区的降水量以 2.1 年、3.0 年、5.8 年、6.0 年的高频变化和 24～25 年的低频变化周期最为显著。

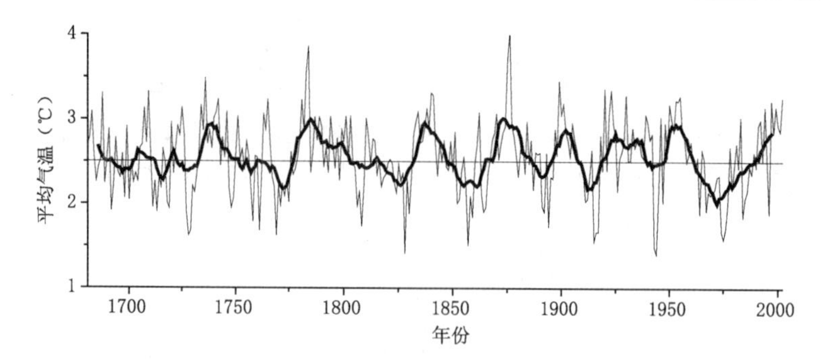

图 2-7　1681—2002 年天山山区年平均气温重建序列和 11 年滑动平均曲线图
（图中平均值为天山山区年平均气温实测值 1971—2000 年 30 年平均值）

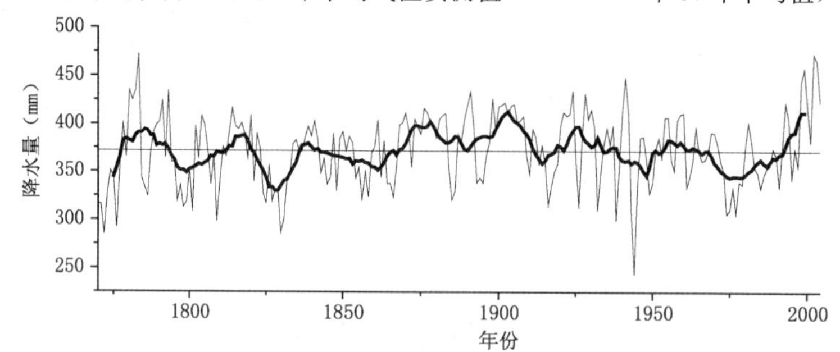

图 2-8　天山山区年降水量重建值和 11 年滑动平均曲线
（图中平均值为 1971—2000 年实测数据的平均值）

2.2.2　树木年轮揭示的北疆气候变化事实

(1)北疆温度

利用阿勒泰西部 5—9 月平均气温重建序列（张同文等，2008a）和博州年最低气温重建序列（喻树龙等，2008）恢复重建了 1681—2002 年北疆年平均气温（图 2-9）。1681—2002 年北疆年平均气温大体经历了 8 个偏冷阶段和 8 个偏暖阶段，最冷阶段出现在 1769—1780 年和 1909—1918 年，最暖阶段出现在 1947—1959 年。20 世纪 70 年代以来温度上升明显（图 2-9）。

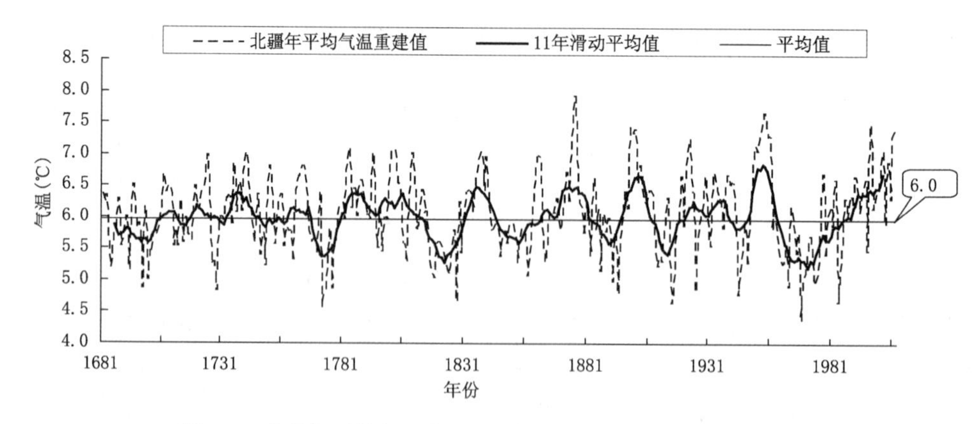

图 2-9　北疆年平均气温序列（虚线）及 11 年滑动平均值（粗线）
（图中平均值为北疆年平均气温实测值 1971—2000 年 30 年平均值）

(2)北疆降水

利用阿勒泰西部当年 6 月至 9 月降水量重建序列(张同文等,2008b)和博州年降水量重建序列(潘娅婷等,2005)恢复重建了北疆 1770—2006 年的年降水量长序列。分析 1770—1958 基于树轮宽度数据重建的北疆地区历史气候序列和 1959—2010 年观测资料(图 2-10),1770—2010 年北疆年降水量大致经历了 7 个偏干阶段和 7 个偏湿阶段。最长的偏干阶段是 1966—1992 年,最长的偏湿阶段是 1865—1911 年(图 2-10)。

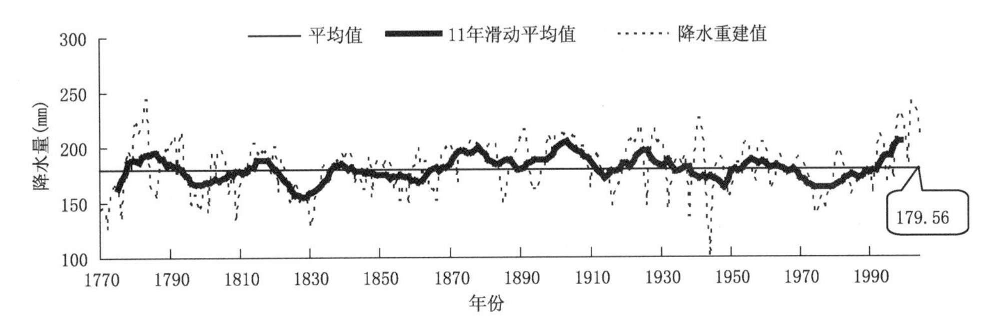

图 2-10　北疆 1770—2004 年年降水量序列(虚线)及 11 年滑动平均值(粗线)
(图中平均值为北疆年降水量实测值 1971—2000 年 30 年平均值)

(3)阿勒泰地区冬季降雪

用采自新疆阿勒泰中东部地区的树木年轮样本,重建该地区 1818—2006 年 189 年来当年 1—2 月的降雪量(胡义成等,2012)。阿勒泰地区 189 年来降雪量的重建序列具有 5 个偏少阶段和 5 个偏多阶段。目前,仍处于冬季降雪偏多的年代际时段,对应北疆北部进入 21 世纪后冬季雪灾多发频发。

2.3　高空气候变化

地面气温只是反映了对流层低层极小一部分的气候状况。大气严格受动力和热力定律的约束,通过大气环流调整,局地的变化会影响全球,底层的变化会影响高层,反之亦然。因此,一方面,对于区域气候的了解,同时考虑地面要素、底层大气和高层大气的状况将更完善。另一方面,由于人类活动的土地利用加剧,测场环境的变化较大,尤其是城市化较快区域,测场周围人为建筑和铺设的路面,显著地改变了局地的风场和反照率,因此影响了观测数据的广泛意义的代表性,而高层大气的变化较少受人为活动的干扰,能较好代表区域的变化特征。

2.3.1　平流层中下层

图 2-11a 给出平流层中下层温度距平年变化情况及趋势。在 1961—2000 年的 40 年间,新疆平流层中层的高空年平均温度呈现比较明显的年际和年代变化。10 hPa、20 hPa、30 hPa、50 hPa、70 hPa 各层温度均以 1983 年为界,之前为上升阶段,之后为显著下降阶段。

10 hPa 20 世纪 60 年代缺资料,1970—1983 年以正距平为主,为上升阶段;1984—2000 年以负距平为主,为下降阶段。

20 hPa 20 世纪 60 年代后期和 70 年代前期除了个别年份外均为负距平,最冷为 1977 年,

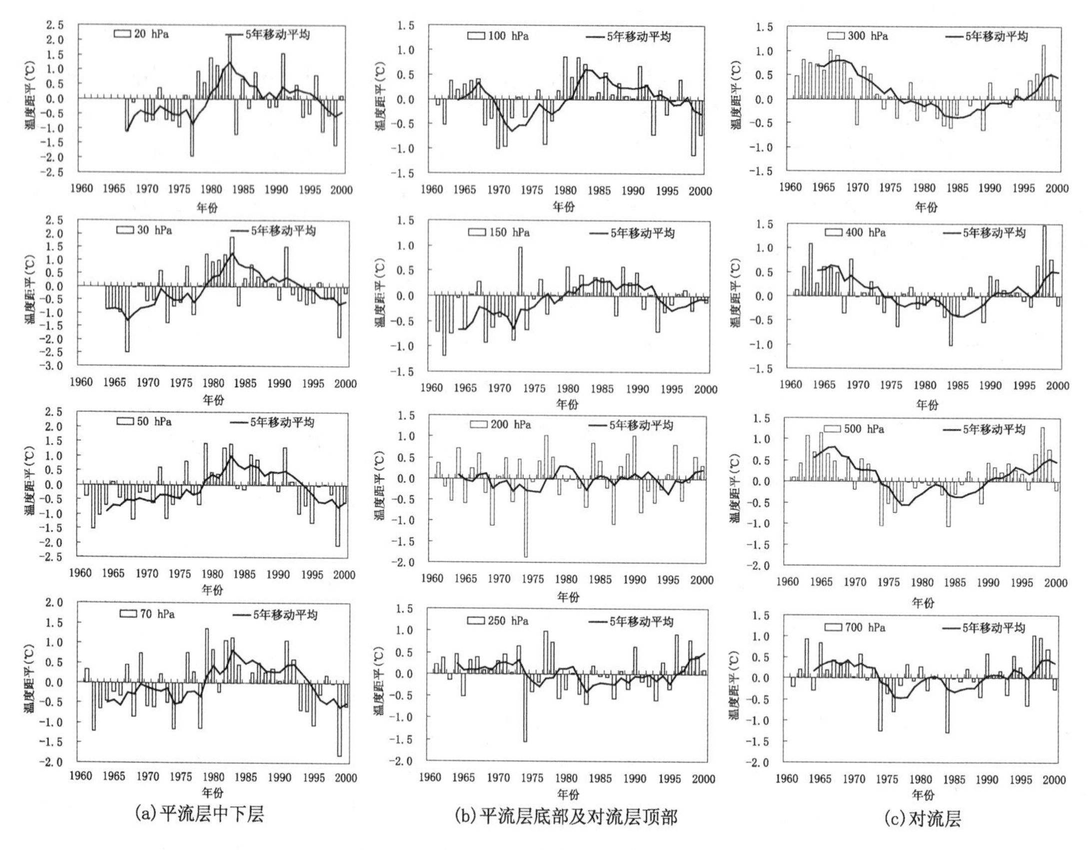

图 2-11　新疆上空各高度温度距平变化

温度距平达到－1.96℃，5 点平滑曲线表现为平稳波动。70 年代后期和 80 年代前期为正距平，最暖为 1983 年，温度距平达到 2.10℃，5 点平滑曲线表现为明显的上升趋势，为增暖期。从 1984 年开始至 90 年代初，正负距平互现；90 年代后期主要为正距平，5 点平滑曲线呈现下降趋势，为降温期。

30 hPa 20 世纪 60 年代后期和 70 年代前期负距平年份居多，最冷为 1967 年，温度距平达到－2.50℃，5 点平滑曲线表现为波动中逐渐上升。70 年代后期和 80 年代前期为正距平，最暖为 1983 年，温度距平达到 1.87℃，5 点平滑曲线表现为陡升，为显著增暖期。从 1984 年开始至 90 年代初，以正距平为主，但绝对值较小；90 年代后期主要为负距平，5 点平滑曲线呈现下降趋势，为降温期。

50 hPa 20 世纪 60 年代初有较大的温度负距平，60 年代中后期和 70 年代前期以负距平年份居多，最冷为 1962 年，温度距平达到－1.52℃，5 点平滑曲线 60 代初到 80 年代初呈现上升趋势，为升温阶段。70 年代后期和 80 年代前期为正距平，最暖为 1979 年，温度距平达到 1.44℃，5 点平滑曲线表现为明显上升趋势，为显著增暖期。从 1984 年开始至 90 年代初，以正距平为主；90 年代后期主要为负距平，其中 1999 年温度距平达到－2.07℃，为 40 年最冷年，5 点平滑曲线呈现下降趋势，为降温期。

70 hPa 20 世纪 60 年代开始连续 2 年温度为正距平，之后连续 5 年为负距平。从 60 年代后期到 70 年代末，除了个别年份外以负距平为主，其间出现 1962 年、1968 年和 1978 年三个较冷年份，温度距平分别达到－1.2℃、－0.85℃和－1.14℃。70 年代末期到 90 年代中期为正距平阶段，最暖出现在 1979 年，为 1.35℃。90 年代中后期主要为温度负距平期，最冷出现在 1999 年，温度距平达到－1.81℃。5 点平滑曲线 60 代初到 70 年代中期呈现波动平稳变化趋势，为温度平稳期；70 年代中期到 80 代初期呈现上升趋势，为升温阶段；80 年代中期至 2000 年呈现下降趋势，温度持续下降，为降温期。

新疆平流层 10～70 hPa 的 5 点平滑曲线以 20 世纪 80 年代初为界呈现"∧"型，即先升温后降温。

2.3.2　平流层底层及对流层顶

在 1961—2000 年的 40 年间，新疆平流层底部的 100 hPa 和 150 hPa 温度距平年变化表现为与平流层变化相近的先升后降趋势特征（图 2-11b）；对流层顶的 200 hPa 具平稳波动特征；对流层顶下部附近的 250 hPa 表现为与平流层相反的年际变化特征。

100 hPa 位于平流层的底部，和平流层中部既有相似处也有自己的特点。20 世纪 60 年代初的 3 年为温度负距平，中后期为正距平。60 年代末至 70 年代末负距平年份居多，最冷为 1970 年，温度距平达到－1.01℃。80 年代初期至 90 年代前期为正距平，最暖为 1980 年，温度距平达到 0.86℃。90 年代末为负距平年份，间或有正距平年份，其中 1999 年温度距平达到－1.13℃，为 40 年最冷年。5 点平滑曲线 60 年代初中期呈现上升趋势，为第一个增暖期；60 年代末到 70 年代初呈现明显下降趋势，为第一个降温期；70 年代初至 80 年代初期呈现上升趋势，为第二个增暖期；从 80 年代初期一直到 2000 年呈现下降趋势，为第二个降温期。

150 hPa 20 世纪 60 年代开始至 70 年代末为温度负距平，仅有极个别的正距平，最冷为 1962 年，温度距平达到－1.19℃；80 年代为正距平；90 年代为负距平。5 点平滑曲线 60 代初到 80 年代初期呈现波动平稳上升趋势，为平稳升温期；80 年代中期至 2000 年呈现下降趋势，温度持续下降，为降温期。

200 hPa 作为对流层和平流层的交界面有其独特的温度变化特征，40 年里正负温度距平兼而有之，没有较长时间的升降温阶段，5 点平滑曲线在零距平线上小振幅波动。20 世纪 80 年代初之前为略微下降，之后些微上升，总之没有明显的变化趋势。

上述三层，100 hPa 和 150 hPa 的变化曲线呈现弱的先升后降的"∧"型特征，与平流层相似；250 hPa 的变化曲线为先降后升的"V"型特征，与平流层相反；200 hPa 曲线无明显的较长时间的升降，为平流层与对流层的过渡区。

2.3.3　对流层

对流层温度距平年变化情况及趋势见图 2-11c。在 1961—2000 年的 40 年间，新疆对流层表现为与平流层相反的年际变化。

300 hPa 作为对流层的上部，已经呈现和平流层截然相反的变化趋势。20 世纪 60 年代到 70 代初为温度正距平，最暖为 1966 年，温度距平达到 1.0℃。20 世纪 70 年代初至 90 年代中期负距平年份居多，最冷为 1989 年，温度距平达到－0.67℃。90 年代中期至 2000 年又转为正距平，最暖为 1998 年，温度距平达到 1.12℃。5 点平滑曲线 60 年代初中期表现为少许上升趋势；60 年代末到 80 年代初表现为明显下降趋势，为降温期；从 80 年代初至 90 年代末表现为上升趋势，为增暖期。

400 hPa 对流层的中部和 300 hPa 的变化趋势相近。20 世纪 60 年代除个别年份外温度均为正距平,最暖为1963年,温度距平达到1.08℃。70年代初至90年代初负距平年份居多,间或有个别正距平年份,最冷为1984年,温度距平达到−1.02℃。90年代初期至2000年又转为较多年份是正距平,尤其是90年代的最后几年,不仅集中出现温度正距平,而且正距平幅度较大,最暖为1998年,温度距平达到1.48℃。5点平滑曲线60年代初表现为少许上升趋势;60年代中期到80年代中期表现为明显下降趋势,为降温期;从80年代后期至90年代末表现为上升趋势,为增暖期。

500 hPa在对流层中为天气系统的引导层,该层的变化趋势与对流层上部相近。20世纪60年代至70年代初为显著的正距平,最暖为1965年,温度距平达到1.15℃。70年代初至80年代末负距平年份居多,仅仅有极个别正距平年份,其中70年代中期和80年代中期为两个负距平集中的时段,最冷为1974年和1984年,温度距平分别达到−1.06℃和−1.07℃。90年代初期至2000年又转为正距平集中时段,尤其是90年代的最后几年,不仅集中出现温度正距平,而且正距平幅度较大,最暖为1998年,温度距平达到1.29℃。5点平滑曲线60年代初表现为少许上升趋势;60年代中期到70年代中期表现为明显下降趋势,为降温期;从70年代后期至90年代末表现为上升趋势,为增暖期。

700 hPa位于对流层的下部,该层的变化趋势几乎与500 hPa相近,正负距平的分布没有其他层次集中,幅度也小,较多的年份是在0℃附近振荡。相对而言,20世纪60年代至70年代初正距平居多,最暖为1963年,温度距平达到0.94℃。70年代初至90年代初负距平居多,间或有个别正距平年份,最冷为1974年和1984年,温度距平分别达到−1.25℃和−1.28℃。90年代初期至2000年又转为正距平,尤其是90年代的最后几年,最暖为1997年,温度距平达到1.04℃。5点平滑曲线20世纪60年代初表现为少许上升趋势;60年代中期到70年代中期表现为明显下降趋势,为降温期;从70年代后期至90年代末表现为上升趋势,为增暖期。

上述四层的5点平滑曲线均呈现对流层特有的明显的“V”型特征。

2.3.4 边界层

由于12个探空站海拔都在500 m以上,一部分达到1000 m,因此850 hPa在此地处于边界层(地面以上1000 m)内。在1961—2000年的40年间,新疆边界层表现为温度升高的特征。

850 hPa是边界层的顶部,该层的变化趋势有别于对流层的变化。20世纪60年代末以前为较大振幅的负距平,最冷为1964年,温度距平达到−2.08℃。70年代初有一段时期的小振幅正距平,70年代中期至80年代中期又转为持续的负距平,其中最冷为1977年和1979年,温度距平均为−1.57℃。80年代中后期至2000年又转为正距平集中,最暖为1997年,温度距平达到1.58℃。该层最显著的特点为以80年代初期为界,前期以负距平为主,之后以正距平为主。5点平滑曲线20世纪60年代初表现为下降趋势,中后期表现为上升趋势;70年代初期到80年代初期表现为明显下降趋势,为降温期;从80年初期至90年代末表现为上升趋势,为增暖期。较为突出的是,该层具有较明显的上升线性变化趋势。

地面的变化趋势与850 hPa相似。以20世纪80年代初为界,之前以温度负距平居多,最冷为1969年,温度距平达到−1.65℃;之后为正距平居多,振幅较大年份较为集中的时段为90年代末期,最暖为1997年,温度距平达到1.22℃。该层也有以80年代初期为界,前期以负距平为主,之后以正距平为主的特点。5点平滑曲线20世纪60年代表现为下降趋势;从70年代初期开始表现为上升趋势,为增暖期。地面层也有较明显的上升线性变化趋势。

2.3.5 平流层与对流层温度逐年变化相关分析

把平流层和对流层高层温度距平作比较(图 2-12)可以看出,20 世纪 60 年代初中期,30 hPa 经历了一个短暂的降温过程,与之相反,300 hPa 经历了一个升温过程。60 年代中期至 80 年代初期,30 hPa 经历了显著的升温过程,从最低点的－1.3℃升到 1.3℃,15 年升高了 2.6℃,平均升幅 1.7℃/10a,同样与之相反,300 hPa 经历了显著的降温过程,从最高点的 0.6℃降低到－0.4℃,15 年降低了 1.0℃,平均降幅 0.67℃/10a。从 80 年代初期至 2000 年,30 hPa 经历了显著的降温过程,从最高点又降到了 60 年代中期的升温起点的水平,与之相反,300 hPa 也升到了 60 年代中期的降温起点的水平。

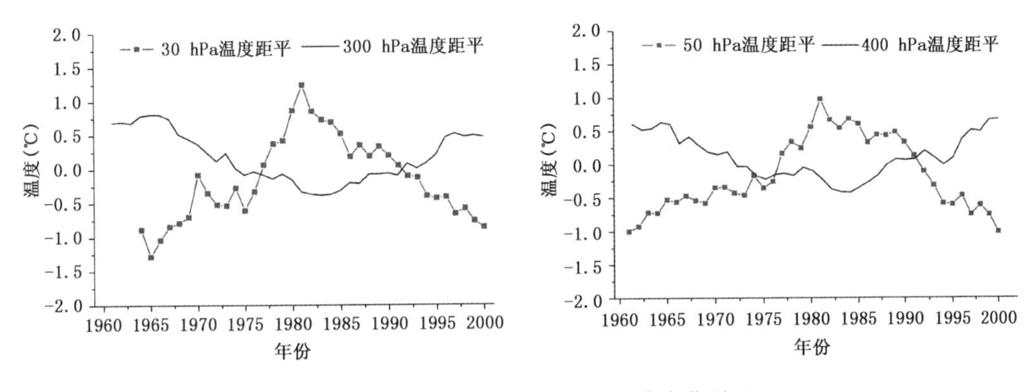

图 2-12　新疆平流层和对流层温度变化对比

取样本数 N=37,30 hPa 和 300 hPa 温度的相关系数 R=－0.489,σ=0.001,通过 0.01 的显著水平的统计检验,说明二者相关很好。

20 世纪 60 年代中期至 80 年代初期,50 hPa 经历了显著的升温过程,从最低点的－0.75℃升到 1.0℃,15 年升高了 1.75℃,平均升幅 1.17℃/10a,与之相反,400 hPa 经历了显著的降温过程,从最高点的 0.6℃降低到－0.6℃,15 年降低了 1.2℃,平均降幅 0.8℃/10a 。从 80 年代初期至 2000 年,50 hPa 经历了显著的降温过程,从最高点又降到了 60 年代中期的升温起点的水平,与之相反,400 hPa 也升到了 60 年代中期的降温起点的水平。

取样本数 N=40,50 hPa 和 400 hPa 温度的相关系数 R=－0.309,σ=0.026,通过 0.05 的显著水平的统计检验。

2.3.6 年代际温度距平垂直分布特征

由新疆年代际沿垂直方向的温度距平分布特征(图 2-13)可见,20 世纪 60 年代边界层的 2 m 和 850 hPa 为负距平,分别为－0.59℃和－0.50℃;从对流层的 700 hPa 至 250 hPa 为正距平,最高在 300 hPa,达到 0.58℃;从对流层顶的 200 hPa 至平流层的 20 hPa 为温度负距平,其中经历从 200 hPa 至 150 hPa 的温度降低,再到 150 hPa 至 100 hPa 的升高,再从 100 hPa 到 30 hPa 的降低,之后再升高的变化,最低在 30 hPa,达到－0.81℃,150 hPa 为次低,达－0.51℃,表现为双峰结构。从地面至平流层沿垂直方向看,曲线呈现一个“S”形。平流层和对流层温度反相分布,说明对流层在 20 世纪 60 年代增温,与之相反平流层降温。

20 世纪 70 年代边界层、对流层和平流层均为负距平,间或有一些正距平,在整个 70 年

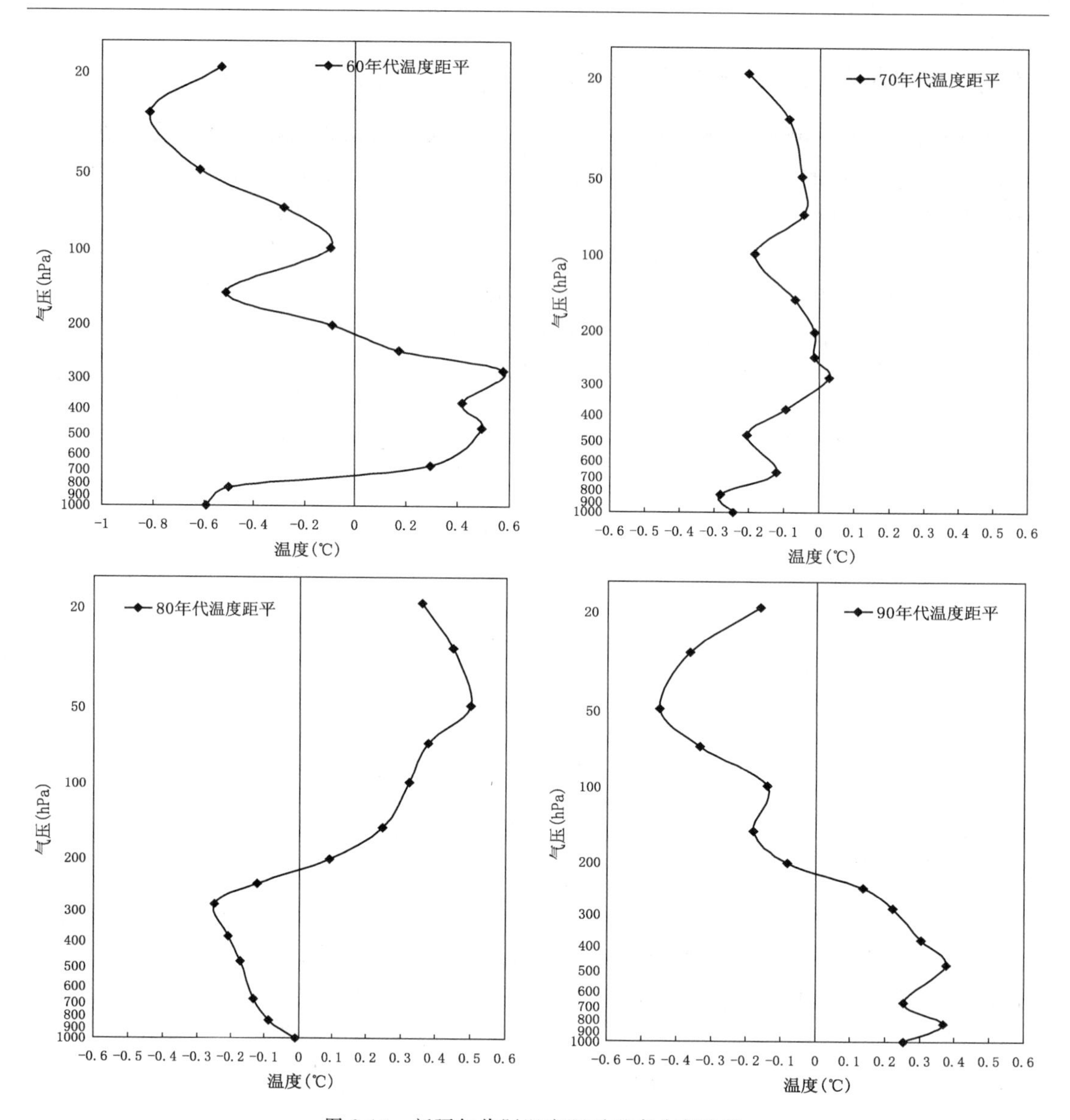

图 2-13　新疆年代际温度距平垂直分布特征

代，新疆整层温度偏低。

20 世纪 80 年代从边界层的 2 m 到对流层的 250 hPa 为负距平，温度最低在 300 hPa，为 −0.25℃；从对流层顶的 200 hPa 至平流层的 20 hPa 为温度正距平，最高在 50 hPa，达到 0.50℃。从地面至平流层沿垂直方向看，曲线呈现一个镜像的"S"形。80 年代对流层降温，与之相反平流层增温，平流层和对流层温度呈反相分布。

20 世纪 90 年代从边界层的 2 m 到对流层的 250 hPa 为正距平，温度最高在 500 hPa，为 0.38℃；从对流层顶的 200 hPa 至平流层的 20 hPa 为温度负距平，最低在 50 hPa，达到 −0.50℃。从地面至平流层沿垂直方向看，曲线呈现一个上下一致的"S"形。与 60 年代一样，平流层和对流层温度呈反相分布，对流层增温，平流层降温，且对流层升温幅度和平流层降温幅度相当。

以上分析可以看出，除了 20 世纪 70 年代新疆的边界层、对流层和平流层温度均变化不大外，60 年代、80 年代和 90 年代对流层和平流层温度距平均为反位相分布。

2.3.7　新疆夏季零度层高度变化及其对河流年径流量的影响

零度层高度是大气探测的一个重要特性层，较少受到底层测场附近环境的影响，较好代表对流层中层的气候状况，研究其变化能较好反映当地区域气候变化特征。80 年代以来，对流层增温趋势明显；零度层高度显著升高，是引起冰川融化、河水径流增加的重要原因之一。

(1)零度层高度变化

1)全疆

由图 2-14 可以明显看出，全新疆夏季零度层高度的气候变化 5 年移动平均曲线总趋势是上升，线性拟合方程的斜率为 0.7504。20 世纪 60 年代末到 70 年代初表现为陡降趋势，70 年代初至 80 年代初的十年里表现为振荡中的平稳态势，80 年代初至 90 年代初的十年里表现为振荡中的缓慢上升，1983 年以后总体为明显上升趋势，1993 年至今表现为突升。

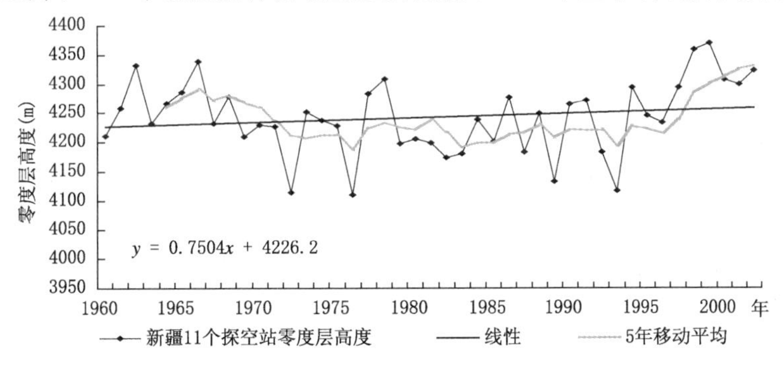

图 2-14　全新疆夏季零度层高度的气候变化

2)阿尔泰山西坡

由图 2-15 可以明显看出，阿尔泰山西坡夏季零度层高度的气候变化 5 年移动平均曲线总趋势是明显上升，线性拟合方程的斜率为 2.9491，较全疆的变化趋势上升更为明显。20 世纪 60 年代末到 70 年代初表现为陡降趋势；70 年代初至 80 年代中期的十多年里表现为波动振荡中略有升高，其中 1973—1982 年为稳定上升阶段，1982—1987 年有所下降；1987 年以后开始上升，90 年代以后为突升趋势。

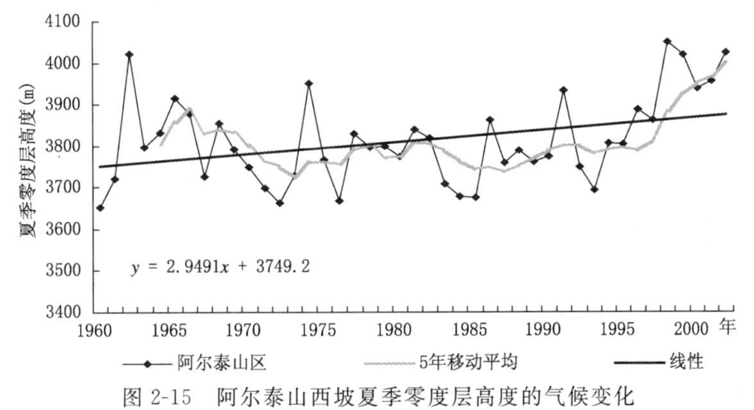

图 2-15　阿尔泰山西坡夏季零度层高度的气候变化

3)天山北坡

由图 2-16 可以明显看出，天山北坡夏季零度层高度的气候变化 5 年移动平均曲线总趋势是明显上升，线性拟合方程的斜率为 2.6011，较阿尔泰山西坡的上升斜率略小，较全疆的变化趋势上升仍然很明显。20 世纪 60 年代末到 70 年代初表现为下降趋势，70 年代初至 80 年代中期的十多年里表现为波动振荡略有上升，80 年代中后期开始相对平稳波动，90 年代初期为突升趋势。

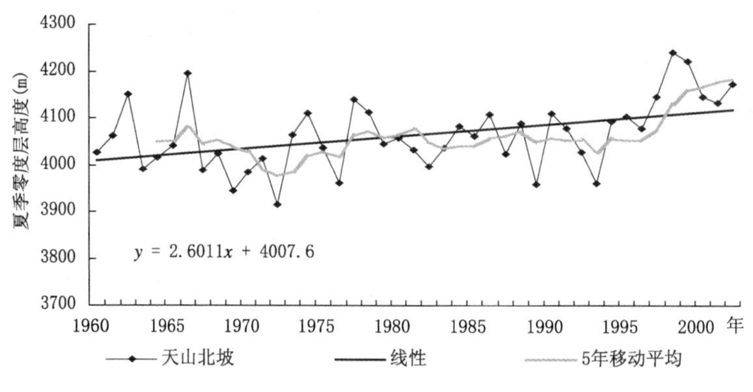

图 2-16 天山北坡夏季零度层高度的气候变化

4)天山南坡

由图 2-17 可以明显看出，天山南坡夏季零度层高度的气候变化 5 年移动平均曲线总趋势是明显上升，线性拟合方程的斜率为 1.3672，较新疆北部上升斜率趋小，变化趋缓，但上升趋势比全疆的总趋势要显著。20 世纪 60 年代末到 70 年代初表现为陡降趋势，70 年代初至 80 年代中期的十多年里表现为波动振荡中缓慢上升，1993 年以后为明显突升趋势。

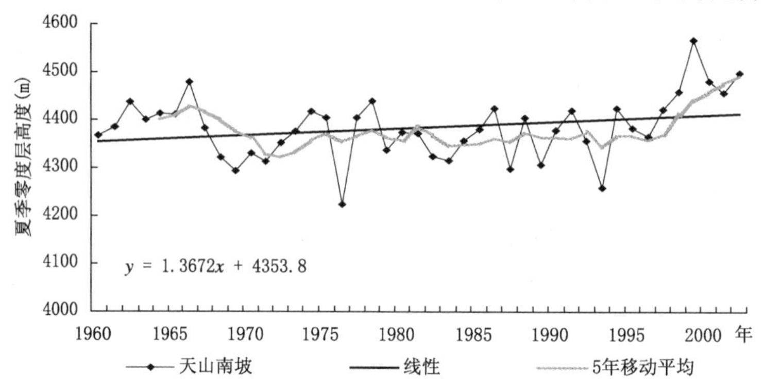

图 2-17 天山南坡夏季零度层高度的气候变化

5)北疆西部

由图 2-18 可以明显看出，北疆西部的博乐、克拉玛依和塔城地区夏季零度层高度的气候变化 5 年移动平均曲线总趋势是明显上升，线性拟合方程的斜率为 1.8984，较新疆北部上升斜率趋小，但高于北疆南部，仍然较全疆的变化趋势上升明显。20 世纪 60 年代末到 70 年代初表现为陡降趋势，70 年代初至 80 年代中期的十多年里表现为波动振荡，80 年代中后期开始上升，1993 年以后为明显突升趋势。

6)昆仑山北坡

昆仑山北坡夏季零度层高度变化表现出与新疆的天山南北坡，北疆西部边境山区及阿尔

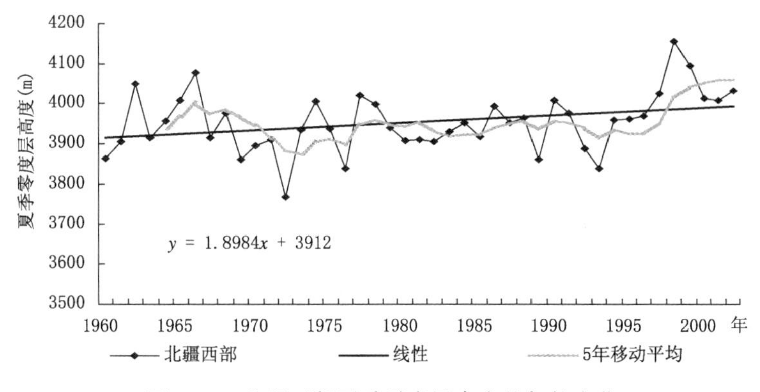

图 2-18　北疆西部夏季零度层高度的气候变化

泰山完全不同的特征。由图 2-19 可以看出，昆仑山北坡夏季零度层高度的气候变化 5 年移动平均曲线总趋势是较为明显的下降，与新疆的其他区域截然不同，线性拟合方程的斜率为－2.174。20 世纪 60 年代到 70 年代中期为显著的下降趋势；80 年代初开始上升，直至该年代末；之后又开始下降；90 年代初开始上升，新世纪开始为下降趋势。

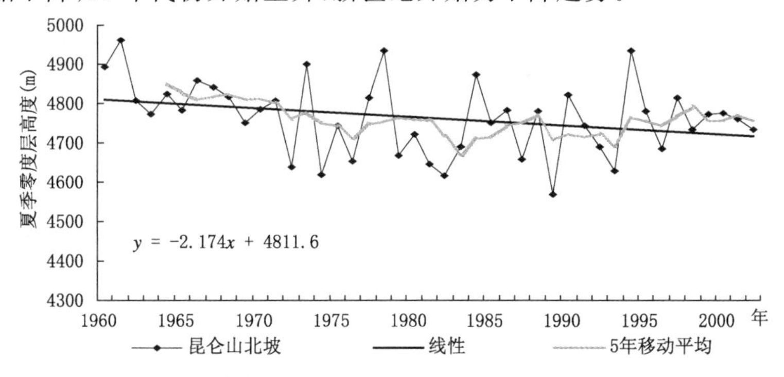

图 2-19　昆仑山北坡夏季零度层高度的气候变化

新疆各区域夏季零度层高度的气候变化总趋势，总体而言，只有昆仑山北坡为明显下降趋势，其他区域均为上升趋势，位置越北升幅越明显，东部升温幅度比西部显著。20 世纪 60 年代至 70 代初期全疆各地均为陡降趋势；1983 年前后以上升趋势为主，90 年代初期开始除了昆仑山北坡缓升外，其他各地均表现为突升趋势。

(2)零度层高度变化对河流年径流量的影响

新疆夏季零度层平均高度与河流年径流量变化具有较好的一致性，尤其是 20 世纪 70 年代以来，两者的变化趋势更加亦步亦趋。各区变化不尽相同，阿尔泰—塔城和天山山区 90 年代初以来夏季零度层平均高度显著升高，昆仑山北坡下降。与之相对应，同期前两个地区的河流径流量也显著增大，后一个区域的径流量略为减少(图 2-20)。就相关性而言，新疆全区和分区的天山山区以及昆仑山北坡等地的夏季零度层高度与河流径流量均有较好的相关性，均通过了 0.01 显著性水平的统计检验，表明新疆近年来不仅近地面发生了气候变化，高空也同样发生了类似的变化，并直接导致了夏季零度层高度的升降。气候变暖，新疆夏季零度层升高，山区的冰雪消融加快，河流径流量相应增多，进入丰水期；反之，进入枯水期。夏季零度层高度的升降直接影响新疆河流径流量，在新疆气候暖湿化过程中，高空增温也是一个较直接的因子。

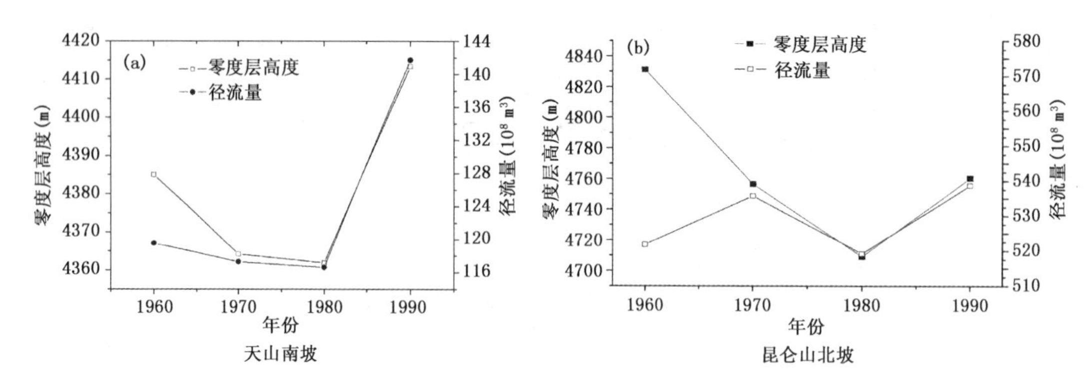

图 2-20　夏季天山南坡(a)与昆仑山北坡(b)零度层高度和径流年代际变化

(3)天山一号冰川区域夏季零度层高度变化

由图 2-21a 可以看出,天山一号冰川区域夏季零度层高度变化 5 点平滑曲线(实线)总体为上升趋势。20 世纪 70 年代的十年表现为明显的上升趋势,70 年代末至 80 年代初的几年里表现为先降后升的"V"型波动态势,80 年代中期至 90 年代中期的十年里表现为振荡中缓慢下降,1993—1999 年表现为突升,1999 年以后开始下降。30 年零度层高度的平均值为 4216 m,其中 70 年代、80 年代和 90 年代高度分别为 4185 m、4203 m 和 4261 m,呈上升趋势,80 年代和 90 年代分别比其前一年代上升 18 m 和 58 m,90 年代比 70 年代和 30 年的平均分别升高 76 m 和45 m。从均值来看,70 年代初至 90 年代初维持较低水平,90 年代维持较高水平。1971—1993 年的平均值为 4193 m,1993—2000 年的平均值达到 4294 m,两者相差 101 m,平均值在 90 年代初发生了一次突变。最低点在 1972 年,高度为 4117 m,次低点在 1993 年,高度为 4118 m,最高点在 1999 年,达到 4400 m。由此可见,90 年代中后期天山一号冰川夏季零度层高度跃升很显著。

1)天山一号冰川消融相关量与夏季零度层高度对比分析

由表 2-3 可以看出,天山一号冰川表征消融的 4 个物理量与夏季零度层高度的正相关关系均很好,显著水平除消融区面积为 0.05 外,零平衡海拔高度、纯物质消融量和融水径流深都在 0.01 以上。这些量不仅仅在统计上有较好的关系,相关的物理意义也很明确。随着夏季零度层高度的升高,冰川附近的环境温度相应升高,消融线抬升,使得冰川消融加快,零平衡海拔高度抬高,纯物质消融量增加,消融区面积扩大,进而导致融水径流深增加。乌鲁木齐河融水径流深和纯物质消融量最能代表冰川的消融情况,进而关系也更好;较之于其他年代,20 世纪 90 年代冰川物理量与夏季零度层高度的关系也更好,较好说明自由大气夏季零度层高度是该冰川 90 年代最大负平衡的重要因子。

表 2-3　天山一号冰川消融相关物理量与夏季零度层高度相关表

与夏季零度层高度相关	样本数	相关系数	显著性水平
零平衡海拔高度	30	0. 437	0.01
消融区面积	30	0. 384	0.05
纯物质消融量	30	0. 512	0.01
融水径流深	30	0. 714	0.01

图 2-21 给出天山一号冰川消融相关物理量与夏季零度层高度的对比分析。由图 2-21a 看出，天山一号冰川纯物质消融量经历 70 年代的初期上升，中期下降和后期上升的变化。80 年代经历先升后降的波动，与夏季零度层高度的位相态势较为一致，振幅前者较大。1993—1999 年突升趋势与夏季零度层高度的变化几乎一致，1999 年以后开始下降。图 2-21c 是天山一号冰川纯物质消融量与夏季零度层高度的年代际变化，两者同步上升，70 年代、80 年代和 90 年代纯物质消融量分别为 $62.87\times10^4 m^3$、$84.8\times10^4 m^3$ 和 $93.22\times10^4 m^3$。其中，90 年代最大，比 80 年代增加 $8.42\times10^4 m^3$，比 1971—2000 年 30 年的平均值 $80.3\times10^4 m^3$ 增加了 $12.92\times10^4 m^3$，增幅 16%。

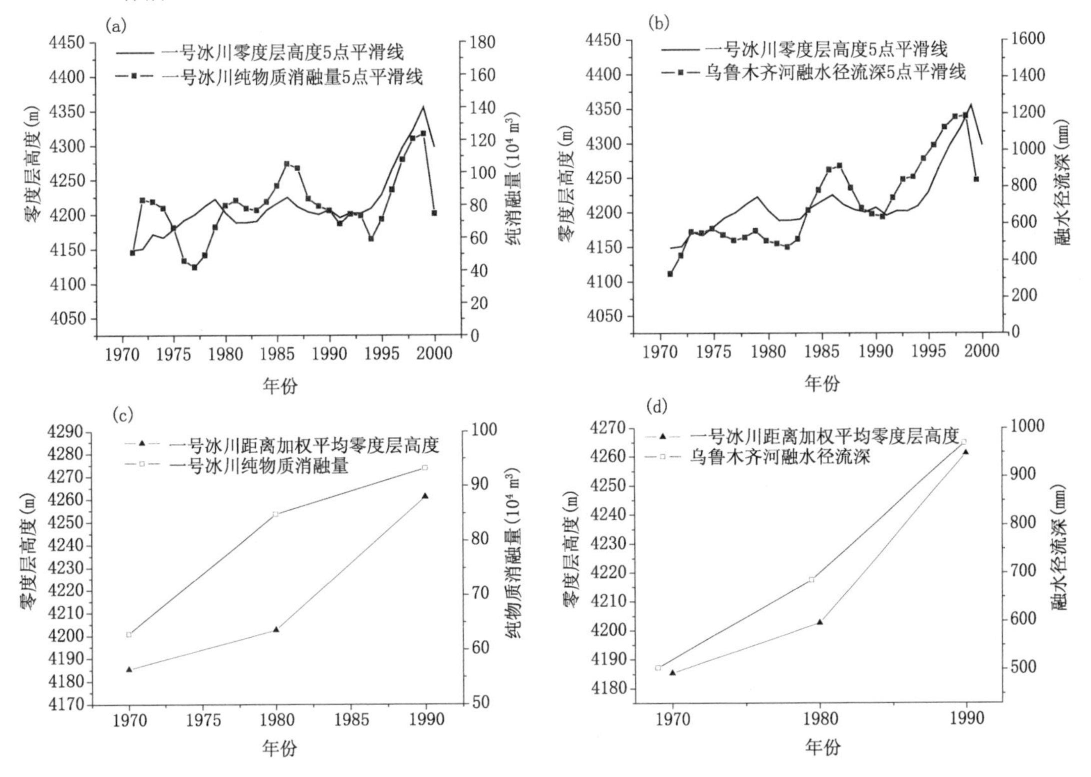

图 2-21 天山一号冰川消融相关物理量与夏季零度层高度组合图

由图 2-21b 看出，20 世纪 70 年代至 80 年代中期，乌鲁木齐河融水径流深表现为波动的上升趋势，80 年代中后期为下降趋势，从 90 年代初开始陡升，1999 年后开始下降。曲线的上升趋势，波动形态与夏季零度层高度较为一致，尤其 90 年代以后的陡升更为一致。图 2-21d 为乌鲁木齐河融水径流深与夏季零度层高度的年代际变化。70 年代、80 年代和 90 年代融水径流深分别为 503.4 mm、685.1 mm 和 969.6 mm。其中，90 年代最大，比 80 年代增加 284.5 mm，增幅 42%，比 1971—2000 年 30 年的平均值 719.37 mm 增加 250.23 mm，增幅 35%。

2）天山一号冰川积累相关量与夏季零度层高度对比分析

由表 2-4 可以看出，天山一号冰川表征积累的 4 个物理量与夏季零度层高度的负相关关系均很好，均达显著性水平 0.01 以上。这些量不仅有较好的统计关系，也有实际的物理意义。随着夏季零度层高度的升高，冰川附近的环境温度相应升高，使得冰川消融加快，积累区面积和纯积累量减少，纯物质平衡总量和纯物质平衡值均减少，出现天山一号冰川积累相关量的负值。

表 2-4 天山一号冰川积累相关量与夏季零度层高度相关表

与夏季零度层高度相关	样本数	相关系数	显著性水平
积累区面积	30	−0.486	0.01
纯物质积累量	30	−0.597	0.01
纯物质平衡总量	30	−0.585	0.01
纯物质平衡值	30	−0.605	0.01

图 2-22a 为天山一号冰川夏季零度层高度与纯物质积累量对比分析，前者呈显著的上升趋势，后者呈显著的下降趋势，波动的位相显著反位相分布。20 世纪 70 年代夏季零度层高度上升，天山一号冰川纯物质积累量减少，80 年代两者反位相波动，从 90 年代初开始，随着夏季零度层高度的陡升，天山一号冰川纯物质积累量呈现陡降态势，90 年代末纯物质积累量又有所增加。天山一号冰川纯物质积累量 30 年平均值为 36.80×10^4 m^3。70 年代、80 年代和 90 年代纯物质积累量分别为 53.25×10^4 m^3、35.53×10^4 m^3 和 21.61×10^4 m^3。其中，90 年代最小，比 80 年代减少 13.92×10^4 m^3，减幅 39%；比 1971—1990 年 30 年的平均值减少 17.19×10^4 m^3，减幅 46.7%(图 2-22c)。

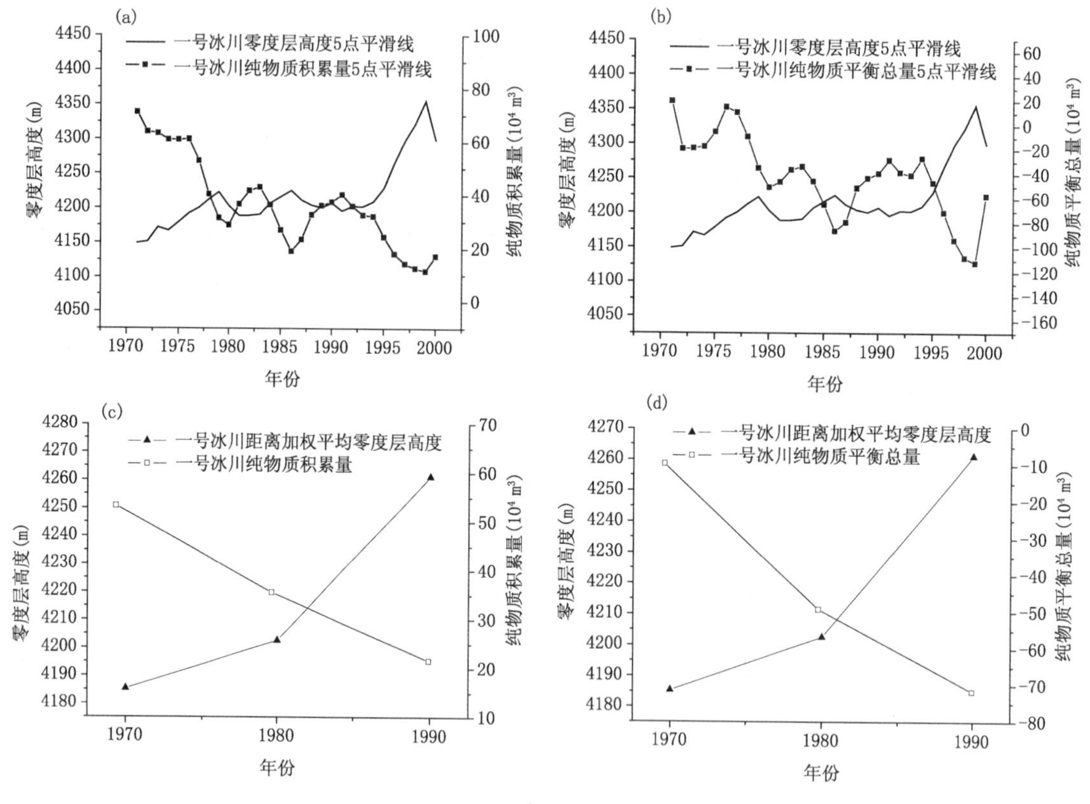

图 2-22 一号冰川积累相关量与夏季零度层高度组合图

随着天山一号冰川夏季零度层高度 30 年以来呈显著的上升趋势，天山一号冰川纯物质平衡总量呈显著的下降趋势，波动的位相显著反位相分布(见图 2-22b)。与夏季零度层高度的反向对应，一号冰川纯物质平衡总量最显著的变化特点是 70 年代显著减少，80 年代到 90 年代初期波动下降，90 年代初开始，随着夏季零度层高度的涌升，天山一号冰川纯物质平衡总量迅速减少，90 年代末纯物质平衡总量又有所增加。图 2-22d 表示天山一号冰川纯物质平衡总量的年代际变化。20 世纪 70 年代、80 年代和 90 年代纯物质平衡总量分别为-9.62×10^4 m^3、-49.27×10^4 m^3 和-71.61×10^4 m^3。其中，90 年代最小，比 80 年代减少 22.34×10^4 m^3，减幅 45.34%；比 1971—1990 年 30 年的平均值-43.50×10^4 m^3 减少 28.11×10^4 m^3，减幅 64.6%。

(4)和田河流域零度层高度变化与径流的关系

和田河流域位于极端干旱的塔里木盆地南缘，发源于昆仑山，流域面积约 48870 km^2。和田河流域有冰川 3555 条，冰川面积 5336.98 km^2，冰储量 578.71 km^3，雪线高度在 4780～6260 m。和田河两条支流玉龙喀什河、喀拉喀什河出山径流的年内分配极为不均，夏季径流比例分别高达 80.7%和 72.9%。和田河地表水资源主要来源于冰川融化，高度集中在夏季，玉龙喀什河、喀拉喀什河冰川融水量比例分别为 64.9%和 54.1%。

1)夏季流量、零度层高度变化趋势

和田河近 44 年夏季平均流量呈线性递减趋势(图 2-23)，递减率为-7.26(m^3/s)/10a。1961—2004 年的 44 年中，有 26 年为负距平，18 年为正距平。自 1961 年以来，夏季平均流量变化大致可以分为两个阶段：1967—1980 年的丰水阶段，1981—1998 年的枯水阶段。夏季平均流量最大值出现在 1978 年，为 320.7 m^3/s，偏多 118.9 m^3/s，最小值出现在 1965 年，为 108.3 m^3/s，偏少 93.5 m^3/s。

和田市夏季零度层高度近 44 年总体呈下降趋势(图 2-24)，以 32.42 gpm/10a 的倾向率递减。1961—1978 年夏季零度层高度平均为 4878 gpm，偏高 51 gpm；1979—2004 年平均为 4791 gpm，偏低 36 gpm。1961—1978 年、1994—1997 年为偏高阶段，1979—1993 年、1998—2004 年为偏低阶段。20 世纪 60 年代和 70 年代夏季零度层高度分别偏高 88.9 gpm、26.3 gpm，80 年代和 1991—2004 年分别偏低 27.9 gpm、16.3 gpm。

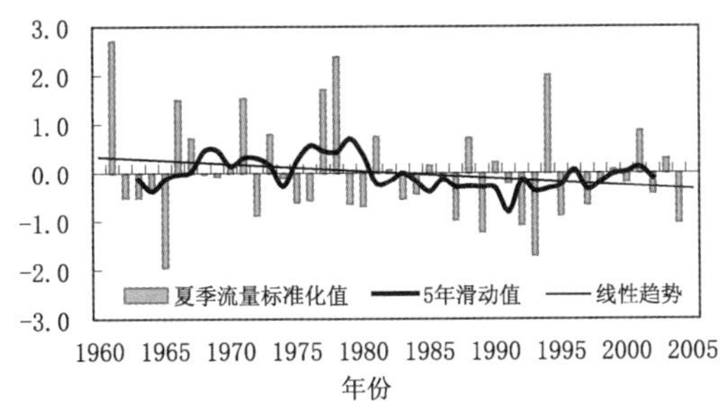

图 2-23　和田河夏季平均流量标准化序列曲线

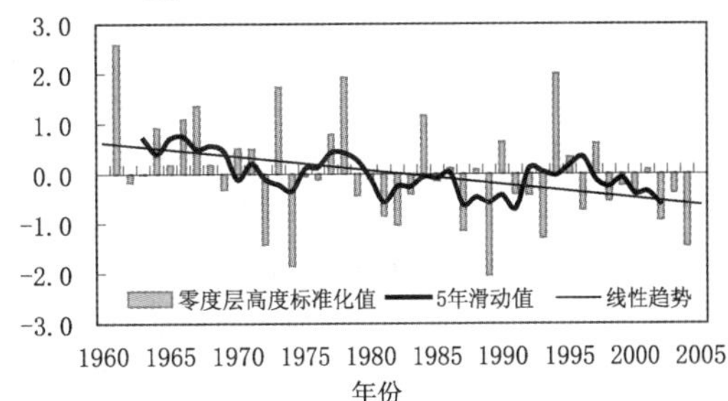

图 2-24　和田市夏季零度层高度标准化序列曲线

2)夏季流量与零度层高度突变分析

分析图 2-25 可见，1961—1967 年夏季流量偏枯，1968—1979 年夏季流量偏丰为主，1981 年以后下降趋势十分明显；自 1961 年以来和田河夏季平均流量在 1979 年发生了由丰到枯的突变。

1961—1978 年，和田市夏季零度层高度以偏高为主，仅 1972、1974 年偏低明显，而 1979 年以后，以偏低为主，仅 1984、1994 年偏高明显；自 1961 年以来和田市夏季零度层高度在 1979 年发生了由高到低的均值突变。

距平累积曲线(图 2-26)显示，近 44 年来和田河夏季平均流量和零度层高度的年代际变化具有明显的同位相特征。1961—1978 年呈波动上升趋势，1979 年为转折点，1979—2004 年呈

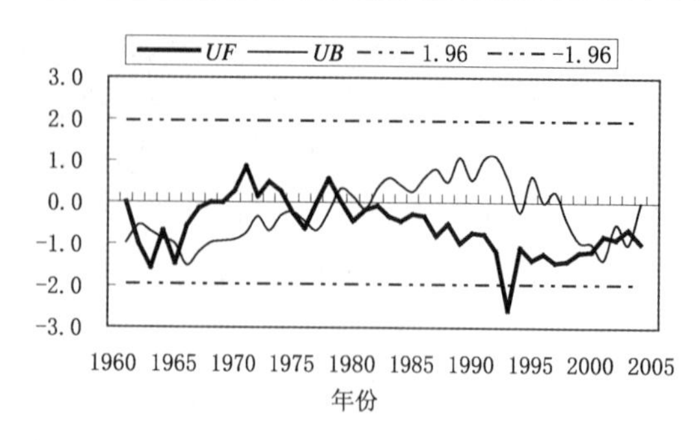

图 2-25 和田河夏季平均流量 M-K 突变检验

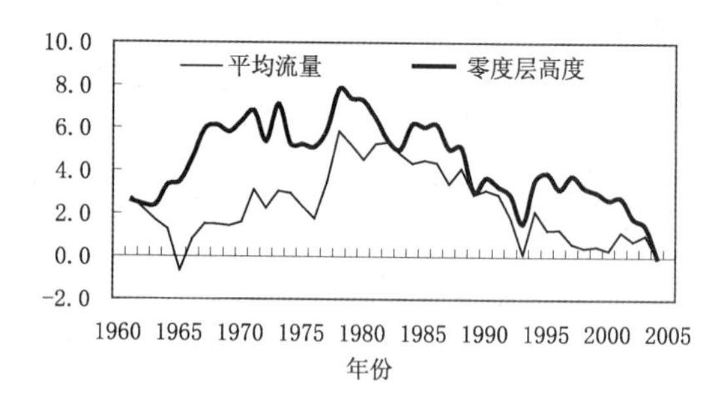

图 2-26 夏季平均流量、零度层高度距平累积曲线

持续波动下降趋势。说明 1978 年以前两者距平趋势均以偏高为主，而 1979 年以后则均以偏低为主。

M-K 突变检验和距平累积分析均显示，和田河夏季平均流量、零度层高度均在 1979 年发生一次突变，且变化同步。将突变点前后分为两个阶段分别计算平均值，差异显著。夏季平均流量在突变前(1961—1978 年)平均为 219.8 m^3/s，距平为 27 m^3/s，夏季平均流量在突变后(1979—2004 年)平均为 192.8 m^3/s，距平为－11.0 m^3/s，突变后比突变前夏季平均流量下降了 38.0 m^3/s。夏季零度层高度突变前(1961—1978 年)平均值为 4878 gpm，距平 51 gpm，夏季零度层高度在突变后(1979—2004 年)平均值为 4791 gpm，距平－36 gpm，突变后比突变前夏季零度层高度下降了 87 gpm 。

3)和田河夏季流量异常丰(枯)年与同期零度层高度的对应关系

将和田河夏季平均流量、和田市夏季零度层高度进行标准化处理，以大于 1.0 的年份为异常偏丰(高)年，小于－1.0 的年份为异常偏枯(低)年。和田河夏季流量有 7 个异常偏丰年(1961、1966、1971、1973、1977、1978、1994 年)和 7 个异常偏枯年(1965、1972、1987、1989、1992、1993、2004 年)。和田市夏季零度层高度有 7 个异常偏高年(1961、1966、1973、1977、1978、1984、1994 年)和 7 个异常偏低年(1972、1987、1989、1992、1993、2002、2004 年)。在和田市夏季零度层高度的 7 个异常偏高年中，夏季流量均偏多，异常偏丰年占 6/7；在零度层高度的 7 个异常偏低年中，夏季流量均偏少，异常偏枯年同样占 6/7。

新疆全疆以及冰川覆盖度较大的天山和昆仑山，夏季零度层高度和径流量两者具有较好的线性相关关系。事实上，零度层的升降影响位于山腰的一个带状区域。该带状区域的面积为 S，则：

$$S = HL/\sin\theta$$

式中，L 为长度，H 为零度层升高的高度，θ 为山体的坡度。

由上式可以看出，S 与零度层升高的高度 H、山体的坡度 θ 和带状区域长度 L 有关，坡度越小，面积越大。由于山体具有分形结构，这一带状区域的长度 L 可以非常大，理论上可以无限大。那么，该区域的面积将是非常可观的，蕴含于带状区域内地表、冻土、砾石和冰川中的水其冻融过程对河流径流量的影响也会较为显著。当夏季零度层高度升高的时段，这一带状区域的冰雪等固体水融化，在重力的作用下集中于河流，形成径流，增加了河流的流量，新疆河流进入丰水期；而当夏季零度层高度降低，这一带状区域的冰雪不再融化，相反液态降水也在该区域冻结，水以冰雪、冰川和冻土的方式存储于山区，径流自然减少，新疆进入枯水期。由此可见，新疆河流径流量的丰或枯，夏季零度层高度的升降是一个重要因子。

第 3 章　新疆地表水资源及其变化

水是影响人类生存的首要问题，也是制约和影响新疆经济社会发展与生态环境保护的关键因素。新疆是典型的干旱、半干旱地区，境内高山、盆地、沙漠广布，河流纵横，气候多变，水资源分布极不均匀。有水就有绿洲，无水则成荒漠。荒漠绿洲是干旱区的主要特征，对水具有明显的依赖性。新疆水资源问题多年来一直受到社会各界和科学领域的广泛关注。新疆水资源包括三种相态，即气态、液态和固态。气态水资源主要指蕴藏在大气中源源不断地流经新疆区域的空中水汽。液态水资源主要包括地面降水、河水、湖水和地下水，是水资源利用的主要形式。固态水资源主要包括高山积雪和冰川，又称为固体水库，对水资源起到一个调节作用。地表水资源主要指地表径流与冰川积雪。

3.1　地表径流

地表径流是新疆最重要的水资源。新疆大小河流共有 570 条，年径流量为 $879.0\times10^8 m^3$，其中年径流量超过 $10\times10^8 m^3$ 的大河只有 18 条，南北疆各有 9 条(章曙明等，2008)。新疆水资源主要产生于山区。绝大部分为内陆河流，河流多，流程短，水量少。新疆地表径流主要集中在夏季(6—8 月)，约占全年水量的 50%～70%。新疆河流地表径流量年际变化较平稳，最大水年与最小水年河流径流量比值在 1.3～4.0 之间，变差系数 Cv 在 0.1～0.5 之间，年际变幅比我国北方许多大河流小。新疆地表水资源分布极不均匀，有水就有绿洲，无水则成荒漠。绿洲是干旱区人类赖以生存的基础，荒漠绿洲是干旱区的主要特征，对水具有明显的依赖性。根据上述基本特征，新疆的径流分布划分成阿尔泰山区、准噶尔西部山地、天山山区和帕米尔—昆仑山区 4 个自然地理区域。

阿尔泰山区。阿勒泰行政区、塔城—额敏区、艾比湖水系为该径流分布区的主要组成部分。该径流区地形向西敞开，可以顺利地接受西来水汽。另外，河川径流的补给来源以冰雪融水为主，雨水的补给较少，春水多于秋水，最大水在 6 月，最大三个月水量占年水量的 60%～70%，平均极端月比率为 25%～50%。阿尔泰山区的代表性河流为额尔齐斯河，季节积雪融水是径流的主要补给来源。径流自西向东递减，径流深最高值在西北部，平均海拔 3000 m 以上区域，径流深达 600 mm，平均海拔 2000 m 左右区域，径流深 300 mm；东部平均海拔 3000 m 左右区域，径流深 400 mm，海拔 2000m 左右区域，径流深在 200 mm 以下。整个山区平均径流深 214 mm。

准噶尔西部山地。本区的高山地区冬季积雪相当普遍，径流的年际变化主要视热量条件而异，与天山东部北坡其他地区相反，当天山东部各地出现丰水时，该区往往出现枯水，其他地区为枯水时，该区又出现丰水和平水。春水多于秋水，最大四个月水量在 6－9 月，占年水量的 60%～70%，平均极端月比率为 15%～20%。该地区平均海拔 2000 m。塔尔巴哈台山南坡径流深最高达 400 mm，东部乌日可下亦山西坡径流深最高 500 mm 以上，而背风坡在 200 mm 以下，南部巴尔鲁克山径流深最高 200 mm，背风的玛依力山径流深 100 mm 以下。整个山区迎风坡平均径流深 184 mm，背风坡 47 mm。

天山山区。天山山区主要指天山南坡、北坡的广大地区，也是中国干旱区最大的径流特征区域。该区域主要流域为伊犁河流域、开都河流域、渭干河流域、阿克苏河流域。其中，单位面积径流西部多于东部，北坡多于南坡。天山径流高值中心：①托木尔峰—汗腾格里峰冰川群区，径流深在 600 mm 以上；②依连哈比尔尕山区，迎风坡喀什河上游径流深 700 mm；③博格达山区，径流深 500 mm 以上。伊犁河流域平均海拔 2000 m 的地方，径流深 250 mm；海拔 3000 m 的地方，径流深 650 mm；天山中部平均海拔 3000 m，径流深 200 mm 左右，但南坡仅 50～150 mm；天山东部山地径流深仅 50～200 mm。天山的山间盆地很多，由于所处位置及海拔不同，情况也各异。大、小尤尔都斯盆地海拔 2000～3000 m，径流深 50～100 mm。焉耆盆地海拔 1000m，吐鲁番盆地不及 100 m，均不产流。

帕米尔—昆仑山区。该区在新疆南部，平均海拔 5000 m 以上，有 3 个径流高值中心：①公格尔、慕士塔格山冰川区，径流深最高在 400 mm 以上；②喀拉喀什河至克里雅河间的冰川区，径流深最高 300～400 mm；③乔戈里峰冰川区，据雪冰消融估计，最高值在 200 mm 以上。昆仑山向东至柴达木盆地南部，年径流深在 50 mm 以上。该区域径流补给的主要成分是雪冰融水。背风坡单位面积径流深小于其他区域。帕米尔、喀喇昆仑山山区代表流域为叶尔羌河、喀什噶尔河流域，其径流连续最大四个月发生在 6—9 月，占 70%。最大月在 7 月或 8 月，最小月在 1 月或 2 月，春水占 15%，夏水占 60%，秋水占 18%，冬水占 7%。有地下水补给，枯水期水量较多。昆仑山、阿尔金山山区代表流域为和田河、米兰河流域，其径流连续最大四个月发生在 6—9 月，占 80%以上。最大月在 7 月或 8 月，最小月在 1 月或 2 月，春水不足 10%，夏水占 70%～80%，秋水占 10%，冬水仅 3%，年内分配极不均匀。

3.2　冰雪水资源

在新疆的水资源构成中，冰川和积雪形成的冰川水资源和积雪水资源占有重要地位。新疆地区的冰川资源是世界上其他干旱地区不能比拟的。在新疆干旱的盆地周围高山发育有冰川，这是一种特殊形式的水资源。天山是我国冰川分布最集中的山区，约占新疆冰川总面积的 75%；阿尔泰山是我国冰川分布最北地区，是额尔齐斯河补给源。积雪冰川融水量是塔里木河的主要水源。

冬春积雪资源是新疆重要水源之一。新疆是中国季节积雪储量最丰富的省区之一，年平均积雪储量为 $181\times10^8 m^3$，占全国的 1/3。新疆各地降雪分布不均，降雪比重最大的是新疆北部的阿尔泰山和准噶尔西部山地。冬雪历时 5 个月（11 月至翌年 3 月），山区的年降雪量平均为 270 mm，占全年降水量的 46%。在新疆，融雪对河流水文情势影响最大的是阿尔泰山区、准噶尔西部山地和帕米尔地区。

3.2.1　冰川水资源

在南北疆干旱的盆地周围高山发育有积雪冰川，这是一种特殊形式的水资源。它们以大大小小的“固体水库”形式位于盆地四周和临接平原的山区。积雪冰川的存在，对新疆河川径流的形成和变化产生深刻影响。雪冰融水对河流有重要的补给作用，高山积雪冰川集中在5—9月消融，与夏季集中的降水径流共同影响，增加河川径流年内分配的集中度；季节积雪每年在春夏之际融化，调节河流径流，增加春夏枯水季节可利用水量；年际间，在低温多雨年份可将大量固体降水蓄积，到高温少雨年份释放，起着河川径流的多年调节作用。因此，高山雪冰资源不仅为新疆提供一定数量的储备水资源，而且可为平原地区水资源利用创造稳定和有效利用的优越条件。

新疆的积雪冰川主要分布在天山、昆仑山、喀喇昆仑山、帕米尔高原、阿尔金山、阿尔泰山等地，据最新统计（施雅风，2005），共发育有冰川 18311 条，面积 24721.93 km^2、冰储量 2623.4711 km^3，约占中国冰川总储量的 46.9%，是中国冰川规模最大和冰储量最多的地区（表 3-1）。塔里木河流域的几条主要源流分别发源于周边的天山、帕米尔、喀喇昆仑山和昆仑山、阿尔金山等，其中有三条国际河流，即阿克苏河、叶尔羌河和喀什噶尔河以向心状汇入塔里木河，它们上游发育着数量多和规模大的部川（表 3-2）。

表 3-1　新疆冰川资源统计

流域名称	冰川条数(条)	冰川面积(km^2)	冰川储量(km^3)
艾丁湖	352	164.04	7.7212
庙儿沟等	94	88.69	4.9118
额尔齐斯河	403	289.29	16.3953
乌伦古河	13	3.91	0.0971
伊犁河	2373	2022.66	142.1791
喀拉湖	12	25.50	1.5336
天山北麓东段诸河	298	158.64	7.4598
天山北坡中段诸河	1997	1268.49	82.3403
艾比湖水系	1104	823.06	47.5460
和田河	3555	5336.98	578.7136
叶尔羌河	2917	5315.31	612.1036
喀什噶尔河	1135	2422.82	230.6202
阿克苏河	1005	2411.56	436.9870
渭干河	853	1783.86	258.2731
开孔河	832	474.98	23.2469
克里雅河诸小河	895	1357.27	100.6561
车尔臣河诸小河	473	774.87	72.6864
合计	18311	24721.93	2623.4710

表 3-2　塔里木河流域各山区冰川数量统计

河流名称	冰川条数(条)			冰川面积(km^2)			冰川储量(km^3)		
	国内	国外	总计	国内	国外	总计	国内	国外	总计
昆仑山	5744		5744	8244.26		8244.26	797.88		797.88
喀喇昆仑山	1819	142	1961	4260.01	609.54	4869.55	548.77	72.37	621.14
帕米尔高原	1277	239	1516	2670.61	345.70	3016.31	247.14	33.00	280.14
天山	2825	1867	4692	4702.77	3342.00	8044.77	719.50	294.00	1013.50
总计	11665	2248	13913	19877.65	4297.24	24174.89	2313.29	399.37	2712.66

3.2.2 积雪资源

新疆各地降雪分布不均，降雪比重最大的是新疆北部的阿尔泰山和准噶尔西部山地。阿勒泰地区的冬雪历时5个月(11月至翌年3月)，山区的年降雪量平均为270 mm，占全年降水量的46%；丘陵区年降雪量50 mm，占35%；盆地平原区30 mm，占23%。在准噶尔西部山地，年降水量中的降雪比重，冬季占24.3%，春季占23.3%。

在新疆，融雪对河流水文情势影响最大的是阿尔泰山区、准噶尔西部山地和帕米尔地区。阿尔泰山季节积雪主要分布在1500～2400 m，积雪深厚，留存时间较长，一般可达6个月以上。每年春季山区气温回升，积雪融化补给河流，形成春汛，其洪峰出现时间与高山雪冰融水和降雨所形成的洪峰明显不同。主要区别有以下两个方面。其一，春汛开始日期较高山雪冰融水汛期提前1个月左右。据多年统计，以季节积雪融水补给为主的阿尔泰山布尔津河，群库勒站5月的径流量已占全年总水量的15%，6月升至30%，7月回落到21%，8月降至12.6%，每年的最大流量出现在5月底至6月初。而以高山雪冰融水补给为主的天山北坡玛纳斯河，红山嘴站5月的径流量仅占全年总水量的4.8%，6月占15%，7、8月分别猛升至27%和24.7%，年最大流量一般出现在7月中旬。其二，季节积雪融水洪水因汇流面积大，且距出山口较近，来势较凶猛，而高山雪冰融水洪水由于汇流面积小，并距出山口较远，来势较为和缓。

准噶尔西部山地海拔较低，只有2000～3000 m，冰川分布面积极小，河流以季节积雪融水补给为主，冬季积雪一般在4月开始融化，5月融化完，因而这里的河流水文情势与阿尔泰山地区不同，表现为进入汛期更早和汛期历时短，汛期径流量占年径流量的比重更大。如卡琅古尔河卡琅古尔站，4月的径流量占年总量的12.7%，5月占30%，6月占16.8%。河流汛期较阿尔泰山地区提前1个月左右，径流量所占比重也大，年最大流量出现在4月底5月初。

帕米尔地区的河流虽是以高山融雪和降雨补给，且以夏汛为主的河流，但春季径流量远大于上述地区的河流，不过春季径流量占年径流量的比率同上述地区河流类似，也较高。如克孜河卡拉贝利站5月的径流量占全年总量的9.3%，6月占18.8%；盖孜河克勒克站5月占5.4%，6月占13.0%。

3.3 地表水资源的变化

20世纪50年代以来，新疆总径流呈增加趋势，在全国各省区中最显著。南疆塔里木河流域出山口总径流量呈增加趋势，但存在明显的空间差异。冰川退缩主要呈加速趋势。

3.3.1 冰川退缩加剧

近50年来，中国天山冰川的面积缩小了11.5%，各流域冰川面积退缩速度存在一定差异，但冰川加速消融趋势明显。乌鲁木齐河源天山一号冰川1959年以来呈退缩趋势，其变化较为典型。

冰川面积减小。一号冰川面积从1962年的1.95 km^2减少到2009年的1.65 km^2，47年间共减少了15.7%，2009—2012年面积仍在继续缩小。冰川末端退缩加剧。一号冰川在1959—1993年间以4.5 m/a的速度退缩。1993年东、西两支冰舌完全分离，1994—2008年西支冰舌末端平均退缩速率为6.0 m/a，东支退缩速率相对较缓，为3.5 m/a，末端退缩速率加快。冰川储量锐减。1962—2006年，一号冰川储量由$1.0736\times10^9 m^3$锐减到$0.8115\times10^9 m^3$，减少了24.4%。进入21世纪以来，冰储量的减少呈现出加速趋势。

3.3.2　地表径流增加

有关新疆河川地表径流变化的研究较多，由于分析选用的水文站点不同、时间序列的长度有差异，定量分析结果有一些差异，但是50年来径流变化特征的整体状况和空间分布基本是一致的。新疆大多数河流年径流量从1987年起出现增加趋势，天山山区增加尤其明显，其他地区有不同程度的增加，昆仑山北坡略微有减少(张国威等，2003；陈亚宁等，2009)。南疆塔里木河流域出山口总径流量呈增加趋势，但存在明显的空间差异(陈亚宁等，2008；王顺德等，2003)。20世纪50年代以来，新疆总径流呈增加趋势，在全国各省区中最显著(第二次气候变化国家评估报告编写委员会，2011)。

塔里木河流域冰川融水径流增加。塔里木盆地内陆流域共有现代冰川14285条，面积23628.98 km^2，冰储量2669.435 km^3，冰川融水径流量达$150\times10^9 m^3$，约占流域地表总径流量的40%，是本区最为重要的水资源。根据计算和实地考察，近40年来本区冰川物质平衡主要呈负平衡，帕米尔和喀喇昆仑山约为－150 mm，天山南坡流域在－300 mm，昆仑山基本稳定。1972/1973年度是天山物质平衡发展的一个突变点，突变后冰川消融加剧，前后均值相差－250 mm，冰川融水和洪水峰值都呈明显增加的趋势。根据分析，气温变化1℃，冰川物质平衡变化约300 mm，河流径流变化在台兰河可达10%。

温度上升导致冰川消融加剧。近50年天山山区升温主要在秋冬季节，使得冰川冷储减少，冰温升高，夏季短期的急剧升温都会使冰川大量消融。塔里木河流域出山径流年际变化与冰川融水径流年际变化过程基本一致，河流径流量的增加约3/4以上源于冰川退缩的贡献。根据相关气象资料分析，天山一号冰川1959—2008年间物质平衡与大西沟气象站年正积温呈负线性相关。

3.4　气候变化对新疆洪水的影响

3.4.1　主要河流年内径流分布改变

(1) 阿克苏河径流年内分布变化及其影响

阿克苏河各月径流均增加。阿克苏河流域1956—2006年的近50年来年径流量变化十分显著，年径流量在1993年之前呈波浪式下降趋势，1993年之后则表现为较快的上升趋势。近10多年来，阿克苏河流域主要水系5—9月的径流量增加显著。以冰川融水补给为主的库玛拉克河与台兰河径流年内变化虽然转折的时间点不同，但趋势相似，径流增加主要都在汛期的7月和8月，库玛拉克河协合拉站1994—2006年7、8月平均径流分别比1956—1993年增加了约30%和24%，而台兰河台兰站1987—2006年7、8月平均径流分别比1956—1986年增加了约25%和29%。托什干河沙里桂兰克站1994—2006年5—9月平均径流比1957—1993年分别增加了约49%、48%、26%、21%和38%，5、6月平均径流增加幅度最大。

阿克苏河夏季发生洪水灾害的可能性增大。近50年来，阿克苏河流域最大径流量的变化趋势是上升的，阿克苏河、库玛拉克河、托什干河与台兰河最大径流变化的倾向率分别为

17.28、13.98、6.79 和 4.48 $m^3/(s \cdot a)$。阿克苏河与库玛拉克河最大径流变化趋势基本吻合，年平均最大径流分别为 1423 m^3/s 和 1381 m^3/s。1965—2006 年库玛拉克河的最大径流量大于阿克苏河的原因可能是，气候变暖导致冰川消融强烈。1956—1977 年阿克苏河与库玛拉克河最大径流量呈快速下降趋势，分别减少了 22.3%和 18%；1978—1982 年最大径流变化相对稳定，平均分别为 1470 m^3/s 和 1362 m^3/s；1983—2006 年最大径流呈上升趋势，分别增加了 19.8%和 16.8%，尤其在 1994—2006 年增加显著，分别增加了 28%和 25%。托什干河最大径流在 1957—1986 年与 1992—1998 年均呈下降趋势，两时段都减少了约 23%；在 1987—1991 年与 1999—2006 年呈增加趋势，分别增加了 63.6%和 65%。总之，阿克苏河水系自 20 世纪 90 年代中后期开始最大径流量呈快速的增加趋势，说明近 10 多年来洪水灾害发生的可能性增加。

(2)克兰河径流年内分布变化及其影响

克兰河年内最大径流月提前到 5 月。克兰河最大径流月多年平均是 6 月，从年代际变化来看，流量径在 20 世纪 90 年代之前是 6 月最大，5 月次之，但从 90 年代开始，5 月成为径流量最大月。其年内径流过程发生了前移，年内的径流上升阶段变得较陡，而径流下降阶段比较平缓。5 月径流的变化从 1983 年开始一直呈增加的趋势，而 6 月径流量在减少，并且 5 月的增加量明显大于 6 月的减少量，5—6 月径流总量增加明显，反映冬季降水积累增加。季节总量上春季依然小于夏季，但随着冬春季积雪增加、积雪消融提前等因素的影响，春季径流量一直呈增加趋势，而夏季径流量有下降趋势。尤其是 90 年代后期以来，它们基本相当，这对下游的用水等非常不利。

对春夏季农业、渔业用水带来挑战。最大径流月提前至 5 月，春季径流增加，而夏季径流减少，尤其是 7－8 月的径流减少，对下游的农业生产、渔业等有很大影响。提前的融雪可能影响到春夏季供用水计划，尤其是农业的春灌和农作物生长的需水，但目前的前移有利于缓解春旱。

夏季干旱程度加剧。2006 年入冬以来，阿勒泰市的克兰河流域降水较往年大幅度降低，积雪覆盖率明显偏低，河道来水大大减少，加之持续高温干旱，导致 2007 年 7 月流经阿勒泰市区的克兰河出现罕见的断流现象。阿勒泰市克兰河河谷天然刈牧草场中，洪水淹灌的草场正常年份淹灌时间为 10～15 d 以上，而 2007 年只有 3～5 d，且不稳定，导致洪水淹灌草场草层高度较正常年下降 60%～80%，覆盖度较正常年下降 60%，产草量较正常年下降 66%～68%，洪水淹灌草场总产草量较正常年减少 66%。河谷植被主要是牧草和次生林，灌溉方式多为洪水淹灌，由于洪水淹灌次数和时间明显缩短，水量减少，蒸发量加大，改变了植物的生态条件，导致植物退化，植被覆盖率降低，加剧草场的沙化、盐渍化和荒漠化，一些地方牲畜采食困难。在夏末和秋初，秋季作物进入生长中后期，尤其夏(套)玉米尚处于需水关键期，耗水量仍然较大，要采取相应灌溉措施。

3.4.2　新疆洪水发生频次增高、灾害损失增加

根据新疆河流水文监测资料分析(李燕，2003)，近 10 年来新疆河流洪水频繁发生，且峰高量大，其原因一是夏季气温升高，二是夏季降水量增多，使 1987 年后发生超定量、超标准频次的洪水明显增加，尤其是以暴雨成因为主的河流发生超标准洪水频次最高，其次是高温和暴雨叠加形成的洪水频次。洪水灾害频次从 20 世纪 50 年代至 2000 年呈增多趋势，尤其是

1987年以来，洪灾发生的频次明显增多，灾害损失成十倍增加。对新疆29条河流选取年最大洪水，统计出超标准洪水、20年一遇洪水、50年一遇洪水的出现频次（吴素芬等，2003），分析结果显示，1987年后新疆洪水量级、洪水频次呈增加的变化趋势，20世纪90年代以来灾害性洪水出现的频次、灾害损失的变化比较分析也显示，90年代以来灾害性洪水尤其是灾害性暴雨洪水和突发性洪水呈现增加的态势，1987－2000年的灾害损失与1950－1986年相比增加了30倍。基于1956－2006年的实测洪峰等资料分析表明（吴素芬等，2010），20世纪80年代中期以来新疆超标准洪峰、洪量的频次增加，大多数河流洪水峰、量都呈增大变化趋势。

（1）近期气温变暖使塔里木河源流——库马里克河、叶尔羌河的冰湖溃决洪水增加

库马里克河是阿克苏河的最大支流，也是塔里木河主要的补给水源。河源地区分布有天山地区最长大的冰川——伊力尔切克冰川（长61 km，总面积821.6 km^2）及数量众多的冰面湖与冰川阻塞湖，其中麦茨巴赫冰川湖为众多冰川湖中最大的一个，频繁发生突发性溃决洪水。据协合拉水文站资料分析，年径流量90年代与50年代比较增多10×10^8 m^3，增加25%，最大流量90年代与50年代比较增多32%，洪水频率也不断增加（图3-1）。

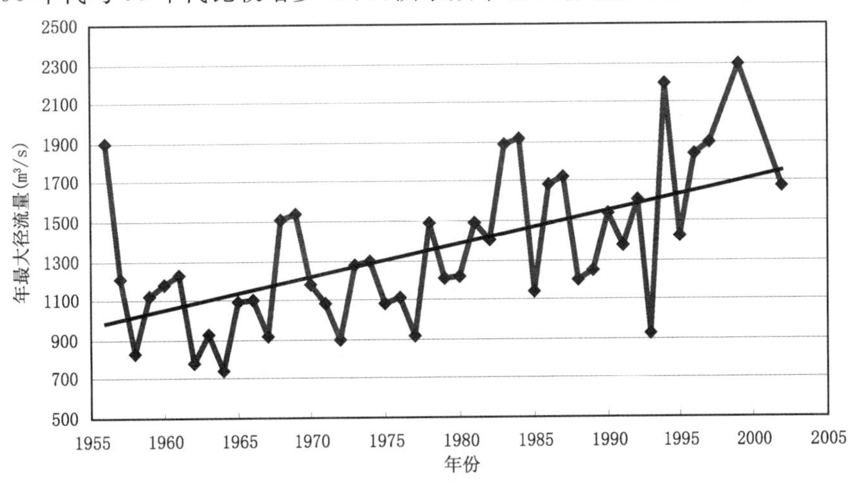

图3-1　库马里克河协合拉站年最大径流量变化

叶尔羌河发源于喀喇昆仑山，源头区分布一系列冰川，由于有4、5条冰川下伸到主河谷阻塞冰川融水的下排，经常形成冰川阻塞湖，当冰坝被浮起或冰下排水道打开，就会发生冰湖溃决洪水。在经历了1986年的冰湖溃决洪水后，由于冰川排水道打开，直到1996年再没有发生溃决洪水。但在90年代的剧烈增温过程中，冰川消融加剧，融水量增加，冰温升高，冰川流速加快，再次阻塞河道形成冰湖，发生频繁的冰湖溃决洪水（图3-2），并且洪水的洪峰流量和洪水总量越来越大，冰湖的规模相应扩大，溃决的危险程度也增加。随着全球气温的持续变暖，叶尔羌河的冰湖溃决洪水的频率和幅度将会继续增加，对下游的人民生命财产和社会经济发展产生严重威胁（沈永平等，2006）。

（2）新疆北部隆冬季节出现融雪型洪水

新疆北部是我国冬季积雪最为丰富的三大区域之一，稳定积雪持续时间长，冬末春初雪盖消退迅速，遇气温快速上升往往引发融雪型洪水。近50年来新疆的气温明显上升，其中又以冬季增温最为显著。2008年1月，受冬季出现的极端暖事件影响，北疆盆地积雪大面积融化，融化期提前，改变了准噶尔盆地积雪时空分布（毛炜峄等，2007）。2010年1月，裕民县降雪量

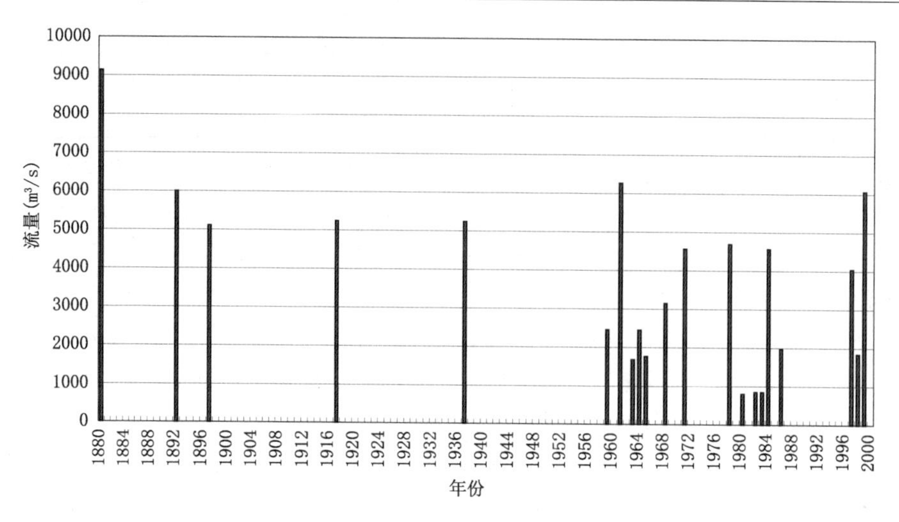

图 3-2 叶尔羌河卡群站冰湖溃决洪水

达 95 mm，较历年同期偏多 5.8 倍，突破 1 月历年极值；1 月 1—7 日和 15 日裕民达到极端暖事件标准，而 11 日和 19 日又达到极端冷事件标准（图 3-3）。2010 年 1 月上旬前期的异常升温，导致积雪快速融化，引发融雪型洪水，十分罕见（毛炜峄等，2010）。全球变暖背景下区域极端天气气候事件频发，极端天气气候事件的影响程度增强。

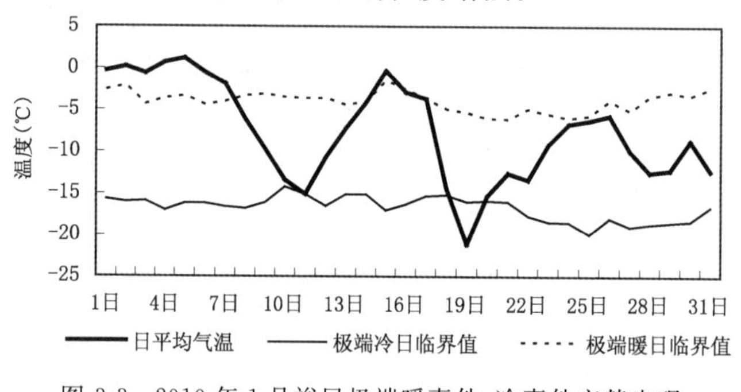

图 3-3 2010 年 1 月裕民极端暖事件、冷事件交替出现

3.5 新疆水资源及生态面临巨大挑战

3.5.1 河川径流量增大，防汛抗旱形势面临新挑战

20 世纪 50 年代以来，新疆总径流呈增加趋势，大多数河流年径流量从 1987 年起出现增加趋势，发源于天山山区的河流径流增加尤其明显。80 年代以来天山一号冰川融水增加，乌鲁木齐河径流量迅速增大。天山一号冰川 1959—1985 年平均物质平衡值为－94.5 mm/a，而 1986—2000 年增至－358.4 mm/a，即较前段增大了 2.8 倍，相应的河流径流量较前段增加 84.2%。

从整体上看可以利用的水资源量增加了，但是气候变暖同时也改变了新疆不少河流的年内径流分布规律，不同流域的防汛抗旱情势也随之有变化。急剧的升温可能引起冰川洪水的发生，产生严重的灾害。库玛拉克河协合拉站1994—2006年7、8月平均径流分别比1956—1993年增加了约30%和24%，阿克苏河夏季发生洪水灾害的风险增大。克兰河5月径流呈增加趋势，而6月径流下降，径流最大月由6月提前到5月，春季径流增加的同时夏季径流减少，尤其是7—8月的径流减少，对缓解春旱有利，但夏季干旱程度加剧，对春夏季农业、渔业用水带来挑战。

3.5.2　气候变暖，新疆区域洪水加重，冰湖溃决洪水增加

受气候变暖影响，1957—2006年全疆极端洪水呈区域性加重趋势，尤其南疆区域极端洪水明显加剧(毛炜峄等，2012)。发源于天山山区的托什干河、库玛拉克河、玛纳斯河和乌鲁木齐河20世纪90年代以来与前期相比，年最大洪峰流量明显增大，年际间变化更剧烈，洪水年更频繁。

阿克苏河源地区分布有天山地区最长大的冰川——伊力尔切克冰川(长61 km，总面积821.6 km^2)及数量众多的冰面湖与冰川阻塞湖，频繁发生突发性冰湖溃决洪水。年最大流量20世纪90年代与50年代比较增多32%，洪水频率也不断增加，对下游的人民生命财产和社会经济发展产生严重威胁。

3.5.3　升温引起冰川消融，影响新疆未来水资源的可持续性发展

在冰川加速消融的前期，河川径流量增加，而在冰川储量下降到一定规模后，河川径流反而会减少。转折时段出现的早晚与升温速率以及冰川规模等因素有关。天山一号冰川规模小，对升温的响应更加敏感。进入21世纪后，乌鲁木齐河年径流量已呈现减少趋势，与近30年(1981—2010年)平均值比较，英雄桥年径流量2001—2005年偏少4.8%，2006—2010年偏少7.8%。

第 4 章　新疆面雨量的估算及其变化特征

新疆是一个典型的干旱、半干旱地区，水资源是制约和影响新疆经济社会发展与生态环境保护的关键因素。降水不仅决定着新疆水资源总量，而且也是新疆所有形式的地表水、地下水和高山积雪冰川等水体的根本补给源，是水分循环过程中的一个重要分量。多年来，我们一直用单点气象观测站的降水资料来反映某个区域或流域的总降水量状况，但与实际情况存在较大差距，因此，为了比较客观地反映某个区域的降水总量，使用面雨量是比较合适的。

面雨量是一个区域的降水总和，通常以立方米为单位，它比传统的单点降水量能更加全面客观地描述该区域的实际降水资源状况。面雨量对于气象学、地理学、水文学、环境生态学等许多学科都是一个重要的输入变量，是水分循环、气候一水文模式研究中的一个重要的基础数据，也是暴雨洪水预报中非常重要的指标之一。面雨量的大小对一个区域的河水径流量影响很大，它是气象与水文相互结合的桥梁和纽带。深入了解某一区域的面雨量分布特征及其变化规律，对合理开发利用好水资源具有重要意义。

在面雨量的计算过程中，选择或设计合适的插值方案将直接影响到计算结果的准确性。为此，国内外许多学者进行了大量研究，提出了各种插值方法，并应用于实际工作中。在这其中，以网格化的插值方案最为广泛，主要原因是网格化便于计算机处理，便于与 GIS 相结合，便于各种模式的应用。网格化方案有多种，有克里金（Kriging）法、梯度距离平方反比法（GIDS）、反距离加权插值法、最优插值法、三角形法、泰森多边形法等。为了进一步提高估算的精度，又结合雷达、卫星遥感等资料不断进行试验和改进。Amani 和 Lebel（1998）根据在尼日尔首都尼亚美周围地区进行的 3 年试验（在 16 km^2 面积上分布了 100 个雨量站）的观测数据，得出了稠密站网估算的平均面雨量与稀疏站网估算的平均面雨量之间的线性关系，并建立了面雨量实际值与点雨量之间的线性关系。Hewitson 和 Crane（2005）考虑到把台站的空间代表性变化作为天气状况运动的函数，提出了一个从观测站估算网格的面平均雨量的条件差值方法。以高分辨率数据为基础的南美试验结果表明，条件差值在确定降水场的空间范围方面是非常有效的。Johansson 和 Chen（2003，2005）为了改进瑞典山区日雨量估算的精确性，考虑了地形、海岸以及日风向风速对日雨量分布的影响，采用 4 km×4 km 的网格，把内插值直接与对应点的观测值进行比较，并通过水量平衡方程对长期平均面雨量的估算进行了验证。国内学者对面雨量的计算问题也做了大量的研究，比较了不同的面雨量计算方法，并应用于我国主要江河流域，对降雨信息空间插值的不确定性进行了分析。

新疆在面雨量方面的研究一直还处于探索阶段，尚未进行过系统性的深入研究，虽然也提出过一些前后不一的估算数据，但在数据和方法上仍存在疑问。文献通过新疆面积（165×10^4 km^2）乘以气象站的算术平均降水量（150 mm）简单估计出新疆面雨量的数值为 2475×

$10^8\,m^3/a$,但是由于新疆地形复杂,台站稀少分布不均,尤其在降水集中的山区更为稀少,以台站数据进行简单的算术平均不能代表新疆区域真实的平均降水量,得出的结果只能给人们一个大概的数量概念,无法满足当前对水资源问题研究的需要。因此,随着观测资料的积累,采用现代先进科学技术手段,精细化地计算新疆面雨量是十分必要的。

面雨量计算方法有多种,各种方法各有其利弊,如何扬长避短,寻求比较精确的面雨量估算方案,解决面雨量估算问题,国内外一些专家所做的有益探索,为我们提供了借鉴。目前,面雨量的计算主要采用实况插值法、要素回归法、遥感相关法、神经网络法、物理模型法等。实况插值法的实用性最强,应用较广泛。要素回归法对比较长的时段效果较好,月雨量、年雨量回归计算在某些地方已取得区域试验的成功并应用于实际服务。遥感相关法、神经网络法、物理模型法等也有成功的个案,但基本还是以研究为主。这些试验和方法或者基于研究区内极高的站点密度和观测,并针对特定的地区而言;或者适应于站点较多或地形平坦的地方。另外,这些方法多从天气预报、水文角度出发,主要针对的是每次降水事件,或者是多年平均面雨量,而关于如何建立一个流域或地区面雨量年际序列的研究还很少涉及。新疆地形复杂、测站稀少分布不均、海拔高度变化大,需要经过不同方法的反复对比试验和优化,以提出适合新疆气候、地理和台站分布实际情况的最优插值方法。

4.1 降水量空间化的方法研究

新疆降水量的空间分布主要受地理纬度、海拔高度、离海远近、坡度、坡向等多因素的影响,其中海拔高度对降水分布的影响最显著。在早期,由于技术的限制和缺乏合适的计算平台,地形参数常被忽略或简化,使得降水的空间模型难以实现。随着 GIS 技术的发展,特别是数字地形分析功能的不断完善,为实现降水的空间分布提供了很好的数据基础,使得降水量的空间分布模拟得以实现。

为了比较各种方法的优劣,分别运用距离平方反比法(IDS)、多元回归法、梯度距离平方反比法(GIDS)、地理信息系统软件(ARC/INFO 9.0)等多种方法,结合 144 个气象站和水文站的降水资料,对新疆降水量的空间分布进行研究,包括地理数据的精度检验、雨量插值的精度检验、不同分辨率的对比试验等。

4.1.1 距离平方反比法

距离平方反比法(inverse distance squared,IDS)实际上是以插值点与观测点间的距离为权重的一种加权平均法。其权重赋予是离插值点越近的样点赋予的估值权重越大。当权重由距离反比给出,称反比法;由距离平方的反比给出,称距离平方反比法,通常后者更为常用。

距离平方反比法公式如下:

$$P_l = \left[\sum_{j=1}^{n} \frac{P_j}{d_j^2}\right] \Big/ \left[\sum_{j=1}^{n} \frac{1}{d_j^2}\right]$$

式中,P 为降水量(mm),d 为观测点与插值点之间的距离。

计算结果表明((彩)图 4-1),新疆多年平均总雨量为 $3086\times10^8\,m^3$。从大的分布形式来看,南疆少,北疆多,天山山区最多,基本合理。但该方法的缺点是没有考虑地形因素,分辨不出降水的细节特征,出现了大量的同心圆现象,因此这种方法只适用于平坦地区或站点密集的地区。

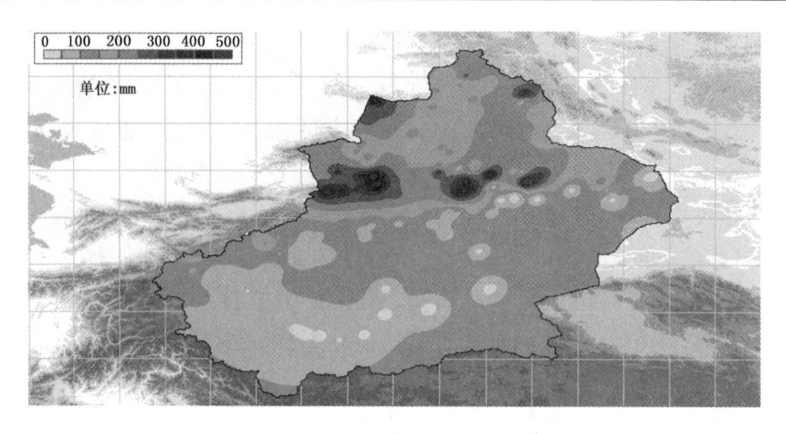

图 4-1 距离平方反比法的计算结果

4.1.2 多元回归法

多元回归法主要是通过建立降水量与地理因子的多元回归方程进行降水量的插值。优点是考虑了地形变化对降水分布的作用,从而在一定程度上隐含了气候因素的影响。其公式为

$$P = -1230.888 - 3.833995 \times \lambda + 37.43048 \times \varphi + 0.1144477 \times H$$

式中,P 为降水量(mm),λ 为经度(°),φ 为纬度(°),H 为海拔高度(m)。复相关系数为 0.69。

由于考虑了地理因子,结果要比 IDS 方法合理许多,计算总雨量为 $3098\times10^8\,m^3$。缺点是周围观测站点对插值点的影响没有了,因而造成一些高海拔地区的降水量和范围明显偏大,如昆仑山地区(见(彩)图 4-2)。

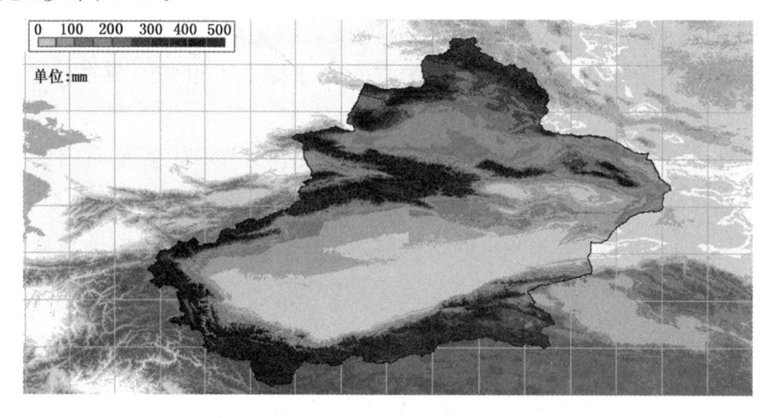

图 4-2 多元回归法的计算结果

4.1.3 梯度距离平方反比法

梯度距离平方反比法(gradient plus inverse distance squared,GIDS)由 Nalder 等人 1998 年提出,该法实际上是上述两种方法的结合,既考虑了气象要素随海拔高度和经向、纬向的梯度变化,又考虑了气象站与插值点之间的距离权重。其公式为

$$P_i = \left[\sum_{j=1}^{n} \frac{P_i + (X_i - X_j) \cdot a_0 + (Y_i - Y_j) \cdot a_1 + (E_i - E_j) \cdot a_2}{d_j^{\beta}}\right] \Big/ \left[\sum_{j=1}^{n} \frac{1}{d_j^{\beta}}\right]$$

式中,P_i 为待估点 i 处的降水量,X_i、X_j 和 Y_i、Y_j 分别为待估点 i 与气象站点 j 的 X、Y 轴坐

标值，E_i、E_j 分别为待估点 i 与气象站点 j 的海拔高度，d_j 为待估点 i 与第 j 个气象站点的大圆距离，a_0、a_1、a_2 是降水量与 X、Y 及海拔高度 E 的回归系数，由下式求出：

$$Z = a_0X + a_1Y + a_2E + b_0$$

根据新疆降水资料，计算时选择参考点为(72°E，32°N)，海拔高度 E 和 X、Y 的单位取 m，得出回归系数 $a_0 = -0.000043$，$a_1 = 0.00033$，$a_2 = 0.114466$，$b_0 = -304.069$，相关系数 0.69。

幂指数的大小决定了空间插值曲线的光滑程度，当幂指数增加时，随着测站与计算点距离的增加，测站权重快速下降。幂指数 β 取 1 时，称梯度距离反比法，幂指数 β 取 2 时，称梯度距离平方反比法。

对比试验不同参数(β)值对计算结果的影响((彩)图 4-3)。结果表明，当 $\beta=2$ 时的结果要明显好于其他方法，更接近降水分布的实际情况，此时的总雨量为 $2724\times10^8 m^3$。当 β 指数增加时，随着与计算点距离的增加，测站影响的权重迅速降低。$\beta=2$ 时的 GIDS 被认为是最优插值方法。表 4-1 列出了几种插值方法的计算结果。

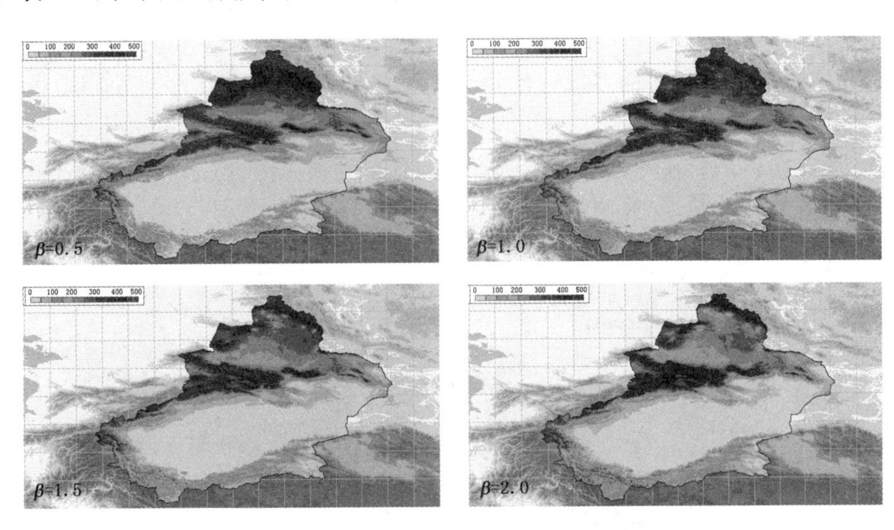

图 4-3　梯度距离平方反比法计算结果(单位：mm)

表 4-1　各种方法计算结果比较

插值方法	距离平方反比法(IDS)	多元回归法	梯度距离平方反比法(GIDS)
总雨量 $\times10^8 m^3$	3086	3098	2724

为了检验数字高程模型(DEM)分辨率对插值结果的影响，分别用 5 km×5 km，10 km×10 km，20 km×20 km，50 km×50 km 等四个不同水平分辨率网格分别进行计算。结果表明(表 4-2)，不同分辨率网格所得出的面雨量结果存在一些差异，随着网格距的扩大，面雨量也在增加。造成这种现象的原因主要是因为随着网格距的扩大引起了边界误差增大，相应的区域总面积也在扩大，因而导致整个区域面雨量增加。另外，还可以从相对误差中看出，$2724.6\times10^8 m^3$ 与不同网格距所得面雨量的相对误差均比与 20 世纪 60 年代估算的 $2412\times10^8 m^3$ 的相对误差要小。因此，我们分析认为 $2724.6\times10^8 m^3$ 的结果是相对可靠的。

表 4-2 不同分辨率网格的面雨量及其相对误差

	1 km×1 km	5 km×5 km	10 km×10 km	20 km×20 km	50 km×50 km	以前值
面雨量(×10^8 m^3)	2724.6	2737.6	2756.1	2819.2	2983.6	2412
相对误差(%)	0	0.5	1.1	3.4	9.5	11.5
面积(×10^4 km^2)	164.64	165.13	165.73	170.70	174.60	

4.2 降水量年平均分布特征

4.2.1 降水量分布特征

最终用 GIDS 法计算出了新疆区域年降水量的空间分布((彩)图 4-4)。由图可见,降水基本上呈现北多南少,西多东少,山区多平原少的特征,降水量的大小与地形分布有着十分密切的关系。降水高值区主要位于天山山区中西段、阿勒泰山区和塔城的塔尔巴哈台山地区,降水量在 400 mm 以上,昆仑山区降水明显低于天山山区,降水量在 200 mm 左右;降水低值区主要在南疆塔里木盆地及哈密南部地区,降水量小于 50 mm;在哈密北部淖毛湖地区和北疆西部艾比湖地区附近降水量在 50—100 mm 之间。从图上可以看出,200 mm 以上的降水大多都集中在山区,山区降水是新疆区域河水径流主要的补给来源之一;两大盆地是降水比较少的地区。计算结果表明,新疆区域面雨量多年平均值为 2.76 × 10^{11} m^3,年平均降水量为 165.5 mm。

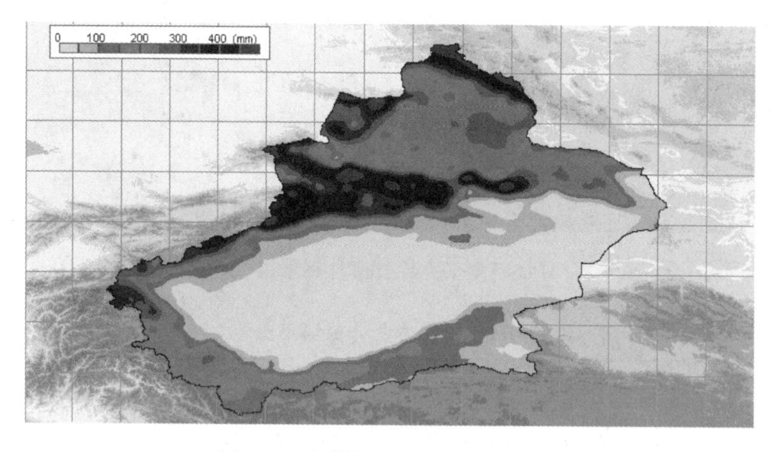

图 4-4 计算的新疆区域降水分布

同时,我们还可以很容易得到各级降水量所占的面积。对新疆年平均降水量划分为 11 个等级,计算出各降水等级所对应的降水总量、面积及累积百分率(图 4-5)。从各等级年平均降水量所占的面积来看,年平均降水量在 0~50 mm 所占的面积最大,为 43.9×10^4 km^2;其次是 50~100 mm,所占面积为 21.6×10^4 km^2,两者占新疆总面积的 40%左右。降水量≥500 mm 以上的面积仅为 1.2×10^4 km^2。

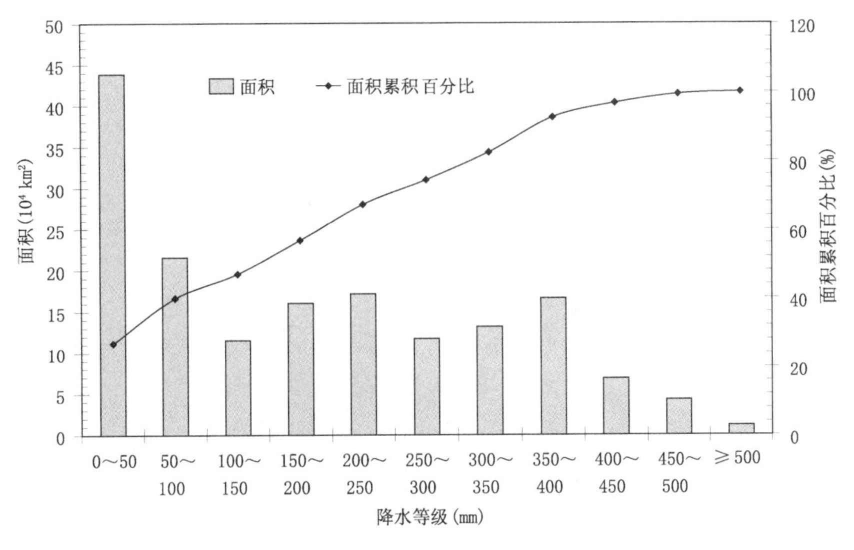

图4-5　各级降水量所占面积

4.2.2　区域面雨量

(1)区域计算边界的划分

新疆地域辽阔,南北气候差异大,高山、绿洲、戈壁、沙漠、盆地相互交错,山区与平原的降水分布不同。根据影响新疆降水的天气气候特点和地理分布状况,我们把新疆分为3个气候特征明显的区域:北疆、南疆、天山山区(海拔高度≥1500 m,含伊犁河谷)。

在以往的研究中对这三个区域具体地理边界的确定一直比较模糊,一般情况下也不太影响分析结果。但在基于地理信息精细化计算各区域面雨量时,必须有一个十分清晰明确的边界。这里采用的方法是首先确定天山山区的边界,因为天山山脉把新疆一分为二,天山山区的边界确定了,南、北疆的边界也就自然确定了。通过实验分析,在天山附近选取海拔高度≥1500 m的区域确定为天山山区比较合适。考虑到伊犁河谷地处天山之中,气候特征相近,虽然有部分地区海拔高度<1500 m,但仍将其划入天山山区。在天山与昆仑山交接处以直线分割,在天山最东段也以直线分割,具体的分区结果见(彩)图4-6。因此,本章所指的北疆、天山山区、南疆的范围在细节上可能与过去的区域定性描述有一点差异。由此我们计算出了新疆区域总面积为164×10^4 km^2,其中北疆区域面积为33.65×10^4 km^2,天山山区面积为27.08×10^4 km^2,南疆区域面积为103.27×10^4 km^2。

(2)各区域面雨量分布特征

北疆:从(彩)图4-7中可以看出北疆地区的降水分布状况,北疆地区面积约为33.68×10^4 km^2,占全疆总面积的20.5%。北疆地区面雨量年平均值为934.0×10^8 m^3,约占全疆总面雨量的34.3%,北疆地区年平均降水量为277.3 mm,图中所示最大降水区在阿尔泰山和塔城北部的塔尔巴哈台山区,降水量大多在400 mm以上;准噶尔盆地是降水的低值区,最小区在北疆西部的艾比湖和东部的淖毛湖地区,降水量约为50 mm。由图4-10和表4-3可见,约占全疆土地面积1/5的北疆地区,其面雨量占到全疆面雨量的约1/3。

天山山区:(彩)图4-8为天山山区的降水分布,天山山区面积约为26.9×10^4 km^2,占全疆总面积的16.3%。天山山区面雨量平均值为1101.5×10^8 m^3,约占全疆总面雨量的40.4%,

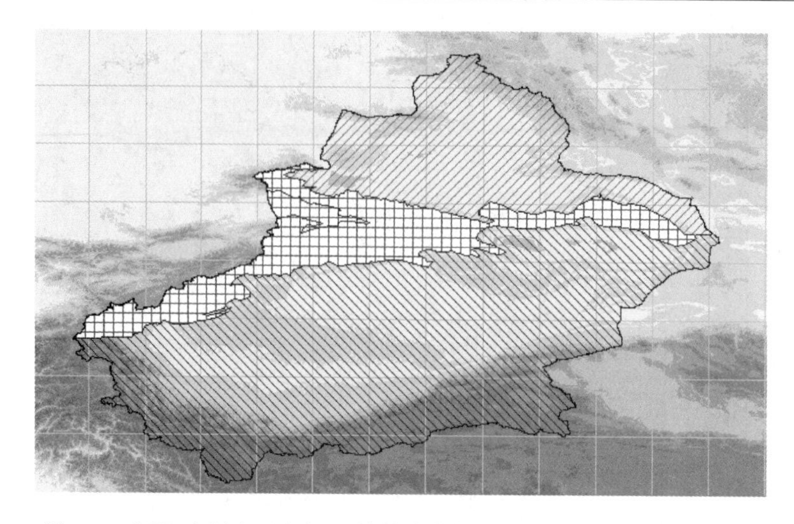

图 4-6 北疆、南疆和天山山区(海拔高度≥1500 m,含伊犁河谷)的划分

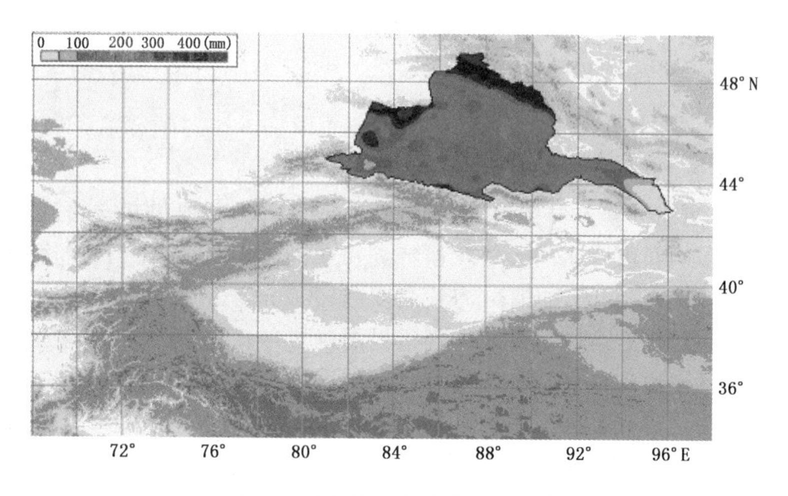

图 4-7 北疆地区年平均降水分布

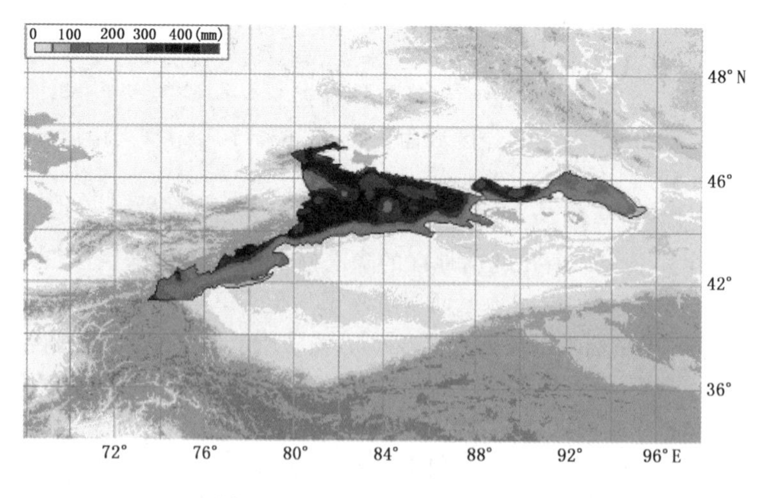

图 4-8 天山山区年平均降水分布

天山山区平均年降水量为 409.1 mm(表 4-3)。天山山区的最大降水区在天山中部的北坡一带及伊犁河谷两侧,降水量大多在 500 mm 以上;最小区在东天山和天山西南端的南坡附近,降水量一般为 150 mm 左右,这与过去人们的研究和认识是一致的。以上计算结果表明,约占全疆土地面积 1/6 的天山山区,其面雨量却占到了全疆面雨量的约 40%,说明天山山区是新疆地表径流形成的主要源区。

南疆:(彩)图 4-9 为南疆地区的降水分布,南疆地区面积约为 104.01×10^4 km^2,占全疆总面积的 63.2%。南疆地区面雨量平均值为 689.1×10^8 m^3,约占全疆总面雨量的 25.3%,南疆地区平均年降水量为 66.2 mm(表 4-3)。最大降水区在南疆西部山区,降水量约为 300 mm;最小区在塔里木盆地和哈密南部地区,降水量一般为 50 mm 左右。

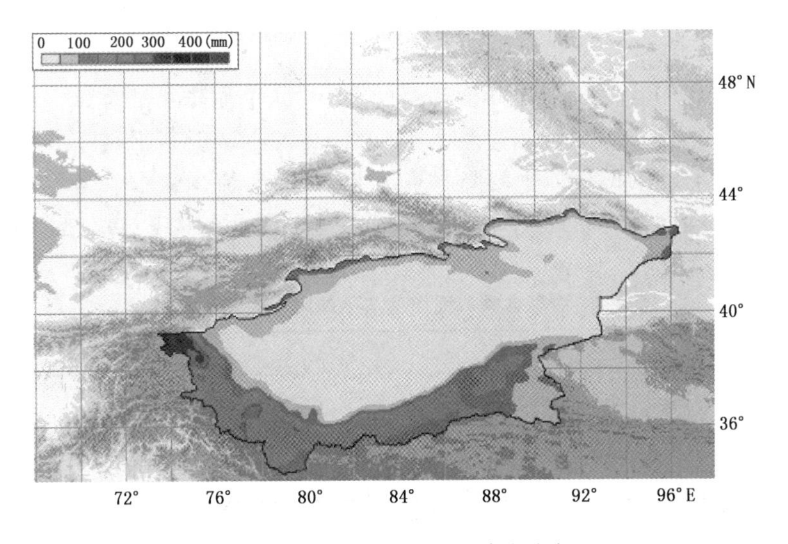

图 4-9　南疆地区年平均降水分布

表 4-3　不同区域的面雨量、区域面积、平均降水量值

	北疆地区	天山山区	南疆地区	总计
面雨量($\times10^8$ m^3)	934.0	1101.5	689.1	2724.6
所占比例(%)	34.3%	40.4%	25.3%	
面积(km^2)	336815	269275	1040293	1646383
所占比例(%)	20.5%	16.3%	63.2%	
平均降水量(mm)	277.3	409.1	66.2	165.5

上述分析表明,天山山区面积虽小,仅占总面积的 16.3%,但所占的面雨量却最大,占到了总量的 40.4%,天山山区的平均年降水量是北疆地区的约 1.5 倍,是南疆地区的 6 倍多,说明天山山区是新疆的主要水源区;北疆地区年平均降水量是南疆的 4 倍多;南疆地区面积很大,分别是北疆和天山山区的 3～4 倍,但面雨量却明显地少于北疆和天山山区,是新疆最干旱的区域。

(3)面雨量的季节分布

从春、夏、秋、冬四季面雨量的分布来看(表 4-4),各季之间存在着很大的差异。夏季面雨

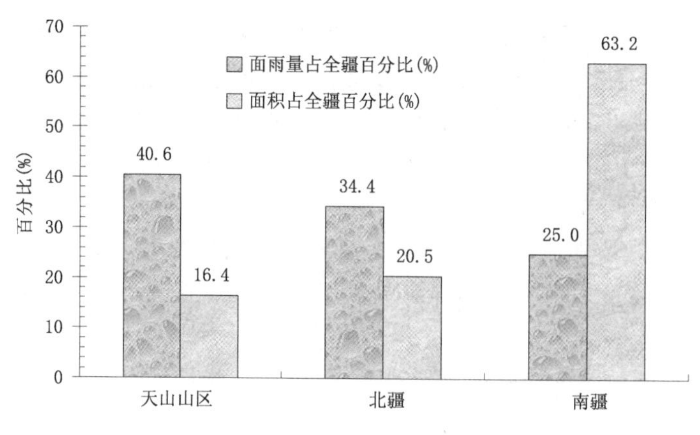

图 4-10　各区降水量所占面积

量最大，为 1481.5×10⁸ m³，占到整个年面雨量的 54.4%，平均降水量为 90 mm，说明夏季是新疆全年降水最多的季节；春季次之，为 642.9×10⁸ m³，占 23.6%，平均降水量为 39.1 mm；秋季为 449.8×10⁸ m³，占 16.5%，平均降水量为 27.3 mm；最少的季节为冬季，面雨量仅有 150.4×10⁸ m³，仅占全年面雨量的 5.5%，冬季降水量平均只有 9.1 mm，是新疆降水最少的季节。

表 4-4　新疆各季节面雨量与平均降水量及其比例

	春	夏	秋	冬	总计
面雨量(×10⁸m³)	642.9	1481.5	449.8	150.4	2724.6
所占比例	23.6%	54.4%	16.5%	5.5%	
平均降水量(mm)	39.1	90	27.3	9.1	165.5

4.3　面雨量序列的计算

4.3.1　回归与 Kriging 方法结合

利用地理信息系统软件 ARC/INFO 9.0，在新疆 1 km×1 km 地理和地形因子空间数据库的基础上，将统计回归模型与空间内插方法(Kriging 插值)相结合，分析新疆 1961—2007 年历年降水量与地理和地形要素之间的多元线性回归关系，建立新疆降水量的空间分布模型。

(1)地理和地形因子提取

利用从 1∶250000 数字化地形图得到的新疆区域 1 km×1 km DEM 数据，基于地理信息系统软件 ARC/INFO 9.0 中的数字地形分析模块(ADDXY，SLOPE，ASPECT，FOCALMEAN，FOCALMAX 等函数)分别提取经度、纬度、坡度、坡向等主要地理和地形因子的空间数据，并对它们进行投影变换，形成统一的投影坐标系统，得到新疆主要地理和地形因子空间数据库。空间数据的网格大小采用 1 km×1 km，作为下一步推算新疆区域降水量空间分布的最小计算单元。之后，利用气象站点的地理位置信息，从新疆主要地理和地形因子空间数据中提取气象站点所在位置的地理和地形因子(表 4-5)。

表 4-5　新疆降水量空间分布模型中的主要地理和地形因子

地理和地形要素变量	描述说明
ELEV	海拔高度(m)
SLOPE	坡度(°)
ASPECT	坡向
LON	经度(°)
LAT	纬度(°)
ELEVx	气象站点周围 x km 范围内(x=1、3、5 和 10)的平均海拔高度(m)
ZXyx	气象站点周围 y km 范围内(y=1、3、5、10、20 和 50),在 8 个方向(x=N, NE, E, SE, S, SW, W, NW)的最大海拔高度(m),例如,ZX10SE 指气象站点周围 10 km 范围内在东南方向的最大海拔高度

(2)历年降水量空间化

在新疆 1 km×1 km 主要地理和地形因子空间数据库的基础上,将降水量的统计回归模型与空间内插方法相结合应用于新疆降水量的空间分布研究。其中,降水量的统计回归模型是由卢其尧首先提出的,他认为某地的降水量是地理因素和地形因素的函数,使用公式可以表示为

$$F = f(\lambda,\varphi,h,g) + \varepsilon$$

式中,$f(\lambda,\varphi,h,g)$ 为降水量回归模型的估算值,λ 为经度,φ 为纬度,h 为海拔高度,g 为除地理位置以外的其他地理和地形因素,ε 为残差。kriging 法是利用区域化变量的原始数据和变异函数的结构特点,对未采样点的区域化变量的取值进行线性无偏最优估计的一种方法,已广泛应用于降水的空间分布研究中。

在降水量的空间分布模型中,地理和地形因子的选取非常重要。新疆地形起伏较大,降水受地形影响明显,在选择地理和地形要素时,除了经度、纬度和海拔高度三大要素外,还考虑了坡度、坡向以及一定范围内和不同方向上的平均和最大海拔高度。

利用 95 个气象站 1961—2007 年 47 年的历年降水量资料与表 4-5 中的地理和地形要素变量,分别进行多元线性逐步统计回归分析(信度水平 1%),计算结果见表 4-6。

表 4-6　新疆 1961—2007 年历年降水量与地理和地形要素之间的多元线性回归关系

年	复相关系数		地理和地形要素	检验(18 站)	
	地理地形因子	经纬度和海拔高度		相关系数	平均绝对误差(mm)
1961	0.815	0.668	+LAT/+ZX100S/+ZX20SE/－ZX50W/－LON	0.9812	9.3
1962	0.864	0.660	+LAT/－LON/+ZX100S/+ZX4W/－ZX100W/－ELEV5/+ZX20N/+ZX10S/+ZX2NW/－ZX20S	0.9691	7.2
1963	0.771	0.605	+LAT/－LON/+ZX100S/+ZX20SE/－ZX20SW	0.9701	11.4
1964	0.786	0.624	+LAT/－LON/+ZX10S/+ZX100S/－ZX10SW	0.9614	11.9
1965	0.905	0.722	+LAT/－LON/－ZX50W/－ZX1SW/+ZX100S/+ZX2NW/－ZX5E/+ZX100E/+ZX20S/+SLOPE	0.9551	10.8
1966	0.835	0.688	+LAT/－LON/+ZX20SE/+ZX100S/－ZX50W/+ZX100E	0.9710	12.8

续表

年	复相关系数		地理和地形要素	检验(18 站)	
	地理地形因子	经纬度和海拔高度		相关系数	平均绝对误差(mm)
1967	0.784	0.641	+LAT/-LON/+ZX100S/+ZX20SE/-ZX100W	0.9729	9.3
1968	0.868	0.668	+LAT/+ZX100S/+ZX10NW/-LON/-ZX10E/+ZX20SE/+ZX4NW/-ZX3S/-ZX50W	0.9433	10.5
1969	0.864	0.707	+LAT/-LON/-ZX100W/+ZX100S/+ZX10S/-ZX10SW/+ZX100E	0.9542	14.8
1970	0.803	0.631	+LAT/+ZX100S/+ZX20SE/-LON/-ZX50W	0.9686	13.0
1971	0.873	0.665	+LAT/+ZX100S/+ZX20SE/-LON/-ZX50W/+ZX4W/-ZX5E/+ZX10N/-ZX5W/+ZX100E	0.9515	13.8
1972	0.741	0.640	+LAT/+ZX50S/-LON/+ZX100SE	0.9716	11.5
1973	0.808	0.691	+LAT/-LON/+ZX100S/+ZX10S/-ZX100W	0.9715	10.2
1974	0.863	0.647	+ZX20SE/+LAT/-LON/+ZX100S/-ZX10E/+ZX10N/-ZX50W/+ZX100E/-ZX50N	0.9506	9.3
1975	0.733	0.589	+LAT/+ZX100S/+ZX20SE	0.9734	10.2
1976	0.793	0.663	+LAT/+ZX20SE/-LON/+ZX100S/-ZX100W	0.9726	11.1
1977	0.857	0.717	+LAT/-LON/+ZX100S/-ZX100W/+ZX4W/-ZX10E/+ZX20E/-ZX5W	0.9587	9.9
1978	0.821	0.623	+LAT/+ZX50S/+ZX100E/-ZX100NE/-LON/+ZX20SE/-ZX50W	0.9852	7.3
1979	0.797	0.630	+LAT/+ZX100S/+ZX20SE/-ZX100W	0.9624	12.0
1980	0.811	0.649	+LAT/+ZX50S/-LON/+ZX100E/+ZX100S/-ZX100W	0.9814	9.8
1981	0.750	0.612	+LAT/-LON/+ZX10S/-ZX10SW/+ZX100S/+ZX100E	0.9572	13.9
1982	0.762	0.600	+LAT/-LON/+ZX20SE/+ZX100S/-ZX20SW	0.9784	8.8
1983	0.821	0.659	+LAT/+ZX100S/+ZX20SE/-ZX50W/-LON	0.9618	11.4
1984	0.854	0.663	+LAT/+ZX100S/+ZX20SE/-ZX50W/-LON/-ZX100NE/+ZX100E/+ZX100NW	0.9752	11.9
1985	0.811	0.628	+LAT/+ZX100S/+ZX100E/-LON/-ZX100W/+ZX20SE	0.9634	10.8
1986	0.883	0.711	+LAT/+ZX20SE/+ZX100S/-LON/-ZX50W/+ZX100E/-ZX100NE/+ZX100NW	0.9676	10.0
1987	0.852	0.661	+LAT/+ZX100S/-LON/+ZX20SE/-ZX50W/+ZX100E/-ZX50N/+ZX20N/+ZX100NW	0.9208	21.0
1988	0.871	0.655	+LAT/+ZX100S/+ZX20SE/-LON/-ZX50W/+ZX100E/-ZX50N/-ZX10E/+ZX10N	0.9264	17.6
1989	0.817	0.641	+LAT/-LON/+ZX100S/+ZX20SE/-ZX50W/+ZX100E/-ZX50N/+ZX50NW	0.9625	10.6

续表

年	复相关系数		地理和地形要素	检验(18 站)	
	地理地形因子	经纬度和海拔高度		相关系数	平均绝对误差(mm)
1990	0.748	0.678	+LAT/+ZX50S/－LON	0.9734	11.3
1991	0.896	0.717	+ZX20SE/+LAT/－LON/+ZX100S/+ZX100E/－ZX50E/－ZX50W/+ZX4NW/－ZX5E	0.9759	8.4
1992	0.827	0.735	+LAT/+ZX20SE/－LON/+ZX100S/－ZX100W	0.9672	12.7
1993	0.829	0.715	+LAT/+ZX20SE/－LON/+ZX100S/－ZX100W	0.9630	13.5
1994	0.923	0.706	+LAT/－LON/－ZX50W/+ZX10S/+ZX2NW/+ZX100S/－ELEV1/+ZX100E/－ELEV10/－ZX1NE	0.9269	14.3
1995	0.770	0.685	+LAT/+ZX20SE/+ZX100S/－LON	0.9576	11.5
1996	0.745	0.605	+ZX50SE/+LAT/－LON/+ZX100S	0.9744	11.0
1997	0.805	0.680	+LAT/+ZX20SE/+ZX100S/－LON/－ZX100W/+ZX100NW	0.9768	6.9
1998	0.807	0.645	+LAT/+ZX50S/－LON/+ZX100E/+ZX100S/－ZX100W	0.9699	14.0
1999	0.784	0.623	+ZX100SE/+LAT/+ZX50S/－LON	0.9778	11.0
2000	0.943	0.691	+LAT/+ZX100E/－LON/－ZX50W/+ZX100S/+ZX10S/+ZX2NW/－ELEV1/－ZX10E/+ZX2SE/－ZX4S/+ZX20N/－ZX50N	0.9541	14.1
2001	0.883	0.713	+LAT/+ZX100S/－LON/+ZX10S/－ZX20SW/－ZX10SE/+ZX50SE/+ZX4W/－ZX4S/+ZX20SE	0.9792	9.4
2002	0.806	0.620	+LAT/－LON/+ZX20SE/+ZX100S/－ZX50W/+ZX100E/+SLOPE	0.9714	13.5
2003	0.936	0.564	+LAT/－LON/+ZX100S/+ZX100E/－ZX10E/－ZX50W/+ZX2NW/+ZX10N/+ZX10S/－ZX3S/+ZX2SE/－ELEV3/+ZX5SE/+ZX4NE	0.9256	16.2
2004	0.841	0.667	+LAT/+ZX100S/－LON/+ZX20SE/－ZX50W/+ZX100E/－ZX100SE	0.9684	12.7
2005	0.936	0.669	+LAT/－LON/+ZX100S/－ZX50W/+ZX4W/－ZX20W/+ZX10S/+ZX20NW/－ELEV10/－ZX3S/+ZX2SE/+ZX100E/－ZX50N/+ZX20N	0.9678	11.1
2006	0.814	0.661	+LAT/－LON/+ZX100S/+ZX20SE/－ZX50W/+ZX20N	0.9716	11.3
2007	0.808	0.609	+LAT/+ZX100S/+ZX20SE/－ZX50W	0.9615	16.0
47 平均				0.9639	11.7

(3)历年降水量栅格数据的生成及其精度的检验

首先,基于 95 个气象站 1961—2007 年 47 年的历年降水量资料及其主要地理和地形要素变量,在上述多元统计回归模型基础上,利用 ARC/INFO 9.0 中的 Map Algebra(地图代数)语言进行空间数据的运算,得到由降水量统计回归模型推算的空间数据。其次,利用 ARC/

INFO 9.0 的统计分析模块进行降水量残差(降水量的实际值减去统计回归模型的模拟值)的Kriging 插值,得到残差的空间数据。最后,再将这两部分空间数据进行叠加,得到新疆降水量的栅格数据。利用剩余的 18 个气象站点的资料对所得到的栅格数据分别进行检验,其中检验结果见表 4-7。

表 4-7 新疆 1961—2007 年历年降水量的空间分布模拟结果的验证

年	降水量	
	相关系数	平均绝对误差(mm)
1961	0.9812	9.3
1962	0.9691	7.2
1963	0.9701	11.4
1964	0.9614	11.9
1965	0.9551	10.8
1966	0.9710	12.8
1967	0.9729	9.3
1968	0.9433	10.5
1969	0.9542	14.8
1970	0.9686	13.0
1971	0.9515	13.8
1972	0.9716	11.5
1973	0.9715	10.2
1974	0.9506	9.3
1975	0.9734	10.2
1976	0.9726	11.1
1977	0.9587	9.9
1978	0.9852	7.3
1979	0.9624	12.0
1980	0.9814	9.8
1981	0.9572	13.9
1982	0.9784	8.8
1983	0.9618	11.4
1984	0.9752	11.9
1985	0.9634	10.8
1986	0.9676	10.0
1987	0.9208	21.0
1988	0.9264	17.6
1989	0.9625	10.6
1990	0.9734	11.3
1991	0.9759	8.4
1992	0.9672	12.7
1993	0.9630	13.5
1994	0.9269	14.3
1995	0.9576	11.5
1996	0.9744	11.0
1997	0.9768	6.9
1998	0.9699	14.0
1999	0.9778	11.0
2000	0.9541	14.1
2001	0.9792	9.4

续表

年	降水量	
	相关系数	平均绝对误差(mm)
2002	0.9714	13.5
2003	0.9256	16.2
2004	0.9684	12.7
2005	0.9678	11.1
2006	0.9716	11.3
2007	0.9615	16.0
47 年平均	0.9639	11.7

从表 4-7 可以看出，降水的空间分布模拟结果，模拟值与实际值之间的相关系数在 0.9208～0.9852 之间，平均绝对误差在 6.9～21.0 mm 之间。

分别对南疆、北疆和天山山区历年降水量空间数据进行分析，得出了新疆 1961—1970 年、1971—1980 年、1981—1990 年、1991—2000 年不同年代际平均降水量空间分布图(图 4-11)。

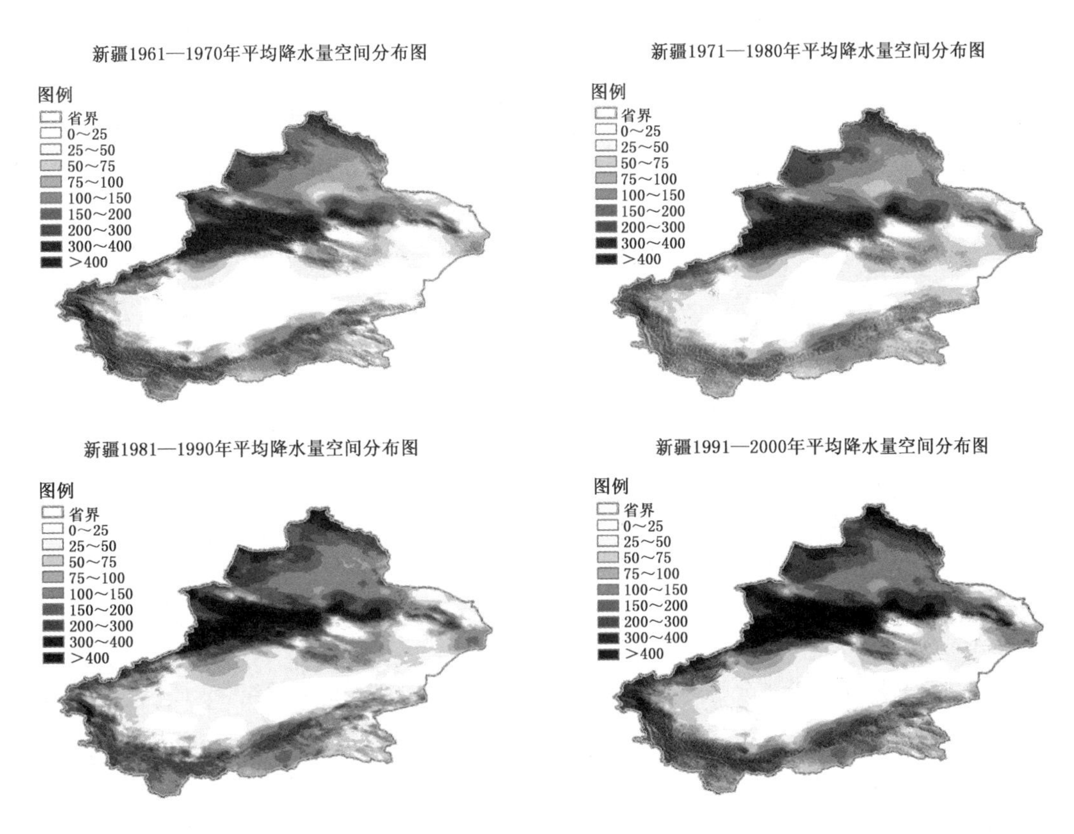

图 4-11　不同年代际之间降水量空间分布的变化(单位:mm)

4.3.2 EOF与梯度距离平方反比法(GIDS)结合

(1)方法

用多年降水量的平均值与地理因子建立关系计算年平均面雨量的年际时间序列,虽然可行但需要建立的回归方程数量跟时间序列长度一样多,非常繁琐,并且在实际应用中也会出现一些问题。因此,根据新疆区域降水的变化规律和特点,这里设计了一个新的计算方案。首先,运用经验正交分解(EOF)对新疆区域各站历年降水量矩阵P(45×144)进行分解:

$$P=(P_{ij})=\begin{pmatrix} P_{11} & P_{12} & \cdots & P_{1n} \\ P_{21} & P_{22} & \cdots & P_{2n} \\ \cdots & \cdots & \cdots & \cdots \\ P_{m1} & P_{m2} & \cdots & P_{mn} \end{pmatrix},\quad \begin{cases} i=1,2,\cdots,m \\ j=1,2,\cdots,n \end{cases}$$

式中,$m=45$(年),$n=144$(站)。

由 $A_{jk}=\frac{1}{m}\sum_{i=1}^{m}P_{ij}P_{ik}$ 可计算出它的相关矩阵A:

$$A=(A_{jk})=\begin{pmatrix} A_{11} & A_{12} & \cdots & A_{1n} \\ A_{21} & A_{22} & \cdots & A_{2n} \\ \cdots & \cdots & \cdots & \cdots \\ A_{n1} & A_{n2} & \cdots & A_{nn} \end{pmatrix},\quad j,k=1,2,\cdots,n$$

这是一个实对称的且一般是正定的 n 阶方阵。根据实对称正定方阵的性质,用Jacobi法求出它的 n 个正实数特征值 $\lambda_1,\lambda_2,\cdots,\lambda_n$ 以及相对应的由 n 个列向量组成特征向量(也称典型场),用矩阵 Z 表示:

$$Z=\begin{pmatrix} Z_{11} & Z_{12} & \cdots & Z_{1n} \\ Z_{21} & Z_{22} & \cdots & Z_{2n} \\ \cdots & \cdots & \cdots & \cdots \\ Z_{n1} & Z_{n2} & \cdots & Z_{nn} \end{pmatrix}$$

再通过 $T_{ji}=\sum_{k=1}^{n}P_{ik}Z_{jk}$ 求出与特征向量对应的时间函数(也称时间系数)矩阵 T:

$$T=\begin{pmatrix} T_{11} & T_{12} & \cdots & T_{1m} \\ T_{21} & T_{22} & \cdots & T_{2m} \\ \cdots & \cdots & \cdots & \cdots \\ T_{n1} & T_{n2} & \cdots & T_{nm} \end{pmatrix}$$

这样,降水量资料矩阵 P 就被分解为 n 个空间函数和时间函数乘积的线性组合:$P_{ij}=\sum_{k=1}^{n}T_{ki}Z_{kj}$。一般情况下,原始场的主要信息仅用前几个特征向量和时间系数就能得到充分的反映。

由此可知,每个特征向量都有 n 个分量组成,与 n 个站点相对应,即每个分量对应一组经纬度和高度值。

其次,分别建立前 H 个特征向量的各分量与 X、Y 及海拔高度的多元回归方程:

$$Z_k=b_k+a_{k0}x_0+a_{k1}x_1+a_{k2}x_2,k=1,2,\cdots,H \tag{4-1}$$

式中,Z_k 代表回归对象,即指降水量场的第 k 个特征向量的分量值;x_0、x_1、x_2 分别为 X、Y 以及海拔高度(m);b_k 为第 k 个特征向量的回归方程常数项。

再次,以 DEM 数据为基础,采用梯度距离平方反比法(GIDS)作为差值公式,计算区域内每个网格点 l 的第 k 个特征向量值 Z_{kl} :

$$Z_{kl}=\left[\sum_{j=1}^{n}\frac{Z_{kj}+(X_l-X_j)\cdot a_{k0}+(Y_l-Y_j)\cdot a_{k1}+(E_l-E_j)\cdot a_{k2}}{d_j^2}\right]\Big/\left[\sum_{j=1}^{n}\frac{1}{d_j^2}\right] \tag{4-2}$$

式中,X_l 、X_j 为待估点 l 与气象站点 j 的 X 轴坐标值,Y_l 、Y_j 为待估点 l 与气象站点 j 的 Y 轴坐标值,E_l 、E_j 为待估点 l 与气象站点 j 的海拔高度,d_j 为待估点 l 与第 j 个气象站点的大圆距离,a_{k0} 、a_{k1} 、a_{k2} 是第 k 个特征向量的各分量与 X、Y 及海拔高度回归系数,由(4-1)式求出。选定的参考点为(72°E,32°N),求出气象站点和各计算点的坐标值。

最后,再利用公式(4-2)乘以相应的时间系数 T_{kl} 并求和:

$$P_{il}=\sum_{k=1}^{H}T_{ki}Z_{kl}, \qquad i=1,2,\cdots,m;l=1,2,\cdots,s \tag{4-3}$$

式中,m 为序列长度,s 为计算区域内网格点总数。回归方程的个数 H 远小于序列长度 m。

由此得到第 i 年整个新疆区域网格点 l 的年降水量值 P_{il},乘以相应的面积 B_l,得出该格点的面雨量,然后再对所有格点的面雨量求和:

$$P_i=\sum_{l=1}^{s}(P_{il}\cdot B_l) \tag{4-4}$$

得出第 i 年新疆区域的面雨量 P_i。依次指定年份,重复(4-3)、(4-4)式的计算,即求出整个流域面雨量序列。

本计算方案的特点,一是结合地理信息系统数据考虑了海拔高度的影响;二是结合自然正交分解,以最少的插值方程给出了要素区域总量的序列值。

(2)结果

对新疆区域 144 站 1961—2005 年年降水量场进行 EOF 分解的结果表明,年降水量的第 1 特征向量占总方差的 96.62%,权重很大,说明此种分布类型代表了该地区降水场变化的主要特征,反映了各区域大气候背景下的一致性;第 2 特征向量占总方差的 0.63%,第 3 特征向量占总方差的 0.36%,主要特征向量浓缩了原始场的主要空间分布信息(表 4-8)。由此可以看出,前 3 个特征向量已完全能够代表原始场时空分布的主要特征。因此,分别求出前 3 个特征向量与 X、Y 及海拔高度因子的回归方程,r 为复相关系数。对回归效果的计算分析表明,在显著性水平 $\alpha=0.05$ 的情况下,均通过 F 检验。

表 4-8　新疆区域降水特征向量与地理因子的回归方程系数

特征向量	方差贡献%	b_k	$a_{k0}(10^{-5})$	$a_{k1}(10^{-5})$	$a_{k2}(10^{-4})$	r
第 1 特征向量	96.62	−0.1205	−0.0024	0.0138	4.5155	0.67
第 2 特征向量	0.63	0.2464	−0.0091	−0.0124	1.3428	0.79
第 3 特征向量	0.36	0.1443	−0.0118	0.0046	−7.7645	0.61

对北疆地区 47 站、天山山区 79 站和南疆地区 58 站 1961—2005 年年降水量场进行 EOF 分解的结果表明,北疆、天山山区、南疆三个区域年降水量的第 1 特征向量分别占总方差的 97.35%、97.03%和 91.91%,权重很大,说明此种分布类型代表了该地区降水场变化的主要特征,反映了各区域大气候背景下的一致性;第 2 特征向量分别占总方差的 0.52%、0.57%和

1.90%，收敛速度很快，浓缩了原始场的主要空间分布信息(表 4-9)。由此可以看出，前 2 个特征向量已完全能够代表原始场时空分布的主要特征。因此，分别求出前 2 个特征向量与 X、Y 及海拔高度因子的回归方程，r 为复相关系数。对回归效果的计算分析表明，在显著性水平 $\alpha=0.05$ 的情况下，均通过 F 检验。考虑到建立模型的需要，并使气候要素在边界过度更连续、合理，各区域选用的站点也包括了在区域边界外附近的部分站点，也就是说各区域建模使用的站点在边界附近有一定的重复。

表 4-9　特征向量与地理因子的回归方程系数

	特征向量	方差贡献%	b_k	$a_{k0}(10^{-5})$	$a_{k1}(10^{-5})$	$a_{k2}(10^{-4})$	r
北疆	第 1 特征向量	97.35	0.1427	−0.0143	0.0039	0.9325	0.64
地区	第 2 特征向量	0.52	0.3734	−0.0040	−0.0756	−7.1430	0.86
天山	第 1 特征向量	97.03	−0.1054	−0.0056	0.0336	6.5378	0.76
山区	第 2 特征向量	0.57	0.2976	−0.0133	−0.0273	0.6252	0.76
南疆	第 1 特征向量	91.91	−0.1309	−0.0067	0.0196	9.6451	0.83
地区	第 2 特征向量	1.90	0.6742	−0.0175	−0.0367	−14.4553	0.81

(3)拟合误差分析

为了检验拟合误差，对新疆区域建模所用站点的年降水量数据的计算值与实测值分别进行对比，以散布图表示(图 4-12)。结果表明，新疆区域站点的计算值与实测值呈现比较好的线性关系，两者的相关系数为 0.96。各站点 45 年平均差异更小，新疆地区的计算值与实测值相对误差平均为 3.6%。

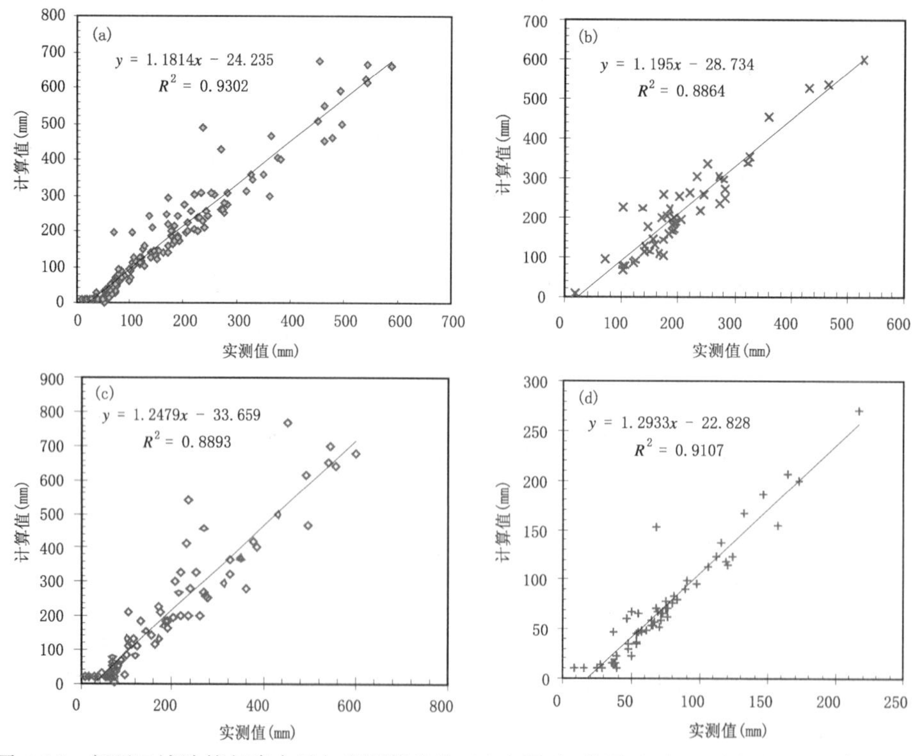

图 4-12　新疆区域计算年降水量与实测值比较 (a)全疆(b)北疆地区(c)天山山区(d)南疆地区

北疆地区、天山山区和南疆地区三个区域站点的计算值与实测值呈现比较好的线性关系，两者的相关系数分别为 0.94、0.95 和 0.94。各站点 45 年平均差异更小，北疆地区、天山山区和南疆地区的计算值与实测值相对误差分别 5.3%、6.8% 和 1.2%，表明本文计算方法科学可行。

4.4　面雨量年际变化分析

4.4.1　年面雨量年际变化

1961—2010 年新疆面雨量呈显著上升趋势（图 4-13），50 年平均面雨量为 2757.3×10^8 m^3，比 1961－2005 年平均面雨量 2724.6×10^8 m^3 有所增加。面雨量最大年份出现在 2010 年，高达 4225×10^8 m^3，最低年份为 1985 年，约为 1964×10^8 m^3，相差约 2.2 倍。变差系数 Cv 为 0.18，表明新疆降水资源年际变化比较稳定。取显著性水平 $\alpha=0.01$，相关系数 $r_\alpha=0.38$，$r_{实}=0.49$，$|r_{实}|\geqslant r_\alpha$，说明新疆区域总雨量的增加趋势在 0.01 显著性水平上是显著的，线性趋势变化率为 172.9×10^8 $m^3/10a$。

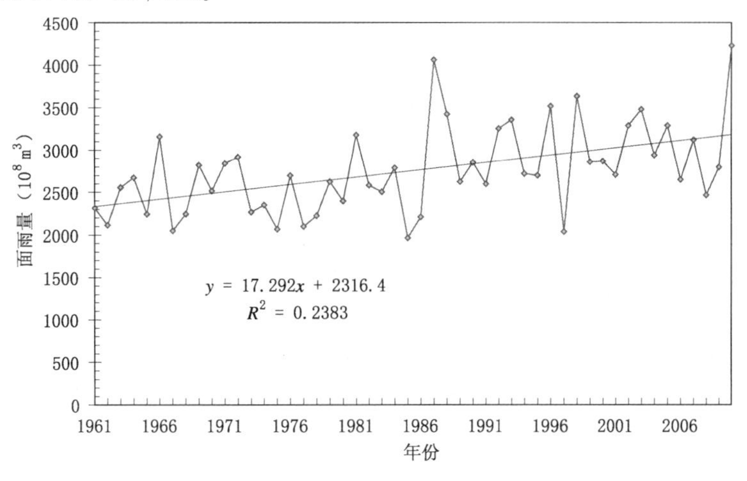

图 4-13　1961—2010 年新疆区域面雨量的年际变化

从各区域面雨量的变化特征来看（(彩)图 4-14），北疆、天山山区、南疆都不同程度存在上升趋势，其中南疆趋势幅度增加率最大，其次是天山山区，北疆最小。北疆与天山山区面雨量的年际变化波动位相十分一致，两者有很高的相关性，相关系数为 0.79，说明北疆与天山山区属于同一天气气候系统影响区，而南疆面雨量与北疆的相关系数仅为 0.39，反映出南疆与北疆属于不同的气候带。

北疆地区：面雨量的年平均值为 946.9×10^8 m^3，最大面雨量出现在 1987 年，高达 1324.6×10^8 m^3，最低年份为 1974 年，约为 575.2×10^8 m^3，相差约 2.3 倍。取显著性水平 $\alpha=0.05$，相关系数 $r_\alpha=0.30$，$r_{实}=0.36$，$|r_{实}|\geqslant r_\alpha$，说明北疆区域面雨量的增加趋势在 0.05 显著性水平上是显著的，线性趋势变化率为 49.4×10^8 $m^3/10a$。北疆地区面雨量变差系数 C_v 为 0.19，表明总体上讲北疆地区降水年际变化比较稳定。

天山山区：面雨量的年平均值为 1111.4×10^8 m^3，最大面雨量年份出现在 1998 年，高达

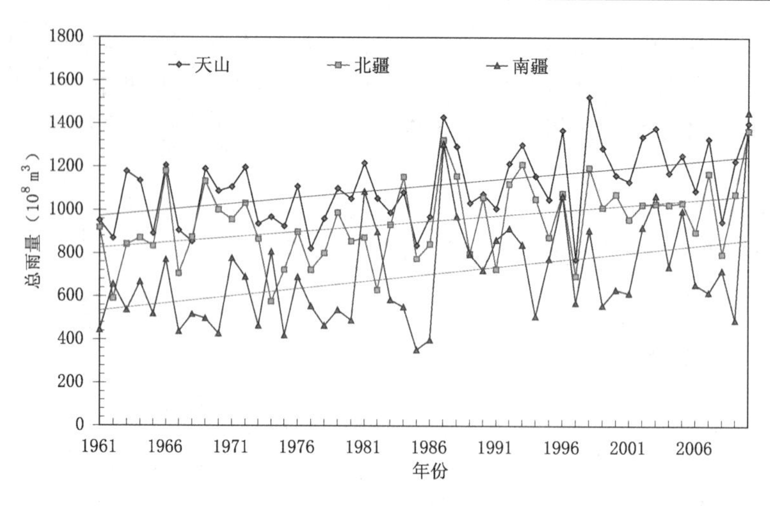

图 4-14　1961—2010 年各区域面雨量的年际变化

1526.6×10^8 m^3，最低年份为 1997 年，约为 772.3×10^8 m^3，高低相差大约 1.9 倍。取显著性水平 $\alpha=0.01$，相关系数 $r_\alpha=0.38$，$r_{实}=0.47$，$|r_{实}|\geqslant r_\alpha$，说明天山山区区域面雨量的增加趋势在 0.01 显著性水平上是显著的，线性趋势变化率为 56.3×10^8 m^3/10a。天山山区面雨量变差系数 C_v 为 0.16，表明天山山区降水年际变化最稳定，变化幅度最小，对新疆水资源的调节起到了关键作用。

南疆地区：面雨量的年平均值为 699.0×10^8 m^3，最大面雨量年份出现在 1987 年，高达 1305.5×10^8 m^3，最低年份为 1985 年，约为 353.3×10^8 m^3，高低相差大约 3.7 倍。取显著性水平 $\alpha=0.01$，相关系数 $r_\alpha=0.38$，$r_{实}=0.45$，$|r_{实}|\geqslant r_\alpha$，说明南疆区域面雨量的增加趋势在 0.01 显著性水平上是显著的上升变化趋势，线性趋势变化率为 67.2×10^8 m^3/10a。南疆地区面雨量变差系数 C_v 为 0.32，表明南疆地区降水年际变化最不稳定，变化幅度很大，充分反映了干旱区域的典型特点。

4.4.2　季节面雨量的年际变化

从不同季节面雨量的年代际变化可以看出(表 4-10)，春、夏、秋、冬四季面雨量变化都呈现出一种增加的趋势。20 世纪 80 年代中后期至今降水呈现出明显偏多的趋势，1986—2010 年

表 4-10　新疆面雨量各季节年代际变化（单位：×10^8 m^3）

	春	夏	秋	冬	年
1961—1970	602.3	1368.0	381.2	117.9	2469.4
1971—1980	576.3	1299.5	428.5	145.0	2449.3
1981—1990	677.3	1473.5	527.5	140.6	2818.9
1991—2000	659.0	1714.5	403.8	176.0	2953.3
2001—2010	775.3	1532.8	667.6	192.6	3095.6
1961—1985	596.8	1348.5	417.1	125.7	2488.1
1986—2010	719.3	1606.8	546.3	183.2	3026.5
1961—2010	658.1	1477.7	481.7	154.4	2757.3

比 1961—1985 年春、夏、秋、冬各季分别增加 20.5%、19.2%、31.0%、45.7%。这期间年平均面雨量达 3026.5×10⁸ m³，比前期 1961—1985 年平均多两成以上(21.6%)，比 50 年平均值多 9.8%。1987 年是一个明显的降水偏多年份，四季均表现出明显增多的趋势。

图 4-15 为新疆区域各季面雨量的年际变化。

春季面雨量的变化呈上升的趋势，线性趋势变化率为 $44.0\times10^8\ m^3/10a$。新疆春季面雨量年平均值为 $658.1\times10^8\ m^3$，面雨量最大年份出现在 1964 年，高达 $1051\times10^8\ m^3$，最低年份为 1989 年，约为 $326.5\times10^8\ m^3$，相差约 3.2 倍。春季面雨量变差系数 C_v 为 0.30，表明总体上讲新疆春季降水年际变化比较大。

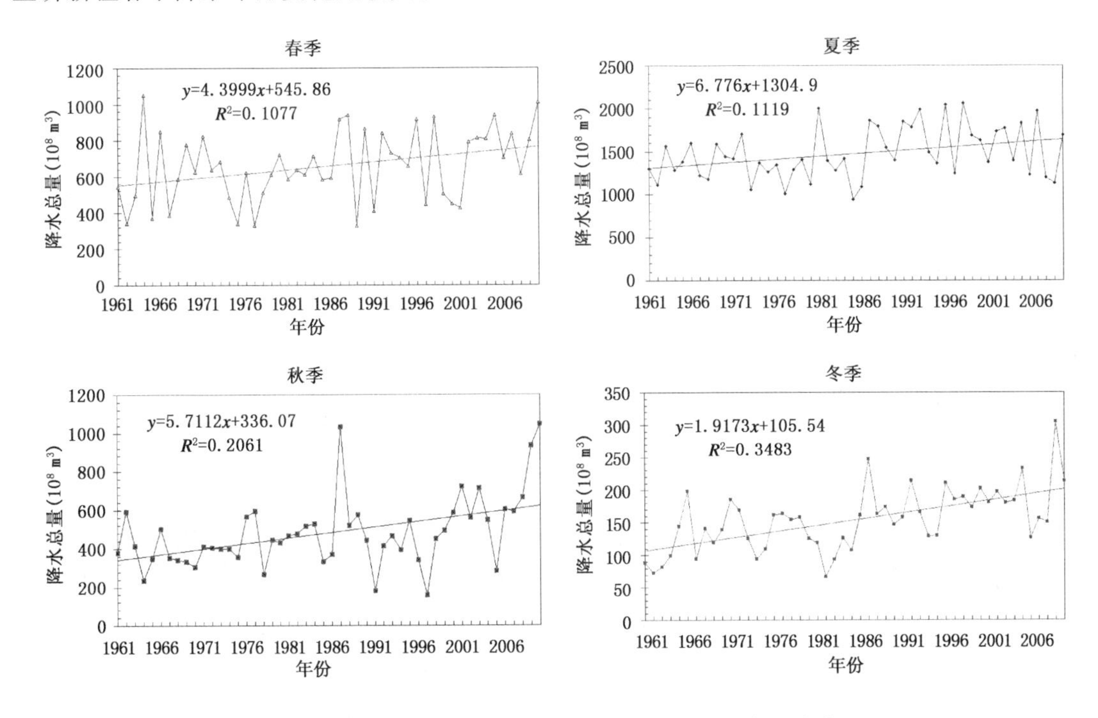

图 4-15　1961—2010 年新疆区域各季面雨量的年际变化

夏季面雨量的变化呈明显上升趋势，线性趋势变化率为 $67.8\times10^8\ m^3/10a$。新疆夏季面雨量年平均值为 $1477.1\times10^8\ m^3$，面雨量最大年份出现在 1998 年，高达 $2060.9\times10^8\ m^3$，最低年份为 1985 年，为 $940.2\times10^8\ m^3$，最大值与最小值相差约 2.2 倍。夏季面雨量的变差系数 C_v 为 0.19，表明新疆夏季面雨量年际变化总体上讲是四季中最稳定的。

秋季面雨量的线性趋势变化率为 $29.4\times10^8\ m^3/10a$。新疆秋季面雨量年平均值为 $481.7\times10^8\ m^3$，面雨量的最大年份出现在 1987 年，高达 $1032.3\times10^8\ m^3$，最低年份出现在 1997 年，约为 $159.6\times10^8\ m^3$，最大值与最小值相差约 6.5 倍。秋季面雨量的变差系数 C_v 为 0.33，表明新疆秋季的面雨量年际变化是四季中最不稳定的。

冬季面雨量的线性趋势变化率为 $19.2\times10^8\ m^3/10a$。新疆冬季面雨量的年平均值为 $154.4\times10^8\ m^3$，面雨量最大年份出现在 1987 年，高达 $247.0\times10^8\ m^3$，最低年份为 1982 年，约为 $67.1\times10^8\ m^3$，最大值与最小值相差约 3.7 倍。冬季面雨量变差系数 C_v 为 0.28，表明总体上讲新疆冬季面雨量年际变化是比较大的。

4.4.3 周期分析与突变检验

(1)周期分析

利用1961—2010年的面雨量序列进行了最大熵谱计算,对新疆区域的面雨量变化周期进行了分析。根据最大熵谱值计算结果分析可以看出,最大熵谱值所对应的新疆区域的面雨量年际变化存在着3年左右的变化周期(图4-16)。有研究表明,3年与7.3年的变化周期可能与北大西洋涛动、ENSO震荡存在着一定的联系。

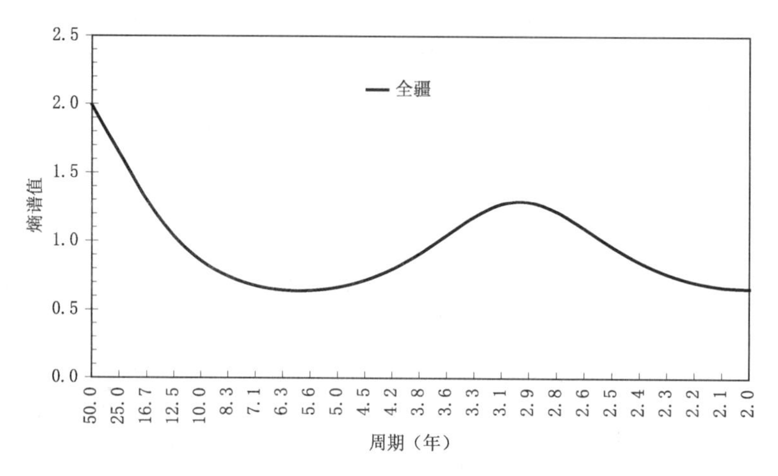

图4-16 新疆区域面雨量最大熵谱分析

对北疆、天山山区和南疆三个地区的面雨量变化周期的分析表明,北疆、天山山区的面雨量年际变化存在着3.0~3.3年左右的变化周期,熵谱曲线十分一致(图4-17),而南疆地区则表现出明显的不同,熵谱曲线有3个主峰值区:5.0年,7.1年,2.5年。这说明影响北疆、天山山区和南疆地区的降水主导天气气候系统是不一样的,它们属不同的气候区,南疆地区面雨量变化周期表现出明显的特殊性。

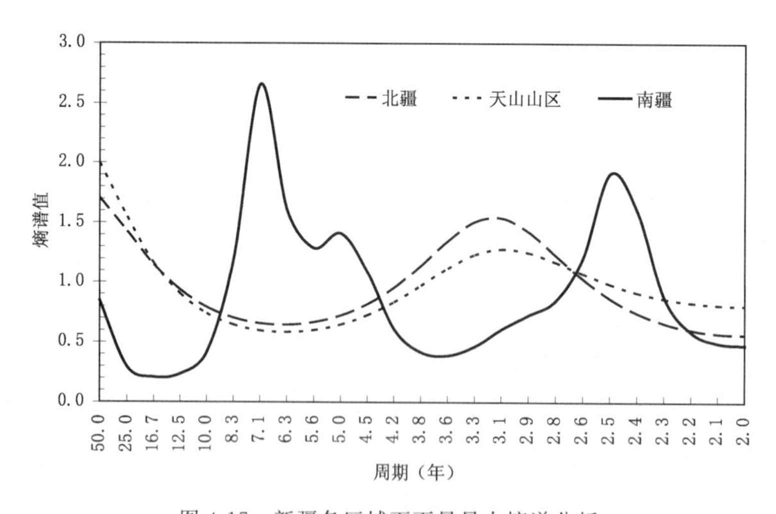

图4-17 新疆各区域面雨量最大熵谱分析

图 4-18a～d 分别是新疆面雨量春、夏、秋、冬四季的最大熵谱计算。从图中可以看出春、夏、秋、冬四季的主要变化周期存在着明显的差异，其中春季主要表现为 2 年左右的变化周期；夏季主要是 2.8 年左右的变化周期；秋季则表现出 3 个主要周期，分别是 2.8 年、3.6 年和 7.1 年；冬季主要变化周期为 5.6～6.3 年。

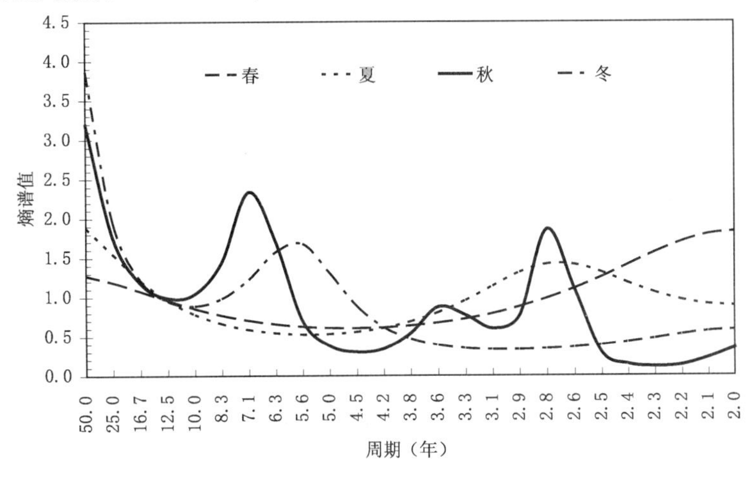

图 4-18　新疆面雨量春、夏、秋、冬四季的最大熵谱计算

(2)突变检验

用 Mann-Kendall 法对年面雨量序列进行突变检验，取 95%信度，当序列 $C1$ 和 $C2$ 超过 $y=\pm1.96$ 信度线，并 $C1$ 和 $C2$ 曲线相交于信度线之间，则交点便是突变点的开始。图 4-19 为

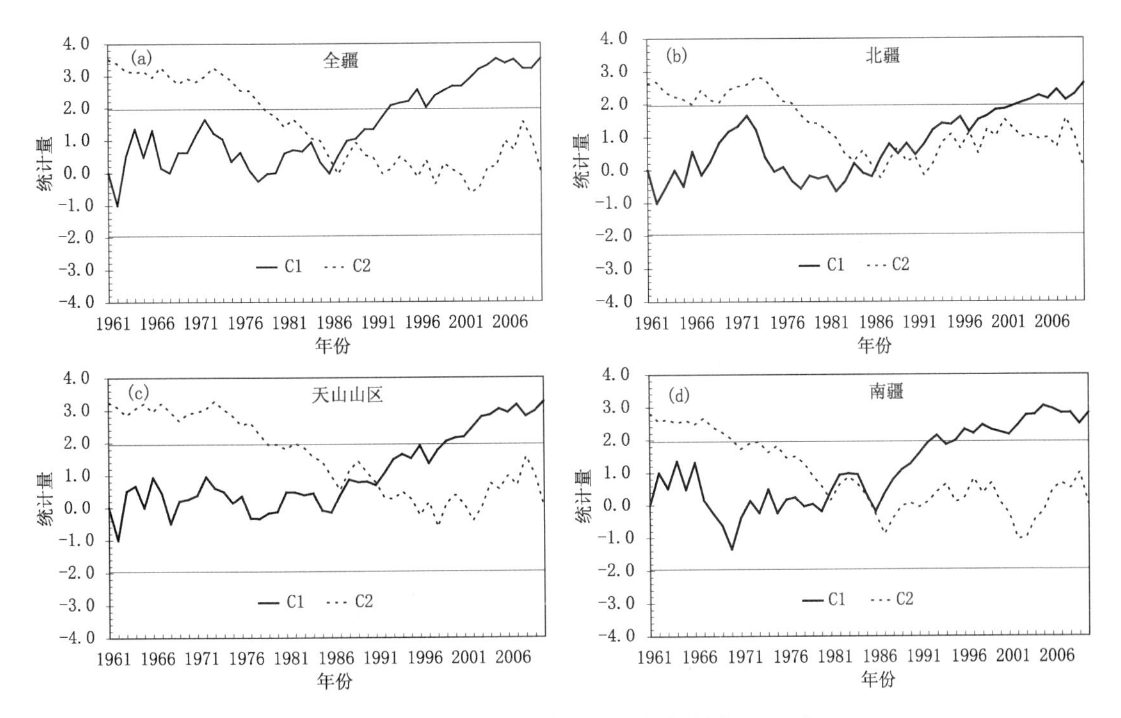

图 4-19　新疆各区域年降水总量突变检测(M-K 法)

(a)新疆区域；(b)北疆区域；(c) 天山山区；(d)南疆区域

新疆各区域年面雨量 Mann-Kendall 突变检验，由图可见，新疆区域年面雨量在 1990 年出现了突变，北疆地区 1986 年发生了突变，天山山区在 1990 年出现了突变，而南疆地区 1987 年发生了突变。可见，虽然各区域突变时间有所差异，但均在 20 世纪 80 年代中后期发生了明显的突变，说明这种突变是全疆性的、大范围的，而不是局部现象。新疆整个区域的突变时间与天山山区的突变时间相吻合，这可能与天山山区面雨量所占比例最大，决定了全区域面雨量变化有关。这与丁一汇等(2007)研究得出的中国雨型年代际变化明显，西北西部从 20 世纪 80 年代中降水明显增多，以新疆最为显著的结论相一致。杨素英等(2005)在研究东北冬季气温变化时指出，80 年代中期以后一直处于暖期，1986 年是由冷转暖的明显突变点，与本研究有相同之处。有学者认为这是一种气候由暖干向暖湿转型的信号(施雅风等，2002)。

第 5 章　新疆典型流域面雨量的变化及其与径流的关系

新疆拥有众多的河流与湖泊，每年各类大小河流湖泊形成的地表径流大约为 879×10^8 m³。本章针对新疆一些典型流域，采用前章所述方法对阿克苏河流域、开都河流域和伊犁河流域的面雨量进行计算，并结合河水径流、湖泊水位的变化分析面雨量与河流径流之间的关系。

5.1　阿克苏河流域

5.1.1　流域概况

阿克苏河位于天山山脉的南坡，由发自吉尔吉斯斯坦的两大源流昆马力克河和托什干河汇流而成，其平均天然年径流总量为 80.60×10^8 m³，是天山南坡径流量最大的河流，也是目前输入塔里木河的 3 条河流（阿克苏河、和田河、叶尔羌河）中惟一保持常年输水的河流，其最终流入塔里木河的多年平均年输水量为 33.66×10^8 m³，约占塔里木河总输水量的 73%。因此，阿克苏河径流量的变化对塔里木河流域的生态系统和社会经济的发展都是十分重要的。径流量的变化对气候变化的响应非常敏感。20 世纪 80 年代中期以来，西北地区出现了气候转型的信号，阿克苏河流域增湿效应明显，降水量平均增加了 34.2%，成为新疆增湿幅度最大的地区，气温也有一定程度的增加。因此，建立该流域的面雨量年际序列，揭示其变化趋势，对于研究气候变化对阿克苏河径流的影响是十分必要的。

阿克苏河流域范围大，地形复杂，流域地势自西北向东南倾斜，流域内有阿特巴什山脉、汗腾格里峰（海拔 6995 m）和托木尔峰（海拔 7435 m），发育着现代冰川和永久积雪，境内共有冰川 1298 条，储水量约 2154×10^8 m³，成为阿克苏河两条源流的发源地。流域的水汽主要来源于西风环流，降水主要集中在山区。流域降水和径流均有明显的季节分布特征，主要集中在夏季（6—8 月），分别约占全年降水量的 60%和全年径流量的 65%。

流域内测站稀少，而且分布很不均匀。为了尽可能地反映山区地形对气候要素分布的影响，考虑到插值方程的稳定性，采用了阿克苏河流域及其附近地区的 12 个气象站（阿克苏、乌什、阿合奇、阿拉尔、拜城、柯坪、托云、乌恰、昭苏、特克斯以及吉尔吉斯斯坦的 TJAN-SAN、NARYN）和 2 个水文站（沙里桂兰克、协合拉）1961—2000 年的年降水资料。其中，TJAN-SAN 和 NARYN 两站的资料有部分缺测，为了充分利用这两个山区站的降水数据，对其进行了插补处理。

根据水文部门绘制的流域图，并结合 DEM 确定出阿克苏河流域集水区的地理界限，其中包含了吉尔吉斯斯坦的一部分，由此计算出全流域集水区总面积约为 5.9×10^4 km²。站点分布及研究区域如（彩）图 5-1 所示。

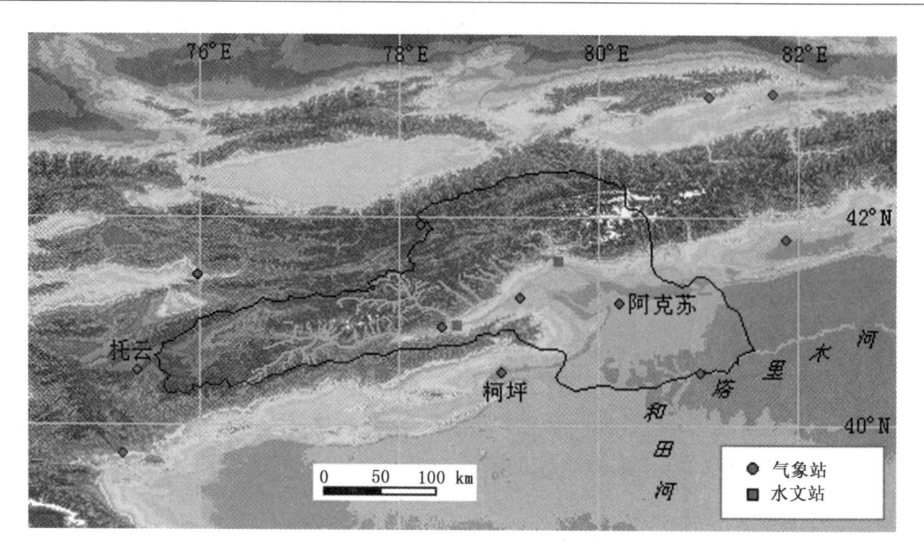

图 5-1 气象站、水文站的位置及计算区域

5.1.2 EOF 分解及回归方程

对阿克苏河流域时间长度为 40 年(1961—2000 年)、空间站点数为 14 的年降水量场进行 EOF 分解。结果表明，年降水量的第 1 特征向量占总方差的 96.6%，权重很大，说明此种分布类型代表了该地区降水场变化的主要特征，反映了大气候背景下的一致性；第 2 特征向量占总方差的 1.4%，前 2 个特征向量的方差贡献占总方差的 98.0%，收敛速度很快，浓缩了原始场的主要空间分布信息(表 5-1)。由此可以看出，前 2 个特征向量已完全能够代表原始场时空分布的主要特征。因此，分别求出前 2 个特征向量与 X、Y 及海拔高度因子的回归方程，r 为复相关系数。对回归效果的计算分析表明，在显著性水平 $\alpha=0.05$ 的情况下，均通过 F 检验。

表 5-1 特征向量与地理因子的回归方程系数

特征向量	方差贡献%	b_k	$a_{k0}(10^{-5})$	$a_{k1}(10^{-5})$	$a_{k2}(10^{-4})$	r
第 1 特征向量	96.6	−0.7175862	0.0026	0.0737	0.83048	0.89
第 2 特征向量	1.4	1.993374	0.0001	−0.1648	−0.9736	0.74

5.1.3 拟合误差分析

为了检验拟合误差，对 14(站)×40(年)共 560 个样本的年降水量数据的拟合值与实测值分别进行对比，以散布图表示(图 5-2)。

如果拟合值与实测值越紧密地散布在一条斜率角为 45°的直线附近，则认为误差越小；反之，就越大。这从拟合的直线方程系数和相关系数的大小上也能得到准确的描述。计算结果表明，年降水量拟合值与实测值散布的趋势为一条直线，其拟合的直线方程中自变量的系数为 1.0005，近似等于 1；常数项为 0.0933，接近于 0，拟合值与实测值的相关系数为 0.97。对 14 个站 40 年降水量来说，拟合误差较大，为 38.8%，这主要是由于干旱地区降水变率大，区域分布极不均匀，流域内站点过于稀少造成的。如阿拉尔站位于沙漠边缘，多年平均年降水量为 49.8 mm，在 14 个站中是最小的，年降水量最大为 91.9 mm(1998 年)，最小仅为 11.9 mm(1975 年)，相差 80.0 mm，变率很大，变差系数高达 0.47，个别年份的降水量拟合值出现负值,造成拟合误差过大。另外,建立回归方程和 EOF 分解时都会产生一部分误差。

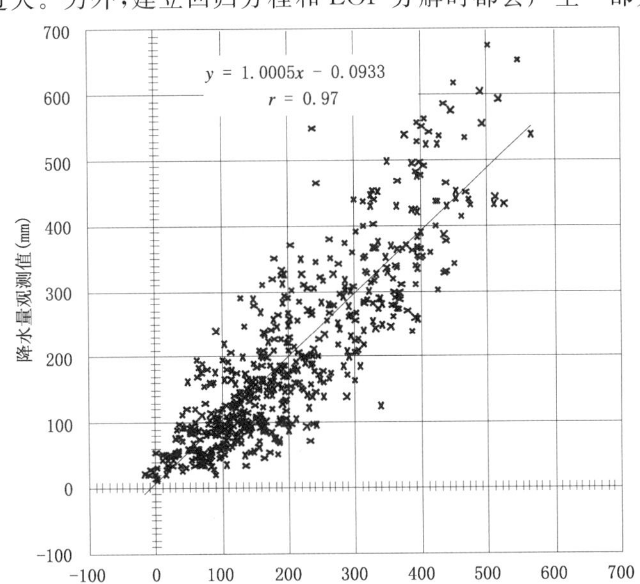

图 5-2　年降水量观测值与拟合值的对比

5.1.4　面雨量的变化及其与径流的关系

(1)流域面雨量

计算出的阿克苏河流域年降水量的空间分布如(彩)图 5-3 所示,可以看出,降水基本上呈现纬向分布特征,降水量的大小与地形分布有着十分密切的关系。降水高值区位于阿特巴什山脉、汗腾格里峰和托木尔峰地区,降水量在 400 mm 以上;降水低值区位于流域南部的塔里木盆地边缘阿拉尔附近,降水量小于 50 mm。200 mm 以上的降水都集中在山区,山区降水是阿克苏河流域河水径流主要的补给来源之一。

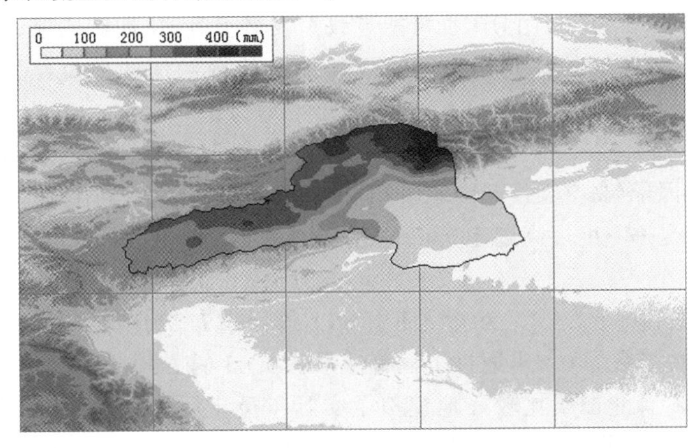

图 5-3　阿克苏河流域年降水量的分布(1961—2000)

图 5-4 表示阿克苏河流域的面雨量和阿克苏河径流量(昆马力克河与托什干河径流量之

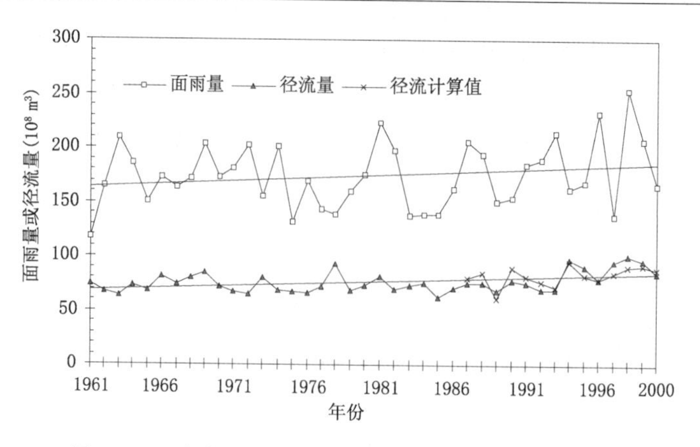

图 5-4　阿克苏河流域面雨量及阿克苏河径流量的变化

和)年际序列变化曲线。面雨量多年平均为 174.88×10^8 m^3，径流量(平均值为 76.05×10^8 m^3)与面雨量之比(R / P)平均为 0.43，最高为 0.69(1997 年)，最低为 0.30(1963 年)。面雨量和径流量的线性趋势变化率分别为 5.79×10^8 m^3/10a 和 4.29×10^8 m^3/10a，两者均表现出增加趋势，但面雨量的增加速率要比径流量大一些，年际变化幅度也更大。面雨量的变差系数 Cv 值为 0.17，而径流量的 Cv 值为 0.13，其主要原因是冰雪融水的调节作用使得河水径流量的年际变化要稳定得多。另外，冰雪融水的滞后性也导致面雨量与径流量之间的相关系数很低，仅为 0.15，但这并不意味着自然降水作用的降低，降水是冰川物质补充最根本的来源，是径流增加的物质基础。阿克苏河流域内的冰川面积为 3932.6 km^2，冰雪融水量为 41.4×10^8 m^3，分别占昆马力克河和托什干河年径流量的 74%和 29%，合计占到 58%。因此，夏季温度变化也是影响径流增加的重要因素之一。问题是，虽然新疆气候总体上变暖明显，但是变暖主要表现在冬季，夏季并不明显。地面气象资料的分析结果表明，阿克苏河流域山区不论夏季地面平均温度还是平均最高温度，都不存在明显的上升趋势。零度层高度是反映高空温度变化的一个重要指标。根据对阿克苏(1987 年开始有探空观测)实测探空资料的分析，夏季零度层高度 1987—2000 年有一个明显的上升趋势，倾向率为 97.5 m/10a，这有助于增加冰雪消融的范围，形成更多的融水。但气温上升，也可能导致蒸发量上升，从而影响融雪径流。根据与库马里克河发源于同一源地的汗腾格里—托木尔山区的台兰河的研究结果，冰川物质平衡 1957—1986 年平均为−213 mm/a，1987—2000 年平均为−447 mm/a。由此可见，冰川融水量大大增加了。

为了反映气候因子(高空温度和降水量)对径流量的影响，这里利用 1987—2000 年的流域面雨量和阿克苏站夏季零度层高度建立它们之间的回归方程：

$$R=-359.545+0.028P_a+0.097H_0$$

式中，R 为年径流量(10^8 m^3)，P_a 为流域面雨量(10^8 m^3)，H_0 为阿克苏站夏季平均零度层高度(m)。方程的相关系数为 0.76，通过了显著性水平 0.05 的 F 检验。

由上式计算的径流量曲线比较好地模拟了实际年径流量的变化(图 5-4)。这说明，面雨量和夏季零度层高度是影响径流量的两个重要气候因子。因此，20 世纪 80 年代中期以来新疆气候的变化是有利于阿克苏河径流增加的。

(2)阿克苏地区行政区域面雨量

阿克苏地区行政区域面积为 13.19×10^4 km^2，面雨量平均为 140.82×10^8 m^3，年平均降水量

106.8 mm。阿克苏地区行政区域面积远大于阿克苏河流域面积((彩)图 5-5),但行政区面雨量要小于流域面雨量 $34.06\times10^{8}\ m^{3}$,区域平均降水量差的更大(表 5-2、(彩)图 5-6、图 5-7)。这主要是因为流域在降水多的山区面积较大,而行政区山区面积很小,大部分是降水稀少的沙漠地区。

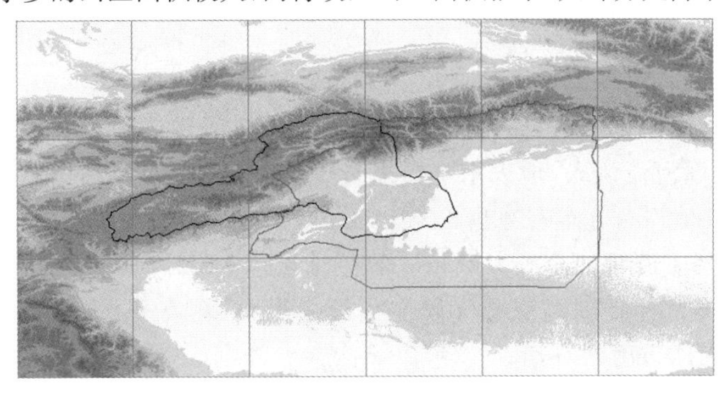

图 5-5　阿克苏行政区域与阿克苏河流域地理范围

表 5-2　阿克苏地区行政区域与阿克苏河流域面雨量对比

	阿克苏地区行政区	阿克苏河流域
平均面雨量($10^{8}\ m^{3}$)	140.82	174.88
面积($10^{4}\ km^{2}$)	13.19	5.9
平均降水量(mm)	106.8	296.4

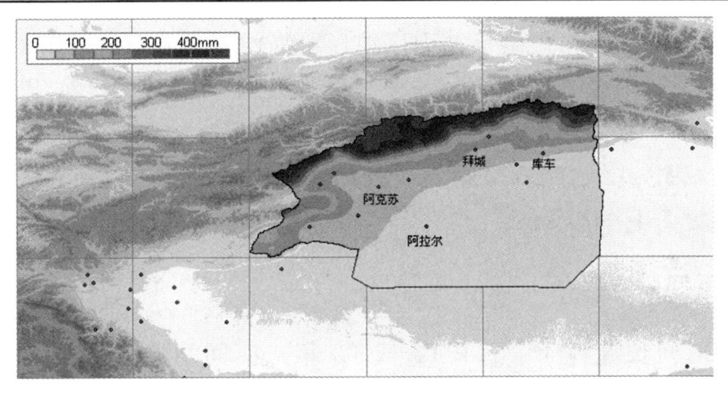

图 5-6　阿克苏行政区域降水分布

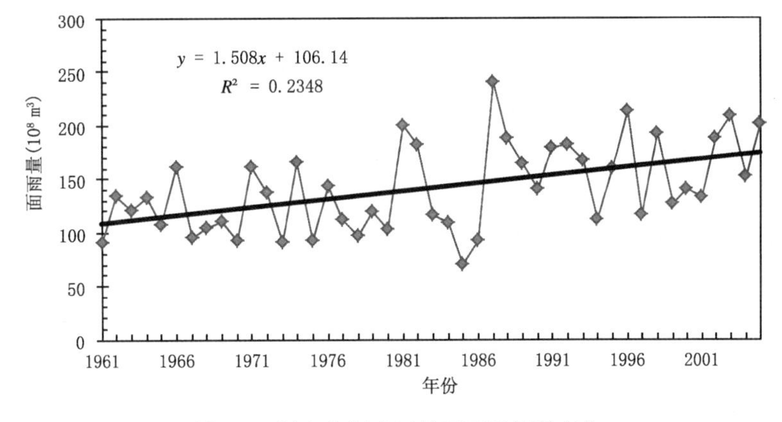

图 5-7　阿克苏行政区域面雨量年际变化

5.2 开都河流域

5.2.1 流域概况

开都河发源于天山中部山区，是由巴音布鲁克盆地与河谷湿地汇集的降水径流以及冰川融水而成的，没有外部河流流入，地表水主要来自于自然降水、四周高山冰川(雪)融水和部分地下水。河源海拔 4800 m，分布有冰川 444.53 km^2，年冰川融水量约 4.82×10^8 m^3，占年出山径流的比重达 14.1%。开都河全长 530 km，年径流量达 34.2×10^8 m^3，占博斯腾湖入湖总径流量的 85%左右。开都河地表径流受气候变化影响很大，在春季主要由季节性融雪补给，而在夏季为降雨和高山冰雪融水补给。

流域内的巴音布鲁克湿地是天山山区最大的湿地，其大面积沼泽草地和湖泊为天鹅的生存和繁殖提供了有利的条件，是我国惟一的国家级天鹅自然保护区，年平均气温仅为−4.6℃，极端最低气温达−48.1℃；积雪日数多达 139.3 天，平均最大积雪深度为 12 cm。由于独特的高寒气候和地形地貌，这里发育着多种高寒草原和草甸生态系统，生长着丰富的水生植物和动物，草地资源优良，是开都河的发源地和水资源储蓄地，在水量调节、储水、维持流域水平衡方面发挥着巨大作用，对博斯腾湖及其周围湿地、塔里木河下游的生态环境和绿色走廊的保护也是极为重要的。

流域内测站稀少，为了尽可能地反映山区地形对气候要素分布的影响，考虑到插值方程的稳定性，采用了开都河流域及其附近地区 8 个气象站(巴音布鲁克、和静、巴轮台、天山、轮台、新源、焉耆、和硕)和 3 个水文站(大山口、兰干、卡甫其海)1961—2000 年的年降水资料。根据水文部门绘制的流域图，并结合 DEM 确定出开都河流域集水区的地理界限，由此计算出全流域集水区总面积约为 2.1×10^4 km^2。

5.2.2 EOF 分解及回归方程

对开都河流域时间长度为 40 年(1961—2000 年)、空间站点数为 11 的年降水量场进行 EOF 分解。结果表明，年降水量的第 1 特征向量占总方差的 97.5%，权重很大，说明此种分布类型代表了该地区降水场变化的主要特征，反映了大气候背景下的一致性；第 2 特征向量占总方差的 1.2%，前 2 个特征向量的方差贡献占总方差的 98.7%，收敛速度很快，浓缩了原始场的主要空间分布信息(表 5-3)。由此可以看出，前 2 个特征向量已完全能够代表原始场时空分布的主要特征。因此，分别求出前 2 个特征向量与经度、纬度及海拔高度因子的回归方程，r 为复相关系数。对回归效果的计算分析表明，在显著性水平 $\alpha=0.01$ 的情况下，均通过 F 检验。

表 5-3 特征向量与地理因子的回归方程系数

特征向量	方差贡献(%)	b_k	$a_{k0}(10^{-5})$	$a_{k1}(10^{-5})$	$a_{k2}(10^{-5})$	r
第 1 特征向量	97.5	−0.3566	−0.0241	0.2184	5.0405	0.92
第 2 特征向量	1.2	−0.0349	0.0679	−0.2155	27.7190	0.93

5.2.3 拟合误差分析

为了检验计算误差，对流域内巴音布鲁克气象站和大山口水文站40年降水量数据的计算值与实测值分别进行对比，以散布图表示（图5-8）。计算值与实测值的相关系数为0.92；平均相对误差为0.26。

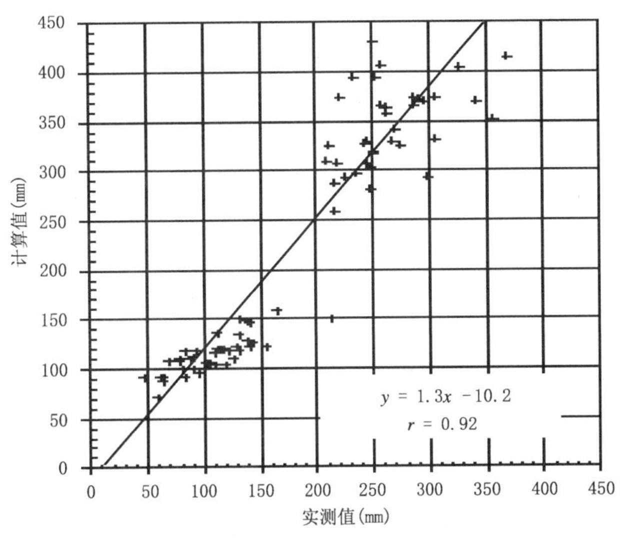

图5-8 年降水量实际值与计算值的对比

5.2.4 面雨量变化及其与径流、湖泊水位的关系

计算出的开都河流域年降水量空间分布如（彩）图5-9所示，可以看出降水分布特征与地形分布有着十分密切的关系。降水高值区位于盆地北部和西部的山区，降水量在300 mm以上，山区降水是开都河流域河水径流主要的补给来源之一；降水低值区位于大尤路都斯盆地，降水量在150～200 mm之间。

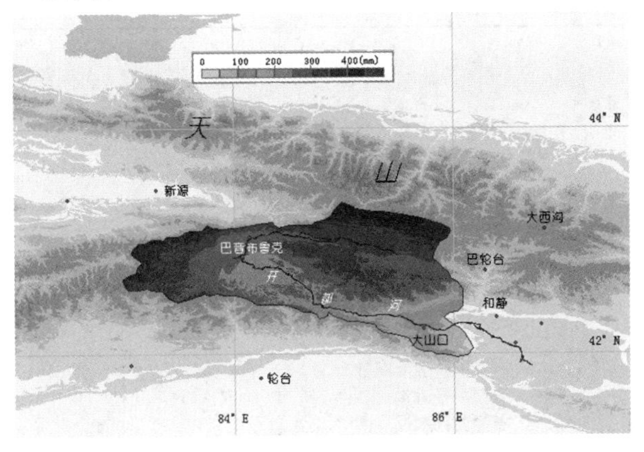

图5-9 开都河流域年降水量的分布（1961—2000年）

图5-10表示开都河流域面雨量和开都河径流量年际序列变化曲线。开都河流域年平均总雨量为89.2×10^8 m^3；径流量与面雨量之比（R/P）平均为0.38，最大为0.53，最小为0.32。

流域面雨量与径流量的相关系数为0.71，十分显著。面雨量与径流量的变差系数 Cv 值为0.17，两者的年际相对变化幅度是一样的。

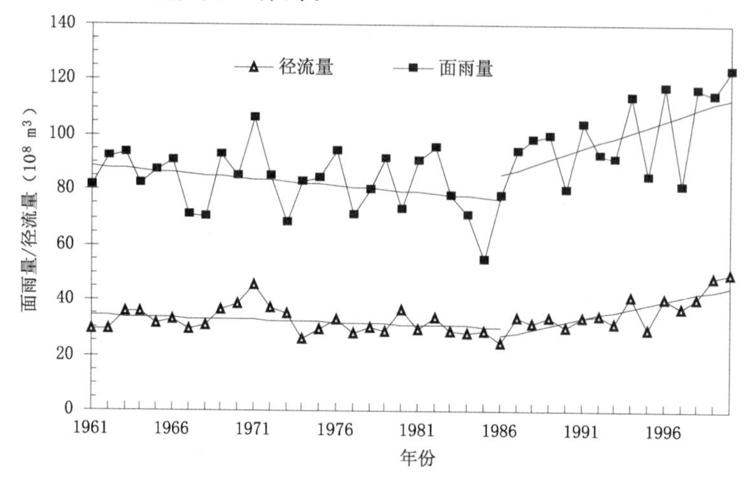

图 5-10 开都河流域面雨量及径流量的变化

面雨量和径流量有着相同的变化趋势。在1961—1985年期间，均呈现下降趋势，其线性趋势分别为-4.715×10^8 m^3/10a和-1.602×10^8 m^3/10a。20世纪70年代中期到80年代中期是开都河面雨量和径流量最小的时期，1977—1986年10年径流量平均只有29.73×10^8 m^3，同期面雨量平均为78.42×10^8 m^3。而1986—2000年期间，两者均呈现上升趋势，其线性趋势分别为20.00×10^8 m^3/10a和12.86×10^8m^3/10a。1991—2000年是开都河面雨量和径流量最大的时期，年平均径流量为38.87×10^8 m^3，比多年平均(1961—1990年)的32.12×10^8 m^{3}增加了21.0%；1991—2000年面雨量平均为104.22×10^8 m^3，比多年平均(1961—1990年)的84.14×10^8 m^{3}增加了23.9%。

图5-11给出了开都河流域面雨量和大山口水文站年径流量的累积距平百分比年际变化与博斯腾湖水位逐年变化的对比情况。由图5-11可以看出，三者有着极其相似的变化趋势，

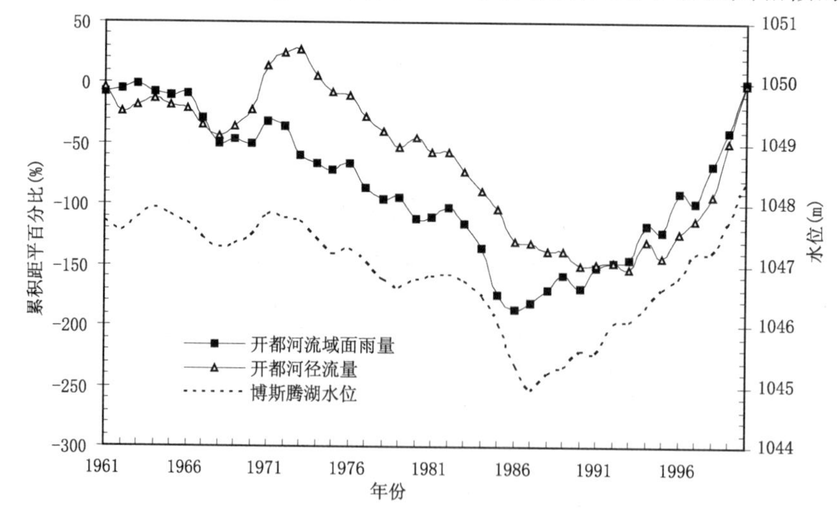

图 5-11 开都河流域面雨量和年径流量的累积距平百分比与博斯腾湖水位的变化

其中面雨量的位相与径流相比要略为超前。1986 年后，面雨量的累积距平曲线开始上升，反映出降水偏多占据主要优势；径流量累积距平曲线下降趋势也明显变缓，径流量有所增加，1993 年后开始显著上升；博斯腾湖水位的反应要略为滞后 1 年，自 1987 年开始持续上涨，与面雨量累积距平曲线的关系似乎更好一些。1986 年正是新疆降水开始明显增多的年份，这说明流域降水量的变化是导致河水径流与湖泊水位上升的主要原因。

5.2.5　径流对气候因子的响应关系

由于开都河流域是一个半封闭的地理环境，没有外部河流流入，地表水主要来自于自然降水和四周高山冰川(雪)融水，因此其地表水环境受气候变化的影响很大。为了反映开都河年径流量与气候变化的关系，我们对巴音布鲁克气象站的年面雨量、年平均气温、最高最低气温、降水、降水日数、最大积雪深度等气象因子分别与开都河的年径流量进行相关分析，其结果见表 5-4。

表 5-4　开都河年径流量与气象因子的相关系数

年面雨量	年平均气温	极端最高气温	极端最低气温	冬半年平均气温	积雪深度	积雪日数	降水日数
0.71	0.36	−0.21	0.12	0.22	−0.05	−0.14	0.02

在降水要素中，年面雨量的相关系数最大，为 0.71；其次是年平均气温的相关系数，为 0.36；再其次是冬半年平均气温的相关系数为 0.22，说明冬季气温增高有利于开都河径流量的增加；其他因子的相关系数相对较小。因此，将开都河的年径流量与巴音布鲁克年面雨量和年平均气温建立相关方程，能够比较好地反映气候变化与开都河径流的关系。其二元线性回归方程为

$$y = 17.166 + 0.255\,r + 1.354\,t \tag{5-1}$$

式中，r 为流域年面雨量(10^8 m^3)，t 为年平均气温(℃)，y 为年径流量(10^8 m^3)的计算值。方程复相关系数为 0.75。F 检验表明，在 0.01 的显著性水平上，线性相关非常显著。开都河年径流量的计算值比较好地模拟了实测值的变化(见图 5-12)。

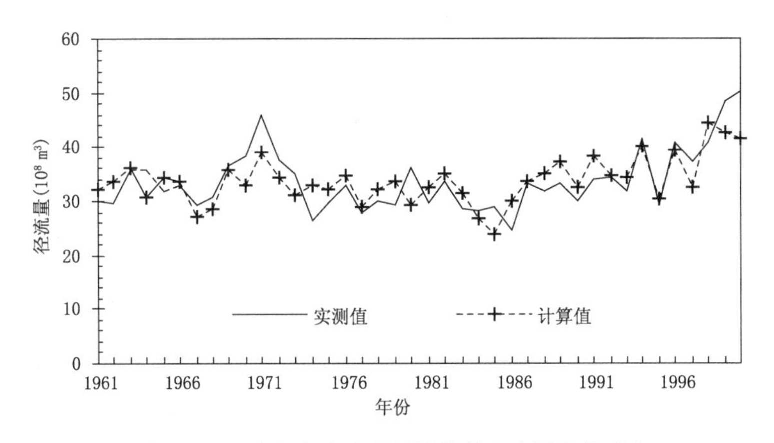

图 5-12　开都河年径流量的计算值与实测值的对比

另有研究表明，40 多年来巴音布鲁克地区的气温并没有明显的上升趋势，因此降水是影响开都河年径流量变化的主要因子。根据(5-1)式可以得出，在气温、降水量的不同变化情况

下，开都河年径流量的响应程度(表 5-5)。降水增多和气温增加都有利于径流量的增加，降水减小和气温降低则有利于径流量的减小。如果气温不变，面雨量每增加(或减少)10％，径流量则增加(或减少)6.7％；如果面雨量不变，气温每增加(或减少)1℃，径流量则增加(或减少)4.0％。说明面雨量是影响地表径流的一个主要的气候因子，面雨量的变化对径流的影响最大、最敏感。

表 5-5 径流对气候因子的响应

年径流量变化(％)		年平均气温变化幅度(℃)								
		−2.0	−1.5	−1.0	−0.5	0.0	0.5	1.0	1.5	2.0
年降水量变化幅度(％)	−30	−28.2	−26.2	−24.2	−22.2	−20.2	−18.2	−16.2	−14.2	−12.2
	−20	−21.5	−19.5	−17.5	−15.5	−13.5	−11.5	−9.4	−7.4	−5.4
	−10	−14.7	−12.7	−10.7	−8.7	−6.7	−4.7	−2.7	−0.7	1.3
	0	−8.0	−6.0	−4.0	−2.0	0.0	2.0	4.0	6.0	8.0
	10	−1.3	0.7	2.7	4.7	6.7	8.7	10.7	12.7	14.7
	20	5.4	7.4	9.4	11.4	13.4	15.4	17.5	19.5	21.5
	30	12.2	14.2	16.2	18.2	20.2	22.2	24.2	26.2	28.2

5.3 伊犁河流域

5.3.1 伊犁河流域概况

伊犁河流域位于中纬度大陆中部，地形呈喇叭状向西敞开，盛行西风环流，较湿气流进入盆地后，受东南部高山拦截，在山区形成降水，使伊犁河谷成为天山山系最大的降水中心和新疆降水量最多的地区，是新疆及天山气候最湿润、降水最丰沛、植被最好的地区。流域总径流量 169.57×10^{8} m^3，占新疆的 20.16％ 。伊犁河又是中国和哈萨克斯坦的国际河流，上游有3条源流，即特克斯河、巩乃斯河和喀什河。主源特克斯河发源于哈萨克斯坦境内的汗腾格里主峰北坡，由西向东流入中国，在 82°E 折向北流，穿过喀德明山脉，与右岸的巩乃斯河汇合，北流汇合喀什河后始称伊犁河，西流 150 km 霍尔果斯河汇入后又回到哈萨克斯坦，继续西流进入卡普恰盖峡谷区并接纳最后一条大支流库尔特河，然后流经萨雷耶西克特劳沙漠区，最后注入巴尔喀什湖。伊犁河雅马渡站以上为上游，雅马渡至哈萨克斯坦的伊犁村(卡普恰盖)为中游，伊犁村至巴尔喀什湖为下游。伊犁河全长 1236 km，流域面积 15.12×10^{4} km^2，伊犁河干流在中国境内长约 442 km，流域面积约 5.6×10^{4} km^2，水资源相当丰富，是中国新疆境内径流量最丰富的河流。

为了尽可能地反映山区地形对气候要素分布的影响，考虑到插值方程的稳定性，采用了伊犁河流域及其附近地区 9 个气象站和 4 个水文站 1961—2000 年的年降水资料。根据水文部门绘制的流域图，并结合 DEM 确定出伊犁河流域集水区的地理界限，其中包括了国外的一小部分地区。由此计算出全流域集水区总面积约为 6.29×10^{4} km^2。与行政区面积 5.6×10^{4} km^2 相比，多了 0.69×10^{4} km^2(主要是国外部分)，占新疆总面积的 3.8％。

5.3.2 降水的时空分布

(1)年降水分布

伊犁河流域降水的空间分布((彩)图5-13)特征为东部多于西部、山地多于平原、迎风坡大于背风坡。伊犁河谷平原区降水量一般为200～400 mm；山区降水量一般在600～800 mm以上，甚至更多。流域面雨量多年平均为339.5×10⁸ m³，占全疆面雨量的12.4%，平均雨量538.7 mm。流域空中静态水汽含量平均为80.3×10⁸ m³。

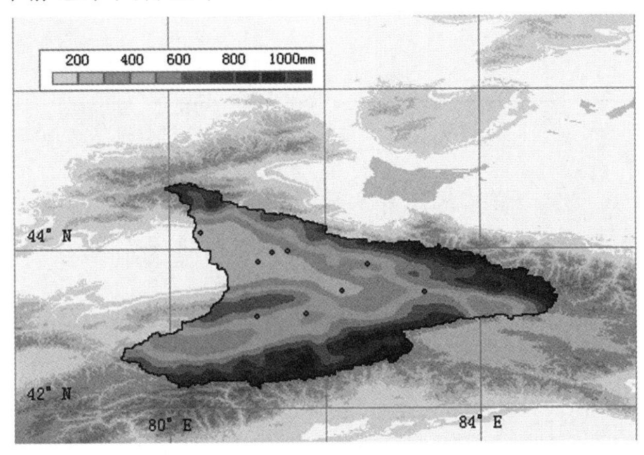

图5-13 伊犁河流域降水的空间分布

降雨量与海拔高度呈一元线性关系(图5-14)，相关系数为0.64，通过了误差检验。由图5-14可以看出，降水随海拔的增高而增大，1000 m以下降水平均在200—400 mm之间；1000 m以上降水均大于400 mm；在2000 m左右，降水量达到最大，与最大水汽含量带的高度一致。

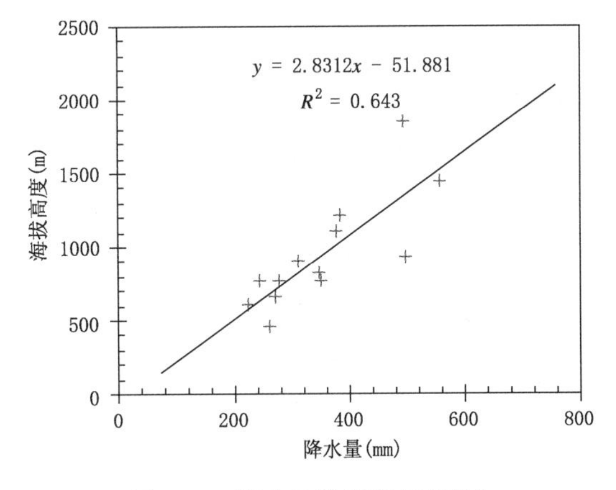

图5-14 降水量随海拔高度变化

将伊犁河流域年平均降水划分为10个等级，统计各降水等级所对应的降水总量、流域面积及累积百分率(表5-6)。年平均降水量在700～800 mm的降水等级所占的降水总量最大，为63.4×10⁸ m³，其次是600～700 mm，所占降水总量为61×10⁸ m³。从各等级年平均降水量所占的面积来看，流域降水量没有小于200 mm以下的地区。年平均降水量在400～500

mm 的降水等级所占的面积最大，为 1.13×10^4 km²，其次是 300～400 mm，所占面积为 1.03×10^4 km²。降水量 600 mm 以下的面积达 3.81×10^4 km²，占流域总面积的 60%以上。

表 5-6 伊犁河流域降水等级与面积的关系

降水等级（mm）	< 200	200～300	300～400	400～500	500～600	600～700	700～800	800～900	900～1000	≥1000	合计
降水总量（10^8 m³）	0	17.5	37.0	50.4	50.6	61.0	63.4	46.3	11.8	1.5	339.5
累积占百分比（%）	0	5.2	16.1	30.9	45.8	63.8	82.4	96.1	99.6	100.0	
面积（10^4 km²）	0	0.73	1.03	1.13	0.92	0.94	0.84	0.55	0.13	0.02	6.29
累积占百分比（%）	0	11.6	28.0	46.0	60.6	75.6	89.0	97.8	99.8	100.0	

(2)拟合误差检验

对 13 个站、45 年共 585 个样本的年降水量数据的计算值与实测值分别进行对比（见图 5-15）。可以看出，两者显著相关，相关系数为 0.79，平均相对误差为 5.5%。另外也可以看出，在降水大的地方，误差也有所加大。

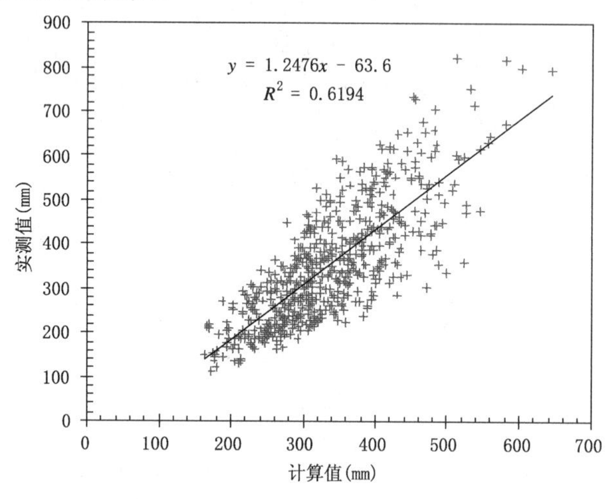

图 5-15 年降水量实际值与计算值的对比

(3)降水变化

流域多年平均降水量为 349.9 mm，其中年降水量最多为 528.2 mm（1998 年），偏多 50.9%，最少为 224.4 mm（1995 年），偏少 35.9%。近 50 年降水呈上升趋势，年倾向率为 17.71 mm/10a；从季节变化趋势来看，冬季倾向率为 5.54 mm/10a，夏季为 4.57 mm/10a，说明冬季增加趋势最明显，但夏季降水量大，流域内降水增加主要还在夏季。从年、季平均降水的年代际变化（表 5-7）可以看出，相对于 30 年平均而言，20 世纪 90 年代以来降水增长显著，1991—2000 年平均降水增长幅度达 17.6 mm，其中夏季增湿最明显（14.4 mm），冬季次之，而秋季降水减少（−5.4 mm）。2000 年以后增湿幅度更大，年降水平均增加了 44.5 mm，春季增湿最显著（19.8 mm），夏秋次之，冬季增湿幅度最小（7.1 mm）。年、春季、冬季最多降水均出现在气候偏暖的 21 世纪头十年，年、冬季最少降水则出现在气温偏低的 20 世纪 60 年代；而夏季最大降水出现在 90 年代，最少出现在 70 年代。

表 5-7 伊犁河流域降水年代际变化

时期	1971—2000 均值(mm)	降水距平(mm)				
		1961—1970	1971—1980	1981—1990	1991—2000	2001—2010
年	345.5	−22.5	−14.4	−3.2	17.6	44.5
春季	101.9	1.5	1.2	−2.5	1.3	19.8
夏季	120.2	−3.5	−11.4	−3.0	14.4	9.3
秋季	75.9	−6.3	−2.1	7.5	−5.4	8.2
冬季	47.4	−13.8	−1.9	−5.0	6.9	7.1

5.3.3 水汽与水汽压的关系

大气水汽含量(也称可降水量)表示整个空气柱中的水汽全部凝结时所得到的液态水量。理论计算公式为

$$W = -\frac{1}{g}\int_{p_0}^{0} q\mathrm{d}p \tag{5-2}$$

在实际工作中,一般是利用探空观测的各标准等压面上的比湿差分进行求和计算得到的,即

$$W = -\frac{1}{g}\sum_{p_0}^{p_h} q_i \cdot \Delta p_i \tag{5-3}$$

式中,W 为某地单位面积上整层大气的总水汽含量,q_i 为各层的比湿,p_0、p_h 分别为地面气压和大气顶气压,g 为重力加速度,i 代表等压面层次。根据水汽压随高度变化按负指数衰减的规律,在 300 hPa 的高度时(大约 9000 m),水汽极其稀少,水汽压仅相当于地面水汽压的 1/60,因此计算取 300 hPa 为顶层已能够满足要求,即 $p_h = 300$ hPa。按照(5-3)式对地面、850 hPa、700 hPa、600 hPa、500 hPa、400 hPa、300 hPa 等压面层次进行计算。根据计算出的伊宁气象站水汽含量与地面水汽压的散布关系(图 5-16)表明,大气水汽含量 W 与地面水汽压 e 之间存在良好的线性关系:

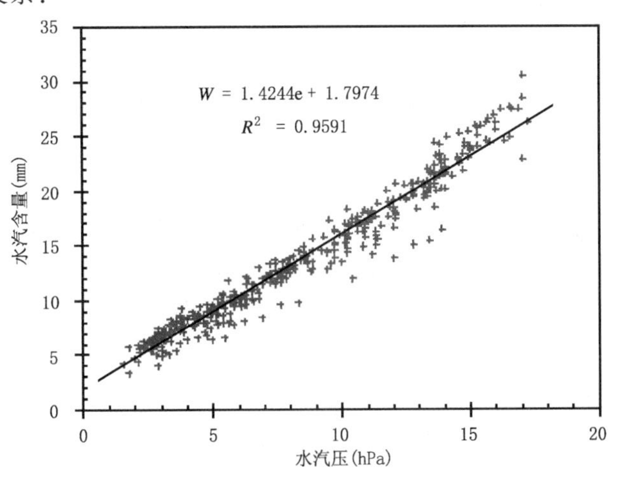

图 5-16 伊宁地面水汽压与水汽含量的关系

$$W = 1.4244e + 1.7974 \tag{5-4}$$
$$R^2 = 0.959$$

式中，W 为水汽含量(mm)，e 为地面水汽压(hPa)。R^2 是拟合程度的指标，其值越接近于1，拟合越好。利用此式计算了伊犁河流域其他8个地面气象站的水汽含量。

5.3.4 水汽含量分布

(1)空间分布

伊犁河流域大气水汽含量在空间分布上主要表现为西部多于东部、平原多于山地、迎风坡大于背风坡的特点((彩)图5-17)。有两个高值区，在下游平原及上游河谷地带，中心水汽压在13～15 mm之间，且从西向东递减。由于谷地向西呈喇叭口敞开，使西来的湿润气流长驱直入，大量的水汽被拦截，空气湿润，水汽含量最高；加之河谷平原地带是主要城镇分布区，绿洲农牧业发达，水汽更加充足。流域平均水汽含量为12.3 mm，其中山区水汽含量一般为7.6～12.5 mm。随着地形的抬升，大气厚度越来越薄，而水汽主要密集于对流层中下层。

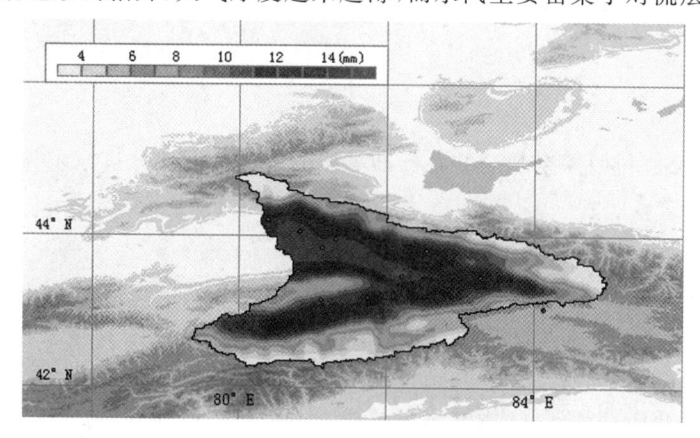

图5-17 伊犁河流域水汽含量的空间分布

各季的水汽含量随高度的增加有先增后减的趋势(图5-18)，地面至850 hPa的水汽为3.5 mm，约占整层的29.5%；在850 hPa至700 hPa的高度上，像最大降水带一样，也存在一个最大水汽带，达到4.8 mm，占整层的40%，对应海拔高度约2000 m；而后随高度的增加，水汽含量开始迅速递减；500 hPa以上水汽含量极小，呈微弱变化；地面到500 hPa高度水汽约占整层的93%，500～300 hPa水汽仅占5%左右，300 hPa以上水汽可以忽略不计。夏季和冬季水汽含量随高度变化趋势基本一致，但夏季水汽含量高于冬季2～3倍；夏季700～500 hPa水汽占整层水汽含量的比例高于冬季，而地面至700 hPa略有降低；冬季各层所占水汽比例与年均极为相似。另外，某层水汽累积含量表示某一高度层以上气柱水汽含量的总和。从水汽累积分布来看，水汽累积含量随高度增加单调快速递减，年均整层水汽为11.9 mm，夏季和冬季分别为20.3 mm和6.2 mm。

(2)时间变化

月变化。从伊宁站各月水汽含量的分布(图5-19)可见，地面经验公式计算结果与探空计算结果十分相近，探空月平均水汽含量为13.93 mm，模式计算结果为14.49 mm，模式结果略大于探空计算结果。(5-4)式计算的月平均值最大绝对误差为8.02 mm，平均绝对误差为0.998 mm，平均相对误差为6.3%，可见 W-e 一元模型计算结果能够满足精度要求，且计算简单，物理意义明确，可用于伊犁河流域其他无探空观测站点的水汽计算。

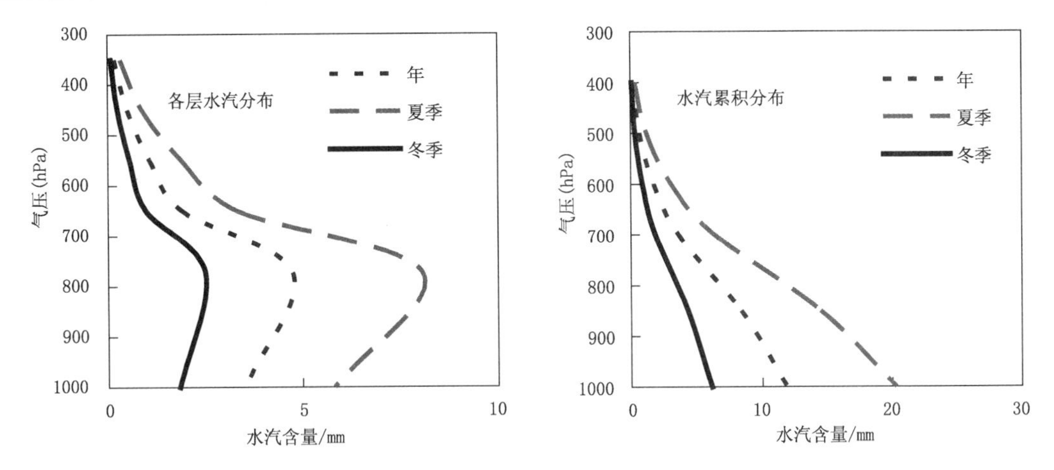

图5-18 各层水汽及累积水汽含量随高度变化

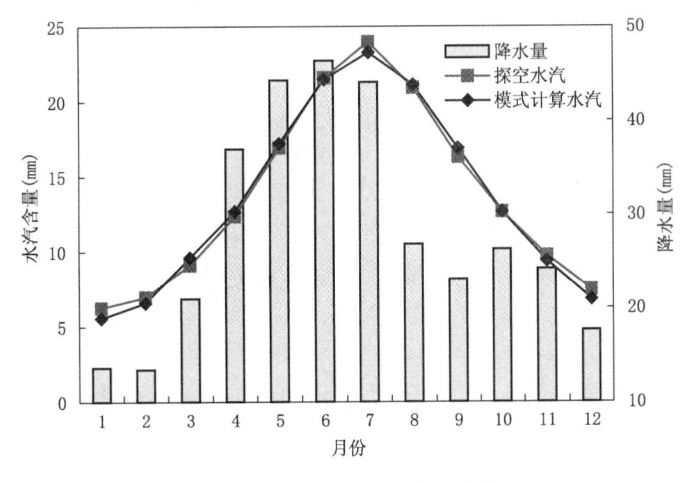

图5-19 伊宁月平均水汽含量

伊宁站水汽含量的月际变化呈单峰型，从1月到7月的水汽含量逐渐增加，8月到12月又逐月减少。夏季是水汽含量的最高季节，其中7月平均最大，为23.41 mm；冬季最低，其中1月平均最小，为5.72 mm。最大月与最小月差值为17.69 mm，说明水汽含量季节变化非常明显。

年际变化。流域多年平均水汽含量为12.3 mm，其中年水汽含量最多为13.6 mm(2002年)，偏多10.7%，最少为10.66 mm(1962年)，偏少13.3%。近49年水汽呈上升趋势，年倾向率为0.27 mm/10a；从季节变化趋势来看，流域冬季倾向率仅为0.19 mm/10a，而夏季达到0.48 mm/10a，说明水汽的增加主要在夏季。通过与同址探空站观测水汽对比，伊宁水汽年际变化趋势基本一致((彩)图5-20)，90年代以后计算值略小于观测值，冬季稳定，夏季变化波动较大，这与夏季水汽增加幅度和强度有关。

为了反映伊犁河流域水汽含量的年代际变化，分别对年、夏季和冬季水汽含量计算变差系数 C_v。可以看出，水汽含量变差系数在0.038～0.085之间，平均值为0.049，夏季水汽含量变差系数为0.063，冬季为0.088，表明流域内水汽年际变化较小，年水汽相对稳定，冬季大于夏季，季节水汽相对不稳定。

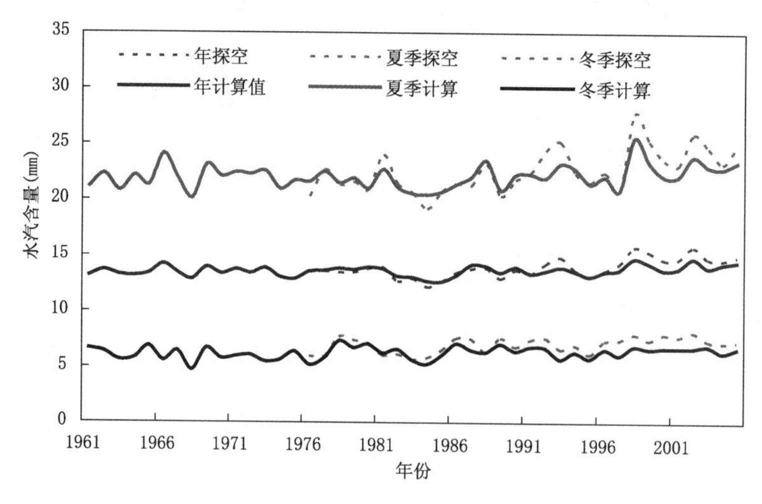

图 5-20 伊宁站年、夏季及冬季水汽含量变化曲线

5.3.5 水汽与降水的关系

为了研究伊犁河流域水汽与降水的关系，对水汽与降水量进行相关分析，发现水汽与降水量具有很显著的正相关关系，年相关系数为 0.66。夏季两者相关最为显著，相关系数为 0.74，其次为春季和冬季，分别为 0.48 和 0.43，都通过了 0.01 的显著性水平检验；秋季达到 0.36，通过了 0.05 的显著性水平检验。水汽与降水在夏季相关系数最大且最显著，说明夏季大气水分与降水的关系最为密切。

(1)夏季干、湿年水汽含量特征

将伊犁河流域夏季降水划分为异常多雨、多雨、正常、少雨、异常少雨 5 个等级。具体定义方法为

异常多雨：$R_i > (R + 1.17\sigma)$

多雨：$(R + 0.33\sigma) < R_i \leqslant (R + 1.17\sigma)$

正常：$(R - 0.33\sigma) < R_i \leqslant (R + 0.33\sigma)$

少雨：$(R - 1.17\sigma) < R_i \leqslant (R - 0.33\sigma)$

异常少雨：$R_i < (R - 1.17\sigma)$

其中，R 代表夏季多年平均降水量，R_i 代表逐年夏季降水量，σ 代表标准差。水汽含量的异常将直接影响降水，通过不同等级的平均降水量和水汽含量距平可以看出，干旱年均对应水汽的负距平，湿润年大多数对应水汽的正距平，两者存在很好的对应关系(图 5-21)。选取 1998、1993、1988、1969、2007、2003 年为异常多雨年，平均降水量为 177.1 mm，水汽含量为 19.9 mm，分别偏多 46.1%和 7.4%；异常少雨年有 1968、1984、2008 年，平均降水量和水汽含量分别为 78.3 mm 和 16.9 mm，分别偏少了 35.4%和 8.8%。异常多雨年数量是异常少雨年的 2 倍，这与伊犁河流域增湿的气候背景相符。

(2)水汽与降水的时空相似特征

为了研究水汽与降水的关系，对伊犁河流域降水和水汽的标准化场进行自然正交分解(EOF)展开((彩)图 5-22(a)、(b)为降水第 1、第 2 特征向量，(c)、(d)为水汽第 1、第 2 特征向量)。可以看出，两者第 1 特征向量具有相似的分布特征，所占的方差贡献很大，分别达到了

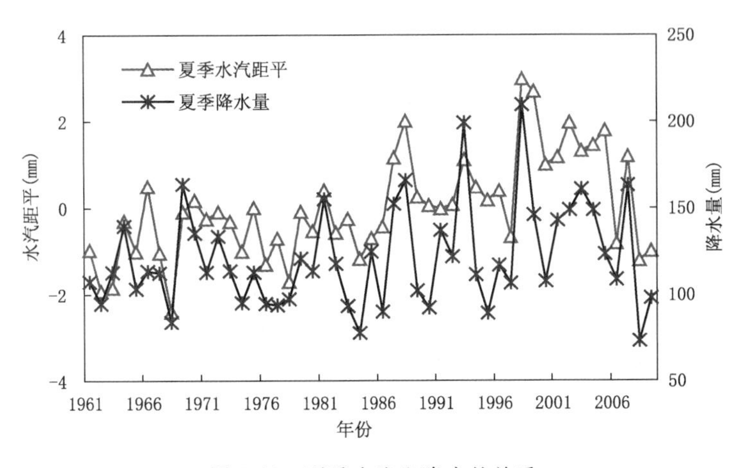

图 5-21　夏季水汽和降水的关系

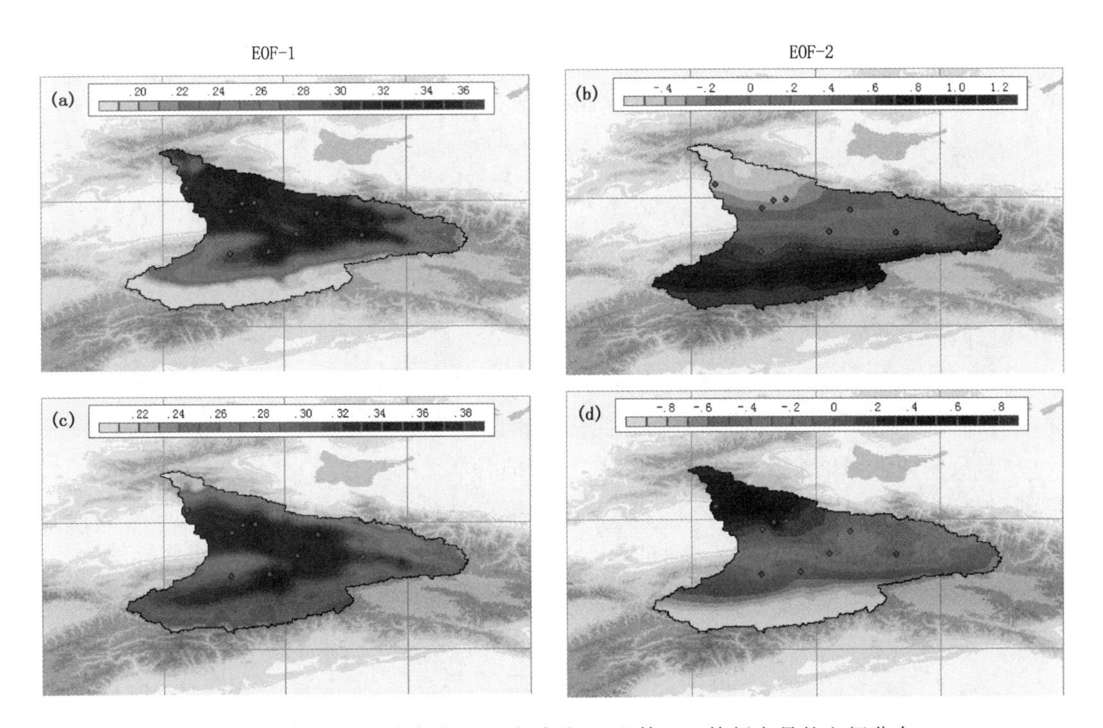

图 5-22　伊犁河流域降水(a,b)与水汽(c,d)第 1、2 特征向量的空间分布

73.8%和 84.0%，且均为正值，表明了该流域气候振动的一致性；同时，河谷地带为高值区，说明变率要大于两侧山坡。两者的第 2 特征向量都表现出了河谷北部与南部符号呈相反的分布型式，且降水与水汽场的正负号也相反，这种南北反相的型态与气流来向导致迎风坡与背风坡转换有关，但此型所占的方差贡献比重明显较小，分别为 13.4%和 6.1%。

1)空间相似

两者空间分布也较为相似。通过采用相似系数 r 判断标准化的降水与水汽两个要素 EOF 空间场的相似程度：

$$r_k = \frac{\sum_{i=1}^{n}(x_{ki}y_{ki})}{\sqrt{\sum_{i=1}^{n}x_{ki}^2\sum_{i=1}^{n}y_{ki}^2}}, \qquad k=1,2,\cdots,n$$

式中，n 为气象站个数，k 为特征向量序号，x_{ki}、y_{ki} 分别为降水和水汽要素展开的第 k 个 EOF 场的第 i 个值。相似系数等于 1.00 为完全相同，相似系数等于－1.00 为完全相反，相似系数为 0.0 时表示完全不相似。正值越大越相似，负值越大越相反。

计算结果表明，降水和水汽 EOF 展开的第 1 向量场间的相似系数为 0.99，说明两者典型场空间分布的相似程度很高(图 5-23a)。而第 2 向量场间的相似系数为－0.89，反映两者空间分布型高低中心反位相的程度也很高。第 3 向量场间的相似系数仅为－0.10，反映两者空间分布型基本不相似。

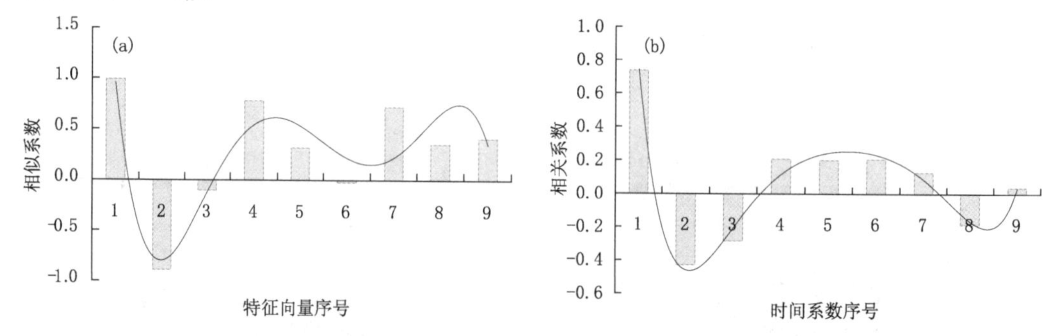

图 5-23 伊犁河流域降水和水汽 9 个向量场间的相似系数(a)及时间系数的相关系数(b)

2)时间相似

对展开的时间系数采用相关系数分析两者的相关程度。降水和水汽 EOF 展开的第 1 时间系数的相关系数为 0.74，说明两者年际变化的相似程度很显著。第 2 时间系数的相关系数为－0.43，反映两者时间变化呈相反位相(图 5-23b)。

利用交叉谱分析两者频域结构和周期变化的相互关系(图 5-24)。取最大时间滞后长度 $m=16$，对第 1 时间系数而言，在 5.3 年和 3.2 年周期上凝聚谱出现了峰值，位相差分别为 0.09 年和－0.06 年，表明两者几乎是同步的。第 2 时间系数在 6.4 年、3.6 年和 2.5 年周期上凝聚

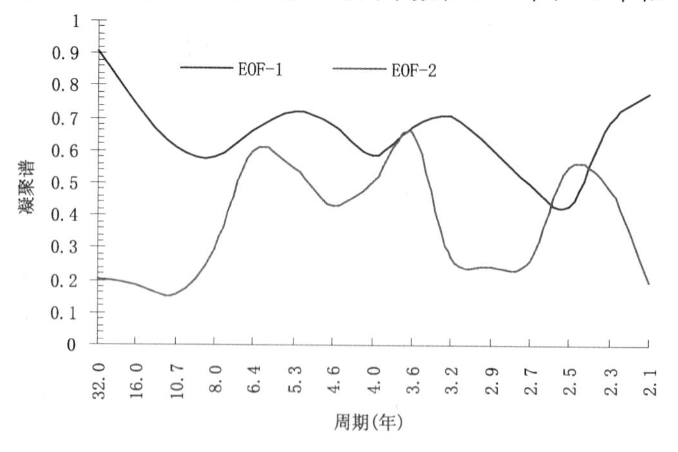

图 5-24 伊犁河流域降水和水汽向量场交叉谱分析

谱出现了峰值,位相差分别 0.53 年、0.40 年和 0.11 年,表明两者有一定滞后。

5.3.6 面雨量与径流年际变化

伊犁河流域的面雨量和乌拉斯台河径流量趋势变化率分别为 8.1×10^8 $m^3/10a$ 和 0.6×10^8 $m^3/10a$,两者增加趋势均不显著(图 5-25)。面雨量变差系数为 0.16,径流变差系数为 0.15,略小于面雨量。从波动位相上看,两者比较一致,相关系数为 0.58,说明面雨量对乌拉斯台河径流的形成有重要影响。两者关系可以简单用回归方程表示:

$$Y_{径流} = 0.050X_{面雨量} + 14.676 \tag{5-5}$$

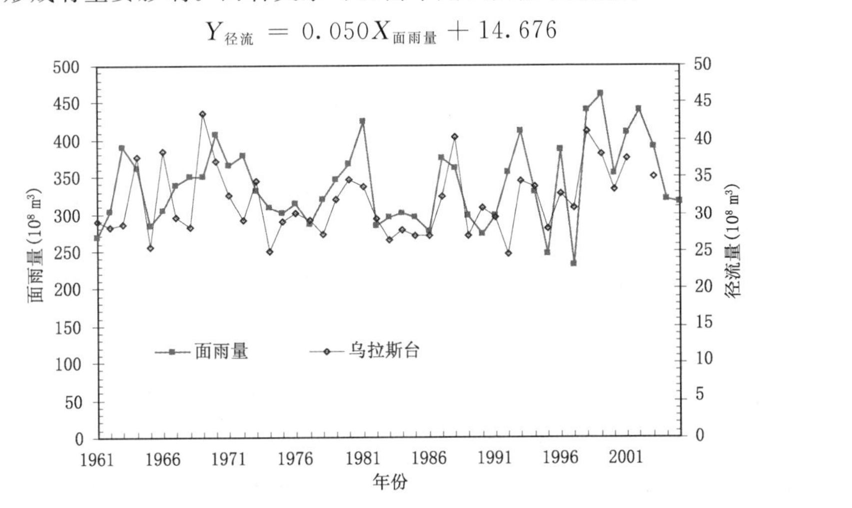

图 5-25 伊犁河流域面雨量及乌拉斯台河径流量的变化

第6章　大气含水量的时空分布特征及其变化

水文循环是地球上最重要的物质循环之一，而水汽则是水文循环系统中主要的大气分量之一，是大气中活跃多变的成分。首先，它是产生降水的物质基础，直接关系到各地的降水天气及气候；其次，水汽还通过平流和垂直输送及蒸发凝结过程，明显地影响地面和大气中的水分循环及能量平衡；最后，水汽作为大气中比 CO_2 和 CH_4 都重要的"自然"温室气体，它对全球增暖的作用也引起了人们的注意。研究新疆水汽含量对于揭示干旱地区的水分循环过程和全球变化背景下的区域响应，合理开发利用空中水汽资源具有重要意义。

大气含水量又称可降水量，是研究水分循环和平衡的重要因子。许多学者对如何计算大气含水量进行了大量的研究，刘国纬(1997)对国内外的研究成果与进展进行了全面的总结与评价。目前，大气含水量的计算主要有4种方法：

一是利用探空实测资料直接进行计算。优点是资料年代较长，对测点而言数据比较客观准确，故常用来作为其他计算方法的验证。但是，在计算一个区域的大气水汽含量时，由于探空站太少，无法细致描述水汽的空间分布状况，尤其是对像新疆这样地形复杂、测站分布不均的地区来讲更是如此。

二是利用地基GPS结合遥感资料反演大气水汽含量。这是近些年来发展并被广泛应用的新技术，它解决了短时区域大气含水量的计算问题，并应用于北京地区、长江流域、青藏高原、西北地区等区域的大气水汽总量分析。但是，由于GPS或遥感观测数据年限较短，不能解决历史水汽含量的演变问题。

三是通过建立大气水汽含量与地面气象要素(一般是水汽压)的关系进行计算。这种方法大大增加了站点数量，充分利用了地面气象资料，计算简单而且结果较好。20世纪70年代艾伦(C W Allen 1976)给出了大气含水量与地面水汽压的关系式。杨景梅等(1996)研究了我国20多个气象站的大气含水量与地面水汽压的关系，发现地面水汽压与气柱含水量存在着良好的数值对应关系，建立了由地面湿度参量计算整层大气可降水量的经验计算模式。张学文(2004)利用新疆和我国探空气象站及地面月平均水汽压资料，也得出了与艾伦相似的可降水量与水汽压力的线性关系式，只是系数有一点差别。

四是利用NCEP/NCAR再分析资料计算大气水汽含量，这也是目前广泛采用的方法。由于是网格化资料，在用于计算空间水汽分布时，可弥补站点不足带来的缺陷，但另一方面，较粗的网格仍影响精细化分析，再分析资料的适用性需要用实测数据进行验证。蔡英(2004)利用NCEP/NCAR 1958—1997年2.5°×2.5°格点再分析资料分析得出各季高原上都是低湿区，由高原边缘向四周可降水量剧增，南疆盆地是相对的高湿区。俞亚勋(2003)、王宝鉴等(2006)分别利用NCEP/NCAR 1958—2000年和1961—2003年2.5°×2.5°格点再分析资料分析了西北地区空中水汽时空分布特征。

6.1　基于探空资料计算的水汽含量

大气水汽含量(也称可降水量)表示整个空气柱中的水汽全部凝结时所得到的液态水量。理论计算公式为

$$W=-\frac{1}{g}\int_{p_0}^{0}q\mathrm{d}p \tag{6-1}$$

在实际工作中,一般是利用探空观测的各标准等压面上的比湿差分进行求和计算得到的,即:

$$W=-\frac{1}{g}\sum_{p_0}^{p_h}q_i\cdot\Delta p_i \tag{6-2}$$

式中,W 为某地单位面积上整层大气的总水汽含量,q_i 为各层的比湿,p_0、p_h 分别为地面气压和大气顶气压,g 为重力加速度,i 代表等压面层次。根据水汽压随高度变化按负指数衰减的规律,在 300 hPa 的高度时(大约 9000 m),水汽极其稀少,水汽压仅相当于地面水汽压的 1/60,因此计算取 300 hPa 为顶层已能够满足要求,即 $p_h=300$ hPa。按照(6-2)式对地面、850 hPa、700 hPa、600 hPa、500 hPa、400 hPa、300 hPa 等压面层次进行计算。

表 6-1 是利用探空探测数据计算出的部分台站月平均水汽含量。从各站情况来看,伊宁年平均水汽含量最大,为 13.7 mm,乌鲁木齐和库车几乎相当,分别为 11.3 mm 和 11.4 mm。图 6-1 是 3 个探空站水汽含量年际变化曲线,在 1976—2006 年,水汽含量的平均变化呈增加趋势,平均趋势值为 0.06;其中乌鲁木齐趋势值为 0.03,库车和伊宁分别为 0.08 和 0.06。2006 年以后水汽含量趋势不连续,水汽值急剧下降,乌鲁木齐和伊宁分别出现历史最低值,这可能与更新了新型探空仪后数据的前后一致性受到影响有关,具体原因有待进一步研究。

表 6-1　1976—2009 年新疆部分探空站平均大气水汽含量(mm)

站点	1	2	3	4	5	6	7	8	9	10	11	12	平均
伊宁	6.3	6.9	9.1	12.4	16.9	21.6	24.0	21.0	16.3	12.7	9.8	7.5	13.7
乌鲁木齐	5.1	5.6	7.2	9.4	12.9	18.0	21.3	18.6	13.5	10.3	7.7	6.0	11.3
和田	4.8	4.9	5.9	7.9	12.2	17.3	21.5	21.1	14.6	8.6	6.1	5.3	10.8
库车	5.1	5.4	6.7	8.6	12.3	17.7	21.4	20.5	15.0	10.3	7.4	6.2	11.4
若羌	5.1	4.9	5.6	7.2	10.6	16.3	21.2	18.7	13.3	8.8	6.7	5.9	10.4
喀什	5.5	5.7	7.5	9.6	13.2	16.7	20.4	20.9	16.1	11.1	8.0	6.4	11.7
民丰	4.6	4.3	4.7	7.1	10.2	15.8	23.9	21.6	14.5	8.0	5.7	5.4	10.5

6.2　基于地面资料计算的水汽含量

6.2.1　水汽含量与地面水汽压的关系

通过对新疆探空站 1977—2005 年一日两次的大气水汽含量资料和相应的月平均地面水汽压资料的计算分析,得到了新疆不同区域水汽含量与地面水汽压的散布关系(图 6-2)。大气水汽含量 W 与地面水汽压 e 之间存在良好的线性关系,公式为 $W=a+be$,参数 a、b 因站点而异。考虑到地面水汽压为 0 时水汽含量也应该为 0 这一物理意义,定义关系式为 $W=be$,即一元线性模型。

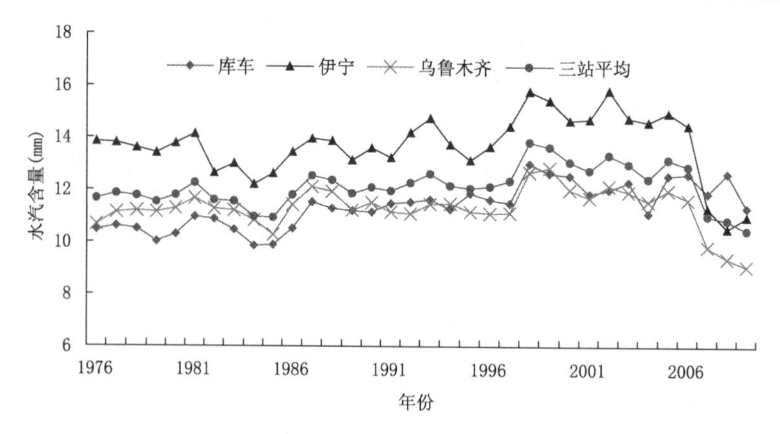

图 6-1 部分探空台站的水汽含量的年际变化

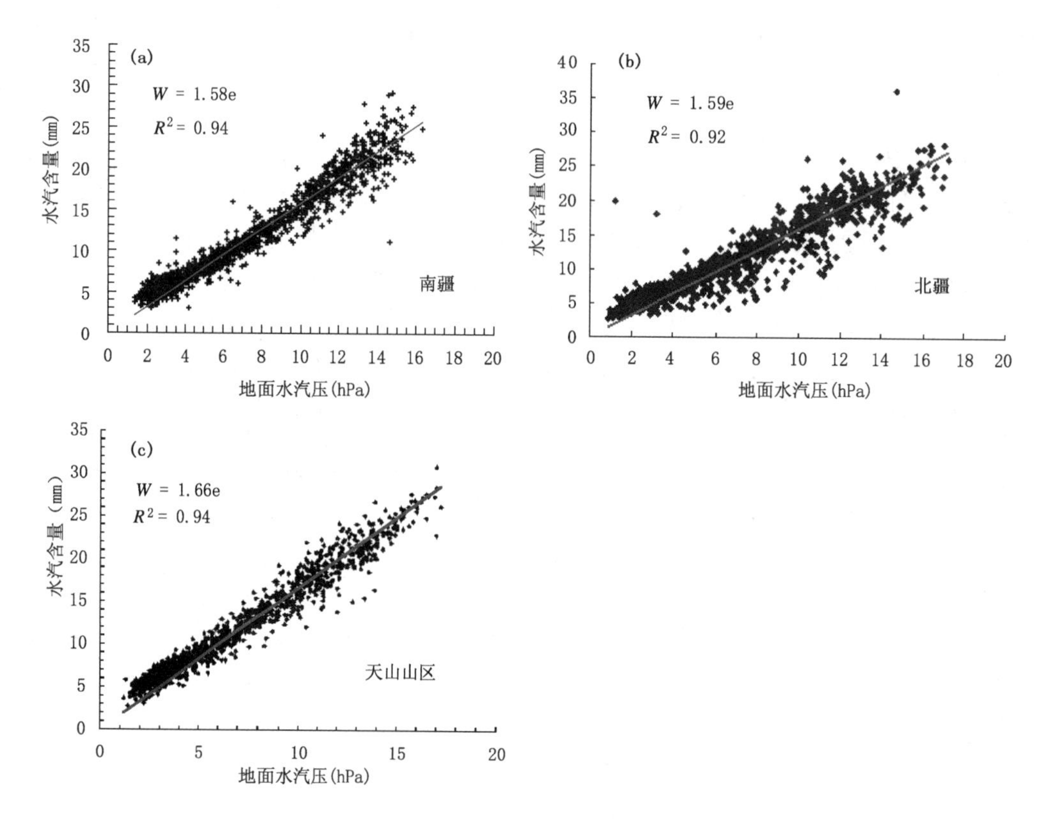

图 6-2 水汽含量与地面水汽压的散布关系

(a)南疆;(b)北疆;(c)天山山区

北疆:$W=1.59e$ (6-3)

南疆:$W=1.58e$ (6-4)

天山山区:$W=1.66e$ (6-5)

6.2.2 天山山区水汽含量的计算分析

利用天山山区及周边 44 个站的 1961—2009 年水汽压数据,通过(6-5)式计算水汽含量,并与探空实测数据进行对比。图 6-3 表示了不同计算方法得出的各月水汽含量的变化，其中探空值为 3 个探空站的平均，地面计算结果为 44 站平均。结果表明，地面经验公式计算结果与探空计算结果十分相近，(6-5)式可用于天山山区及周边其他无探空观测台站的水汽计算。

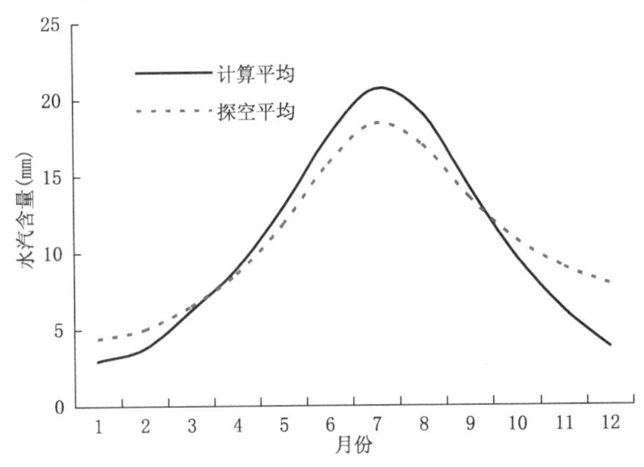

图 6-3　不同方法计算的天山山区及周边地面水汽含量对比

(1)水汽含量的空间分布

表 6-2 是利用地面水汽压与水汽含量关系式计算的天山山区及周边 44 站 1961—2009 年平均水汽含量值。可以看出，天山山区及周边区域内大气水汽含量有 3 个高值区，主要分布在天山周边的河谷、盆地和山麓地带，分别为西天山的伊犁河谷地区、中天山北麓平原地区和东天山南部的吐鲁番盆地，中心水汽平均在 12～21 mm 之间。前两个中心位于天山北麓的河谷平原地带，这里是西风气流的迎风坡，拦截了西来的大量水汽，空气湿润，绿洲农业发达，水汽比较充足；吐鲁番地区降水量少，但水汽却属极大值，这与盆地内大气层较厚有关，也可能是天山以北通往该地的峡谷带来大量水汽的结果。南天山及东部的阿克苏地区、库尔勒地区和东天山南部的哈密地区是水汽含量的次高值区。而低值区一直稳居在中天山山区巴音布鲁克—天山大西沟—小渠子一带及东天山巴里坤、伊吾地区，水汽含量仅为 4～9 mm，这与海拔高度密切相关。上述地区的测站海拔高，大气厚度较其他地区薄，而水汽主要密集于对流层中下层。

表 6-2　天山山区及周边 44 站 1961—2009 年平均水汽含量计算值(单位：mm)

站点	多年平均水汽含量(mm)	站点	多年平均水汽含量(mm)	站点	多年平均水汽含量(mm)	站点	多年平均水汽含量(mm)
博乐	12.38	巩留	21.59	奇台	10.14	焉耆	11.76
温泉	9.92	新源	13.04	木垒	10.02	和硕	19.84
精河	12.65	昭苏	9.90	七角井	7.37	库米什	8.55
伊宁	13.73	大西沟	4.76	巴里坤	7.70	库尔勒	11.18
霍尔果斯	12.50	小渠子	8.55	伊吾	6.67	乌什	12.54
察布查尔	14.43	天池	8.09	哈密	10.12	阿克苏	13.17
尼勒克	12.21	乌苏	20.89	达坂城	9.20	拜城	12.65
特克斯	11.69	石河子	12.61	托克逊	12.43	轮台	11.41
巴音布鲁克	6.71	沙湾	11.50	吐鲁番	12.39	库车	10.85
吉木萨尔	10.37	玛纳斯	12.40	鄯善	11.19	土尔尕特	5.03
乌鲁木齐	10.26	巴仑台	7.96	和静	11.04	阿合奇	8.81

图 6-4 显示，天山山区水汽随高度的分布呈指数规律递减。显然，海拔高的地区，水汽含量少。

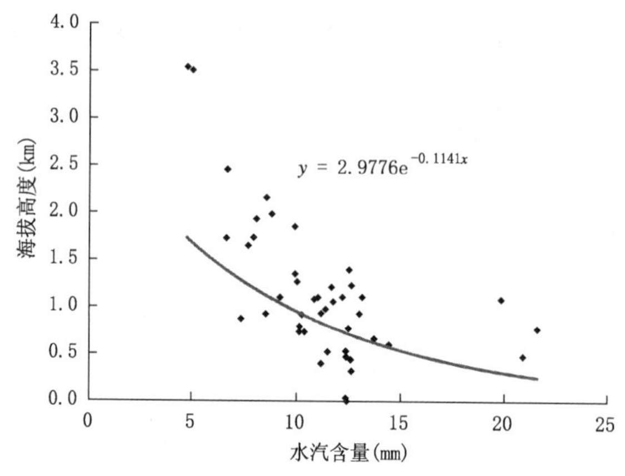

图 6-4　海拔高度与大气水汽含量分布关系

(2)水汽含量的时间变化

1)季节变化

从天山山区及周边地区各月水汽含量的分布(图 6-5)可见，天山山区及周边水汽含量的月际变化呈单峰型，从 1 月到 7 月水汽含量逐渐增加，8 月到 12 月又逐月减少。夏季是水汽含量的最高季节，44 站平均为 17.58～20.67 mm，其中 7 月平均最大；冬季最小，44 站平均为 2.96～3.82 mm，其中 1 月平均最小。最大月与最小月差值为 17.71 mm，说明水汽含量季节变化非常明显。逐月变化率能够反映水汽增减变化特征，天山上空水汽含量在 2—7 月是增长期，3 月增长率最大，为 65.8%，7 月的增长率最小，为 17.6%。8 月至次年 1 月水汽含量逐月减少，12 月减少率最大，为 38.5%，8 月减少率最小，为 7.8%。

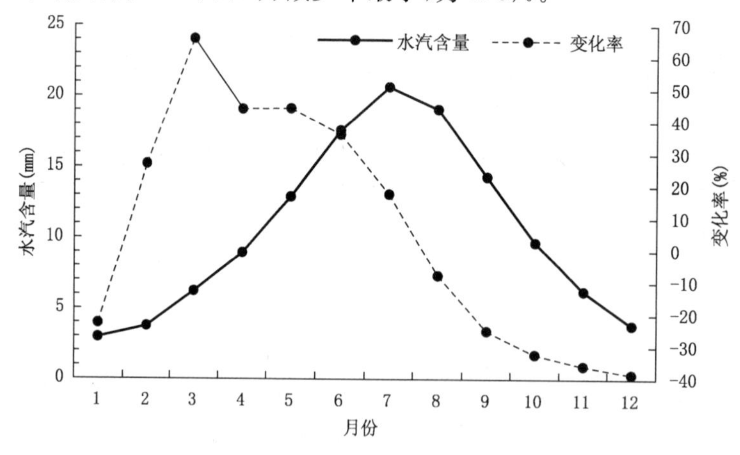

图 6-5　1961—2009 年天山山区及周边 44 站月平均水汽含量及变化率

为了反映天山山区各段水汽含量的年内变化情况，将天山山区分为 4 个区域，选取昭苏、新源和巴音布鲁克 3 站代表西天山；以小渠子、大西沟、巴仑台和天池代表中天山；巴里坤和伊吾代表东天山以及吐尔尕特和阿合奇代表南天山。将四段各月水汽含量平均值进行比较，结果表明，天山山区 11 个代表站月平均水汽含量为 7.83 mm，低于全区平均水平(全区 44 站平均为 10.51

mm);山区各区域比较而言,西天山月均水汽含量最高,为 9.88 mm,最小为南天山,仅为 6.92 mm。夏季依然是天山水汽含量最高的季节,平均在 10.85～18.94 mm 之间,西天山最高,之后依次是东天山、中天山和南天山;冬季水汽含量在各季中最低,平均在 1.99～3.73 mm 之间,东天山平均最低,之后依次是中天山、南天山和西天山。此外,春季平均值(7.03 mm)略低于秋季(7.17 mm)。

2)年代际变化

天山山区及周边 1961—2009 年水汽含量年平均为 10.51 mm,最大年水汽量出现在 1998 年,为 11.8 mm,比多年平均高 12.3%;最小年出现在 1968 年,为 9.46 mm,比多年平均低 10%,两者相差 2.34 mm,表明年水汽量变化较小。从图 6-6 中可以看出,水汽含量在整个时段内呈增加趋势,增加率为 0.26 mm/10a,通过了显著性水平检验。

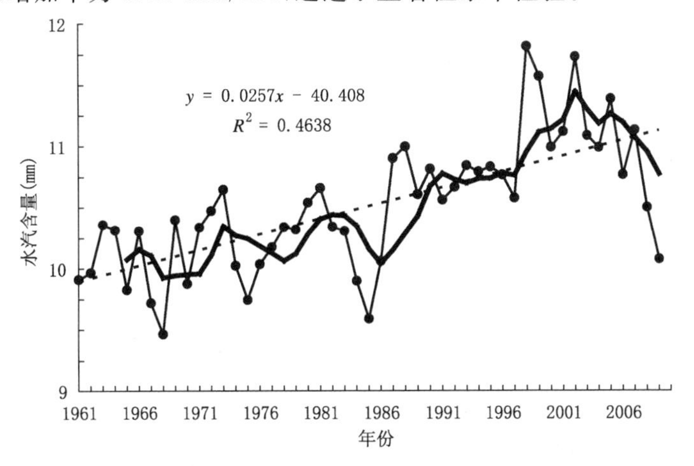

图 6-6　天山山区及周边年平均水汽含量、趋势线和 5 年滑动平均的变化曲线

(3)水汽含量的突变与周期分析

对天山山区及周边多年平均水汽含量的时间序列进行 Mann-Kendall(M-K)检验(图 6-7),来分析其变化趋势及突变。近 50 年间,只有 20 世纪 60 年代后半期 *UF* 值<0,其余时段 *UF* 值恒>0,70 年代初到 80 年代中期波动增加,80 年代中期开始 *UF* 值呈明显增加趋势,且 1989 年超过 95%信度线,表明该地区水汽增加趋势十分明显,*UF* 和 *UB* 曲线在 1986 年相交,

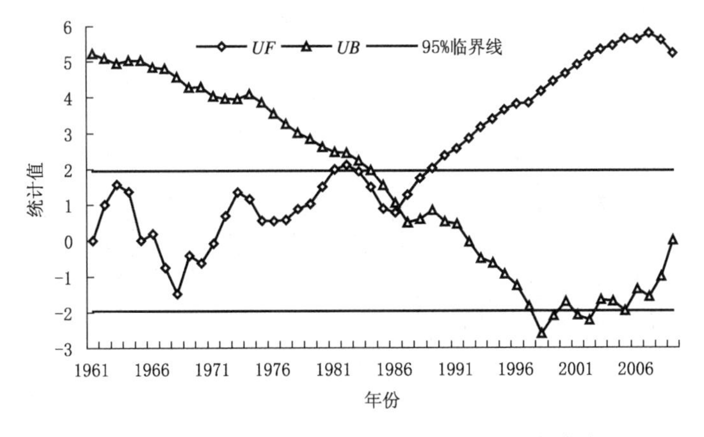

图 6-7　天山山区及周边水汽含量 M-K 突变检验

表明水汽在 1986 年发生突变。这与施雅风等(2002)指出的西北地区气候转型的时间相符，说明天山山区水汽的年变化与西北地区气候变化具有一致性。

为进一步了解天山山区水汽的周期变化特征，对 49 年水汽含量的标准化序列用 Morlet 小波法分析它的周期((彩)图 6-8)。结果表明，天山山区及周边年水汽周期变化明显，正负交替显著，主要存在一个 9 年左右的振荡周期，该周期表现较为显著和稳定，在 20 世纪后半叶始终存在，主要经历了 8 个时期的交替变换，包括 4 个水汽丰富期和 4 个匮乏期。

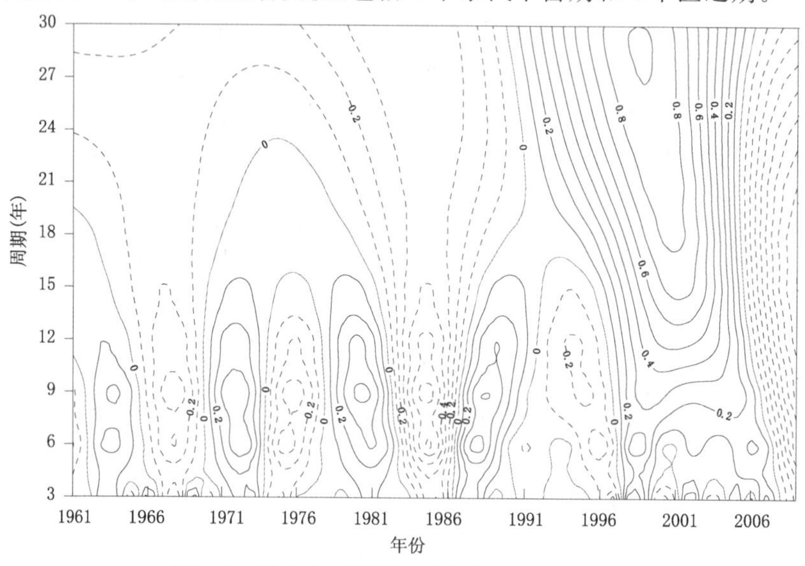

图 6-8 天山山区及周边水汽含量的小波分析

(4)水汽含量与降水量的关系

天山山区及周边地区年降水量与年平均水汽含量存在明显相关(见图 6-9)，相关系数达到 0.59，通过了显著性水平检验。年平均水汽含量和年降水量都呈上升趋势，水汽含量的年平均值为 10.5 mm，标准差为 0.53；降水量的年平均值为 199.71 mm，标准差为 32.74，说明

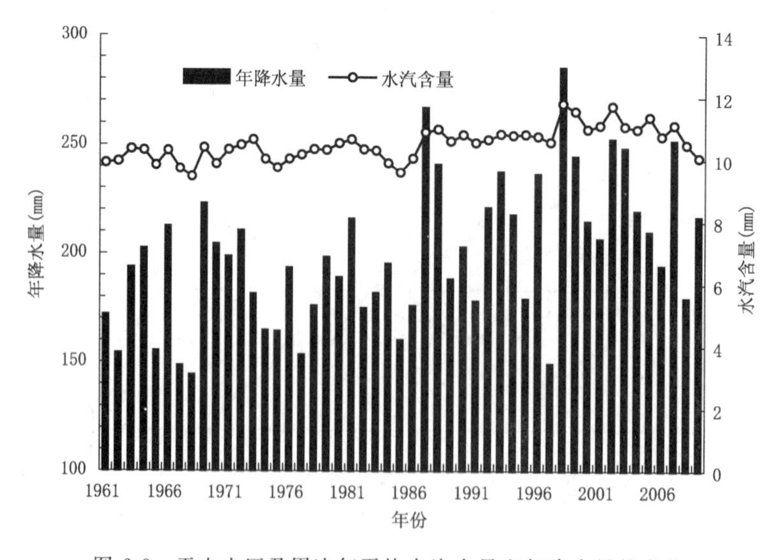

图 6-9 天山山区及周边年平均水汽含量和年降水量的变化

水汽年际变化很小，降水量的年际变化很大。其中，降水量最多年份为1998年，该年水汽含量也最多；1994年降水量最小，而水汽含量最小年份为1985年，并不对应。1985年以后，降水量明显增加，水汽也呈微弱增加趋势。可以看出，水汽是影响天山山区降水量的因素之一，但不是主要因素。

就天山及周边各区域而言，全年降水量最大值区域位于西天山的伊犁地区、中天山和天山北麓地区；最小值区域稳定在东天山南部的吐鲁番盆地及哈密地区。水汽与降水量并不具有很好的对应关系，而具有区域特征。西天山的伊犁地区同向对应较好，是降水量和水汽值的共同高值区。中天山和东天山南部的吐鲁番地区有反向对应关系，中天山是降水的高值区、水汽含量的低值区，吐鲁番反之。其他区域对应关系不明显。

6.2.3 塔里木盆地水汽含量的计算分析

塔里木盆地是中国最大的内陆盆地，位于新疆南部，为天山、昆仑山所环抱，西起帕米尔高原东麓，东到罗布泊洼地，北至天山山脉南麓，南至昆仑山脉北麓，大致在37°～42°N的暖温带范围内。盆地东西长1400 km，南北宽约550 km，面积约53×10^4 km^2。盆地中心为塔克拉玛干沙漠，四周高山环绕，高山海拔4000～6000 m，盆地中部海拔800～1300 m，地势由南向北缓斜并由西向东稍倾，中国第一大内陆河塔里木河从中穿过，与荒漠过渡带一起构成了独特而脆弱的生态环境。

在涉及塔里木盆地水汽含量的研究中，一些学者利用不同的数据和方法进行了计算分析。在基于NCEP/NCAR再分析资料应用方面，蔡英等(2004)利用NCEP/NCAR 1958—1997年2.5°×2.5°格点再分析资料分析各季高原上都是低湿区，由高原边缘向四周可降水量剧增，南疆盆地是相对的高湿区。俞亚勋(2003)、王宝鉴等(2006)分别利用NCEP/NCAR 1958—2000年和1961—2003年2.5°×2.5°格点再分析资料分析了西北地区空中水汽时空分布特征后，都认为南疆盆地是水汽含量高值中心，但前者结果表明盆地中心年平均值超过50 mm，塔克拉玛干沙漠地区达到40 mm以上；而后者结果表明塔克拉玛干沙漠地区中心年平均值超过150 mm以上。王秀荣等(2003)利用NCEP/NCAR 1958—1997年2.5°×2.5°格点再分析资料分析了西北地区夏季水汽含量时空分布后，认为塔里木盆地水汽含量从东北向西南方向逐渐变小，没有高值中心，大致为8～14 mm，东南方向的且末、若羌一带水汽含量很少。赵芬等(2008)也利用NCEP/NCAR 1948—2005年2.5°×2.5°格点再分析资料对塔里木河流域空中水汽状况进行了分析，认为塔克拉玛干沙漠中心是水汽含量的高值区，水汽含量为8～14 mm，多年平均为8.8 mm。在水汽遥感应用方面，梁宏等(2006)利用MODIS卫星和地基GPS遥感资料分析了2001年晴空条件下塔里木盆地上空2、4、7、10月大气总水汽量分别为0.3～0.6 cm、1.5 cm、3.0 cm和0.9～1.4 cm。

可以看出，目前有关塔里木盆地水汽含量的问题还存在着各种看法，不同研究方法、不同的数据得出的结果也不同。这里依据水汽含量与地面水汽压的关系式和地基GPS反演水汽对塔克拉玛干沙漠水汽含量进行计算分析，以进一步加深对此问题的认识。

(1)水汽含量和地面水汽压的关系

使用1976—2009年和田、库车、若羌、喀什、民丰(1999—2009年)5个探空站一日两次(07时、19时)的探空数据进行计算。由于2006年后，更换了新型探空仪，数据前后的均一性受到影响，因此在利用探空和地面数据计算水汽含量时，只使用1976—2006年的探空数据。地面

站观测资料使用塔里木盆地及周边28个站((彩)图6-10)1961—2006年的地面水汽压数据。

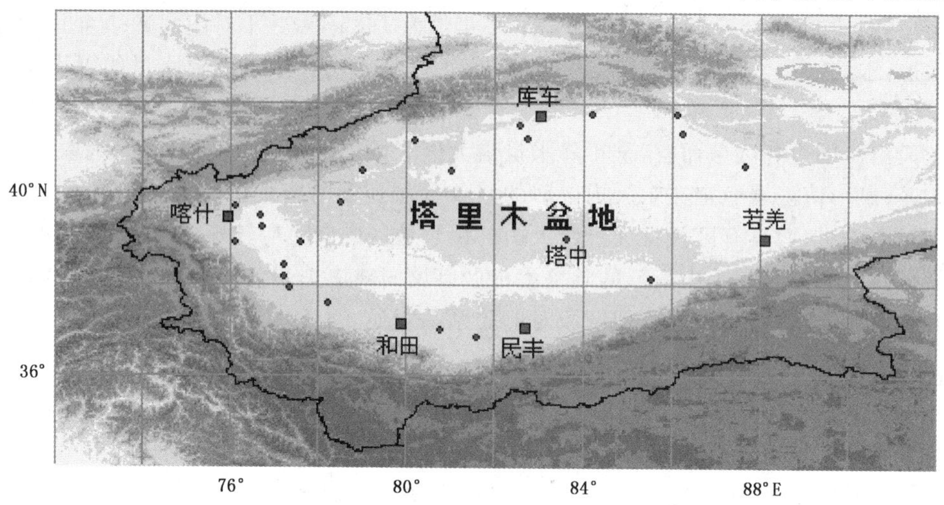

图6-10　塔里木盆地气象站分布(■探空站　●气象站)

探空资料计算的结果表明,1976—2005年5站平均水汽含量为11.0 mm,7月水汽含量最大,平均为21.7 mm;1月水汽含量最小,平均为5.0 mm。从各站来看,喀什水汽含量最大,平均为11.7 mm;若羌水汽含量最小,平均为10.4 mm。各站水汽含量的年际变化具有相似的波动形式,在这20年间,除喀什没有明显上升趋势外,和田、若羌、库车均存在明显的上升趋势,趋势率分别为0.6 mm/10a、0.7 mm/10a和0.8 mm/10a,并通过0.05的显著性水平检验。水汽含量的增加除了西北气候变暖变湿的因素外,可能与绿洲的发展也有一定关系。绿洲地区由于大面积的农田灌溉和植物的生长,土壤比较湿润,植被覆盖度大,蒸发和蒸腾作用导致空中水汽含量增加,绿洲对空中水汽压的影响十分明显(杨青等,2004)。在夏季,平均水汽压的长期背景变化趋势为0.17 hPa/10a,略微上升,而绿洲地区则存在明显的上升趋势,为0.59 hPa/10a。南疆绿洲的水汽压趋势变化率在0.54～0.73 hPa/10a之间,要大于天山北坡绿洲0.38 hPa/10a的变化率。这是因为南疆空气相对干燥,夏季绿洲对空中水汽含量增加的作用比北疆更加明显。

利用和田、库车、若羌、喀什和民丰5个探空数据计算的逐月平均水汽含量与相应的地面水汽压建立相关关系。

根据水汽含量与地面水汽压的散布关系(图6-11)和前期的一些研究结果,用一元线性模型和二次多项式模型分别进行拟合,结果得到:

一元线性模型:

$$W = 1.58e \tag{6-6}$$

$R^2 = 0.94$

二次多项式模型:

$$W = 0.03e^2 + 0.98e + 2.41 \tag{6-7}$$

$R^2 = 0.95$

式中,W为水汽含量(mm),e为水汽压(hPa),R为相关比。相关比是用于描述非线性相关关系紧密程度的量,总为正数;对于线性关系来讲,相关比就是复相关系数的绝对值。

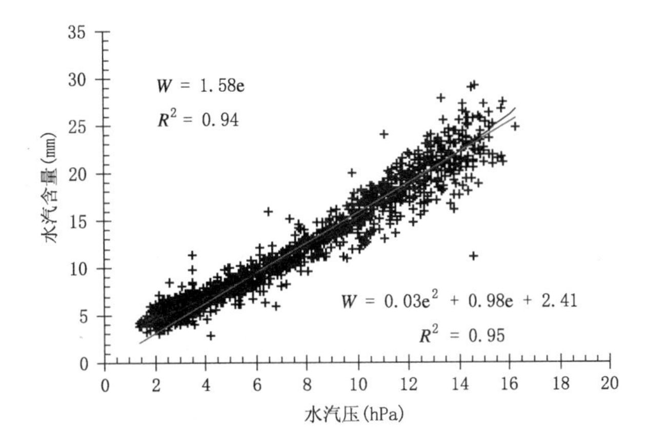

图 6-11　塔里木盆地地面水汽压与大气水汽含量之间的散布关系

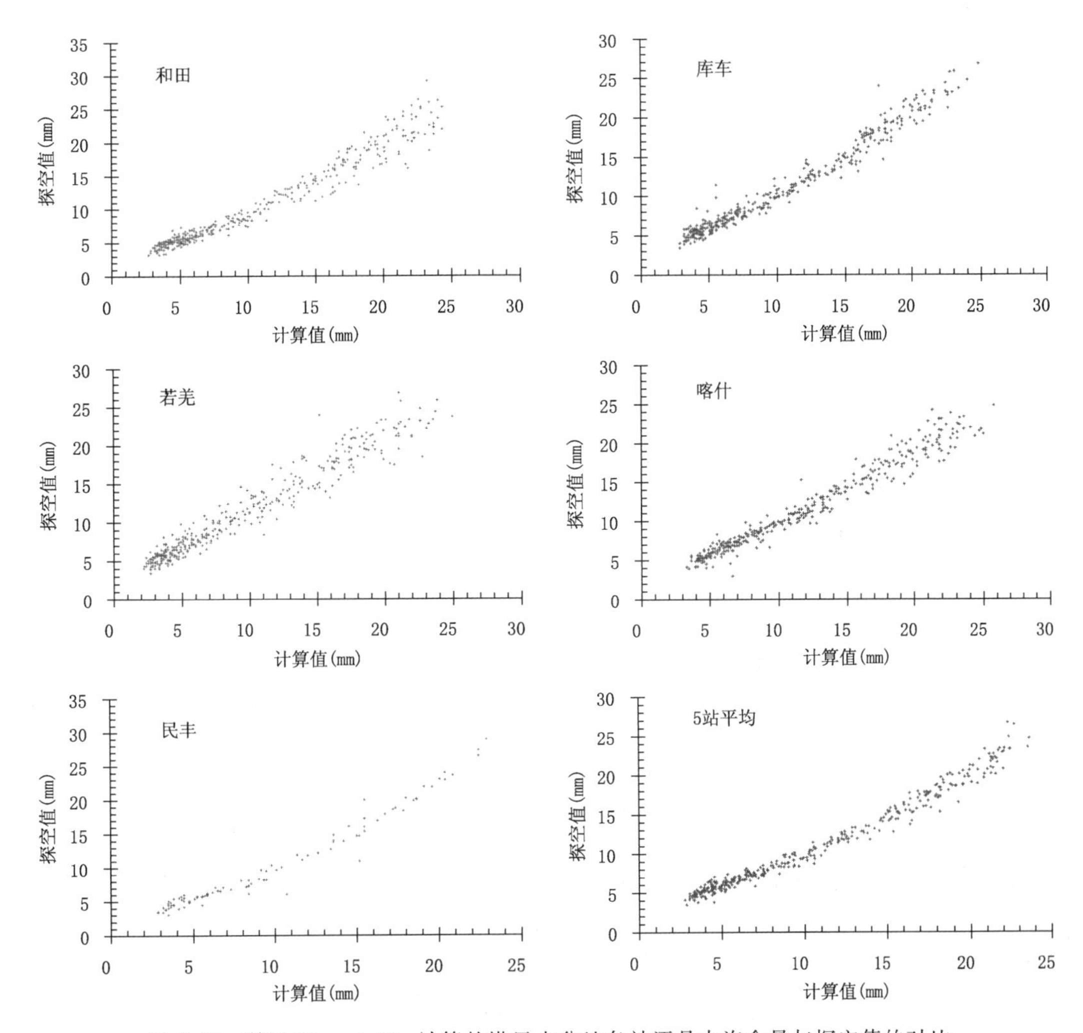

图 6-12　利用 $W = 1.58e$ 计算的塔里木盆地各站逐月水汽含量与探空值的对比

可以看出，在水汽压 0～5 hPa，两种方法拟合曲线有一定差异；在 5～15 hPa，两者拟合曲线差别不大，都能较好地代表水汽含量与地面水汽压的关系。虽然式(6-7)的拟合结果似乎更好一些，但根据水汽压的物理定义，当地面水汽压为0时，整层的水汽含量也应为0，而该式有一个2.41 mm的不合理初值。因此，(6-7)式在地面水汽压很小的极端情况下，可能会产生较大的误差。

(2)水汽含量的计算与分布

利用塔里木盆地28个站1976—2006年地面水汽压数据，通过(6-6)、(6-7)式分别计算水汽含量，并与探空计算结果进行对比分析(图6-12)。结果表明，5站的水汽含量计算值与探空值存在良好的对应关系，两者的相关系数和田为0.98、库车为0.99、若羌为0.97、喀什为0.98、民丰为0.98。(6-6)式计算的月平均值最大绝对误差为6.9 mm，平均绝对误差为1.1 mm，平均相对误差为10.1%；(6-7)式计算的月平均值最大绝对误差为7.1 mm，平均绝对误差为0.9 mm，平均相对误差为8.6%(表6-3)。由此可见，两式差别并不大，(6-6)式相对简单，物理意义明确，精度满足要求，可用于南疆其他无探空观测台站的水汽计算。

表6-3 塔里木盆地两种模型逐月水汽含量计算值与探空值误差

拟合模型	$W=1.58e$						$W=0.03e^2+0.98e+2.41$					
站名	和田	库车	若羌	喀什	民丰	平均	和田	库车	若羌	喀什	民丰	平均
最大绝对误差(mm)	6.0	6.4	6.9	4.6	6.1	6.0	5.9	7.0	7.1	4.3	6.0	6.1
平均绝对误差(mm)	1.0	1.0	1.3	1.0	1.1	1.1	1.0	0.8	0.9	0.8	1.1	0.9
平均相对误差%	9.6	8.7	12.3	8.9	11.1	10.1	8.8	7.2	8.9	7.2	11.4	8.6

图6-13表示了不同计算方法得出的各月水汽含量变化。探空值为5个探空站的平均，地面计算结果为28站平均，其中塔中1976－1998年为重建值(杨青等，2009)，时段统一取为1976—2005年。探空计算结果与地面计算结果十分接近，结果都是冬季小、夏季大。

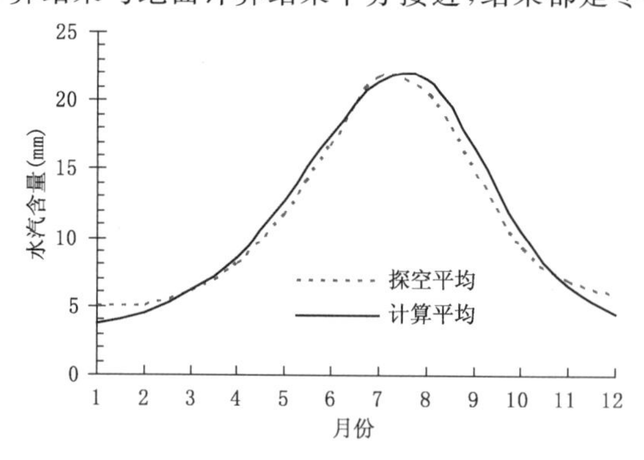

图6-13 不同方法计算的塔里木盆地水汽总量对比

从空间分布来看((彩)图6-14)，盆地内水汽含量有两个高值区，主要分布在沙漠西部和北部的边缘地带，一个高值区分布在莎车、叶城地区，另一高值区分布在阿拉尔、库车、沙雅地区，两中心水汽含量均为13～14 mm，都位于塔里木河干流、叶尔羌河流域、阿克苏河支流周围的绿洲地区，这里有大片农田和水库，水汽比较充足。而塔克拉玛干沙漠腹地是水汽的低值中心，水汽含量仅为7～8 mm，由中心向外逐渐增加，在环塔里木盆地的西部、北部绿洲区达到最高，然后由于海拔高度的影响又逐渐减小。刘晓阳(2012)利用卫星遥感对水汽计算的结果也证实了这一点((彩)图6-15)。

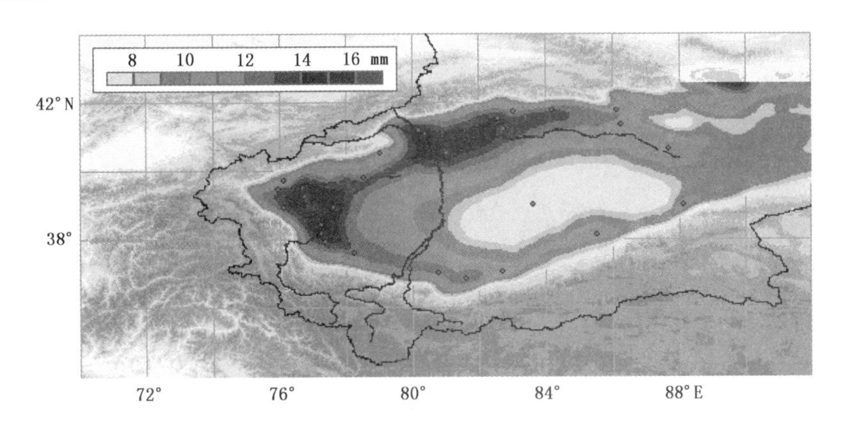

图6-14　根据探空与地面水汽压的关系计算的水汽含量分布

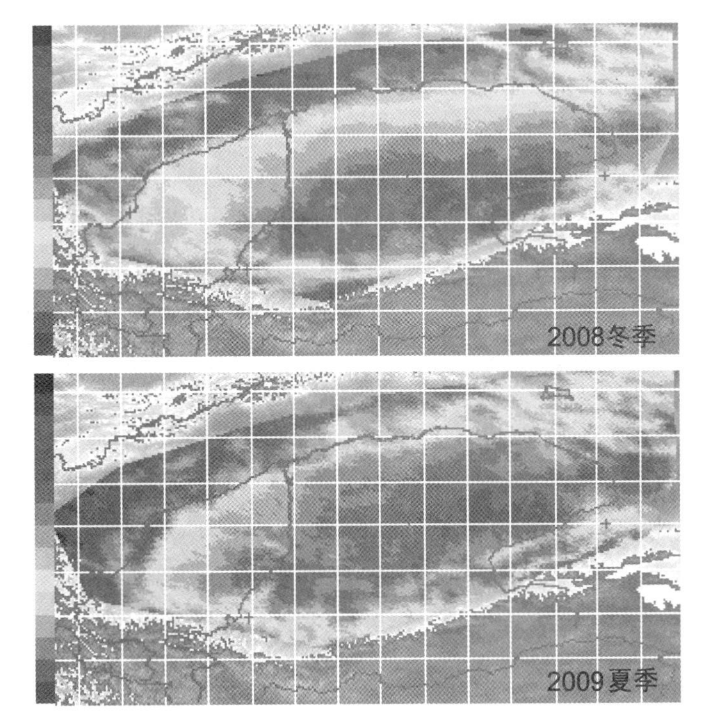

图6-15　FY2C水汽遥感(刘晓阳,2012)

对水汽含量距平场进行自然正交分解(EOF)表明,空间场的变化主要以三种分布型态为代表。第一分布型的特征向量均为正值,且权重很大,此种分布类型占总方差的70.3%,说明该地区大气含水量场变化在大气候背景下具有一致性的主要特征。高值中心主要分布在尉犁、库车、柯坪、阿拉尔、伽师、岳普湖、泽普、于田等周边绿洲地区;其他则以低值区为主要分布。第二分布型的特征向量在沙漠东、西部符号基本相反,反映了大气含水量场在东、西方向上的分布差异,该型占总方差的7.9%,远低于第一分布型。第三分布型的特征向量占总方差的5.2%。前3个特征向量的方差贡献占总方差的83.4%,收敛速度很快,浓缩了原始场的主要空间分布信息,代表了原始场时空分布的主要特征。

第1时间系数的年际变化表明(图6-16),1986年以来,塔克拉玛干沙漠周边地区水汽含量的主导型增加趋势十分显著。第 2 时间系数基本没有明显的变化趋势。第 3 时间系数在 20 世纪 60 年代和 90 年代中期后有一个高值,呈现出周期性变化。

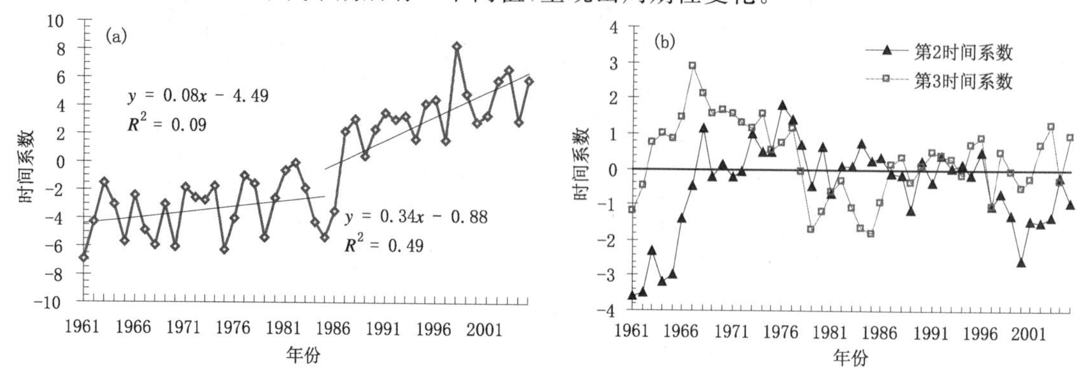

图 6-16 塔里木盆地水汽含量的第 1(a)、第 2 和第 3 时间系数(b)的年际变化

造成水汽含量这种分布的因素除了受天气气候状态影响外,还与下垫面的海拔高度有很大的关系,同时也与下垫面植被状况密切相关。在海拔高度相差很大的两个邻近地区,水汽含量的差异主要受海拔高度影响;在海拔高度相近的两个邻近地区,水汽含量的差异主要受下垫面影响。在塔里木盆地沙漠内部,水汽含量的差异主要受下垫面影响,边缘绿洲区空气要比沙漠湿润得多。

新疆水汽压在自由大气中随高度呈负指数变化,大量的水汽主要集中在近地层,随高度变化衰减很快。根据塔里木盆地的实际水汽压资料分析,地表水汽压随高度的变化也符合负指数变化规律(图 6-17),但不同的是,地表水汽压随高度的变化要小于自由大气中水汽压随高度的变化。图中的虚线是张学文(2002)提出的和田站代表月参数平均后得到的年平均水汽压在自由大气中随高度的变化,实线是盆地周边 34 个站年平均水汽压(E)随高度(H)的变化,表示成:

$$E = 10.589e^{-0.3611H} \quad (6\text{-}8)$$

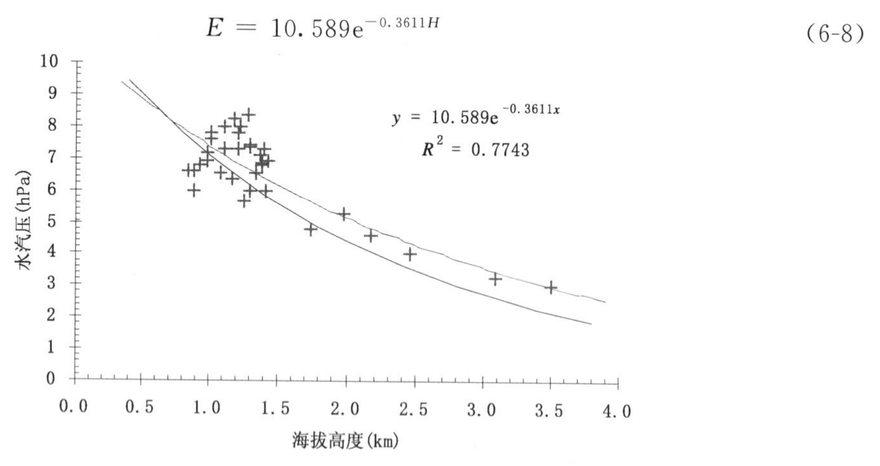

图 6-17 塔里木盆地各站水汽压随高度变化

--------和田自由大气 —塔里木盆地地表面

由此式可推算出塔里木盆地及周边地区的水汽压以及大气含水量,从中可以明显看出两者之间存在的差别。在 800～1400 m 高度范围内,测站数量相对较多,地表状态各不相同,水

汽压分布较散，这反映出下垫面的效应起主要作用。随着高度的上升，水汽压分布逐步集中，说明高度变化对水汽压的影响成为主要因子。

上述分析和研究表明，塔里木盆地周边探空数据计算的逐月平均水汽含量与相应的地面水汽压建立的关系，能够适用于盆地内的水汽含量计算。在塔里木盆地，下垫面状况对水汽含量分布的影响是明显的，这是导致水汽含量中心位于盆地西北部边缘绿洲地区的原因，而塔克拉玛干沙漠腹地是水汽的低值区，水汽含量仅为7～8 mm，塔中是所有站中水汽含量最少的，这与基于再分析资料得出的结果存在较大差异。从年际变化来看，塔里木盆地水汽含量存在明显的上升趋势，增加的原因除了西北气候变暖变湿的因素外，与绿洲的发展也有一定关系。盆地周边的绿洲地区由于大面积的农田灌溉和植物生长，土壤比较湿润，植被覆盖度大，蒸发和蒸腾作用导致空中水汽含量增加。在夏季，绿洲与沙漠地区相比空中水汽含量的上升趋势更为明显。

6.3　基于地基遥感资料的大气水汽含量特征及其应用

利用地基GPS/MET、微波辐射计等先进探测仪器遥感反演大气水汽含量是近年来发展起来的新技术。它具有时间分辨率高、连续性强等特点，这对于深入认识新疆水汽分布及变化规律、增强灾害性暴雨天气的监测预警能力、提高水汽资源精细化评估水平都具有重要意义。

6.3.1　GPS/MET反演大气水汽含量

(1)原理

全球定位系统(GPS)遥感大气水汽总量是建立在GPS定位技术、大气折射理论基础上的。GPS信号传输经过大气层时，因大气中的水汽以及不同高度上温度和大气压的差异等因素影响而延迟。大气层对GPS信号的延迟主要包括电离层延迟和对流层延迟。电离层的离散作用造成的延迟通过采用双频技术，几乎可以完全消除。对流层延迟又包括由于大气质量引起的干延迟及由于水汽引起的湿延迟。干延迟与地面观测量(气压)具有很好的相关，经订正可以得到毫米量级的湿延迟。湿延迟与水汽总量可建立严格的正比关系，最终精确地求出水汽总量。框图见图6-18。

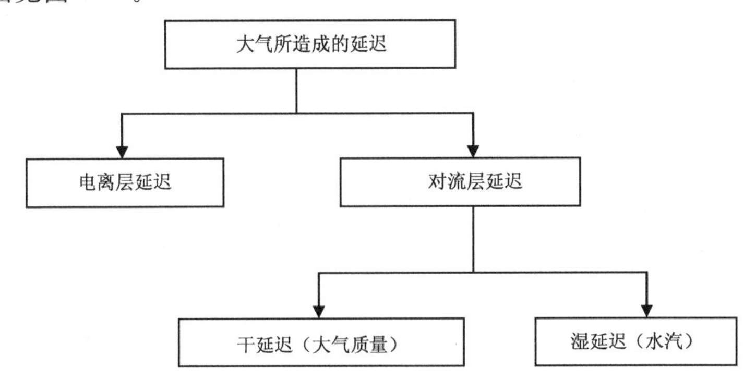

图6-18　GPS/MET解算水汽流程

新疆地域辽阔，只有14个探空站而且多分布在平原地区，远远不能满足对空中水资源研究和利用的需要。通过GPS反演，可以描述水汽变化的细节，对于研究中小尺度天气系统具有重要的价值，而且 GPS 具有观测精度高、无人值守、运行费用低等优势，在当前的观测条件和容许精度下，地基 GPS 可以作为一项新的有效手段，从时间和空间上加密现有的高空探测站分布，用于区域水汽含量的遥感。目前，新疆已建成了 14 部 GPS 水汽观测站(图 6-19)。

图 6-19　已建成的 GPS 水汽观测站

(2) GPS 在暴雨过程水汽演变分析中的应用

利用 2004 年 8 月 1—31 日共 31 天的乌鲁木齐 GPS 基准站数据进行计算，并结合探空数据进行对比分析，验证 GPS 反演大气水汽含量的准确度。同时，利用乌鲁木齐 2004 年 1—12 月的 GPS 数据和探空数据对空中水资源的分布和演变进行分析研究，并结合降水资料分析降水发生过程中水汽的变化特征。

1)湿延迟分析

图 6-20 给出了湿分量时延的变化曲线，湿分量时延在 3～25 cm。曲线的变化规律与对应的干分量时延并无明显相关，这表明干湿空气对 GPS 信号的时延是两个独立的过程。

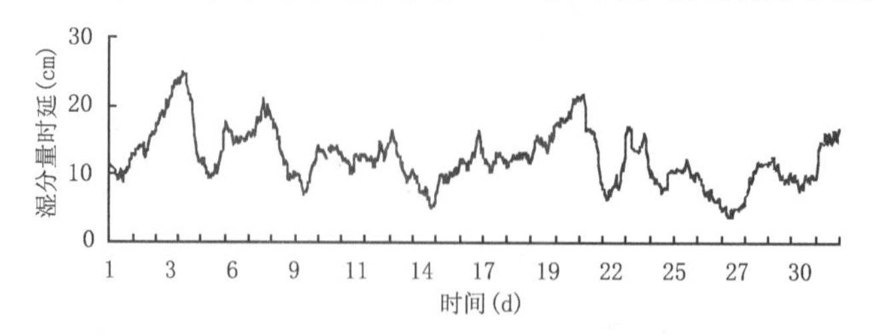

图 6-20　湿延迟的变化曲线

2)精度分析

图 6-21 给出了 2004 年 8 月 GPS 接收机反演的水汽与探空计算的水汽对照图。图 6-21a 中小横线标示的散点数据为探空点，时间间隔为 12 h；实线为 GPS 反演结果，时间间隔为 1 h。由 GPS 数据计算可降水量的变化曲线(见图 6-21b)，其中最大的可降水量为 39.8 mm，最小的只有 5.5 mm，平均值为 20.0 mm，可见可降水量变化比较大。由于气象台每天只发射 2 次无线电探空气球，每天相应的可降水量观测值也只有 2 个，为了便于比较，这里只选用每天北京时 8 时和 20 时 GPS 遥感的可降水量值。图 6-22 给出了地基 GPS 技术和高空无线电探测技术计算的可降水量之差。统计结果显示，在所有相同的时刻(共 62 个数据点)最大差异为 6.1 mm，整个观测期间(2004 年 8 月 1—31 日)的平均差(GPS－探空)为－0.02 mm，总的均方差为 2.1 mm，85%以上的差值分布在±4 mm 以内。很明显，两者之差并无系统性差异，残差均匀分布在零分线附近。

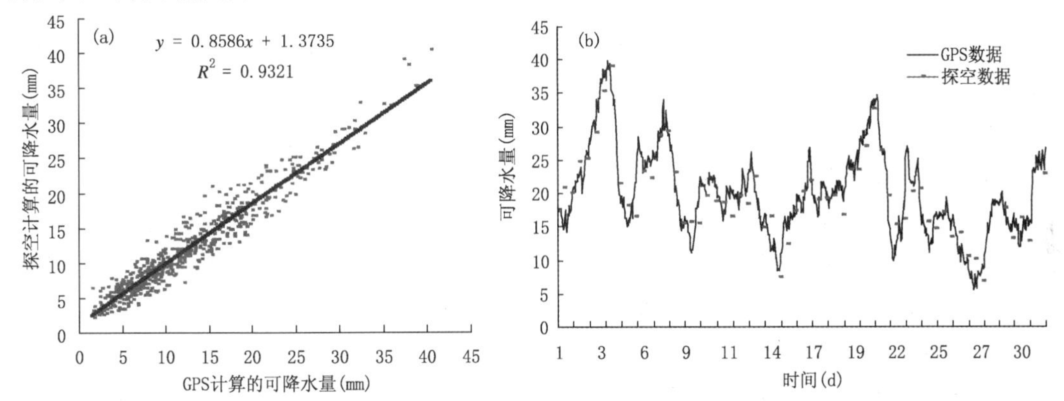

图 6-21　地基 GPS 和探空仪计算的可降水量

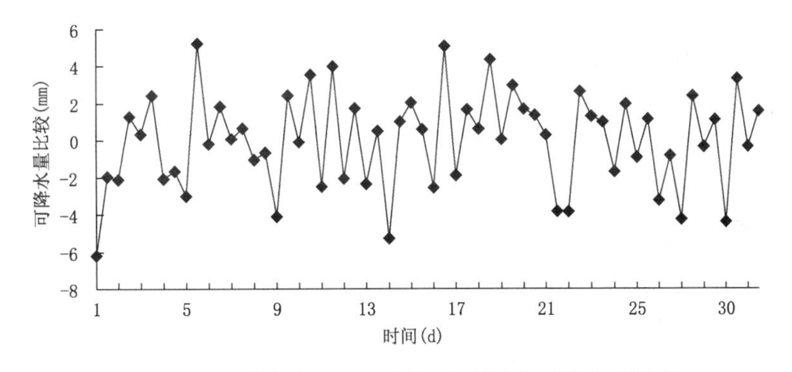

图 6-22　两种方式(GPS－探空)计算出的可降水量差值

图 6-23 给出了 2004 年 1—12 月每天 08 时和 20 时无线电探空和 GPS 探测两种可降水量的对比结果。两者的相关系数为 0.965，平均差异为 0.39 mm，标准差为 2.03 mm。从以上分析可以看出，探空水汽与 GPS 反演水汽两者符合得很好。

3)乌鲁木齐降水过程个例分析

利用乌鲁木齐 GPS 测得的大气可降水量(PWV)和乌鲁木齐自动气象站逐小时降水资料，选取 2004 年、2006 年、2007 年 5—8 月乌鲁木齐中雨以上量级的降水过程，分析 10 次强降水过程的 GPS-PWV 演变特征及其与降水之间的关系。

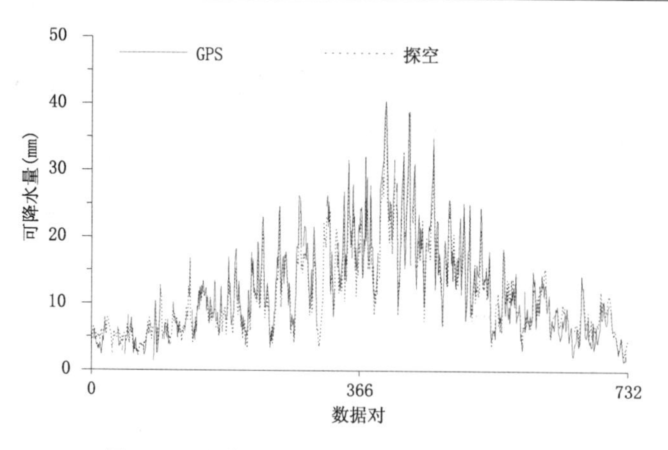

图 6-23 地基 GPS 和探空仪计算的可降水量

根据乌鲁木齐 1976—2007 年探空逐日观测资料计算得出 5、6、7、8 月的气候平均 PWV 分别为 13.10 mm、18.22 mm、21.74 mm、18.82 mm,没有降水时,可降水量是一个比较稳定的物理量,变化较小。已有研究指出,从夏季平均可降水量角度来分析,可粗略地把夏季 25 mm 可降水量线视为东亚及南亚夏季风推进的北界,夏季我国季风影响区可降水量为 25～60 mm,乌鲁木齐夏季 7 月可降水量最大为 21.74 mm,从大气可降水量角度看乌鲁木齐不受东亚及南亚夏季风的直接影响,为非季风气候。由于国家降水量级标准不适合干旱、半干旱气候背景的新疆地区,新疆的气象学者从多年预报、服务实践和概率统计方法提出了适合新疆气候特点的降水量级标准,降水量 6.1～12.0 mm 为中雨,12.1～24.0 mm 为大雨,＞24.0 mm 为暴雨,＞48.0 mm 为大暴雨。由于 5—8 月气候背景和 PWV 有较大差异,下面分月进行暴雨过程 GPS-PWV(以下简称 PWV)特征分析。

——5 月降水过程 GPS 遥测大气可降水量演变特征

2004 年 5 月 8 日 06—15 时(北京时)乌鲁木齐地区出现一次大雨天气过程,9 小时降水量达 15.2 mm。此次天气过程是由中亚低槽系统自西向东快速东移进入新疆造成的,天山山区及其北麓出现大范围大雨过程,降水从西向东持续时间约为 2 d。从图 6-24a 可见,降水发生前 PWV 有 3 个变化阶段,6 日 16 时以前 PWV 在气候平均值附近变化缓慢,16 时开始有弱增湿过程,PWV 维持在 15～19 mm 持续约 20 h;7 日 14 时(降水发生前 16 h)开始 PWV 有一个急剧增加的过程,至 7 日 18 时达 23.24 mm,4 h 水汽增量达 6.13 mm,变化量为气候月平均的 46.8%,干旱区大雨前 PWV 出现第一次显著增加过程,然后 PWV 维持在 22 mm 以上,表明此阶段存在水汽的累积过程,这个过程持续 8 h;8 日 01 时(降水发生前 5 h)PWV 又出现一次急剧连续增加过程,由 21.76 mm 增加到最高 27.3 mm,5 h 水汽增量 5.54 mm,变化量为气候月平均的 43.3%,随即 PWV 达到最大并开始产生降水。随着降水的持续,大气可降水量仍维持在高值区 22～27 mm,当急剧下降至 20.06 mm 以下时降水结束,之后 PWV 下降到气候月平均水平之下并维持较低水平。

2004 年 5 月 22 日 03—23 时乌鲁木齐地区出现一次降水量达 18.5 mm 的大雨天气过程。此次过程是由副热带锋区上中亚低槽东移造成的,天山以北地区出现大范围降水天气,持续时间约 2 d。图 6-24b 表明,在降水前 PWV 也出现 3 个变化阶段,19 日 10 时前 PWV 在气候平均值以下变化缓慢,从 19 日 10 时至 21 日 00 时 PWV 出现缓慢持续的增湿过程,PWV 在 15

～21.45 mm;21 日 00 时 PWV 发生急剧增湿过程,2 h 水汽增量达 6.62 mm,02 时 PWV 达 24.97 mm,之后 PWV 维持在 25 mm 以上,表明此阶段为水汽的累积过程,这一过程持续约 19 h;21 日 21 时(降水前 6 h)PWV 又出现一次急剧连续增加过程,由 25.12 mm 增加到最高 31.38 mm,6 h 水汽增量达 6.26 mm,PWV 达到最大值时开始降水。随着降水的持续,PWV 有所减弱但仍维持较高,当急速下降到 20 mm 以下时降水结束。

2006 年 5 月 18 日 03—19 时乌鲁木齐地区出现了 46.6 mm 降水量的暴雨过程。降水发生前,新疆为高压脊控制,大气干燥,里海、咸海平均低槽内先分裂一个短波沿副热带锋区快速东移使得新疆脊减弱,然后又分裂一个短波沿强副热带锋区东移进入新疆,造成乌鲁木齐局地暴雨过程,从影响系统看很难分析出暴雨的发生和落区。由图 6-24c 可见,降水前 PWV 发生 2 次阶段性变化,16 日 16 时由于高压脊控制,PWV 在气候平均值以下,空气较干燥,尤其 16 日 08 时 PWV 仅 7.1 mm,由于短波系统东移影响新疆 PWV 有一个快速的连续增湿过程,至 16 日 19 时达 17.12 mm,然后维持在气候值以上 3 mm 状态;17 日 17 时 PWV 开始急剧持续增加,这是水汽持续输送和累积过程,至 18 日 05 时 PWV 达 29.87 mm,9 h 增量 15 mm,尤其 18 日 01—04 时水汽增量达 6.1 mm,此时开始产生降水。暴雨雨强非常大,开始降水第 1 小时、第 2 小时降水量分别达 7.1、13.4 mm,这种雨强在新疆是罕见的。随着降水的持续,PWV 维持在高值区,18 日 10 时其急剧减弱至 18 mm 以下,第一阶段主要暴雨过程结束,随后 PWV 又一次迅速增强,再次出现短时中量降水。可见,短波系统影响下水汽累积和聚集时间相对较短,水汽变化速度较快,这也是局地暴雨难预报的原因之一。

2007 年 5 月 8 日 18 时至 9 日 10 时乌鲁木齐地区出现了 46 mm 的暴雨天气过程,这是由中亚长波槽东移所造成的天山山区大范围大雨过程。此前,该低槽内分裂短波系统快速东移造成了 7 日 09—13 时 5.8 mm 的小量降水,低槽主体过境时造成暴雨过程。图 6-24d 表明,6 日 15 时开始 PWV 出现一次剧烈的持续增湿过程,至 7 日 06 时达最大 27.46 mm,2 h 后产生少量的降水。水汽只是降水产生的必要条件之一,还必须配合相应的动力条件,此阶段虽然水汽条件较好,但由于新疆脊太强,动力条件配合不佳,因此降水量较小。随着降水结束,PWV 减弱到气候平均值附近,8 日 01 时 PWV 为 13.1 mm。此后,PWV 开始一次快速增加过程,至 8 日 11 时达最高 25.33 mm,其中 8 日 08—11 时水汽增量达 5 mm,之后水汽维持在 22～26 mm,8 日 18 时 PWV 再次达到 25.33 mm,降水开始。此时水汽量虽然比前期稍弱,但中亚低槽主体进入新疆,相应的水汽辐合和垂直运动配合较佳,造成了暴雨天气。随着暴雨过程降水的持续,PWV 开始急剧下降,当 PWV 减弱到 18 mm 以下时降水结束。

通过对 5 月乌鲁木齐强降水过程 PWV 演变特征的分析得出,在降水开始前 1～2 d,水汽会有 2～3 个变化阶段,出现 1 次或 2 次水汽急剧增加过程,发生降水时的 PWV 几乎为气候平均值的 2 倍。降水前几小时内 PWV 会有一次跃变过程,3 h 水汽增量达 5 mm 以上,当 PWV 达最大时降水开始发生,随着降水的持续 PWV 减弱,当减小到约 20 mm 以下时降水结束。干旱区暴雨发生时 PWV 具有显著的提前量和跃变性。由于影响系统不同水汽累积时间有所差异,天气尺度系统影响时水汽累积过程相对较长,而尺度较小的短波系统影响时水汽累积过程相对短些,跃变过程更剧烈。

——6 月降水过程 GPS 遥测大气可降水量演变特征

乌鲁木齐 6 月气候平均可降水量为 18.22 mm。根据乌鲁木齐站 6 月降水资料和 GPS 水汽资料,2006 年 6 月 15 日 03 时至 16 日 10 时乌鲁木齐地区出现了 13.2 mm 的间歇性大雨过

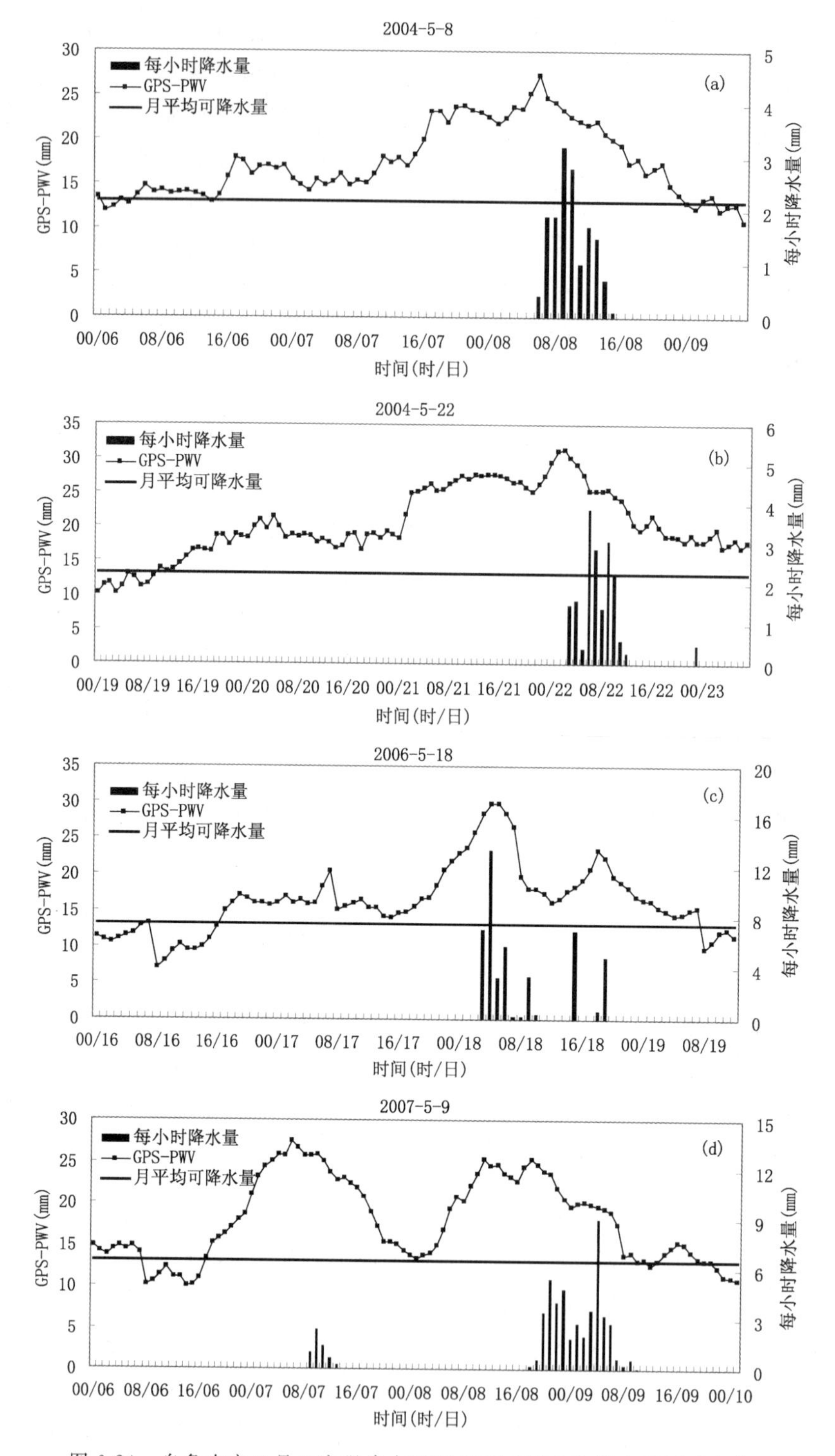

图 6-24 乌鲁木齐 5 月四次强降水过程 GPS-PWV 和降水量逐时变化

程，这是中亚低槽东移造成的新疆大范围强降水过程。从图 6-25 可以看出，降水发生 13 h 以前 PWV 在该月气候平均值附近缓慢变化，14 日 15 时开始 PWV 出现一次迅速的持续增加过程，15 日 14 时达最大 35.09 mm，几乎为气候平均值的 2 倍，其中 14 日 23 时至 15 日 02 时 3 h 水汽增量达 6.08 mm，水汽跃变后降水开始出现。随着降水的持续 PWV 维持在高位，当其逐渐减弱到 30 mm 以下时主要降水时段结束，此后间隔 17 h 后又出现了小雨。可见，干旱区降水过程中 PWV 变化非常剧烈，有一个非常明显的水汽增加过程，GPS 水汽资料能为干旱区暴雨预报提供一个非常好的参考。

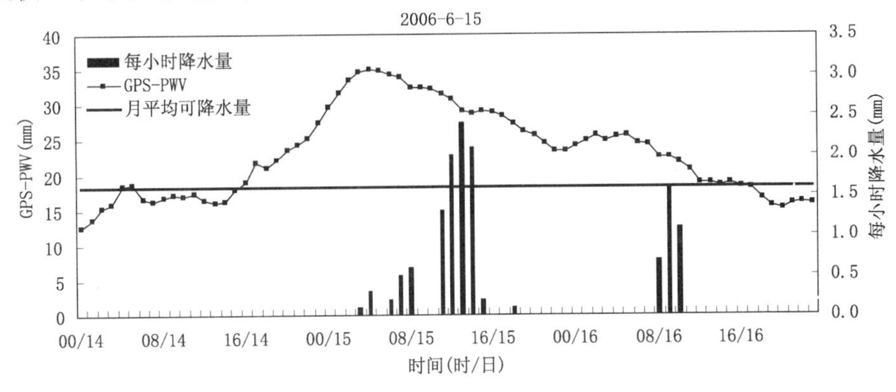

图 6-25　2006 年 6 月 14—16 日乌鲁木齐站 GPS-PWV 和降水量演变

——7 月降水过程 GPS 遥测大气可降水量演变特征

乌鲁木齐 7 月气候平均可降水量为 21.74 mm，是一年中最大的月份，也是新疆的盛夏。2004 年 7 月 19 日 00 时至 20 日 10 时乌鲁木齐地区出现了降水量达 59.1 mm 的持续性大暴雨天气。此次过程天山山区及其以北地区出现大范围持续性暴雨，自西向东降水持续时间较长，约为 3 d。18 日天山西部就开始有降水出现，影响系统为中亚低涡，该系统维持时间长。由于低涡前为湿润西南气流，整个天山及其北部上空从 16 日开始明显增湿。由图 6-26a 可见，17 日 20 时以前乌鲁木齐 PWV 在 26～32 mm，远比气候平均状态湿润，此后 PWV 有一次快速增强过程，至 18 日 01 时达 38.09 mm，5 h PWV 增量达 6.6 mm，此阶段 PWV 为 34～38 mm，表明水汽有一个累积过程，18 日 14 时 PWV 又发生一次急剧增加过程，至 23 时达 42 mm，约为气候平均值的 2 倍，5 h PWV 增量达 8 mm，此时开始了持续 34 h 的大暴雨天气。暴雨持续阶段 PWV 一直维持在 37～42 mm，随着 PWV 急剧下降到 30 mm 以下暴雨天气结束。可见，持续性大暴雨过程前 3 d 就有明显水汽增加，前 1 d 左右有水汽急剧增强，水汽聚集时间较上述其他短时暴雨过程长。

2004 年 7 月 31 日 07—14 时乌鲁木齐地区出现一次降水量为 8.7 mm 的中雨天气过程，这是一次中亚低涡主体西退同时分裂短波东移影响新疆弱降水的过程。降水前 3 d 新疆为高压脊控制，大气非常干燥，PWV 仅为 8 mm 左右(图 6-26b)，约为气候平均值的 37%。随着中亚低涡南伸其前部至新疆北部出现较湿润的西南气流，乌鲁木齐从 28 日开始水汽出现持续增加过程，至 29 日 11 时达到气候平均状况。29 日 20 时开始 PWV 出现快速增强，3 h 增量达 6.9 mm，然后 PWV 开始一个较缓慢上升过程，31 日 07 时达最大 34.76 mm，约为气候值的 1.6 倍，降水开始。当 PWV 减弱到 30 mm 以下时降水结束。

2006 年 7 月 7 日 03—13 时乌鲁木齐地区出现降水量 13.5 mm 的大雨天气过程，这是一次副热带锋区上短波系统东移造成的局地强降水过程，5 日弱短波东移增湿了天山山区附近的大气，7 日一次短波快速东移造成乌鲁木齐大雨。从图 6-26c 可以看出，降水前 1 d PWV 在气候平均值以上 2～5 mm 缓慢变化，6 日 07 时开始出现一个较明显的增加过程，至 6 日 14 时达 33.9 mm，7 h 增量约为 7.74 mm，随后的 6 h 水汽在 32 mm 附近的高值区维持。6 日 20 时开始 PWV 出现了一个急剧增加过程，至 7 日 03 时达最大 42.3 mm，7 h 增量达 11.1 mm，其中 6 日 21 时至 7 日 02 时的 3 h PWV 增量达 9.3 mm，随着 PWV 增长到最大时降水开始。当 PWV 减弱到 30 mm 以下时，主要降水结束。可见，虽然是短波系统影响，但水汽的增长过程也有 20 h，且降水开始前几小时内水汽增加变化剧烈。

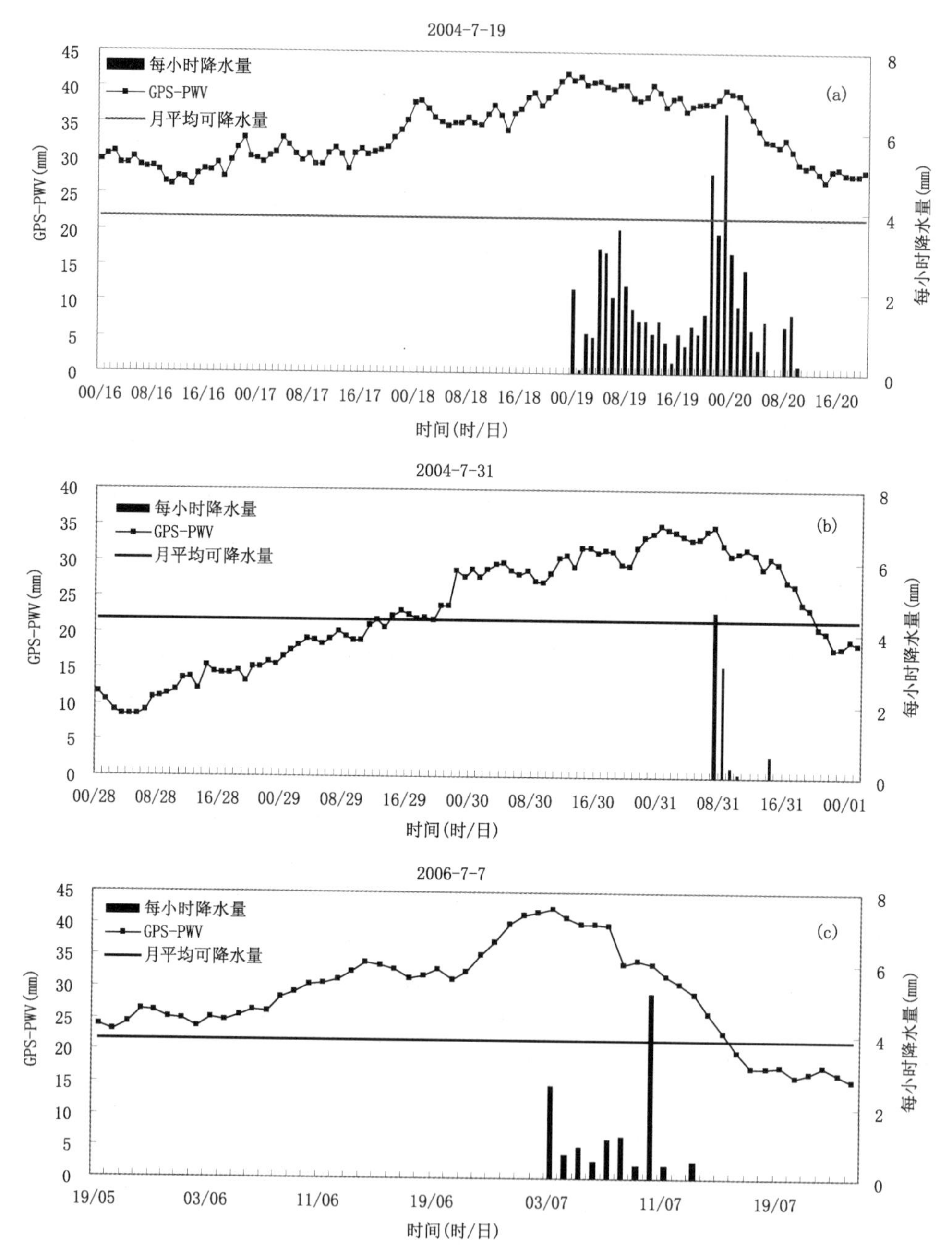

图 6-26 乌鲁木齐站 7 月三次降水过程 GPS-PWV 和降水量演变

通过对 7 月乌鲁木齐强降水过程大气可降水量演变特征的分析表明，干旱区持续性大暴雨发生前水汽有一个长时间(3 d 左右)的累积过程，短时暴雨水汽聚集也有 1 d 左右的过程，且暴雨发生前总有 1 次急剧跃变，3～5 h PWV 变量超过 7 mm。PWV 在暴雨过程中变化很大，往往超过气候平均值的 1 倍，当其减小到 30 mm 以下时降水会结束。

——8 月降水过程 GPS 大气可降水量演变特征

乌鲁木齐 8 月气候平均可降水量为 18.82 mm。2004 年 8 月 20 日 18 时至 21 日 06 时乌鲁木齐出现了 8.2 mm 的中雨过程，这是一次极锋锋区上长波槽东移影响新疆地区的弱降水过程，由于长波槽主体偏北，其东移造成乌鲁木齐局地中雨。从图 6-27a 看到，19 日 00 时以前 PWV 在气候平均值附近变化缓慢，之后出现一个持续较快的增加过程，19 日 06 时达 26.24 mm，5 h 增量为 4.7 mm。此后 PWV 有一个持续缓慢的增加过程，20 日 15 时(降水前 3 h)发生一次急速增加，PWV 由 30.43 mm 增加至 35.03 mm，3 h 水汽增量 4.6 mm，最大 PWV 约为气候平均值的 2 倍，此时开始降水。随着降水持续 PWV 维持在 30～35 mm，PWV 急速减弱到 30 mm 以下时降水停止。

2006 年 8 月 17 日中亚低槽东移造成了新疆弱降水过程，17 日 14—20 时乌鲁木齐地区出现了 6.2 mm 中雨。从图 6-27b 可以看出，16 日 10 时 PWV 位于气候平均值附近，13 时开始呈现持续缓慢增长，至 17 日 15 时达到最大值 33.12 mm，降水开始于 PWV 最大值出现前 1 h，随着降水的持续 PWV 维持在 30 mm 以上，当 PWV 减小到 30 mm 以下时降水结束。可见，8 月中雨过程发生前 1 d 左右 PWV 会出现缓慢持续增加过程，与其他月强降水比 PWV 跃变性弱些，但持续增长过程显著，降水时 PWV 约达气候平均值的 2 倍。

通过上述分析，乌鲁木齐地区出现强降水时都会出现一个 PWV 显著持续增强过程，该过程较长，约为 1～3 d。随着影响系统不同，水汽的增长时间有所差异，持续性大暴雨的水汽累积过程能长达 3 d。干旱区降水前的水汽积累很重要，也较为显著，大雨以上过程时会出现 1～2 次跃变过程，且降水开始前 10 h 之内出现 PWV 在 3～5 h 内增长 7 mm 以上的急升。降水往往随即出现在大气可降水量的急速增加过程之后，且降水多发生在 PWV 最大值前后 1～2 h。随着降水持续 PWV 维持在较高范围，降水时的最大 PWV 能达到各月气候平均值的 2 倍左右。由于 5—8 月 PWV 气候值有较大差异，5 月强降水时最大 PWV 为 25～29 mm，当其下降到 18～20 mm 时降水结束，6 月强降水时最大 PWV 为 35 mm，当其下降到 30 mm 时大雨结束，7、8 月强降水时最大 PWV 分别为 35～42 mm 和 33～35 mm，当其下降到 30 mm 以下时降水结束。虽然无降水时 PWV 是一个变化不大的量，但干旱区强降水时 PWV 却变化剧烈，表明水汽出现一个由干到湿的显著增加过程。由于干旱区水汽缺乏，这种水汽显著增加过程为降水的发生提供了一个清晰的前期信号。

4)塔里木盆地大气水汽含量分析

根据 2007 年 1 月至 2008 年 10 月和田 176 对和若羌 334 对探空数据及对应时次 GPS 观测数据的统计分析表明，GPS 反演的水汽含量与探空计算值存在良好的线性关系(图 6-28)。平均来看，GPS 反演的水汽含量值一般要略高于探空计算值。和田和若羌站 GPS 反演的平均水汽含量分别为 14.34 mm 和 17.88 mm；标准差分别为 4.85 mm 和 7.95 mm，两站水汽含量分别比探空计算值偏高 3.90 mm 和 3.80 mm。探空和 GPS 水汽含量值的相关系数和田站为 0.92，若羌为 0.88。GPS 反演结果相对于探空的均方根误差，和田为 3.05 mm，若羌为 4.45 mm。

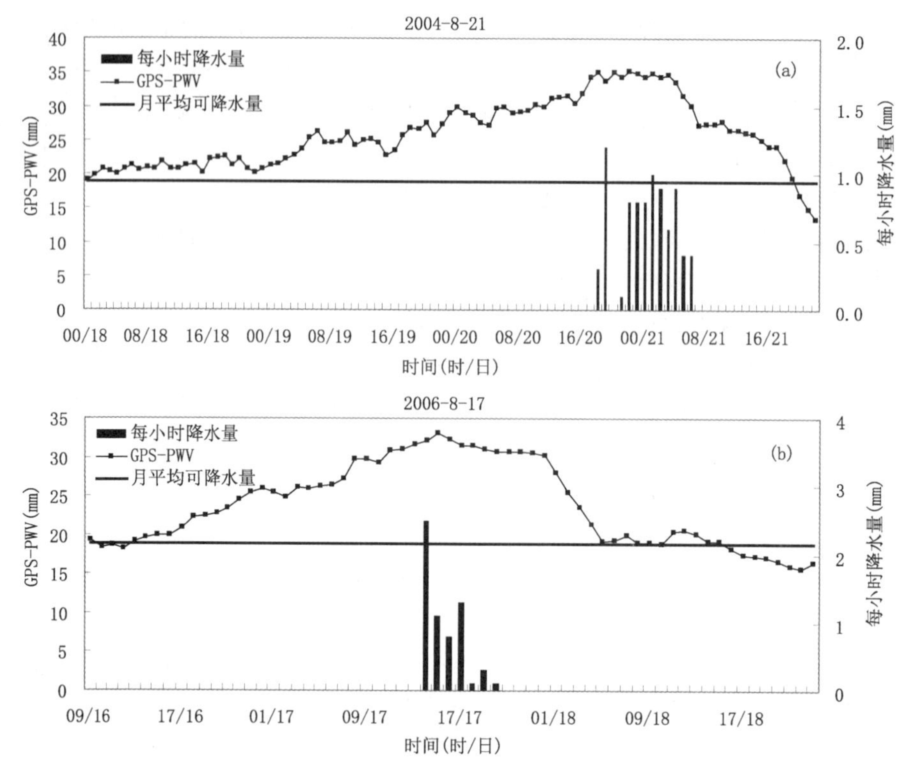

图 6-27　乌鲁木齐站 8 月二次中雨过程 GPS-PWV 和降水量演变

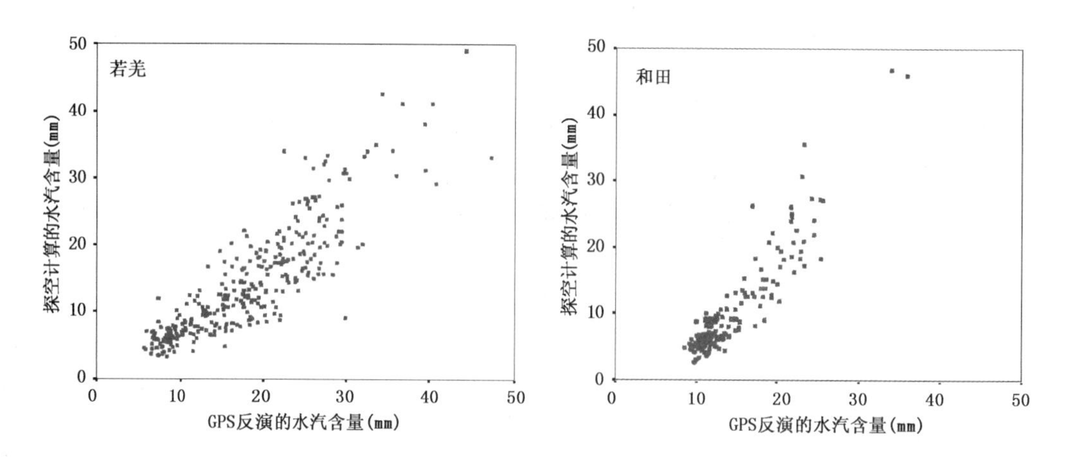

图 6-28　若羌、和田 GPS 和探空水汽含量对比

从 2007 年 7 月 11 日至 8 月 31 日两站时序变化可见(图(彩)6-29a),莎车和塔中的水汽含量变化基本比较一致,两者水汽含量峰谷有一一对应关系,尤其是 7 月 21 日以后,莎车的水汽含量峰值均大于塔中;莎车的水汽含量变化均早于塔中,平均有 1 d 时间。但 7 月 14—18 日塔中的水汽含量大于莎车,且两者的变化也不一致。东部的若羌和塔中的水汽含量变化也表现出一致性(图(彩)6-29b),塔中的水汽含量变化平均比若羌早 12 h,若羌的水汽含量平均比塔中多 0.42 mm,变化幅度(均方差)也比塔中大 0.59 mm。在夏秋季节,塔中是所有站中水汽含量最低的。

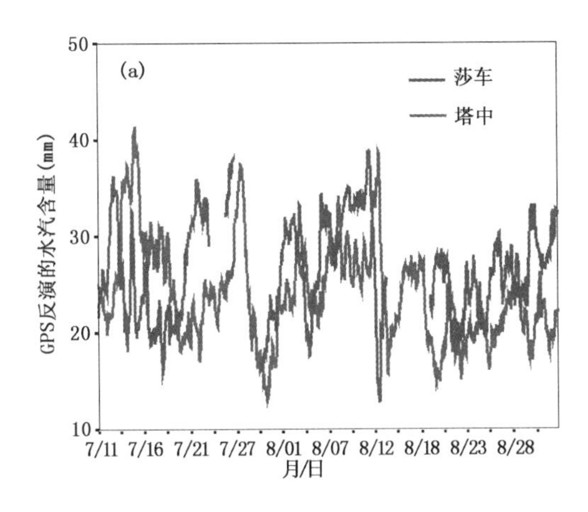

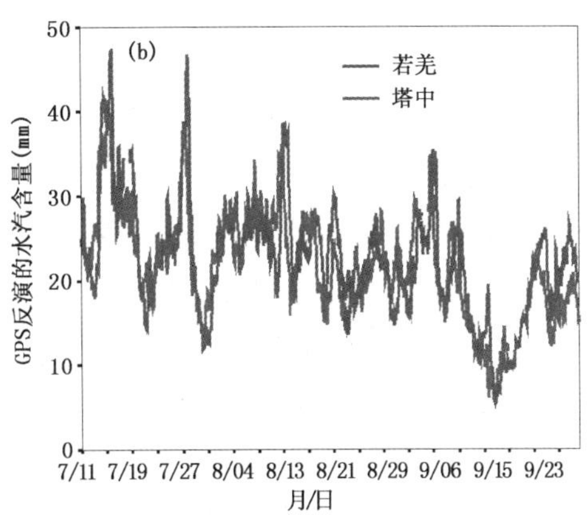

图6-29　若羌、莎车与塔中站夏秋季GPS水汽含量对比

GPS反演水汽含量值与探空计算值比较，偏差较大的原因是多方面的，但塔里木盆地沙尘天气较多，空气浑浊程度大，影响空气密度，使得沙漠地区大气折射率与理想状态下的大气折射率存在较大差异，从而影响GPS反演过程中干延迟项的计算，可能也是一个重要原因。另外，2006年后由于盆地周边探空站统一更换了新型探空仪，数据的均一性受到影响，计算出的水汽含量与2006年以前相比明显偏低，出现了不连续现象，这也进一步加大了与GPS反演水汽含量的差距。由于塔里木盆地中心的观测站过于稀少，得出的结论虽然存在一定的不确定性，但即便如此，盆地GPS观测反演的水汽含量，在用于卫星遥感反演水汽含量过程的校正方面仍可扮演重要角色，这对于我们进一步认识塔克拉玛干沙漠地区水汽含量的分布特征仍然是非常有价值的。

6.3.2　微波辐射计反演大气水汽含量

(1)微波辐射计探测原理

在电磁波谱中，把频率在0.3～300 GHz(波长从1 m到1 mm)范围的电磁波称作微波。自然界中的一切物体，只要温度在绝对零度以上，都会以电磁波的形式时刻不停地向外传送热量。微波廓线方法是利用大气在22～200 GHz频率带中的微波辐射进行测量的。微波辐射计是一种被动式的微波遥感设备，它本身不发射电磁波，而是通过被动地接收被观测场景的微波辐射能量来测量大气水汽总量。

目前，新疆有两部MP-3000A型微波辐射计，分别安装在乌鲁木齐、伊犁(图6-30)。这是一种新型35通道微波辐射计，它可以提供0～500 m高度上每50 m一个间隔，500 m到2 km高度上每100 m一个间隔，2～10 km每250 m一个间隔的温度、相对湿度、水汽密度以及液态水的垂直廓线，每2 min一个数据，并通过伪彩图、垂直廓线、二维图显示最近72 h的历史数据。该仪器观测的温度、相对湿度、水汽廓线可利用在天气预报、监测飞机结冰、决定飞行轨迹和声传播的密度廓线、卫星定位和GPS测量、估计和预测无线通讯连接的衰减，以及水汽密度的测量等方面。同时，得到连续的大气垂直结构对认识天气系统的结构和演变、人工影响天气的高度层定位、空气污染的机制等非常有价值。

图 6-30 安装在乌鲁木齐、伊犁地区的微波辐射计

(2)对比分析

1)温度

图 6-31 给出了 2008 年 6 月探空和微波辐射计的温度对比分析结果，两者的相关系数为 0.994，通过置信度为 0.001 的显著性水平检验。说明微波辐射计能很好地反映大气温度结构和变化。

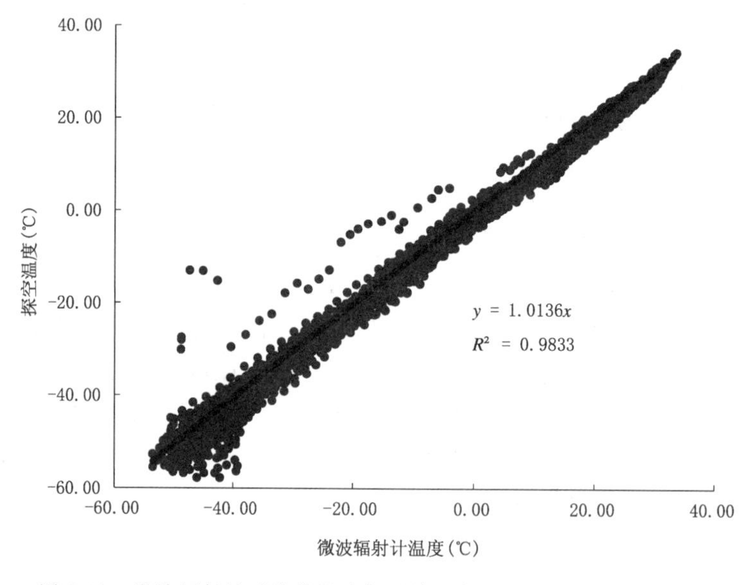

图 6-31 微波辐射计反演的温度与无线电探空探测的温度的散点图

图 6-32 是微波辐射计和探空探测的 58 个高度层上的平均温度。图中温度随着高度呈现递减趋势，经过方差分析两者在 0.05 显著性水平上差异不显著，说明从各层的平均温度看，微波辐射计和探空的值比较接近，很好地反映了温度随着高度递减的趋势。

图 6-33 是微波辐射计反演的温度与无线电探空探测的各层温度的平均偏差(微波辐射计－无线电探空)，平均比探空低 1.7℃。在 0～50 m 高度上微波辐射计的温度比探空探测的温度高 0.5℃，50 m 以上微波辐射计的温度均低于探空，其中 100～400 m、450～2000 m、2250～8750 m、9000～10000 m 分别比探空低 1.4℃、2.1℃、1.5℃、2.5℃。

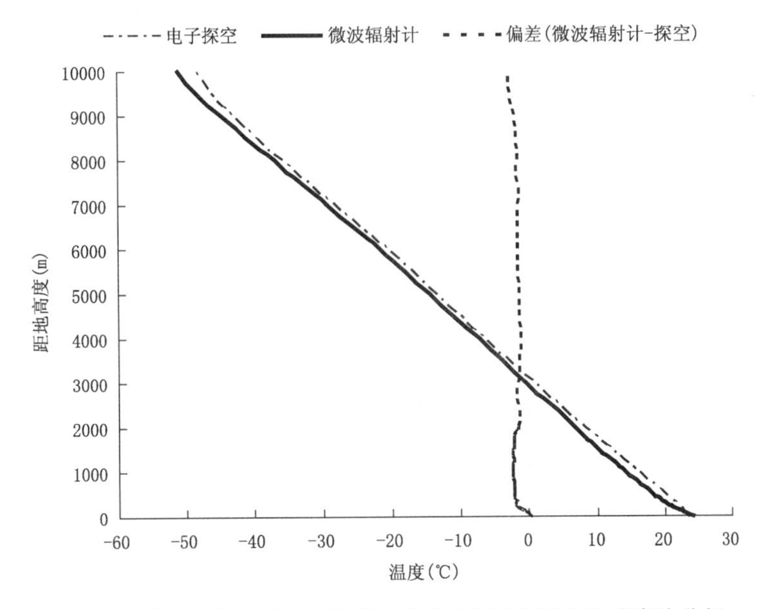

图 6-32　微波辐射计反演的温度与无线电探空探测的温度廓线分析

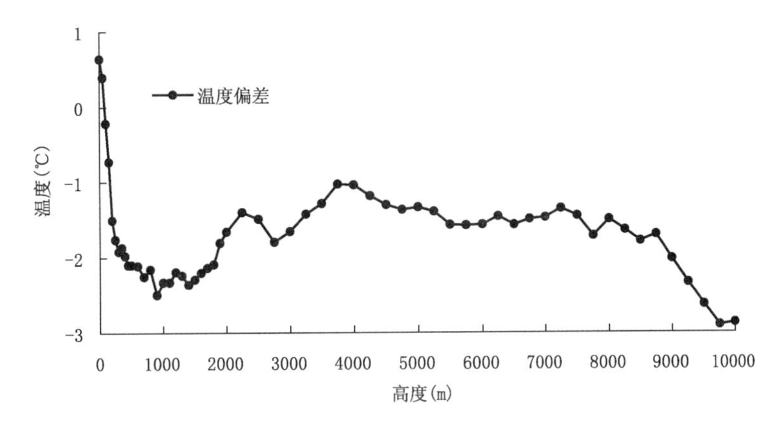

图 6-33　微波辐射计反演的温度与无线电探空探测的温度偏差分析

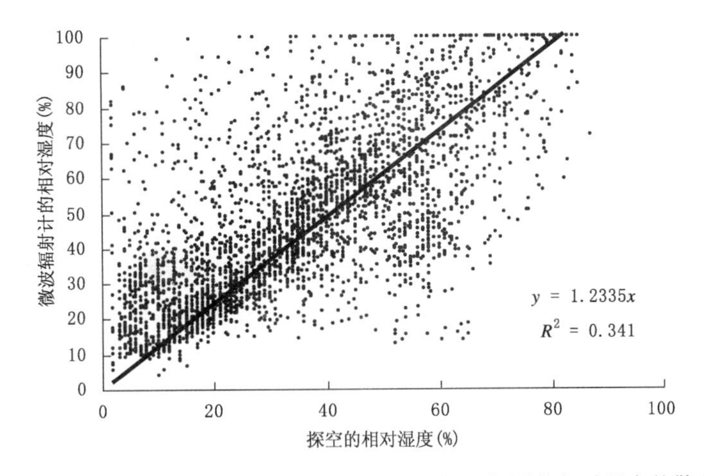

图 6-34　微波辐射计反演的相对湿度与无线电探空探测的相对湿度的散点图

2)相对湿度分析

图 6-34 给出了 2008 年 6 月探空和微波辐射计的相对湿度对比分析结果,两者的相关系数为 0.697,通过信度为 0.001 的显著性检验。说明微波辐射计可以很好地反映大气相对湿度的结构和变化。

图 6-35 是微波辐射计和探空的相对湿度在各个高度上的平均值。探空资料的相对湿度廓线呈现双峰型,波峰分别出现在 4 km 和 8 km 左右,4 km 附近相对湿度最大为 43.8%,8 km 附近相对湿度最大为 36.1%。微波辐射计的相对湿度廓线呈现单峰型,波峰出现在 4 km 左右,其中 3750 m 处的相对湿度最大,为 69.7%。两种探测在 2750～5500 m 区间相对湿度最大。经过方差分析,微波辐射计和探空在各个高度上的平均相对湿度值在 0.01 显著性水平差异极显著,微波辐射计平均比无线电探空仪低 12.4%,其中 0～2 km、6～8 km 两者的平均偏差(微波辐射计－电子探空)分别为 10.7%、10.1%,2～4 km、4～6 km 平均偏差分别为 21.7%、25.5%。8 km 以上微波辐射计探测的平均相对湿度只比无线电探空小 0.1%,经过方差分析两者在 0.05 水平差异不显著。从两者的偏差分布曲线可以看出,在 2750～5500 m 高度上两种仪器的探测结果差异均大于 20%。

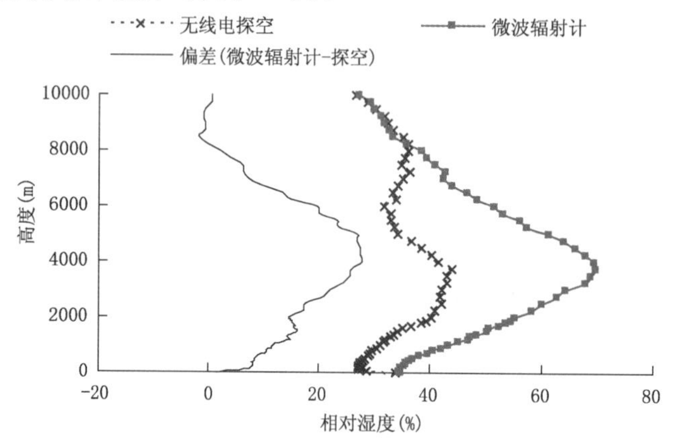

图 6-35 微波辐射计反演的温度与无线电探空探测的相对湿度廓线分析

造成微波辐射计和无线电探空探测的相对湿度差异比较大的原因主要有三个方面。第一,用于微波辐射计神经网络反演的原始数据是乌鲁木齐 2001—2006 年整编的探空数据,而不是秒级数据,这会影响微波辐射计的反演准确度和精度。第二,2006 年以前乌鲁木齐探空用的温湿度传感器是常规的国产传感器,2007 年 1 月以后更换为芬兰 Vaisala 的 RS82 传感器,传感器的更换会影响温湿度对比结果。第三,空中水汽分布不均,在 8 km 以上水汽较少,微波辐射计和探空的探测值都接近气候平均态,所以没有差异,而 2750～5500 m 区间是水汽比较多的区域,探空气球漂移距离和上升高度的不确定性可能是造成其探测结果和微波辐射计存在比较大差异的主要原因。相对于湿度而言,温度的变化比较连续,所以微波辐射计和探空探测的温度吻合得要比相对湿度好。

通过对地基微波辐射计的温度和相对湿度与探空的测量结果对比分析,说明测量值是准确的。虽然微波辐射计反演的相对湿度廓线精度相比探空的结果还有一定的偏差,但它在观测大气垂直结构中的作用还是非常重要的,测量得到的结果也是非常有意义的,而且考虑到其时间的连续性、无人看管等因素,地基微波辐射计的优点是不言而喻的。微波辐射计能很好地反映降水过程中温度、相对湿度、液态水密度的垂直变化和云底高度、水汽的变化，尤其是水汽密度和液态水对降水的发生比较敏感，而且有一定的提前指示变化。

(3)微波辐射计在降水观测中的应用

1)微波辐射计在夏季降水过程分析中的应用

(彩)图 6-36a 显示了 2008 年 8 月 5—6 日一次降水过程的微波辐射计三维彩色图。乌鲁木齐自动站观测数据显示，5 日 15 时(世界时，以下时间均为世界时)、16 时、17 时、18 时降水

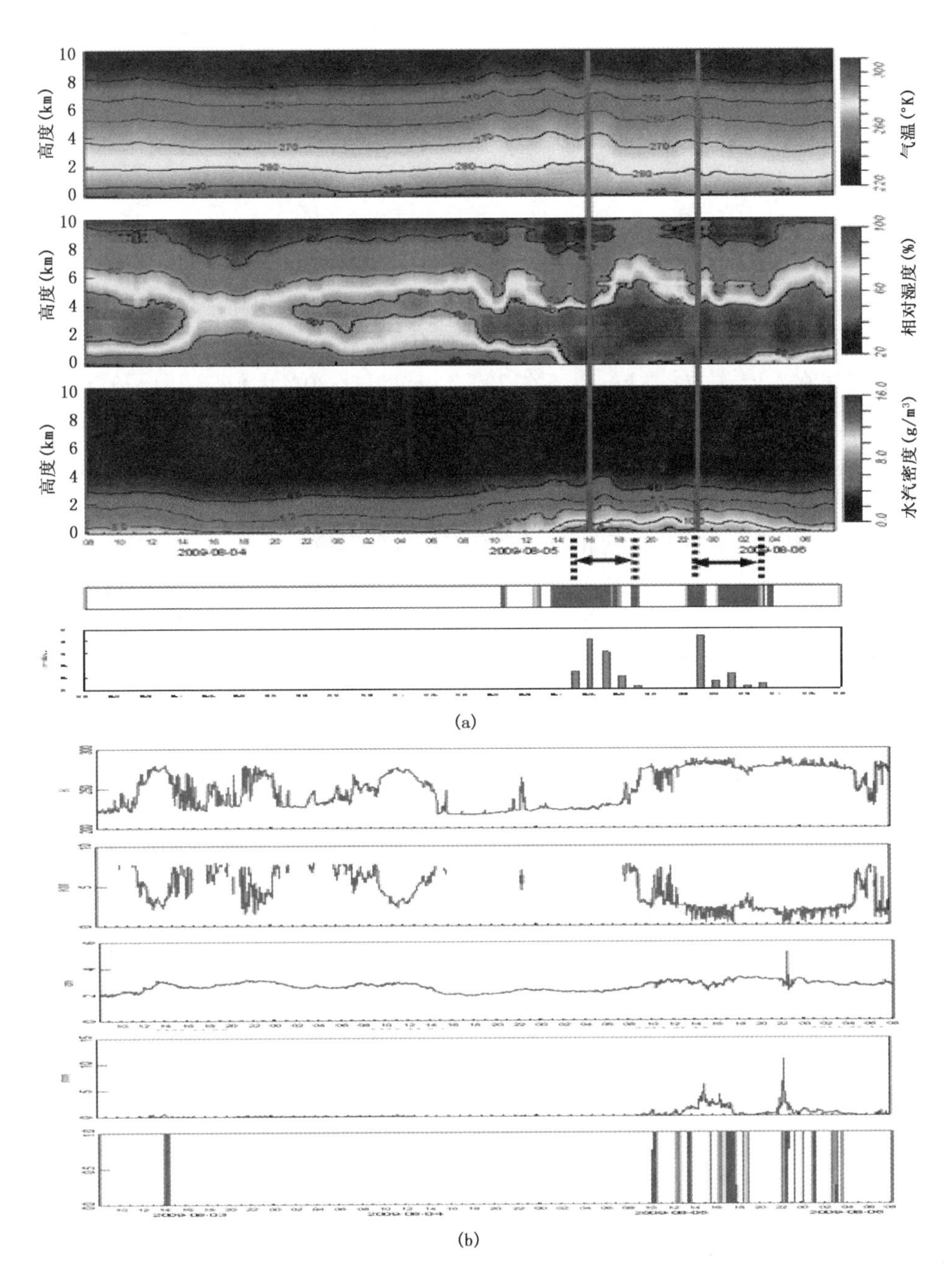

图 6-36　2008 年 8 月 5—6 日微波辐射计的三维彩色图(a)和二维曲线图(b)

量分别为 2.0 mm、1.5 mm、0.5 mm、0.1 mm，共计 4.1 mm。8 月 5 日 23 时，6 日 00 时、01 时、02 时、03 时降水量分别为 2.2 mm、0.3 mm、0.6 mm、0.1 mm、0.2 mm，共计 3.4 mm。图中由上而下分别为微波辐射计观测的 0～10 km 的温度(K)、相对湿度(%)、水汽密度(g/m^3)，微波辐射计的降水观测(红色表示有降水、白色表示无降水)，最下方是自动站记录的降水量柱状图，图中的绿线分别对应 8 月 5 日 17 时和 23 时，黑色虚线表示自动站记录的有降水发生的区间。从图上可以看出，水汽密度对降水的发生比较敏感，而且有一定的提前指示变化，在降水发生时相对湿度明显增大，尤其是近地层相对湿度变化比较明显。

(彩)图 6-36b 是 2008 年 8 月 5—6 日微波辐射计的二维曲线图。从上而下分别是亮温(K)、云底高度(km)、水汽(cm)和是否有降水，很好地反映了降水发生过程中亮温、云底高度、水汽、液态水的变化。降水发生时亮温高、云底高度明显下降。降水发生前水汽有所增加，但增加不显著，降水发生后水汽在很短的时间内会出现明显减少。液态水对降水比较敏感，而且有一定的时间提前量。

2010 年 6 月 22 日至 25 日，乌鲁木齐地区发生了 2 次大雨天气过程，其中 22 日 22 时至 23 日 03 时的 6h 降水量达到 13.2 mm；25 日 04 时至 20 时的累积降水量达到 15.7 mm。

从温度、相对湿度和水汽密度的三维时空序列图来看，临近降水时，各层温度稳定变化，0℃高度层稳居在 4 km 左右，1 km 以下在 20℃，相对湿度 80%大值区在 4～5 km，液态水含量很小；降水发生时，各层温度明显增高，湿度大值区迅速向下扩展，2 km 以下相对湿度接近 100%，液态水含量也在 4 km 左右形成一个最大带，接近 6 g/m^3，说明降水过程水汽主要来源于低层；降水结束后，空气中湿度大，相对湿度依然较高，而其他要素恢复到降水前水平。说明各层大气温湿度和液态水含量的变化与降水存在较好的对应关系。

水汽和液态水含量的演变特征。22 日 22 时至 23 日 03 时发生一次大雨过程，6h 降水量达到 13.2 mm。在 22 日 19:10 之前，液态水含量一直维持在 0.1 mm 以下(图 6-37a)，19:10 至 20:10 左右出现一次增湿过程，平均液态水含量为 0.7 mm 左右，19:44 时达到最大，为 3 mm；在降水前 1 小时左右，液态水含量开始激增，在降水前达到 6 mm 左右。而 PWV 在 19 时以前一直小于 35 mm，在降水前，PWV 有 2 次急增过程，分别是在降水前 1 小时(21 时)急增到 40 mm 左右(此时对应液态水含量的低谷)和降水前 10 分钟急增到 50 mm 以上，而后又急剧下降到 35 mm 左右。降水过程中，液态水含量维持在 2 mm 以上，最高是达到 11.6 mm，有波动变化，平均液态水含量在 4～6 mm；PWV 在降水中波动较小，维持在 40～51 mm，有 1 次大的波动，对应着降水量的急增过程。降水结束后，液态水和 PWV 都急剧下降，恢复到降水以前的水平。25 日 4 时至 20 时有一次大雨降水过程(图 6-37b)，降水前，液态水含量在 0.1 mm 以下，PWV 维持在 30 mm 左右；降水过程中，液态水含量在 4～8 mm，而 PWV 在 35～60 mm，都有波动变化，变化趋势基本一致。降水后，两者下降趋势明显，PWV 下降到 10 mm 左右，低于平均水平近一半，可见降水中消耗了空气中大部分的水汽。以上降水过程 PWV 和液态水含量演变分析说明 PWV 和液态水含量时间演变具有一致性。

水汽和降水的演变。微波辐射反演的乌鲁木齐 6 月气候平均水汽含量为 21.78 mm，结合乌鲁木齐 6 月的微波辐射水汽资料和降水资料，2010 年 6 月 22 日 22 时—23 日 03 时发生一次大雨过程，从 PWV 变化可以看出(图 6-38)，19 日以前 PWV 在该月气候平均值附近缓慢变化，从 19 日开始 PWV 开始缓慢增加，日均达到 24.67 mm，20 日继续增加，增加到 27.58 mm，2 日内增加了近 6 mm；从 21 日开始又出现一次持续增加过程，达到 30 mm 以上，直到降

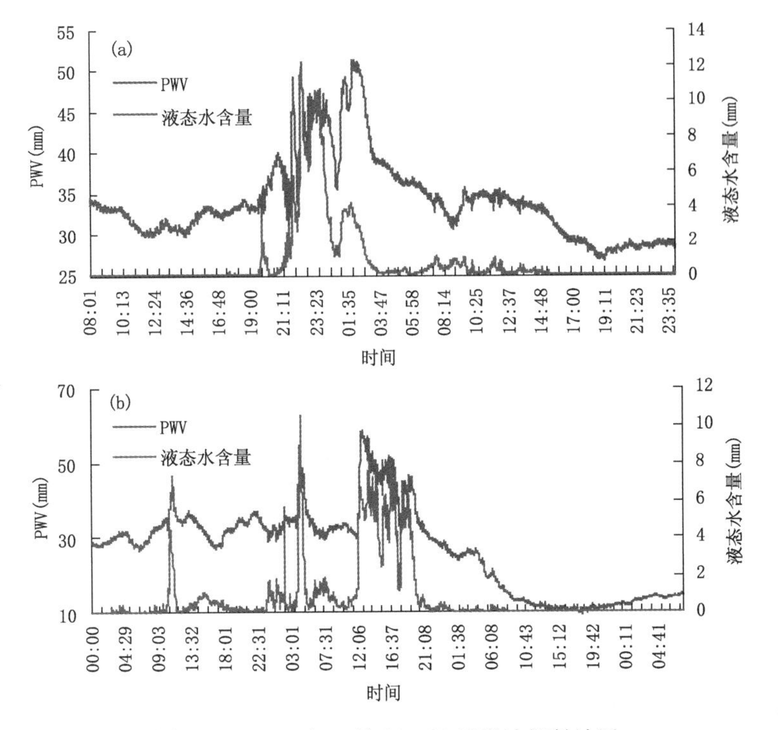

图 6-37　2010 年 6 月 22—25 日微波辐射计图

(a)22 日 08 时—23 日 23 时 59 分;(b)24 日 00 时—26 日 08 时

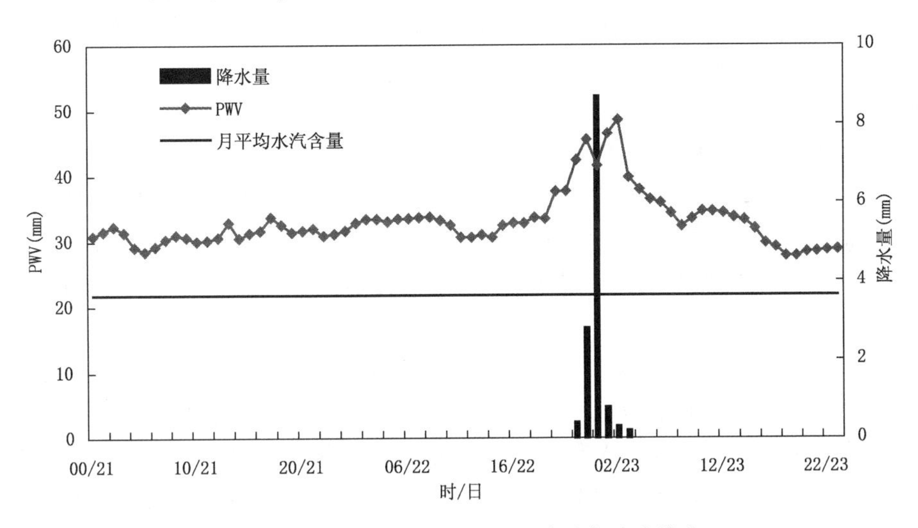

图 6-38　2010 年 6 月 22—23 日水汽与降水演变

水前 7 h PWV 一直维持在 31～34 mm,这是水汽的持续累积过程;降水发生前 4 h 开始水汽发生跃变,22 日 19 时—22 时 4h 水汽增加量为 8.9 mm,水汽跃变后发生降水,此后随着降水的持续 PWV 在高位变化,22 日 23 时 PWV 为 45.6 mm,降水为 2.8 mm,23 日 00 时 PWV 下降到 41.6 mm,而降水却高达 8.7 mm,而后 PWV 增加至 02 时的 48.6 mm 后急剧下降,降水量也减少,当 PWV 持续减弱到 30 mm 左右时降水时段结束。从 25 日 04 时至 20 时大雨过程 PWV 变化可以看出(图 6-39),PWV 在 24 日 07 时以前在 30 mm 以下,从 07 时开始至降水前的 21 h 内 PWV 出现 2 个大的波动变化，波峰分别为 11 时和 21 时，PWV 分别达到 37.5 mm 和 35.5 mm，水汽在波动变化中累积。降水发生 4 h 开始水汽急速增加，25 日 01 时—04 时 4 h 水汽增加量为 10.8 mm，水汽跃变后发生降水，2 h 降水 3 mm，降水后水汽下降到以前水平；7 h 后水汽剧增，1 h 增加了 22.2 mm，降水也随之发生，PWV 在 12 时达到 53.4 mm 后开始下降，到 30 mm 左右时降水结束。此后 PWV 急剧下降，在 9 h 后下降到月气候平均值以下。

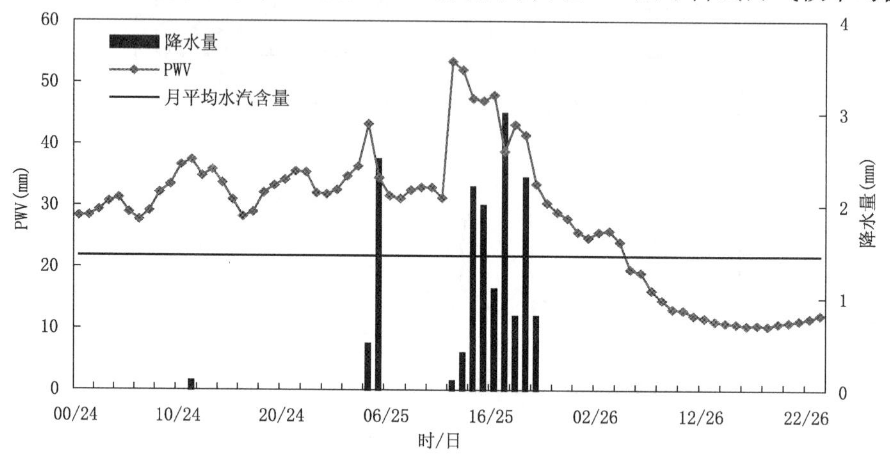

图 6-39　2010 年 6 月 25 日水汽与降水演变

通过对 6 月乌鲁木齐典型强降水中水汽含量演变特征分析表明：降水过程 PWV 和液态水含量时间演变具有一致性；降水的发生前有个水汽的累积过程，且强降水发生前水汽有一个跃变，4h 水汽增加量为 8～10 mm，PWV 在强降水过程中变化较大，当 PWV 下降到 30 mm 左右时降水就会结束。

2)微波辐射计在冬季降雪过程分析中的应用

2009 年 11 月入冬以来，新疆共出现了 28 场天气过程。北疆寒潮、暴雪、大风等灾害性天气异常频繁，且表现出(降雪、降温)强度大、暴雪过程涉及范围广(塔城北部、阿勒泰、伊犁河谷、北疆沿天山一带先后都出现了极端暴雪天气事件)及降雪、低温严寒持续时间长等极易致灾的特点。

北疆在 2009 年 12 月 22 日至 2010 年 1 月 20 日不足 30 d 的时间内出现 2 次寒潮天气过程。2010 年 1 月 17 日 08 时至 20 日 14 时，欧亚范围内环流径向度强烈发展，呈一脊一槽型，欧洲为高压脊控制，西西伯利亚低槽明显。欧洲脊东移南落，脊顶伸至极区，新疆处在西西伯利亚低槽偏西气流上。由于冷空气沿欧洲高压脊北风带南下，推动西西伯利亚横槽转竖东移南下。地面冷高进入新疆前，开始受到极地冷空气的补充，迅速增强，冷高中心高达 1075 hPa (见图 6-40)。

北疆出现大范围中到大雪和强降温，是 2000 年以来最强的一次强寒潮过程。北疆大部地区出现入冬以来最低气温。福海、富蕴、青河和蔡家湖 4 站最低气温降至－40℃以下，北疆其他地区和东疆的最低气温在－20～－30℃。昌吉、阜康、蔡家湖、北塔山、天池等 5 站最低气温突破 1 月极端最低值。

(彩)图 6-41 是 2010 年 1 月 17 日微波辐射计的三维彩色图。从图像上可以看出这次强寒潮天气从地面到高空 10 km 内温度、相对湿度、水汽密度和液态水密度的细节变化。2010

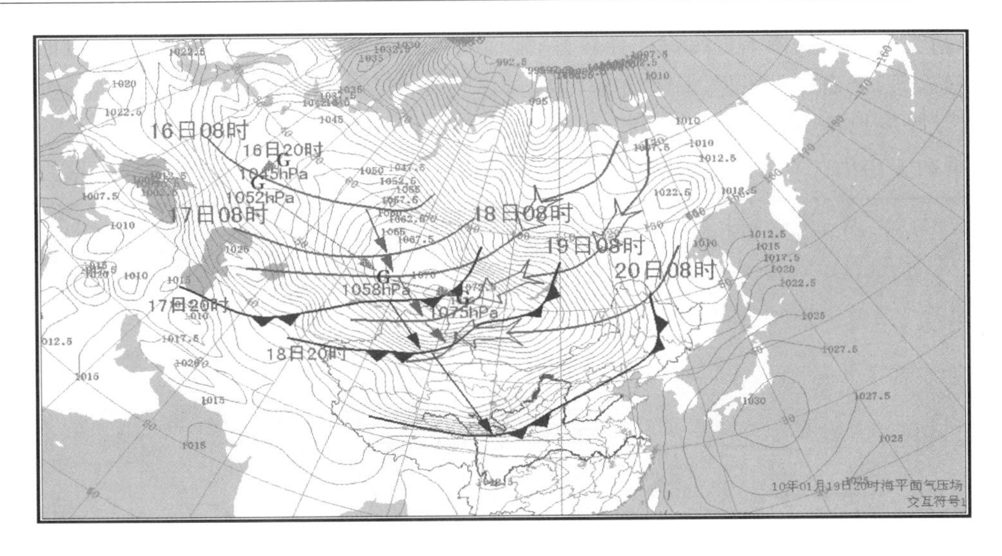

图6-40　2010年1月19日海平面气压场

年1月17日00—07时刮东南风，气温上升，相对湿度下降，2.5 g/m³ 水汽密度低于2 km，天气晴朗。08—13时出现逆温，逆温层高度大约在500 m，相对湿度有所增加，大气层结稳定，2.5 g/m³ 水汽密度仍然低于2 km，出现大雾。14时气温开始下降，20时气温较10时下降了14℃，逆温层被打破，相对湿度增加，水汽最大中心上升。22时发生降水，地面相对湿度从04时的20%增加到20时的100%，水汽密度最大中心上升到2.5 km。

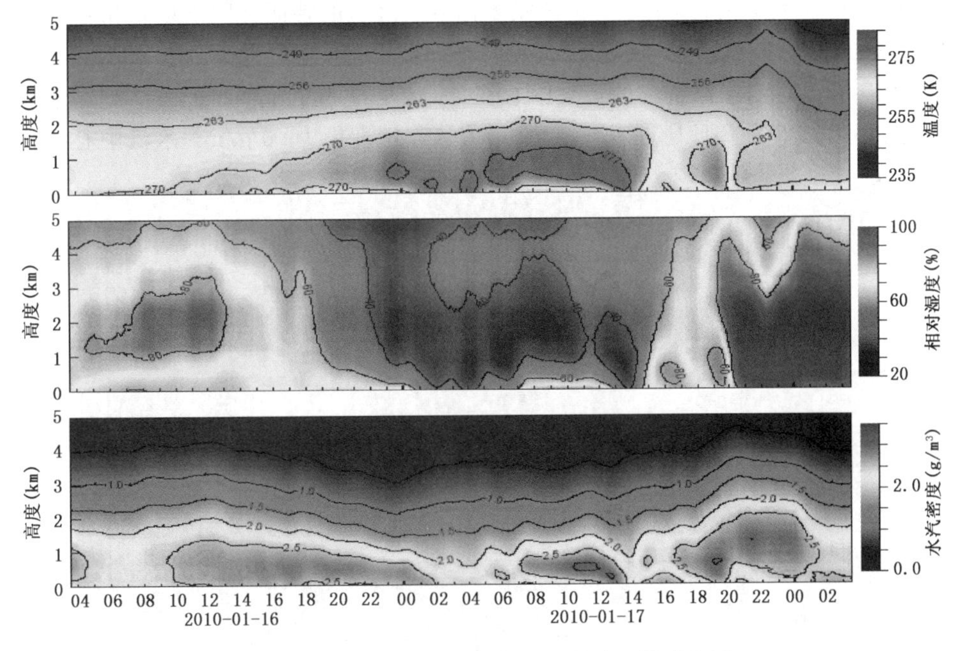

图6-41　2010年1月17日微波辐射计三维彩色图

3)微波辐射计在春季降雪过程分析中的应用

2010年3月20日02时到21日08时，欧亚范围内环流经向度减弱，北支极锋锋区加强，锋区上短波槽东移，与南支中纬度锋区上东移的短波槽沿天山汇合。北支极锋锋区强，配合有高湿区，南支中纬度低槽本身水汽条件较好，地面高压经西方路径进入新疆，地面冷风明显，配合有冷锋云系，锋面降水明显，且在北疆地区等压线密集，气压梯度大(图 6-42)。北疆大部、天山山区、哈密出现中到大量的雨夹雪(3.1～12.0 mm)，其中伊犁河谷、塔城、阿勒泰、北疆沿天山一带和天山山区有 24 站达到暴雪量级(≥12.1 mm)，10 站降雪量超过 20.0 mm。

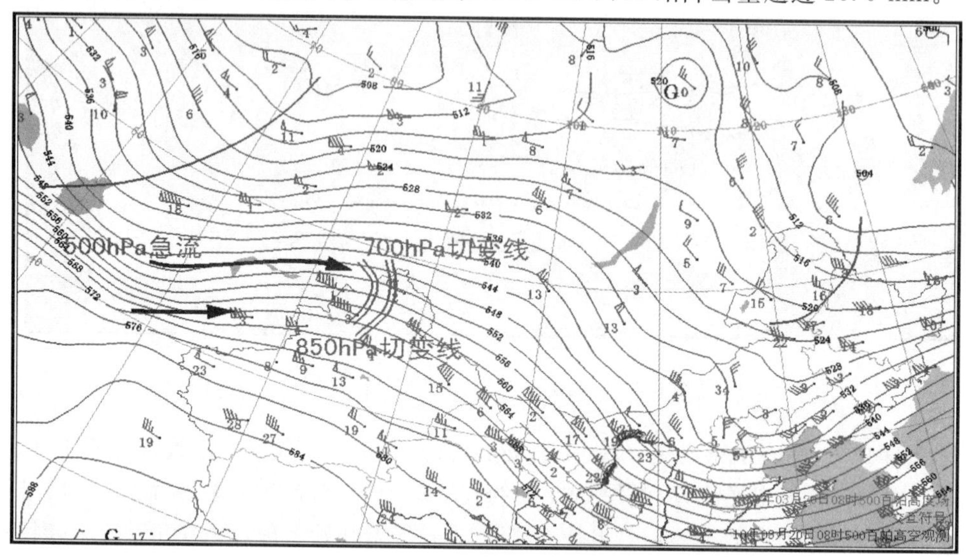

图 6-42　2010 年 3 月 20 日海平面气压场

从(彩)图 6-43 可以看出，由于气候背景不同春季降雪的特征有别于夏季和冬季。春季气温回升，对流强盛，冷暖气团交汇的温度高度从冬季的 2 km 左右提高到 5 km，相对湿度最大值也上升到 5 km 以上，水汽密度的最大中心在 3 km 左右，密度值为 10.0 g/m^3。水汽密度可以反映水汽的多少，8 月 6 日乌鲁木齐小雨，最大水汽密度为 16.0 g/m^3，水汽中心最高高度在

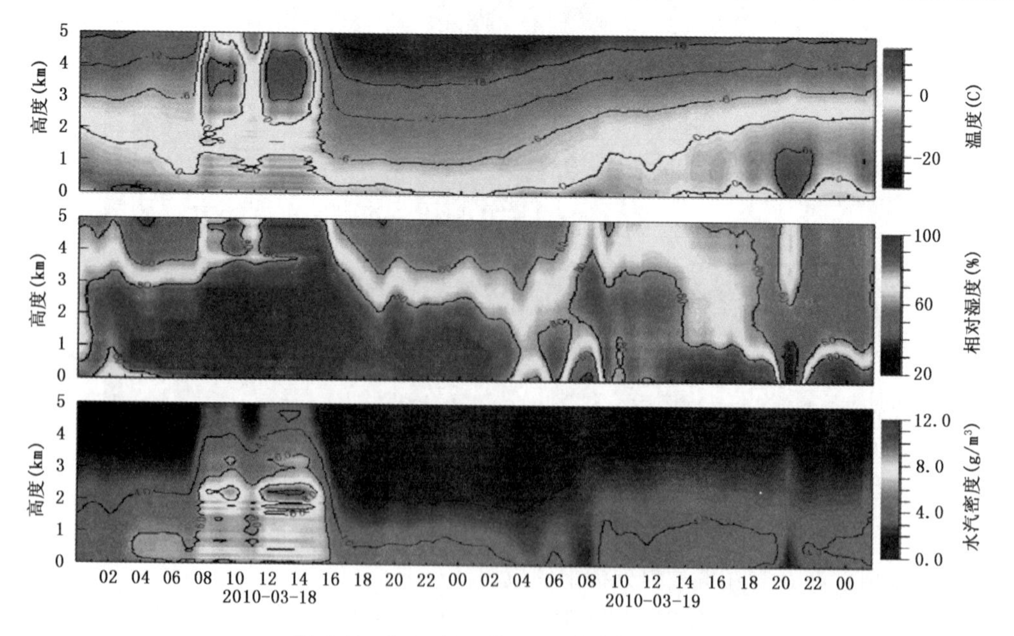

图 6-43　2010 年 3 月 20 日微波辐射计图

1 km 左右，1 月 17 日乌鲁木齐强寒潮，最大水汽密度为 2.5 g/m^3，水汽中心最高高度在 2 km 左右，3 月 20 日乌鲁木齐小雨，最大水汽密度为 8.0 g/m^3，水汽中心最高高度在 2 km 左右。说明乌鲁木齐四季水汽量变化比较大，夏季最多、冬季最少，水汽在垂直高度上从地面向高空递减，最大水汽中心高度会因为天气条件而有所改变。

2010 年入冬以来，极锋锋区南压次数多、时间长，副热带锋区异常活跃，两支锋线多次汇合于新疆北部，强锋区控制时间长。极端暴雪天气事件往往是天气尺度系统与中小尺度天气系统相互作用的结果，微波辐射计可以实施监测温度、水汽的垂直结构变化，对于指导人工影响天气作业和极端天气临近预报具有参考价值。

6.4　基于再分析资料的大气可降水量特征及其变化

利用 NCEP/ NCAR 再分析一日 4 次的逐日资料分析新疆地区大气可降水量的气候特征，以及春季(3—5 月)、夏季(6—8 月)、秋季(9—11 月)和冬季(12—2 月)的大气可降水量 PWV。PWV 为气柱各层水汽的累加值，它表示某地单位面积上空整层大气的总水汽含量：

$$\mathrm{PWV} = -\frac{1}{g}\int_{p_s}^{p_t} q(p)\,\mathrm{d}p \tag{6-9}$$

式中，$q(p)$为各层的比湿，p_s、p_t分别为地面气压和大气层顶气压。考虑到高层水汽少，水汽资料也不很精确，本文取 300 hPa 为顶层。

6.4.1　春、秋季大气可降水量的气候特征、模态及变化

从春、秋季新疆地区 40 年平均的整层大气可降水量的空间分布(图 6-44)可以看到，春季塔里木盆地和准格尔盆地为大气可降水量两个高值区，阿尔泰山、天山和昆仑山为低值区。塔里木盆地大气可降水量最大中心位于盆地东北部，最大值达 16 mm，大气含水量最大区域却为降水量最小区，表明新疆极端干旱区的空中水汽并不缺乏，降水量少是由决定降水产生的其他因素决定的。准格尔盆地大气可降水量最大值达 10 mm。新疆区域可降水量等值线大体沿纬圈分布。

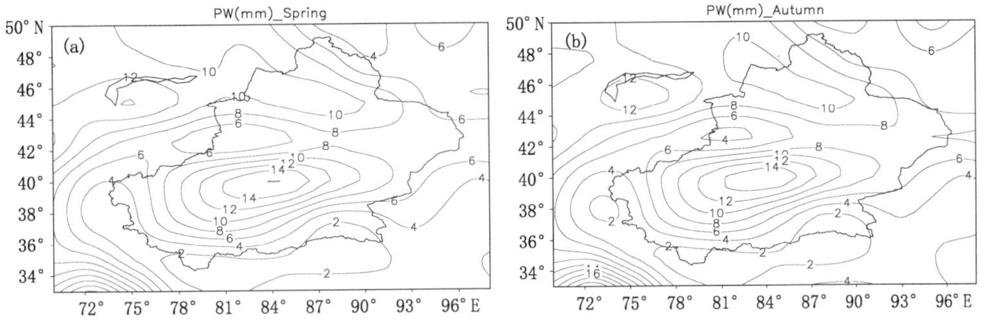

图 6-44　新疆地区多年平均(1961—2000 年)大气可降水量分布(单位:mm)
(a)春季　(b) 秋季

地理纬度、地形高度和大气环流是决定大气含水量的基本因素，盆地上空气柱长，高山上空气柱短，南、北疆均处于西风带控制下，因此地理纬度和地形高度决定了大气含水量的分布，纬度偏南、位势高度低使得南疆盆地大气含水量最大。由于地理纬度和地形高度几乎不变，对

降水而言大气环流是决定因子，北疆降水量远大于南疆，山区远大于盆地，可见新疆地区空中水汽分布与降水量地理分布是相反的，表明降水多少的根本原因不在于水汽的多少，而在于促成降水的动力条件、水汽辐合和其他条件的差异。春、秋季是冬、夏季间的过渡季节，两者的大气可降水量空间和量值分布特征十分相似，但春季降水量大于秋季，这是由大气环流所决定的。已有研究指出，西北地区春季有更多降水扰动系统存在，上升气流也相对强些，利于降水的产生，而秋季新疆秋高气爽，新疆脊和中西伯利亚脊稳定，高压脊控制下不利于产生降水。新疆地区春、秋季大气可降水量与同纬度的华北、东北接近，但比黄河以南地区偏少 50%～75%。

为了了解春季新疆地区大气可降水量主要变化模态，对其进行经验正交函数(EOF)分析(见图 6-45)，计算区域为(70°～97.5°E，32.5°～50°N)。第一模态占总方差的 20.9%，空间分布为全疆一致变化型，南疆盆地大值区变化比其他区域大，对应的时间序列表明这种模态具有

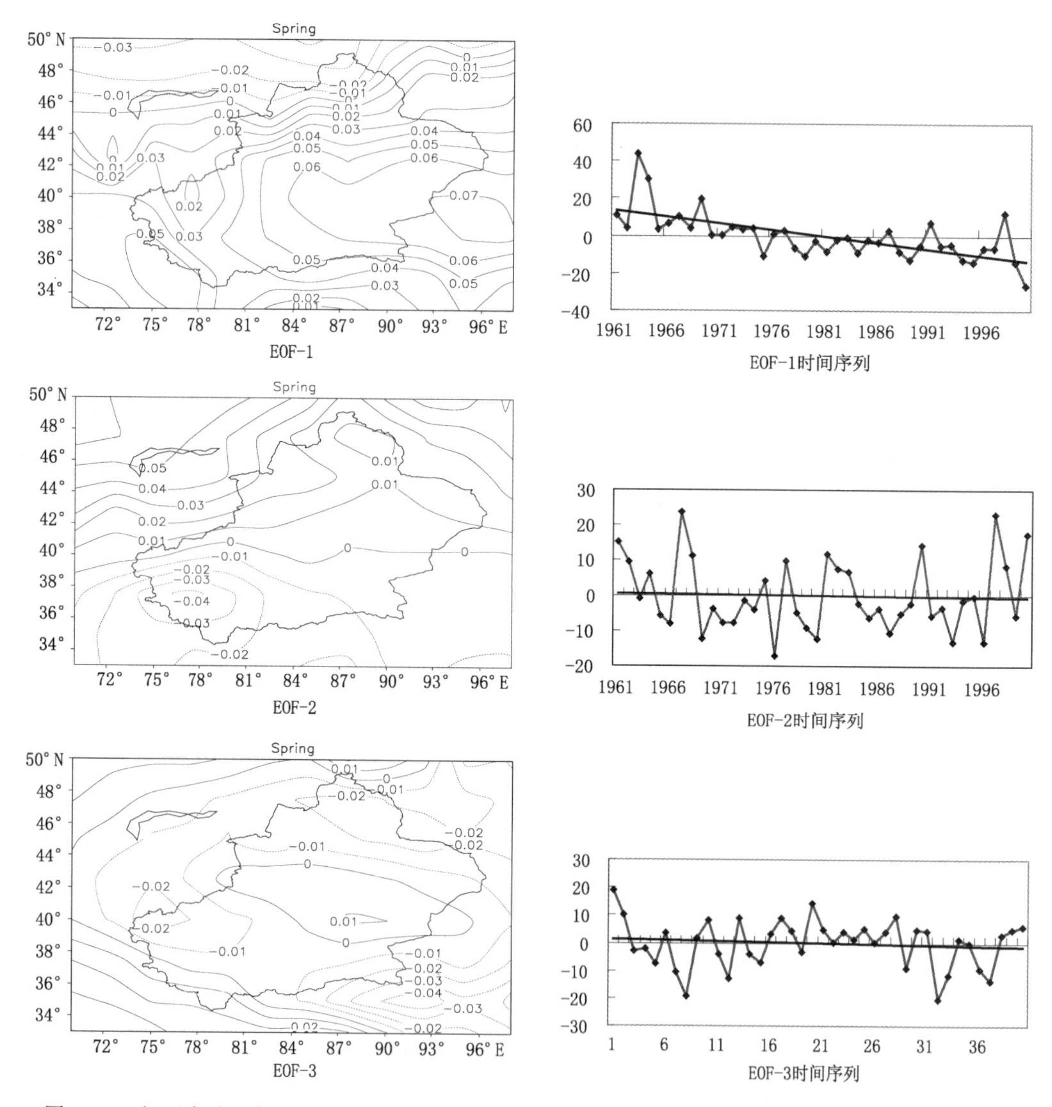

图 6-45　新疆春季大气可降水量 EOF 分解前 3 个方差最大的特征模态及对应的主分量时间序列

减弱趋势。第二模态占总方差的 14.6%，表征了春季大气环流 40°N 南北的相反变化趋势，40°N 以南升温幅度大，含湿能力强，40°N 以北升温幅度小，含湿能力弱，该模态近 40 年没有明显变化。第三模态占总方差的 10.4%，表示天山山区及其南侧与北疆地区、南疆西部的相反变化，这种模态也无明显变化趋势。前 3 个模态占总方差的 45.9%。

虽然秋季与春季大气可降水量空间分布和量值十分一致，但它们空间分布模态却有较大差异。图 6-46 为秋季大气可降水量 EOF 分析模态分布，第一模态占总方差的 15.8%，表现为全疆一致变化，第二、三模态也表现为全疆一致变化，只是变化大的区域有所差异，分别占总方差的 14.7%和 11.6%，第四模态占总方差的 7.3%，表现为南疆南部和东部与其他区域的相反变化，这几个模态没有显著变化趋势。

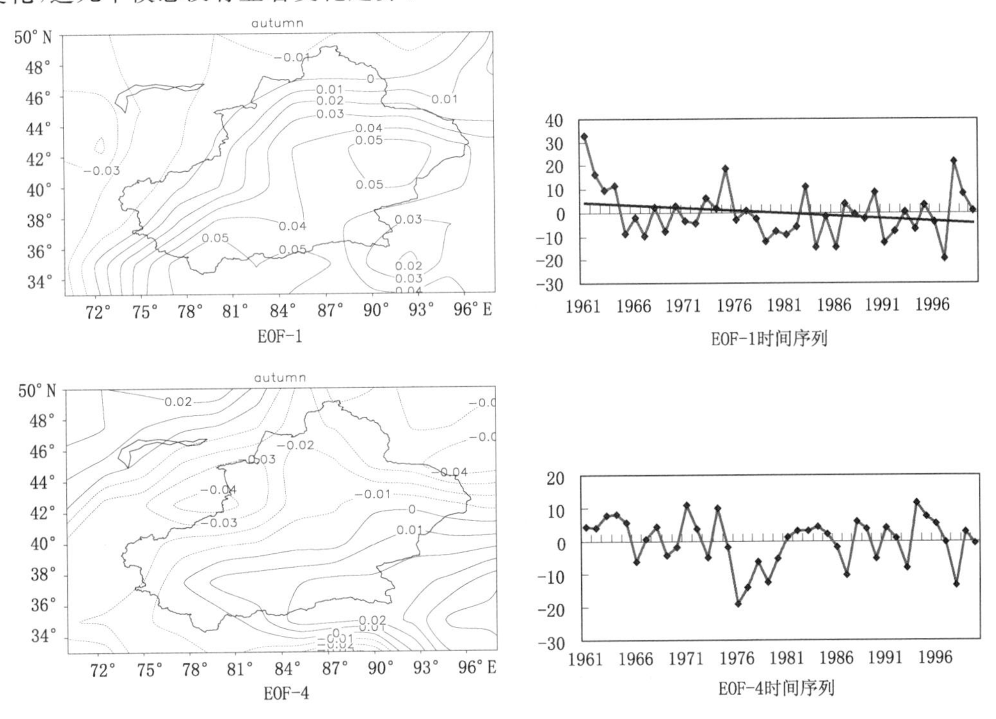

图 6-46　秋季新疆大气可降水量 EOF 分解第一、四特征模态及对应的主分量时间序列

6.4.2　夏季大气含水量的气候特征、模态及变化

夏季整层大气可降水量的空间分布见图 6-47。夏季与春、秋季大气可降水量的空间分布特征一致，但是夏季各地的平均可降水量均比春、秋季有明显增加，是全年水汽含量最多的季节。夏季平均可降水量北疆盆地中心达 20 mm，比春季增加 1 倍，天山山区为 16 mm，比春季增加 10 mm，南疆盆地达 24 mm。大气含水量最大区域仍然为降水量最小区，表明夏季降水最少区域的空中水汽并不缺乏。南疆降水少于北疆的根本原因不在于水汽的多少，而是由降水产生的动力条件、水汽辐合和其他因素差异决定的。随着季节推移，气温在夏季达到最高，含湿能力强，故夏季的可降水量也最高。已有研究指出，从夏季平均可降水量角度来分析，可粗略地把夏季 25 mm 可降水量线视为东亚及南亚夏季风推进的北界。夏季我国季风影响区可降水量为 25～60 mm，新疆夏季可降水量最大为 24 mm，可见从该角度也表明新疆地区不

受东亚及南亚夏季风的直接影响，为非季风气候。从大气含水量角度可以看出，新疆为干旱半干旱区。

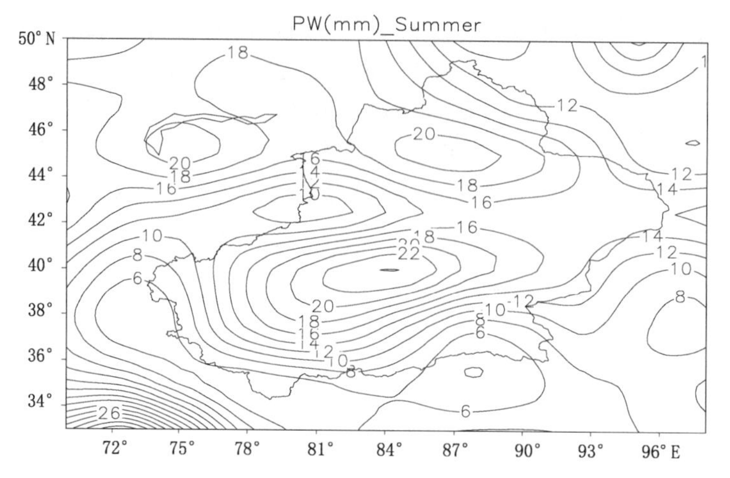

图 6-47 新疆地区夏季多年平均(1961—2000 年)大气可降水量分布(单位：mm)

从夏季大气可降水量 EOF 分析模态分布(图 6-48)可以看出，第一模态占总方差的 18.3%，表现为全疆一致变化，变化最大区域为北疆沿天山一带、北疆东部和东疆地区，该模态无明显变化趋势。第二模态占总方差的 14.9%，也表现为全疆一致变化，变化最大区域为南疆盆地大值区，该模态近 40 年有弱的增强趋势。第三模态占总方差的 10.2%，也表现为全疆一致变化，变化最大区域为北疆西部、乌鲁木齐以西的北疆沿天山一带、南疆西部和阿克苏地区，该模态有显著增强趋势，与这些区域夏季降水增多趋势一致。第四模态占总方差的

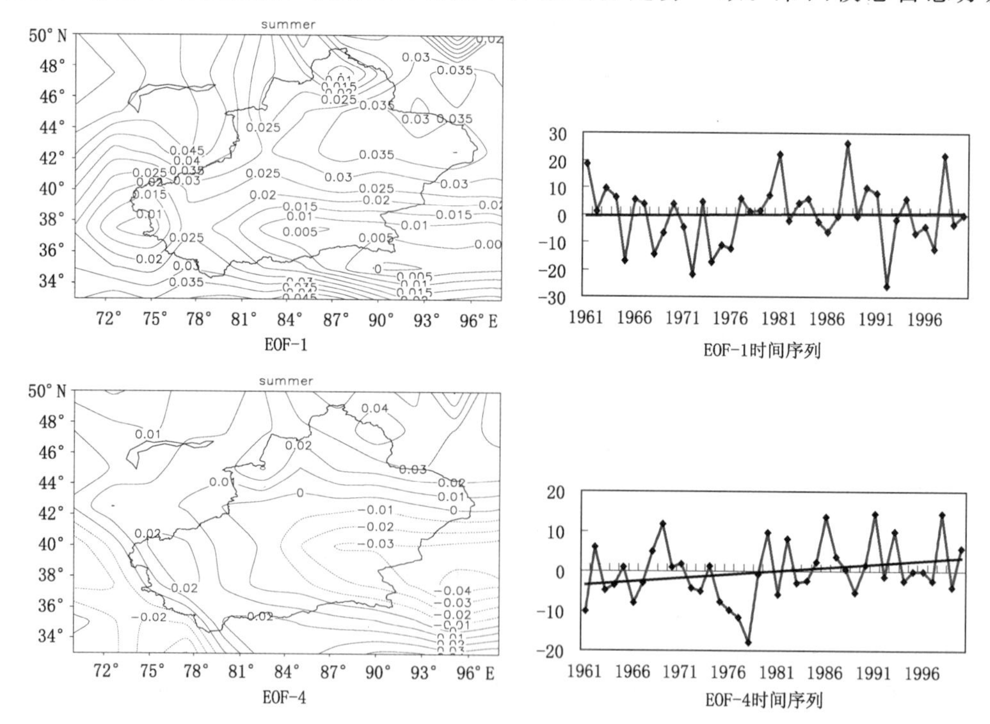

图 6-48 新疆夏季大气可降水量 EOF 分解第一、四特征模态及对应的主分量时间序列

7.5%，表现为南疆东部与其他区域的相反变化，及新疆大气含水量最大值中心与其他区域的相反变化，该模态近 40 年有增强趋势。

6.4.3　冬季大气可降水量的气候特征、模态及变化

图 6-49 为冬季大气可降水量的气候平均分布，空间分布仍然为南、北疆盆地为大值区，北部阿尔泰山、中部天山和南部昆仑山为低值区，但水汽含量是一年中最小的，远比夏季小。山区上空的可降水量仅为夏季的 1/8～1/4，北疆盆地为夏季的 1/5，南疆盆地约为夏季的 45%。可见，冬季是新疆上空大气可降水量最少的季节，为 2～10 mm，与同纬度的西北地区东部和华北地区(为 3～10 mm)接近。北疆盆地和阿尔泰山区冬季降水量远大于南疆盆地及同纬度的西北地区东部和华北地区，这是由于大气环流系统的影响差异所决定的。

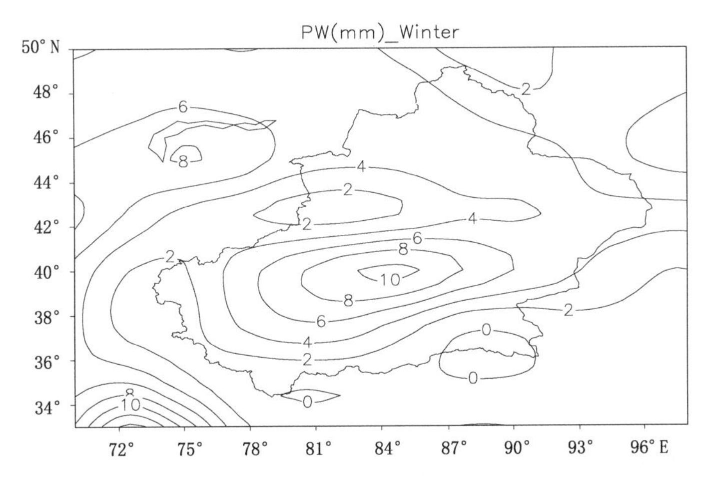

图 6-49　新疆地区冬季多年平均(1961—2000 年)大气可降水量分布(单位：mm)

冬季大气可降水量 EOF 分析模态分布见图 6-50。第一模态占总方差的 24.6%，表现为全疆一致变化，只有阿尔金山脉可降水量变化与其他区域不同，该模态呈显著增加趋势，与冬季降水增多趋势一致。第二、三模态也表现为全疆一致变化，只是变化大的区域有所差异，分别占总方差的 13%和 10.4%。可见，冬季新疆地区空中水汽空间分布呈同位相变化，而降水量却是北疆远大于南疆。

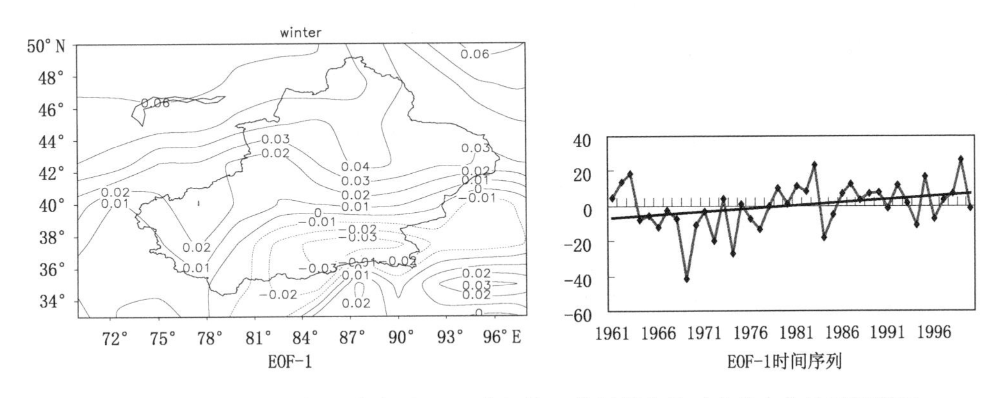

图 6-50　冬季新疆大气可降水量 EOF 分解第一特征模态及对应的主分量时间序列

6.4.4 新疆全年大气含水量的气候特征及变化

新疆全年大气含水量的气候分布见图 6-51。塔里木盆地和准格尔盆地为大气可降水量两个高值区，阿尔泰山、天山和昆仑山为低值区，塔里木盆地最大中心位于盆地东北部，达 16 mm，准格尔盆地最大达 12 mm，山区为 4～10 mm，与春、秋季气候分布特征十分近似。大气含水量分布与降水量分布相反，其最大(最小)区域却为降水量最小(最大)区，表明决定新疆降水差异的根本原因不在于水汽的多少，而是由决定降水产生的动力条件、水汽辐合和其他因素差异决定的。

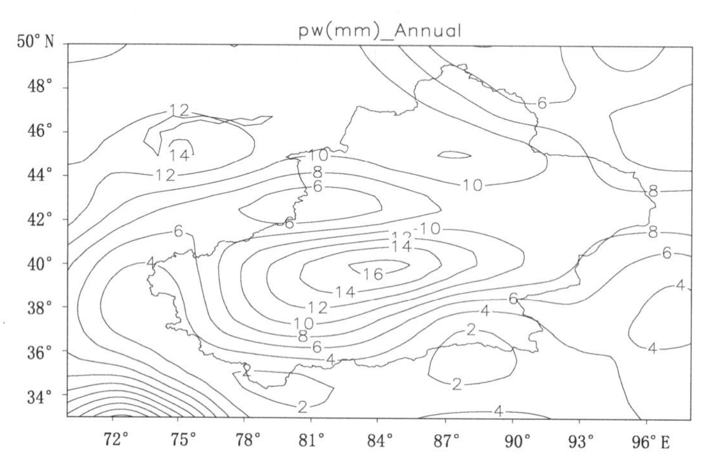

图 6-51　新疆地区全年大气可降水量气候分布(单位:mm)

全年大气含水量的 EOF 分析表明，第一、三模态均呈全疆一致变化，且未有明显趋势，分别占总方差的 22.5%和 8.6%。第二模态表现为北疆北部、南疆西部与其他区域相反分布型，占总方差的 15.6%，该模态近 40 年呈增加趋势。

上述表明，对处于中纬西风带控制下的新疆地区而言，地理纬度、地形高度和大气环流决定了大气可降水量的南疆大于北疆、盆地大于山区的基本分布，且最主要模态表现为全疆的一致变化，而降水恰好相反，呈北疆大于南疆、山区大于盆地分布。大气可降水量最大区降水量最少，最小区则降水量最大，表明新疆降水差异的根本原因不在于水汽的多少，而在于促成降水的动力条件、水汽辐合和其他条件的差异。环流系统和地形作用是影响南疆降水的关键因素，天山山脉海拔约为 3000 m，阻挡了北方冷空气进入，西侧帕米尔高原海拔也约为 3000 m，南疆处于天山山脉和帕米尔高原背风坡的下沉气流控制下，该地区产生降水的动力条件和水汽辐合条件十分不利于降水，虽然空中水汽高于北疆和天山山区，但降水量却远小于天山北侧地区。在天山北侧地区，其西方没有大尺度的高大山脉阻挡，而北方冷空气和西方、西南方暖湿气流易于长驱直入，并受天山山脉阻挡发生交汇，天山北侧迎风坡起到了抬升作用，有利于降水的产生。夏季北疆北部、西部和南疆西部空中水汽含量呈增加趋势，冬季除南疆东南部外空中水汽含量呈增加趋势，其他季节空中水汽含量无明显变化趋势。

第 7 章　水汽输送的气候特征及其变化

大气中的水分含量和水汽输送不仅与大气环流有着密切的内在联系，而且作为能量和水分循环过程的重要一环，对区域水分平衡起着重要作用，对其正确估计能对大气环流的形成和演变有更深入的了解，有助于进一步了解天气和气候变化过程以及水文循环过程。有学者曾利用 1959 年、1977 年和 1980 年新疆 4 个探空站的资料对新疆区域年水汽输送量进行了计算，由于资料和计算方法的限制，对新疆这样的干旱半干旱区，每年有多少水汽流经其上空，又有多少流出，总的净收支是多少，四个边界的水汽净流入或净流出是多少，对流层各层的水汽流入和流出是多少等问题一直不清楚，影响了对新疆地区空中水资源的利用和降水异常天气气候过程等问题的科学认识。

利用 1961—2000 年 NCEP/NCAR 的逐日 4 次再分析资料(2.5°×2.5°)，并把水汽计算区域细化为 16 个小边界(图 7-1)，由于新疆三面环山，取地面至 700 hPa(对流层低层)、700～500 hPa(对流层中层)、500～300 hPa(对流层高层)以及整层(地面至 300 hPa)分别计算水汽输入、输出和收支等物理量，研究不同层次水汽特征及其对新疆地区的水汽贡献。水汽输送的计算方法如下：

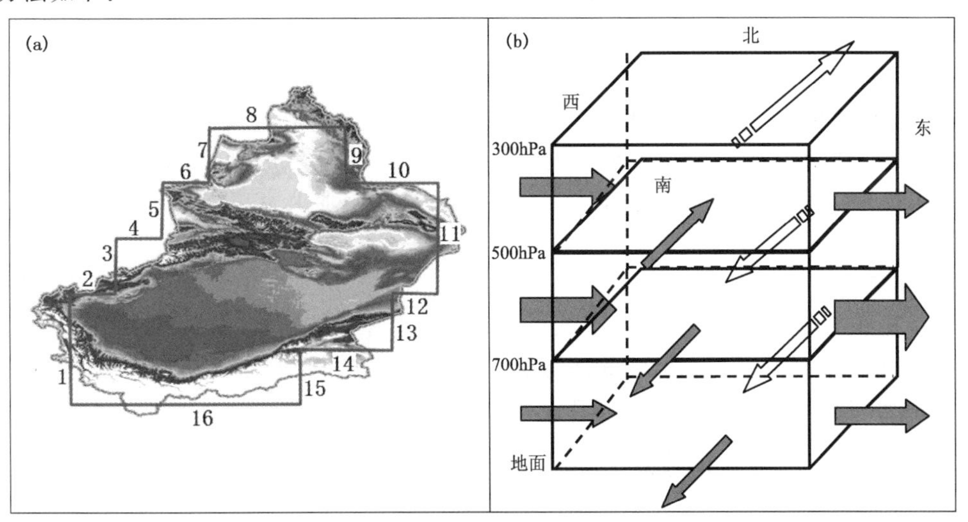

图 7-1　新疆地区水汽输送计算边界(a)和垂直分层(b)示意图

单位边长大气的水汽输送通量矢量 $\boldsymbol{Q}$ 的计算公式为

$$\boldsymbol{Q}=-\frac{1}{g}\int_{p_s}^{p_t}\boldsymbol{V}q\,\mathrm{d}p \tag{7-1}$$

式中，g 为重力加速度($\mathrm{cm\cdot s^{-1}}$)，p_s 为所取气柱底气压(hPa)，p_t 为气柱顶气压(hPa)，$\boldsymbol{V}$ 为该单位气柱内各层大气的风速矢量，q 是各层大气的比湿($\mathrm{g\cdot kg^{-1}}$)，$\boldsymbol{Q}$ 的单位为 $\mathrm{kg/(m\cdot s)}$。

矢量 $\boldsymbol{Q}$ 可以分解为纬向水汽通量 Q_λ 和经向水汽通量 Q_φ，并规定由西向东、由南向北输送为正，反之为负。实际大气中 300 hPa 以上水汽含量很少，故在计算中忽略不计。

图 7-1a 中 1、3、5、7 定义为西边界；2、4、6、8、10 定义为北边界；9、11、13、15 定义为东边界；12、14、16 定义为南边界。东、南、西、北 4 个边界的水汽输送量为其对应的各小边界各层水汽输送量之和，当各小边界各层的输送方向不一致时，取相互抵消后的结果为该边界总的水汽输送量。每个小边界只要为输入就计入总输入量，只要为输出就计入总输出，因此 16 个边界总输入、总输出量要大于 4 个边界的输入之和、输出之和。通过此算法可以了解和回答每年到底有多少水汽流进新疆区域，又有多少水汽流出新疆区域。这个流入、流出是指各层单向的纯流入量或纯流出量，不考虑在同一大边界流入与流出的抵消。

7.1 水汽源地与输送路径

7.1.1 水汽源地的定义

水汽源地本身是一个难以准确定义的概念，因为存在直接和间接水汽源地问题。任何向大气有净水汽输送的下垫面都可以视为大气的水汽源地。通常意义下，新疆的水汽源地主要指大气环流上游距离较近的海洋和大的湖泊，它们的水汽可以通过大气环流输送到新疆境内。

水汽输送可以分解为平均经圈环流输送、定常波输送和瞬变波输送 3 个部分。对中高纬度而言，第一部分并不重要。一般瞬变涡动水汽输送比定常波水汽输送小得多，大小还同速度扰动与比湿扰动的相关性有关，其输送方向基本垂直于风暴路径，通常指向北方，每一次瞬变天气系统的水汽源地都可以不一样，因此不宜用瞬变涡动水汽输送确定水汽源地。第二部分定常涡动水汽输送的模与大气比湿和平均风速成比例，输送方向即是气候平均气流的方向，以此可以比较清楚地定义气候意义下的水汽源地。

此外，某一水面能否成为大气水汽源地还取决于其上空大气的热力状态和动力结构，即要有利于蒸发的水汽输送到大气中。因而，气候平均水汽源地上空应该是可降水量的极大值区域。

确定新疆水汽源地有五个步骤：第一步，计算出气候平均意义下对流层定常水汽输送场；第二步，绘出该矢量场的水汽输送流线图；第三步，选出穿过新疆境内的流线并沿这些流线寻找上游较大的湖面或海洋；第四步，剔除那些水面上空大气可降水量不是极大值的水系；第五步，选出最近和次近的湖泊或海洋，将其定义为水汽源地。

7.1.2 新疆四季的水汽源地与输送路径

春季（4 月），新疆上空大气的可降水量小，而西面的欧洲大陆南部相对较高，地中海、黑海和里海周围都是可降水量的极大值区，是春季大气的水汽源地。新疆上空的定常水汽输送场主要是自西向东的，根据流线跟踪法不难发现里海和地中海都在通过新疆和巴尔喀什湖周围的水汽输送带路径上，因此是新疆春季的水汽源地（（彩）图 7-2a）。

夏季（7 月），副热带高压北上控制了地中海及其周边地区，副热带高压中的下沉气流不仅干燥，而且抑制了地中海水汽向大气的传输，在可降水量场上表现为地中海及其东侧是相对小的带状区域。相反，在大陆中高纬度可降水量相对较大，里海、黑海上空仍是极大值区域，含水量丰富。但从定常水汽输送场看，欧洲中南部大部分地区的水汽输送几乎都有偏南分量，在中亚地区还存在一条由北向南的水汽输送极大带，中心输送值达到 160 $kg \cdot m^{-1} \cdot s^{-1}$以上，这条向南水汽输送带阻挡了其西面地中海、黑海和里海水汽向新疆境内的输送，使得它们不能成为 7 月新疆的水汽源地。夏季是新疆降水最多的季节，不仅其上空的大气可降水量达到最大，而且水汽输送也最强，极大值超过 100 $kg. m^{-1}. s^{-1}$。用水汽输送流线跟踪法可以发现，7 月由西侧进入新疆的水汽主要来自欧洲大陆高纬度，进一步跟踪发现其来自大西洋和北冰洋，它们就是新疆 7 月的水汽源地((彩)图 7-2b)。

秋季(10 月)，地中海上空又变成大气可降水量的极大值区域，但其上空的水汽输送方向指向东南，因而不是新疆的水汽源地。里海和黑海依然是可降水量的极大值区域，而且水汽含量高于春季。新疆及其西侧的可降水量超过了春季。用水汽输送流线跟踪法可以知道，里海和黑海是 10 月新疆的水汽源地((彩)图 7-2c)。

冬季(1 月)，地中海上空是可降水量的极大值区域。显然，这就是地中海气候，冬季温暖潮湿。众所周知，平均而言冬季地中海为一低压区，在每日天气图上可以看到气旋很活跃，非常有利于水面蒸发的水汽向大气输送。此外，黑海和里海也是可降水量的极大值区。从地中海上空，经欧洲南部到里海、中亚南部，再到西伯利亚是一条清晰的水汽输送极大通道，地中海和里海正处于这条水汽输送带上。因此，新疆 1 月的水汽源地是地中海和里海((彩)图 7-2d)。

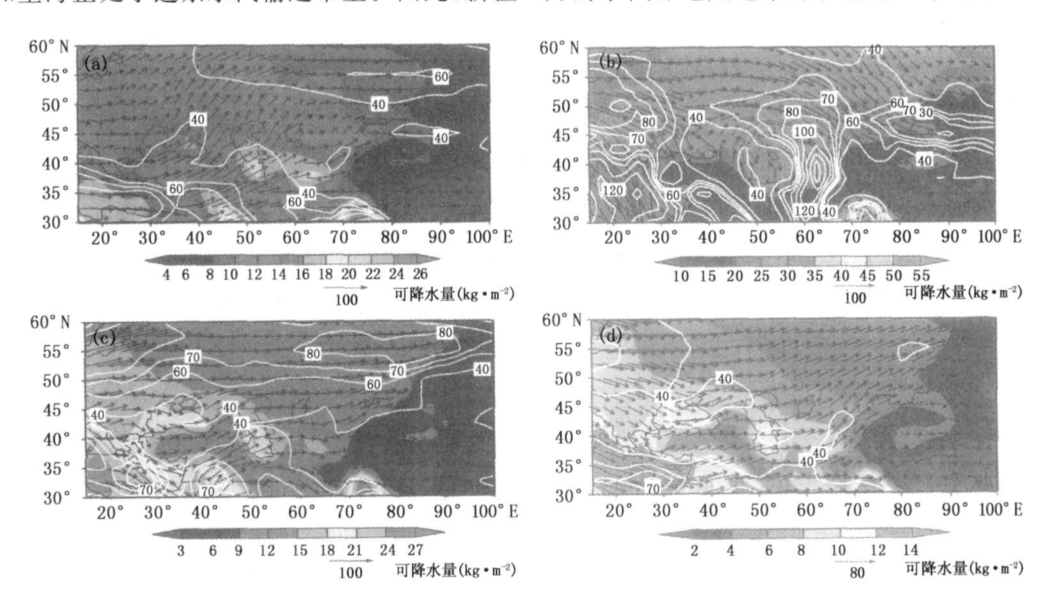

图 7-2 ERA-40 计算的 1980—2000 年月平均地面至 300 hPa 定常水汽输送场和大气可降水量场图中白色曲线是水汽输送矢量模的等值线

(a)4 月；(b)7 月；(c)10 月；(d)1 月

综上所述，新疆的水汽源地主要是位于其西面的里海、黑海、地中海、大西洋和北冰洋。地中海和黑海是 1 月、4 月新疆的水汽源地；10 月的主要水汽源地是黑海和里海；北大西洋和北冰洋是夏季 7 月新疆的主要水汽源地。

7.2 水汽输入、输出和收支的气候特征及变化

7.2.1 年平均特征及变化

(1)平均特征

表7-1为新疆上空对流层各层1961—2000年年平均各边界净水汽输送量、总输入、总输出及净收支。由表可见，对流层低层2493.6×10⁸ m³ 水汽从西边界流入新疆，4775.7×10⁸ m³ 水汽从东边界流出新疆，219.7×10⁸ m³ 水汽从南边界流出新疆，2109.4×10⁸ m³ 水汽从北边界流入新疆。通过16个边界流入新疆的总水汽量为6771.3×10⁸ m³，总流出量为7163.6×10⁸ m³，700 hPa以下为水汽净流出，这种情况与新疆地形有关。新疆南侧为海拔3500 m以上的青藏高原，西南侧为海拔4000 m以上的帕米尔高原，部分北边界为平均海拔2500～3500 m的阿尔泰山，因此700 hPa以下南边界水汽输送很小，西边界和北边界水汽输送量相近，东边界海拔较低，水汽输送量最大。新疆位于青藏高原北侧，钱正安等(2001)曾细致地研究了青藏高原及周围地区的垂直环流特征，指出冬季新疆处于对流层中低层(400 hPa以下)的不很完整也不很典型的反Ferrel环流圈下沉气流控制下。夏季，青藏高原为强上升运动，在高原以北形成次级正环流，即在40°～47°N形成深厚的平均下沉气流，称之为“西北干旱经圈环流”，新疆恰好处于经圈环流的下沉支控制下。无论冬夏新疆均处于下沉气流控制下，因此低层会表现为气流的辐散，这样低层的年水汽收支表现为净流出。

表7-1 新疆对流层各层1961—2000年年平均各边界净水汽输送量、总输入、总输出及净收支

(单位：10^8 m^3/a)

	西边界	东边界	南边界	北边界	16个边界总输入	16个边界总输出	净收支
地面至700 hPa	2493.6	4775.7	−219.7	−2109.4	6771.3	7163.6	−392.3
700～500 hPa	8257.3	7531.2	−544.2	−187.3	11765.8	11396.5	369.3
500～300 hPa	4994.8	5316.3	1168.5	356.8	7577.7	7087.6	490.1
地面至300 hPa	15745.7	17623.2	404.6	−1939.9	26114.8	25647.7	467.1

注：西边界为正指水汽自西向东流，水汽进入新疆；为负则指水汽自东向西流，水汽从新疆流出。
东边界为正指水汽自西向东流，水汽流出新疆；为负则指水汽自东向西流，水汽流入新疆。
南边界为正指水汽自南向北流，水汽流入新疆；为负则指水汽自北向南流，水汽流出新疆。
北边界为正指水汽自南向北流，水汽流出新疆；为负则指水汽自北向南流，水汽流入新疆。

对流层中层8257.3×10⁸ m³ 水汽从西边界流入新疆，东边界有7531.2×10⁸ m³ 水汽流出新疆，544.2×10⁸ m³ 水汽从南边界流出新疆，北边界有187.3×10⁸ m³ 水汽流入新疆。16个边界流入新疆的总水汽量为11765.8×10⁸ m³，占整个对流层流入量的45.1%，总流出量为11396.5×10⁸ m³，占整个对流层流出量的44.4%，700～500 hPa水汽流量最大，净流入达369.3×10⁸ m³。这是由于虽然水汽在对流层低层最多，但新疆四周海拔较高，阻挡了低层水汽输送，地面至700 hPa气柱较短，而山脉在中层影响较小，反而水汽输送量最大。

对流层高层4994.8×10⁸ m³ 水汽从西边界流入新疆，5316.3×10⁸ m³ 水汽从东边界流出，1168.5×10⁸ m³ 水汽从南边界流入，表明青藏高原上空有丰富的水汽流入新疆，356.8×

10^8 m^3 水汽从北边界流出。16 个边界流入新疆的总水汽量为 7577.7×10^8 m^3，总流出量为 7087.6×10^8 m^3，该层水汽净流入达 490.1×10^8 m^3，并对新疆上空水汽净收入贡献最大，其次为对流层中层。

对地面至 300 hPa 而言，每年有 15745.7×10^8 m^3、404.6×10^8 m^3 和 1939.9×10^8 m^3 水汽分别从西边界、南边界和北边界流入新疆，17623.2×10^8 m^3 水汽从东边界流出新疆。而通过 16 个边界流入新疆的总水汽量为 26114.8×10^8 m^3，总流出量为 25647.7×10^8 m^3，水汽净流入达 467.1×10^8 m^3(图 7-3)。新疆地处中纬地区(35°～50°N)，天气气候受高、中、低纬环流系统的共同影响，主要受西风带的影响，高纬北方冷空气南下与低纬暖湿气流在新疆地区交汇常造成新疆地区强降水，北方冷空气进入新疆会带来一部分水汽，低纬暖湿气流在一定的环流条件下也为新疆地区输送丰富的水汽，同时对流层高、中、低层水汽输送路径有很大差异，各小边界在不同层次之间存在一定的相互抵消，16 个小边界总输送量远大于四个大边界的净输送量。以上水汽输送分析也表明，各层及整层西边界为主要流入界，南边界和北边界也为流入界，东边界为主要流出界，东、西边界水汽输送量大于南、北边界水汽输送量。一般情况下，水汽主要集中在对流层中低层，由于新疆三面环山的地形，水汽输送在 700～500 hPa 最大，对流层低层和高层相当，由于处于干旱下沉气流控制下，低层为水汽净支出。

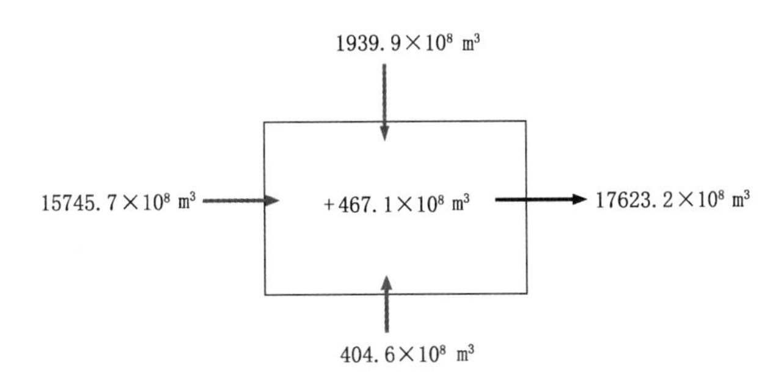

图 7-3　1961—2000 年新疆地区地面至 300 hPa 各边界年平均水汽输送及水汽收支

(2)年际变化

图 7-4 为地面至 300 hPa 各边界 1961—2000 年水汽输送量、总输入量、总输出量和净收支量的年际变化。西边界输入量无明显变化趋势，而东边界输出为显著线性减少趋势，1976 年出现年代际减小趋势，表明沿西风带的东、西方向新疆上空的水汽净收入量有所增加，利于降水或区域内增湿。南边界输入为显著增加趋势，同时北边界输入却表现为显著减小趋势，1976 年出现年代际的减小，北边界和南边界均在 1976 年出现年代际变化。曾红玲等(2002)研究指出，1976 年大气环流发生了全球性突变，冬季的蒙古高压、夏季的印度低压和东亚大陆上的低压都减弱了。冬季蒙古高压和夏季的印度低压都与新疆降水有密切联系，因此新疆水汽输送的变化可能与大气环流 1976 年出现的年代际变化有关。全球大气环流 1976 年出现的年代际变化对新疆地区的影响，在此限于篇幅原因不深入展开。总输入量和总输出量均为明显线性减小趋势，总输出量减小趋势略大于总输入量减小趋势，使得净收入量呈增加趋势，这种增加趋势是由于 1963 年总输出量异常偏大和净收入量异常偏低造成的，从 1964 年以后净收入量无显著变化趋势。

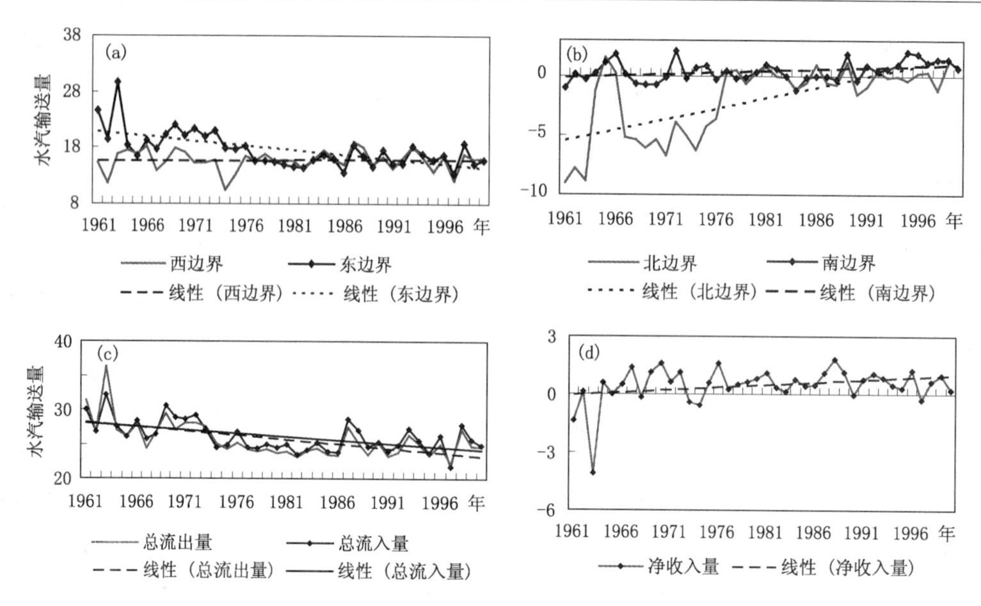

图 7-4 1961—2000 年新疆地面至 300 hPa 东西边界(a)、南北边界(b)水汽输送量，总流入量和总流出量(c)，净收支量(d)以及它们的变化趋势(单位：10^{11} m^3/a)

7.2.2 春季水汽输入、输出和收支的特征及变化

(1)平均特征

新疆对流层各层 1961—2000 年春季平均各边界净水汽输送、总输入、总输出及净收支见表 7-2。对流层低层有 561.8×10^8 m^3 和 594.2×10^8 m^3 水汽分别从西边界和北边界流入新疆，有 1140.5×10^8 m^3 和 43.7×10^8 m^3 水汽分别从东边界和南边界流出新疆。通过 16 个边界的总流入量为 1709.4×10^8 m^3，总流出量为 1737.6×10^8 m^3，700 hPa 以下水汽净流出达 28.2×10^8 m^3。

对流层中层通过西边界和北边界分别流入 2210.6×10^8 m^3 和 145.7×10^8 m^3 水汽，从东边界和南边界分别流出 1913.4×10^8 m^3 和 108.5×10^8 m^3 吨水汽。从 16 个边界流入总水汽量为 3087.8×10^8 m^3，总流出量为 2753.4×10^8 m^3，700～500 hPa 水汽净流入达 334.4×10^8 m^3，该层对春季新疆上空水汽净收入贡献最大，其次为对流层高层。

表 7-2 1961—2000 年新疆对流层各层春季平均各边界净水汽输送量、总输入、总输出及净收支

(单位：10^8 m^3/a)

	西边界	东边界	南边界	北边界	16 个边界总输入	16 个边界总输出	净收支
地面至 700 hPa	561.8	1140.5	−43.7	−594.2	1709.4	1737.6	−28.2
700～500 hPa	2210.6	1913.4	−108.5	−145.7	3087.8	2753.4	334.4
500～300 hPa	1293.9	1159.3	129.4	48.5	1814.7	1599.3	215.4
地面至 300 hPa	4066.3	4213.2	−22.8	−691.4	6611.9	6090.3	521.6

注：各边界流量正负值表示的方向同表 7-1。

对流层高层 1293.9×10^8 m^3 水汽从西边界流入，129.4×10^8 m^3 水汽从南边界流入，

1159.3×10^8 m^3 水汽从东边界流出，48.5×10^8 m^3 水汽从北边界流出。而 16 个边界流入新疆的总水汽量为 1814.7×10^8 m^3，总流出量为 1599.3×10^8 m^3，500～300 hPa 水汽净流入达 215.4×10^8 m^3。春季对流层中、高层为水汽净收入，低层为净支出，由于新疆三面环山的地形，对流层中层水汽输送量最大。

春季地面至 300 hPa 有 4066.3×10^8 m^3 和 691.4×10^8 m^3 水汽分别从西边界和北边界流入，有 4213.2×10^8 m^3 和 22.8×10^8 m^3 水汽分别从东边界和南边界流出。春季蒙古高压减弱，新地岛到新疆北部的西北气流加强，新疆受北方冷空气影响频繁，多寒潮天气，南下冷空气在对流层中、低层可以为新疆带来部分水汽，因此该季节西边界和北边界为水汽输入界。从 16 个边界总流入的水汽量为 6611.9×10^8 m^3，占全年的 25.3%，流出量为 6090.3×10^8 m^3，占全年的 23.7%，空中水汽净流入达 521.6×10^8 m^3，春季为四季中净收支最多的季节(图 7-5)。

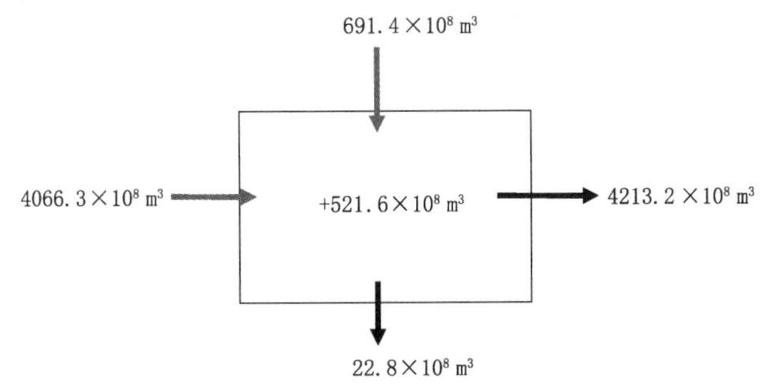

图 7-5　1961—2000 年新疆地区地面至 300 hPa 各边界春季平均水汽输送及水汽收支

(2)年际变化

地面至 300 hPa 1961—2000 年春季平均各边界净水汽输送量、总输入量、总输出量和净收入量及变化见图 7-6。西边界输入量无明显变化趋势，而东边界输出量为显著线性减少趋势，南边界输入无显著变化趋势，同时北边界输入却表现为减小趋势，北边界和东边界水汽输送量均于 1976 年发生了年代际变化，但 1976 年后变化趋势均不明显，且 1976 年后各边界水

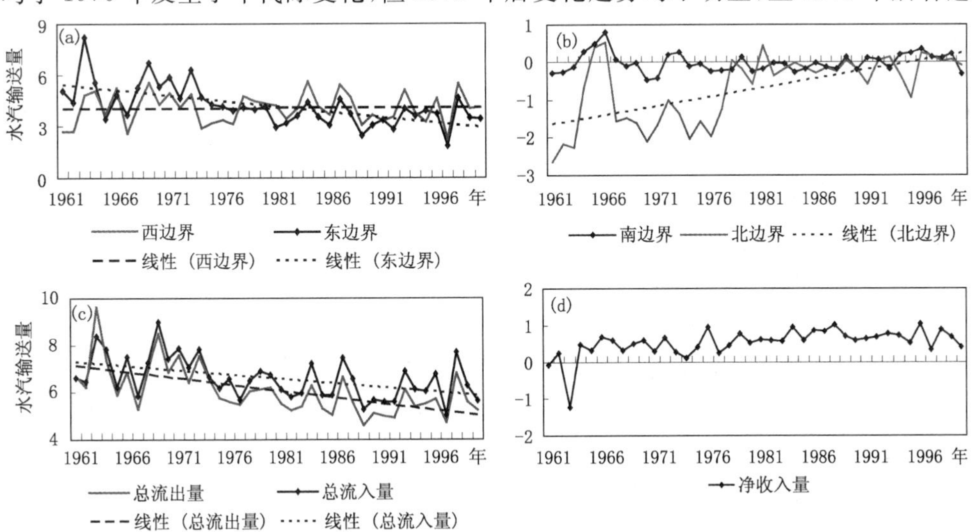

图 7-6　1961—2000 年新疆地区春季地面至 300 hPa 东西边界(a)、南北边界(b)水汽输送量，总输入量和总输出量(c)，净收入量(d)以及它们的变化趋势(单位：10^{11} m^3/a)

汽输送量变化幅度也减弱。总输入量和总输出量均为线性减小趋势，总输出量减少趋势大于总输入量的减少趋势，使得净收入量呈现弱增加趋势，但从1964年以后净收入量无显著变化趋势，同时新疆空中水汽含量40多年无显著变化趋势。

7.2.3 夏季水汽输入、输出和收支的气候特征及变化

(1)平均特征

表7-3为新疆对流层各层1961—2000年夏季平均各边界净水汽输送、总输入、总输出及净收支。由表可见，对流层低层817.6×10^8 m^3 水汽从西边界流入，1622.5×10^8 m^3 水汽从北边界流入，1716.8×10^8 m^3 水汽从东边界流出，172.9×10^8 m^3 水汽从南边界流出。通过16个边界流入新疆的总水汽量为2951.5×10^8 m^3，总流出量为2401.2×10^8 m^3，夏季700 hPa以下水汽净流入达550.3×10^8 m^3，这可能与夏季降水过程多有关，需要对天气过程水汽收支进行分析。

表7-3 1961—2000年新疆对流层各层夏季平均各边界净水汽输送量、总输入、总输出及净收支

(单位：10^8 m^3/a)

	西边界	东边界	南边界	北边界	16个边界总输入	16个边界总输出	净收支
地面至700 hPa	817.6	1716.8	−172.9	−1622.5	2951.5	2401.2	550.3
700～500 hPa	2644.2	2517.8	−506.8	−31.6	4078.8	4427.6	−348.8
500～300 hPa	1781.0	2341.8	715.4	283.3	3012.1	3140.8	−128.7
地面至300 hPa	5242.8	6576.4	35.7	−1370.8	10042.4	9969.6	72.8

注：各边界流量正负值表示的方向同表7-1。

对流层中层有2644.2×10^8 m^3 和31.6×10^8 m^3 水汽分别从西边界和北边界流入，有2517.8×10^8 m^3 和506.8×10^8 m^3 水汽分别从东边界和南边界流出。经过16个边界流入的总水汽量为4078.8×10^8 m^3，总流出量为4427.6×10^8 m^3，700～500 hPa水汽净流出达348.8×10^8 m^3。

对流层高层从西边界和南边界分别流入1781.0×10^8 m^3 和715.4×10^8 m^3 水汽，从东边界和北边界分别流出2341.8×10^8 m^3 和283.3×10^8 m^3 水汽。通过16个边界流入新疆的总水汽量为3012.1×10^8 m^3，总流出量为3140.8×10^8 m^3，该层水汽净流出达128.7×10^8 m^3。夏季各层各边界水汽输送量是四季中最大的，且对流层低层为水汽净流入，中、高层为水汽净流出，与其他三季相反。

夏季地面至300 hPa有5242.8×10^8 m^3、35.7×10^8 m^3 和1370.8×10^8 m^3 水汽分别从西边界、南边界和北边界流入新疆，有6576.4×10^8 m^3 水汽从东边界流出新疆。从16个边界流入新疆的总水汽量为10042.4×10^8 m^3，总流出量为9969.6×10^8 m^3，空中水汽净流入达72.8×10^8 m^3。夏季流入和流出新疆的水汽量最大，分别约占全年的38.5%和38.9%。夏季是新疆一年中降水最多的季节，受低纬环流系统影响也是一年中最频繁的季节，此时低纬偏南水汽输送对强降水产生有重要贡献，同时高纬冷空气可以南下到新疆，冷暖空气在中纬交汇。水汽输送在对流层高、中、低纬输送路径差异很大，比较复杂，各小边界在不同层次之间相互抵消量较大，因此夏季西边界、北边界和南边界平均为水汽输入界，东边界为输出界，16个边界总输

送量远大于四个大边界净输送量。虽然夏季水汽输送最大,但温度高、蒸发量大,使得水汽净收支远比春季小。

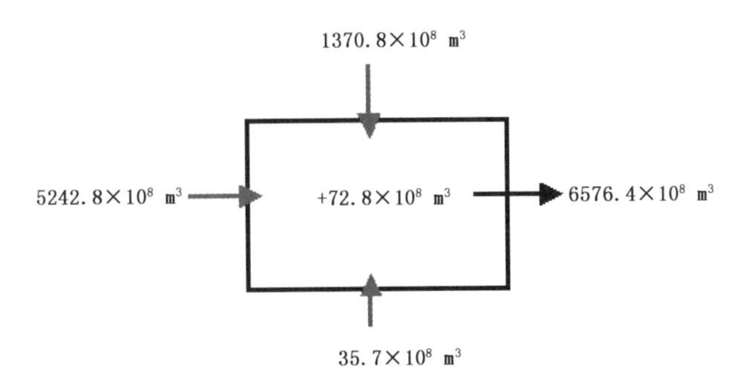

图 7-7 1961—2000 年新疆地区地面至 300 hPa 各边界夏季平均水汽输送及水汽收支

(2)年际变化

地面至 300 hPa 各边界 1961—2000 年夏季平均水汽输送量、总输入量、总输出量和净收入量及变化见图 7-8。西边界输入量无显著变化趋势,而东边界输出呈现显著线性减少趋势,但 1976 年后变化趋势不明显。南边界输入为弱增加趋势,同时北边界输入却表现为显著减小趋势,1976 年后变化趋势不明显,东边界和北边界于 1976 年出现了年代际变化,这种年代际变化需要进一步从环流系统变化研究其原因。总输入量和总输出量均为显著线性减小趋势,且变化率几乎一致,1973 年以后两者均无显著变化趋势。由于 1963 年净收入量异常偏少,近 40 年净收入量呈增加趋势,但从 1964 年以后净收入量无明显变化趋势。

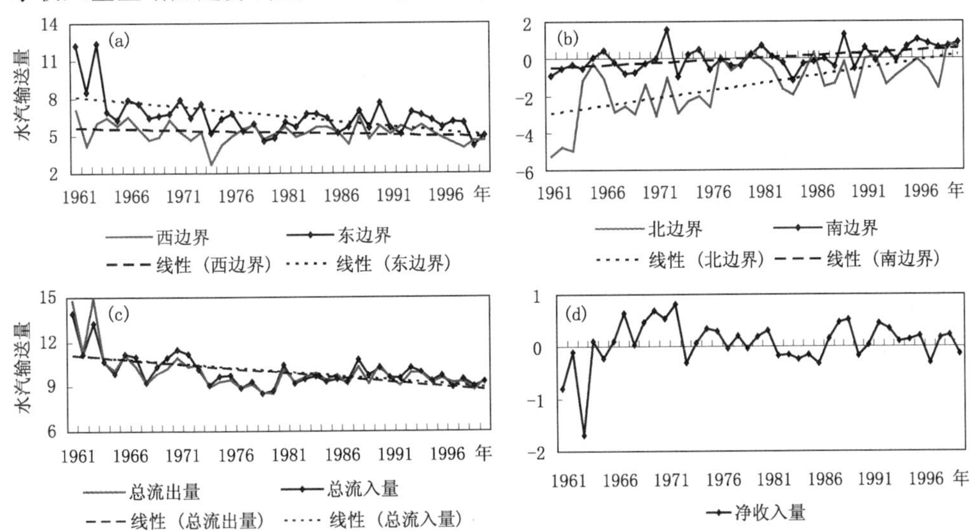

图 7-8 1961—2000 年新疆地区夏季地面至 300 hPa 东西边界(a)、南北边界(b)水汽输送量,总输入量和总输出量(c),净收入量(d)以及它们的变化趋势(单位:10^{11} m³/a)

7.2.4 秋季水汽输入、输出和收支的气候特征及变化

(1)平均特征

新疆对流层各层 1961—2000 年秋季平均各边界净水汽输送、总输入、总输出及净收支见

表 7-4。对流层低层从西边界和北边界分别流入 715.0×10^8 m^3 和 77.2×10^8 m^3 水汽，从东边界和南边界分别流出 1227.7×10^8 m^3 和 18.1×10^8 m^3 水汽。而通过 16 个边界流入的总水汽量为 1429.8×10^8 m^3，总流出量为 1883.5×10^8 m^3，700 hPa 以下水汽净流出达 453.7×10^8 m^3。

表 7-4 1961—2000 年新疆对流层各层秋季平均各边界净水汽输送量、总输入、总输出及净收支

(单位：10^8 m^3/a)

	西边界	东边界	南边界	北边界	16 个边界总输入	16 个边界总输出	净收支
地面至 700 hPa	715.0	1227.7	−18.1	−77.2	1429.8	1883.5	−453.7
700～500 hPa	2078.0	1928.8	6.0	37.5	2804.5	2686.8	117.7
500～300 hPa	1149.7	1246.3	288.8	41.0	1730.3	1579.1	151.2
地面至 300 hPa	3942.7	4402.7	276.6	1.4	5964.6	6149.4	−184.8

注：各边界流量正负值表示的方向同表 7-1。

对流层中层有 2078.0×10^8 m^3 和 6.0×10^8 m^3 水汽分别从西边界和南边界流入，有 1928.8×10^8 m^3 和 37.5×10^8 m^3 水汽分别从东边界和北边界流出。而从 16 个边界流入的总水汽量为 2804.5×10^8 m^3，总流出量为 2686.8×10^8 m^3，700～500 hPa 水汽净流入达 117.7×10^8 m^3，对秋季新疆上空水汽净收入贡献次于高层。

对流层高层 1149.7×10^8 m^3 水汽从西边界流入，288.8×10^8 m^3 水汽从南边界流入，1246.3×10^8 m^3 水汽从东边界流出，41.0×10^8 m^3 水汽从北边界流出。16 个边界流入新疆的总水汽量为 1730.3×10^8 m^3，总流出量为 1579.1×10^8 m^3，500～300 hPa 水汽净流入达 151.2×10^8 m^3，对整层水汽净流入贡献最大。

秋季地面至 300 hPa 从西边界和南边界分别有 3942.7×10^8 m^3 和 276.6×10^8 m^3 水汽流入新疆，而从东边界和北边界分别有 4402.7×10^8 m^3 和 1.4×10^8 m^3 水汽流出新疆。而从 16 个边界流入新疆的总水汽量为 5964.6×10^8 m^3，占全年的 22.8%，总流出量为 6149.4×10^8 m^3，占全年的 24.0%，对新疆而言空中水汽净流出达 184.8×10^8 m^3，四季中仅有秋季新疆上空水汽为净流出(见图 7-9)。秋季新疆秋高气爽，新疆脊和中西伯利亚脊稳定，高压脊控制下的下沉气流使得低层辐散强，同时副热带西风急流 10 月发生突变南落，中纬西风减弱，因此东、西边界水汽输送也大大减弱，而温度仍较高、蒸发仍然较大，该季节水汽为净流出。

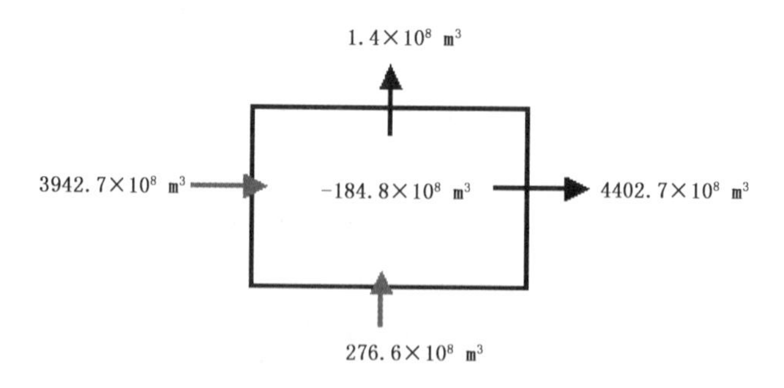

图 7-9 1961—2000 年新疆地区秋季平均整个对流层各边界水汽输送及水汽收支

(2)年际变化

地面至 300 hPa 各边界 1961—2000 年秋季平均水汽输送量、总输入量、总输出量和净收入量及变化趋势见图 7-10。西边界输入量无显著变化趋势,而东边界输出呈现显著线性减少趋势,但 1976 年后变化趋势不明显。南边界输入无明显变化趋势,同时北边界输入却表现为减小趋势,但 1976 年后变化趋势不明显,北边界和东边界仍于 1976 年发生了年代际变化。总输入量和总输出量均为线性减小趋势,且变化率很接近,使得净收入量无明显变化趋势。

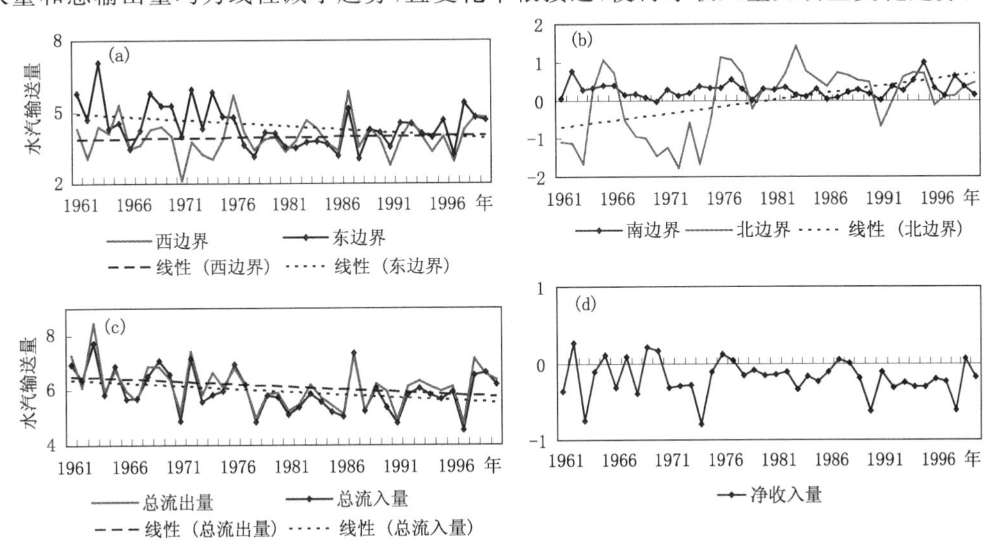

图 7-10 1961—2000 年新疆地区秋季地面至 300 hPa 东西边界(a)、南北边界(b)水汽输送量,总输入量和总输出量(c),净收入量(d)以及它们的变化趋势(单位:10^{11} m^3/a)

7.2.5 冬季水汽输入、输出和收支的气候特征及变化

(1)平均特征

表 7-5 为新疆对流层各层 1961—2000 年冬季平均各边界净水汽输送、总输入、总输出及净收支。由表可见,对流层低层 399.2×10^8 m^3 水汽从西边界流入,15.1×10^8 m^3 水汽从南边界流入,690.7×10^8 m^3 水汽从东边界流出,184.4×10^8 m^3 水汽从北边界流出。通过 16 个边界流入新疆的总水汽量为 680.6×10^8 m^3,总流出量为 1141.3×10^8 m^3,700 hPa 以下水汽净流出达 460.7×10^8 m^3。

表 7-5 1961—2000 年新疆平均对流层冬季各层各边界净水汽输送量、总输入、总输出及净收支

(单位:10^8 m^3/a)

	西边界	东边界	南边界	北边界	16 个边界总输入	16 个边界总输出	净收支
地面至 700 hPa	399.2	690.7	15.2	184.4	680.6	1141.3	−460.7
700～500 hPa	1324.5	1171.2	65.2	−47.5	1794.8	1528.7	266.1
500～300 hPa	770.3	569.0	34.9	−16.0	1020.6	768.4	252.2
地面至 300 hPa	2494.0	2430.8	115.3	120.9	3496.0	3438.4	57.6

注:各边界流量正负值表示的方向同表 7-1。

对流层中层从西边界、南边界和北边界分别流入 1324.5×10^8 m^3、65.2×10^8 m^3 和 47.5×10^8 m^3 水汽,从东边界流出 1171.2×10^8 m^3 水汽。16 个边界流入总水汽量为 1794.8×10^8

m^3，总流出量为 1528.7×10^8 m^3，700～500 hPa 水汽净流入达 266.1×10^8 m^3，该层对冬季新疆上空水汽净收入贡献最大。

对流层高层有 770.3×10^8 m^3、34.9×10^8 m^3 和 16.0×10^8 m^3 水汽分别从西边界、南边界和北边界流入，从东边界流出 569.0×10^8 m^3 水汽。而 16 个边界流入总水汽量为 1020.6×10^8 m^3，总流出量为 768.4×10^8 m^3，500～300 hPa 水汽净流入达 252.2×10^8 m^3。

地面至 300 hPa 从西边界和南边界分别流入 2494.0×10^8 m^3 和 115.3×10^8 m^3 水汽，从东边界和北边界分别流出 2430.8×10^8 m^3 和 120.9×10^8 m^3 水汽。而从 16 个边界流入新疆的总水汽量为 3496.0×10^8 m^3，占全年的 13.4%，总流出量为 3438.4×10^8 m^3，占全年的 13.4%，空中水汽净流入达 57.6×10^8 m^3（见图 7-11）。冬季新疆处于蒙古高压控制下，气候干冷，同时极锋锋区偏北（50°N 以北），副热带锋区偏南（35°N 以南），新疆上空西风减弱，对流层各层东西边界水汽输送最少，各边界水汽输送量是一年中最少的。

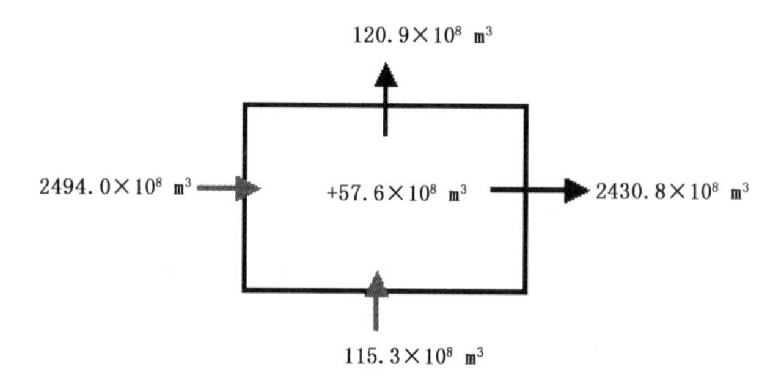

图 7-11 1961—2000 年新疆地区冬季平均整个对流层各边界水汽输送及水汽收支

(2)年际变化

地面至 300 hPa 各边界 1961—2000 年冬季平均水汽输送量、总输入量、总输出量和净收入量及变化见图 7-12。由图可见，西边界输入量为显著线性增加趋势，而东边界输出无明显

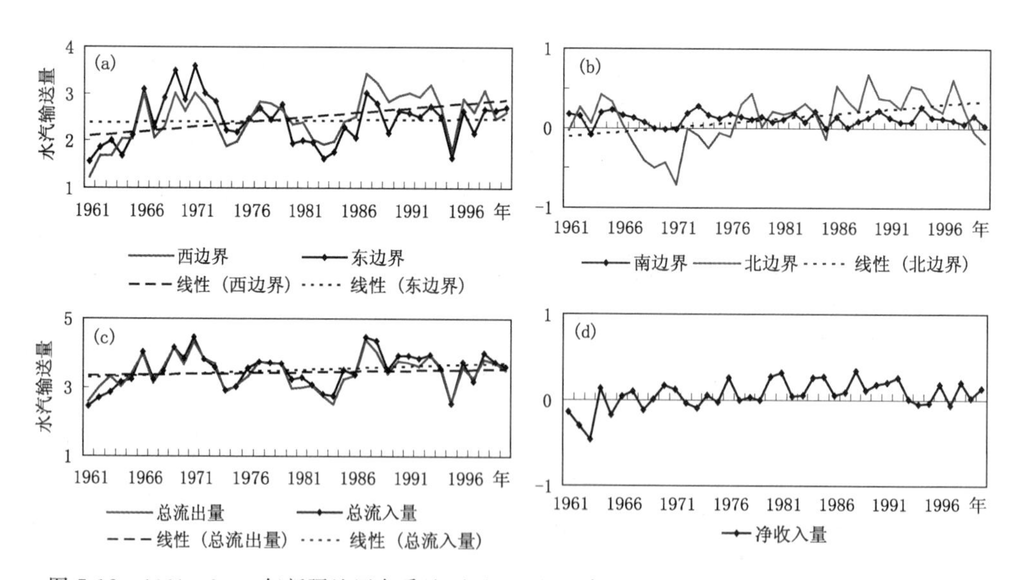

图 7-12 1961—2000 年新疆地区冬季地面至 300 hPa 东西边界(a)、南北边界(b)水汽输送量，总输入量和总输出量(c)，净收入量(d)以及它们的变化趋势(单位：10^{11} m^3/a)

变化趋势。南边界输入无显著变化，北边界输出却表现出显著增加趋势，1976 年发生年代际变化，此时蒙古高压发生了年代际减弱，蒙古高压的年代际变化可能造成北边界水汽输送的变化，这需要从环流系统变化深入进行分析。总输入量和总输出量均为弱增加趋势，且变化率很接近，由于 1963 年净收入量异常偏低使得净收入量为增加趋势，但从 1964 年以后净收入量无明显变化趋势。

7.3 降水转化率的变化特征

7.3.1 降水转化率定义

这里，把降水转化率定义为

$$降水转化率=面雨量/水汽总输送量\times 100\%$$

7.3.2 降水转化率变化特征

新疆年平均(1961—2008 年)水汽总流入量为 $24355\times 10^8\ m^3$，年平均面雨量为 $2757\times 10^8\ m^3$，则年平均降水转换率为 11.3%，最高年份可达 15.0%。近 50 年新疆降水转化率呈显著增加趋势。新疆区域降水量的增加可能是由产生降水的动力条件、水汽辐合等其他因素导致的。图 7-13 为近 40 年新疆地区降水转化率和变化趋势。由图可见，降水转化率呈显著增加趋势，同时流入新疆地区的水汽却无明显变化趋势，由此从另一角度说明，新疆降水量的增加是由降水产生的动力条件、水汽辐合和其他因素导致的。各季节的情况同样如此，降水转化率呈显著增加趋势(图 7-14)。

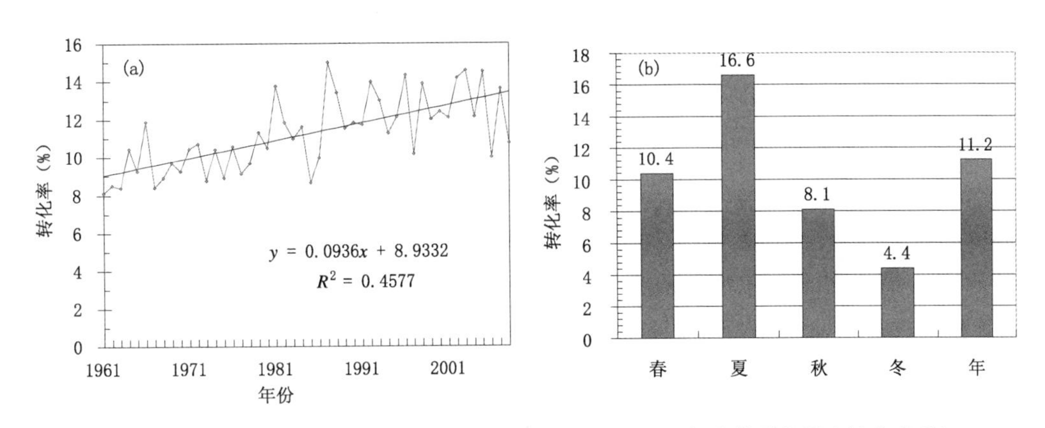

图 7-13 1961—2008 年新疆区域年降水转化率变化(a)及各季节平均降水转化率(b)

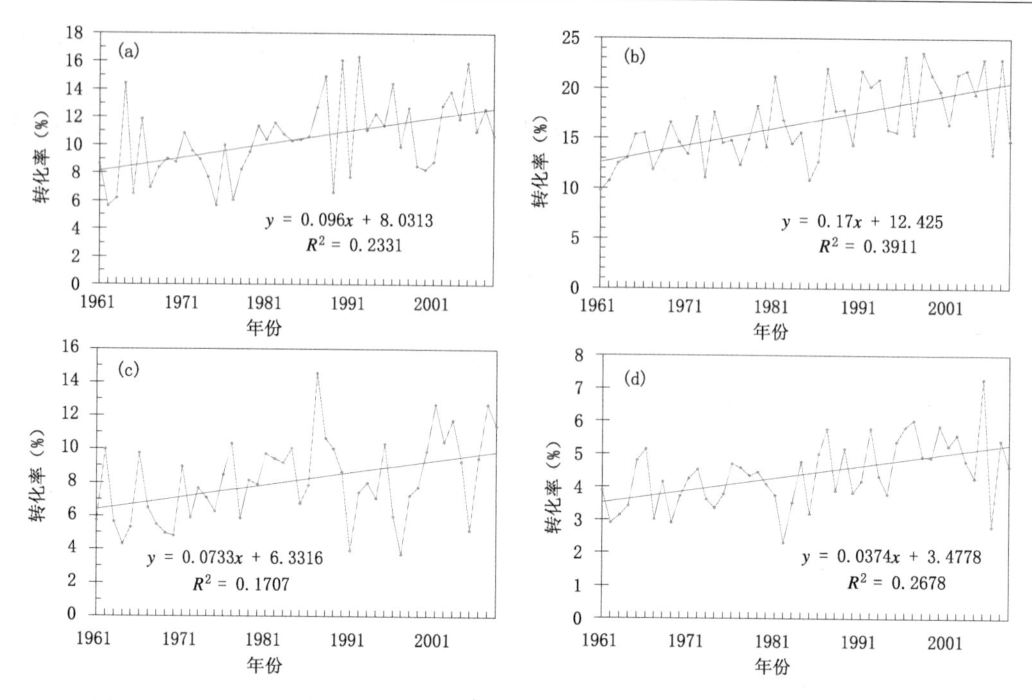

图 7-14 1961—2008 年新疆区域春(a)、夏(b)、秋(c)、冬(d)四季降水转化率年际变化

第 8 章　新疆气候增湿的动力学诊断分析

8.1　新疆夏季降水与北大西洋涛动和印度季风的关系

8.1.1　夏季降水异常与北大西洋涛动的关系

(1) 资料和方法

应用 1960—2003 年夏季(6—8 月)新疆 75 个气象站月降水量资料、美国国家环境预测中心和大气研究中心 NECP/NCAR 提供的再分析资料(2.5°×2.5°)，以及北大西洋涛动(NAO)指数。再分析资料空间层次为 1000～30 hPa，共 15 层。气候平均为 1971—2000 年平均。定义 6—8 月的 NAO 指数平均为夏季平均指数。

E－P 通量是研究波流相互作用、波动传播和地转位涡输送的有效方法，是行星波活动和异常的重要诊断工具。Takaya 和 Nakamura(1997)根据 Plumb(1985)等前人的工作给出了沿变化基本气流的静止波的波活动通量公式，表述为

$$W=\frac{p}{2|U|}\begin{Bmatrix}U(\psi'^{2}_{x}-\psi'\psi'_{xx})+V(\psi'_{x}\psi'_{y}-\psi'\psi'_{xy})\\U(\psi'_{x}\psi'_{y}-\psi'\psi'_{xy})+V(\psi'^{2}_{y}-\psi'\psi'_{yy})\\\frac{f_0^2}{S^2}\{U(\psi'_{x}\psi'_{p}-\psi'\psi'_{xp})+V(\psi'_{y}\psi'_{p}-\psi'\psi'_{yp})\}\end{Bmatrix}$$

用 6—8 月平均作为夏季，则已滤去了瞬变扰动，这里的静止波为相对于基本气流的定常扰动。夏季沿亚洲副热带西风急流准静止 Rossby 波数为 3～7 波，为了研究准静止 Rossby 波扰动强弱变化，对 200 hPa 流函数进行傅里叶(Fourier)谐波分析。定义波数 $K<3$ 为基本气流场，$K\geqslant3$ 为定常静止波扰动，因此上式中 ψ' 为谐波分析滤去了波数小于 3 后的扰动流函数，$|U|$ 为水平风速，p 为气压，U、V 为基本气流的纬向和经向分量，S^2 为静力稳定度参数。本研究应用上式讨论 Rossby 波波源和能量传播特征。

亚洲副热带西风急流是位于对流层高层的具有行星尺度的重要大气环流系统，是影响天气、气候异常的重要系统之一。同时，西风急流是一个波导，沿急流的 Rossby 波活动对夏季中纬度地区气候变化有重要影响。纬向波数 $K<3$ 代表基本流场，纬向波数 $K\geqslant3$ 被认为是对基本气流的扰动。随着纬向变化基本流场和扰动的分离，基本气流变化被剔除。对夏季 200 hPa 风速进行傅里叶变换，波数 $K<3$ 为基本场(u_basic, v_basic)，则扰动风速(u', v') $=$ (u, v) $-$ (u_basic, v_basic)，扰动动能(E_k)$=$($u'\cdot u'+v'\cdot v'$)/2。夏季亚洲副热带西风急流恰好位于新疆上空，是影响新疆降水天气过程的重要大气环流系统之一，西亚急流位于新疆上游，其位置、强弱对新疆夏季降水异常有重要影响。夏季西亚急流和东亚急流强度、南北位置和 Rossby 波活动变化显著，急流风速最大值所在的纬度作为急流轴，西亚急流的 Rossby 波

扰动动能取 15°～60°N 急流轴±5°的区域平均扰动动能作为度量，并进行标准化，作为西亚急流 Rossby 波扰动动能指数（WAJRI），该指数较好地反映了西亚急流强度、位置和 Rossby 波扰动综合活动。

（2）新疆夏季降水异常与西亚副热带西风急流扰动和 NAO 的关系

图 8-1 为夏季 WAJRI 和新疆夏季降水第一主分量时间序列（XJSR）年际及年代际变化。44 年中两者之间线性相关系数为－0.38，通过 0.01 显著性 t 检验，表明夏季西亚急流 Rossby 波活动与新疆降水有密切联系，两者年代际变化也呈相反变化，年代际变化序列之间相关系数为－0.68，20 世纪 80 年代末新疆夏季降水年代际增多与 WAJRI 年代际减弱相对应，表明位于新疆上游的西亚急流 Rossby 波年际和年代际活动与新疆夏季降水年际和年代际变化紧密联系。

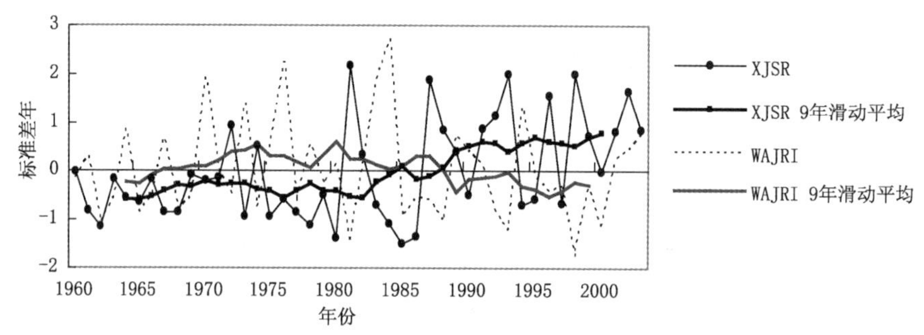

图 8-1 夏季 WAJRI 和新疆夏季降水第一主分量时间序列（XJSR）年际及年代际变化

图 8-2 为夏季 NAO 与 WAJRI 年际及年代际变化。两者之间线性相关系数为 0.60，通过 0.001 显著性 t 检验，可见两者之间关系显著，NAO 为高指数则西亚急流 Rossby 波扰动动能强，反之则相反，两者年代际变化也呈同相变化，年代际变化序列之间相关系数为 0.75，表明 NAO 活动与西亚急流 Rossby 波活动年际和年代际变化紧密联系。由此，推测上游的 NAO 活动影响西亚急流 Rossby 波活动，而西亚急流 Rossby 波活动又影响下游新疆地区夏季降水变化，那么是否 NAO 与新疆夏季降水存在显著线性关系呢？

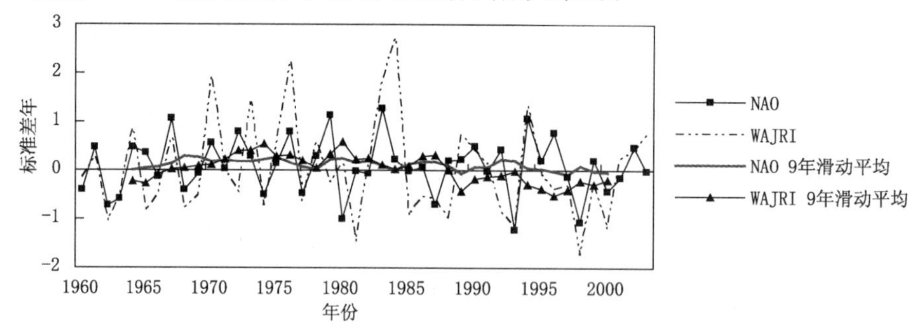

图 8-2 夏季 NAO 和 WAJRI 年际及年代际变化

图 8-3 为夏季 NAO 与 XJSR 年际和年代际变化。两者之间线性相关系数为－0.22，未通过 0.05 显著性 t 检验，可见两者之间线性关系不显著，这是由于降水与大气环流的关系颇为复杂的缘故。新疆夏季降水异常除了受北方来的冷空气活动影响外，还与中、低纬偏南路径水汽输送密切联系，对新疆这样的干旱半干旱区水汽是产生降水的关键条件之一，NAO 通过西

亚急流间接影响新疆夏季降水，主要通过中纬度波动影响新疆，而与影响新疆降水的中、低纬水汽输送联系不密切。进一步给出 NAO 正位相（NAO 指数大于均值 1 个标准差年，为 1967、1979、1983 和 1994 年）和负位相（NAO 指数小于均值 1 个标准差年，为 1980、1987、1993 和 1998 年）异常年新疆夏季降水距平百分率分布。由图 8-4 可见，NAO 正位相异常年新疆大部地区夏季降水偏少 20%～70%，仅北疆北部个别地区偏多 10%，而负位相异常年新疆夏季降水偏多 40%～120%，可见 NAO 异常年新疆夏季降水表现为显著异常。NAO 与 XJSR 年代际变化序列之间相关系数为－0.516，表明 NAO 活动和 XJSR 年代际变化联系更紧密。上述初步分析表明，XJSR 年代际变化与 NAO 和 WAJRI 年代际变化密切联系，是下一步深入研究的工作。

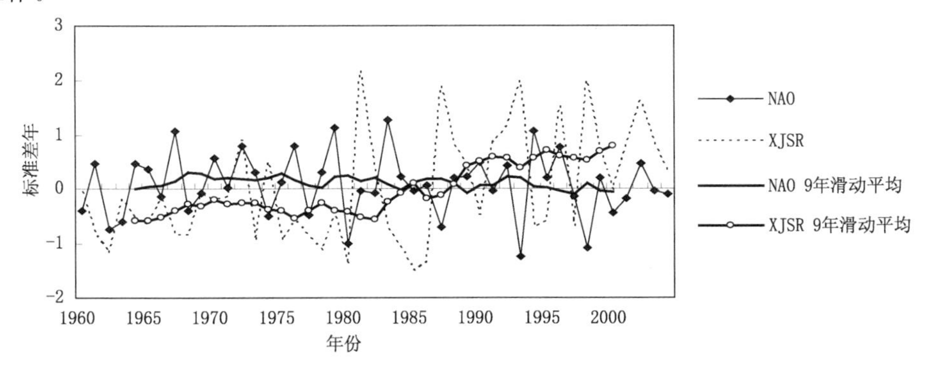

图 8-3 夏季 NAO 和 XJSR 年际及年代际变化

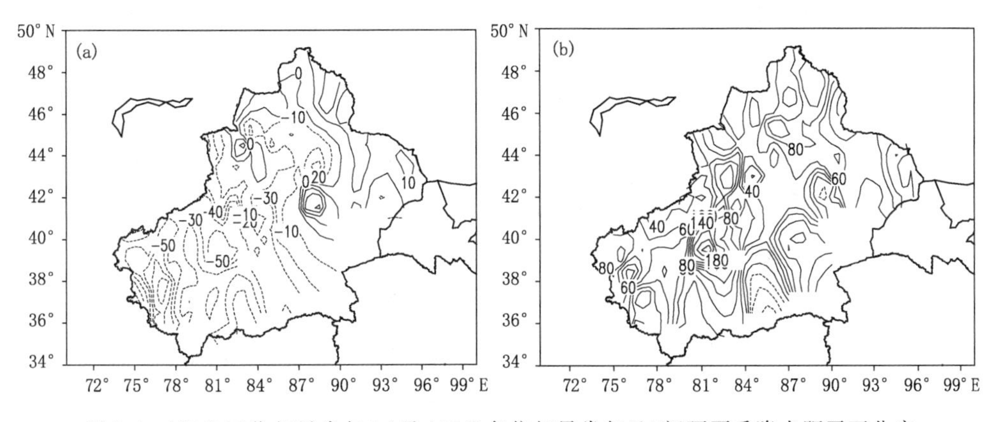

图 8-4 NAO 正位相异常年(a)及 NAO 负位相异常年(b)新疆夏季降水距平百分率

NAO 与 XJSR 之间通过何种途径联系呢？图 8-5 给出了夏季 200 hPa 标准化经向风的经验正交函数(EOF)分析所占方差最大的特征模，计算区域为(25°～70°N，40°～150°E)。可以看到，第一模态占总方差的 16.5%，反映的是从冰岛—斯堪的纳维亚半岛沿亚洲副热带西风急流的西北—东南向波列(VEOF-1)活动，其中心位置分别位于(60°N，25°W)，(57.5°N，20°E)，(45°N，50°E)，(45°N，75°E)，(42.5°N，110°E)，波列从冰岛南部向东南方向传播，在亚洲里海、咸海上空进入副热带西风急流，然后沿急流主体传播，该模态为欧亚中高纬地区波列主要模态。由此可见，沿亚洲西风急流 Rossby 波活动与冰岛地区—斯堪的纳维亚半岛波列密切联系。

44 年中 NAO 与 VEOF-1 线性相关系数为－0.33，表明 NAO 变化明显地影响 VEOF-1

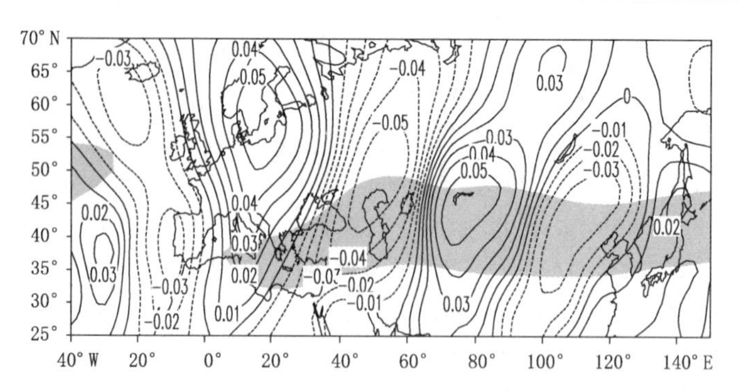

图 8-5　夏季 200 hPa 经向风标准差 EOF 分解方差最大的特征模态

（阴影区表示纬向风大于 30 m/s 西风急流区）

活动，而 VEOF-1 与 WAJRI 线性相关系数为－0.69，表明沿西亚西风急流 Rossby 波活动显著受 VEOF-1 波列活动影响，VEOF-1 与 XJSR 线性相关系数为 0.47，表明新疆夏季降水变化也明显受 VEOF－1 波列活动影响。新疆夏季降水第一主分量时间序列与 200 hPa 经向风相关分布见图 8-6。该图表明，新疆夏季降水量变化与冰岛—斯堪的纳维亚半岛—沿亚洲副热带西风急流的波列活动相联系，新疆夏季降水不仅与沿副热带西风急流波动联系，而且与更上游的冰岛和北欧高纬地区波动联系。NAO 的原始定义是指海平面气压场上冰岛低压与亚速尔高压之间气压的反相关现象，这里使用的 NAO 指数是根据 700 hPa 高度场进行 EOF 分析计算获得的，因而 NAO 低指数对应于冰岛附近的气压偏高，而北大西洋中纬地区气压偏低，高指数正好相反。分析表明这种关系在整个对流层均存在，因此 NAO 异常也表现在对流层顶。由此可见，冰岛—斯堪的纳维亚半岛—沿亚洲副热带西风急流的波列活动是联系 NAO 与沿西亚副热带西风急流波动和新疆夏季降水变化的纽带。

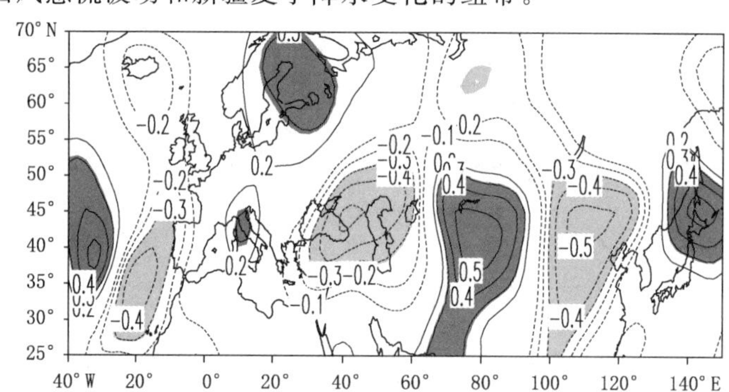

图 8-6　新疆夏季降水第一主分量时间序列与 200 hPa 经向风相关分布

（阴影区表示通过 0.05 统计显著性水平检验）

（3）NAO 活动影响新疆夏季降水异常的水平波活动通量差异

图 8-7a 为 NAO 正位相异常年 200 hPa 水平波活动通量和散度分布。由图可见，冰岛南部大西洋—斯堪的纳维亚半岛为 EP 通量强辐散区，EP 通量强辐散中心位于(57.5°N，15°E)附近，该强辐散区的水平波作用量矢量存在 2 条水平波活动通量传播路径，一条向东在乌拉尔山附近转向东南方向传播，在里海、咸海—中亚上空进入副热带西风急流并继续向东传播，一条直接向东南方向传播，在地中海东部和黑海附近进入副热带西风急流并沿急流向东传播，表

明高纬斯堪的纳维亚半岛水平波活动通过2条路径影响沿西风急流波活动。距平(图略)分布表明,冰岛及其南部大西洋—斯堪的纳维亚半岛EP通量辐散增强,强辐散中心直接向东南方向传播,进入西风急流入口处波传播增强,同时向东传播波在乌拉尔山转向东南进入西亚急流传播波通量也增强,沿西亚急流波通量传播增强,表明NAO异常偏强年向西亚急流传播波通量增强。NAO正位相异常年200 hPa经向风分布(图8-8a)表明,冰岛—斯堪的纳维亚半岛—沿亚洲副热带西亚急流为西北—东南向南、北风交替波列,亚洲急流入口处南风达12 m/s,比气候平均偏强2 m/s,新疆恰好处于北风控制下,不利于偏南水汽向新疆的输送。

NAO负位相异常年(图8-7b)EP通量强辐散中心约位于(57.5°N,30°E)附近,比正位相异常年偏东15°,冰岛南部大西洋—斯堪的纳维亚半岛EP通量辐散强度明显偏弱,强辐散中心传播水平波作用量在55°N以北的高纬向东传播,另一位于东欧次辐散中心向南方的地中海直接传播,沿西亚急流波通量较NAO强年明显偏弱。其距平分布(图略)表明,冰岛南部大西洋—斯堪的纳维亚半岛EP通量辐散减弱,斯堪的纳维亚半岛以东EP通量辐散增强,斯堪的纳维亚半岛向东南传播到地中海和向东在乌拉尔山附近转向东南并在里海、咸海—中亚上空进入副热带西风急流波通量减弱,沿西亚急流波通量传播也减弱。NAO负位相异常年200 hPa经向风分布(图8-8b)表明,高纬冰岛—斯堪的纳维亚半岛—地中海南、北风波列不明显,亚洲急流入口处南风为8 m/s,比气候平均偏弱2 m/s,沿西亚急流Rossby波长比NAO正位相异常年短,新疆恰好处于南风控制下,利于偏南水汽向新疆的输送。

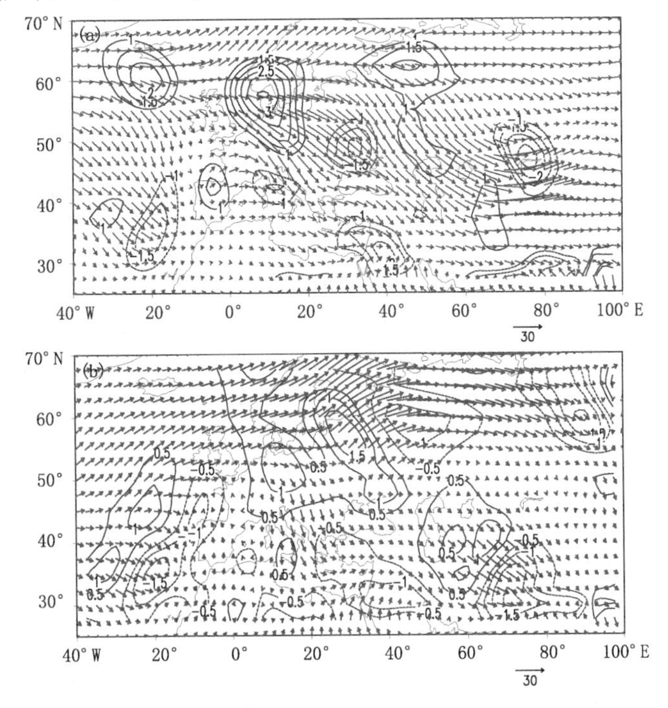

图8-7　夏季200 hPa水平波活动通量(单位:m^2/s^2)和散度(单位:$10^{-6}s^{-1}$)
(箭头表示波活动矢量,等值线表示散度)
(a)NAO正位相异常年;(b)NAO负位相异常年

可见,NAO强弱变化导致冰岛—斯堪的纳维亚半岛水平波活动通量散度位置和强度异常,进而引起斯堪的纳维亚半岛水平波活动传播路径和强弱异常,使得西亚急流波活动发生变

化，并最终影响新疆夏季降水变化。

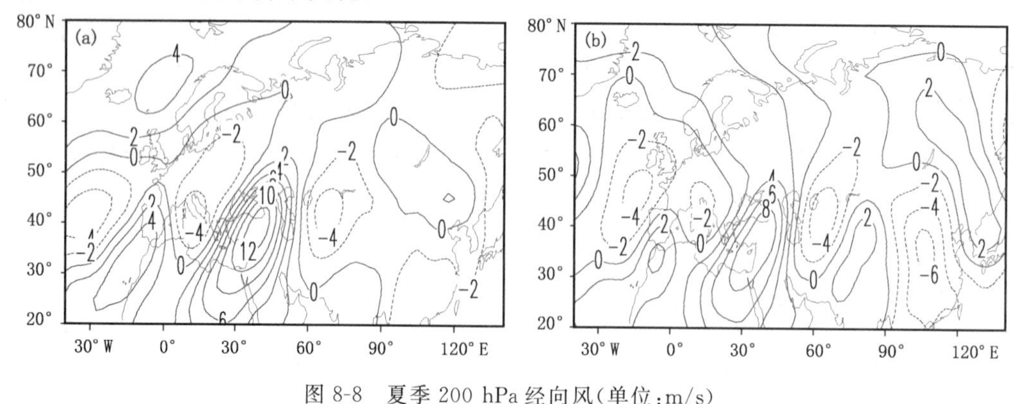

图 8-8　夏季 200 hPa 经向风(单位：m/s)
(a)NAO 正位相异常年；(b)NAO 负位相异常年

(4) 小结

新疆夏季降水变化受多种时间尺度气候系统相互作用、相互影响，其中水汽问题是关键因素之一，使得降水预测极为困难和复杂，可是对新疆这样占中国六分之一面积的干旱区夏季降水异常机理的研究却相对薄弱。本文仅从中高纬环流系统之一的 NAO 变化角度讨论与新疆夏季降水异常的关系和联系途径，研究表明：

1)夏季 NAO 正(负)位相年新疆夏季降水异常偏少(偏多)，冰岛—斯堪的纳维亚半岛—沿亚洲副热带西风急流的波列是联系 NAO 与沿西亚副热带西风急流波活动和新疆夏季降水变化的纽带。

2)NAO 为正(负)位相年，斯堪的纳维亚半岛 EP 通量强辐散中心偏西(偏东)、强度偏强(偏弱)。NAO 正位相年斯堪的纳维亚半岛强辐散中心传播水平波通量有两条路径，一条向东在乌拉尔山附近转向东南方向传播，在里海、咸海—中亚上空进入副热带西风急流并继续向东传播；另一条直接向东南方向传播，在地中海东部和黑海附近进入副热带西风急流并沿急流向东传播，西亚急流波活动增强；NAO 负位相年斯堪的纳维亚半岛以东强辐散中心传播水平波通量在 55°N 以北的高纬向东传播，另一位于东欧次强辐散中心向南直接传播到地中海，西亚急流波活动减弱。夏季 NAO 活动变化通过中高纬静止波传播变化影响沿西亚—新疆急流 Rossby 波活动异常，从而影响其下游的新疆地区的气候。

夏季 NAO 活动不仅影响本区域气候变化，而且可以进一步影响下游西亚副热带西风急流和新疆地区气候。进一步从能量转换和涡源角度研究 NAO 和沿亚洲西风急流静止波活动之间的关系，是下一步要做的工作。

8.1.2　夏季降水异常与印度季风的关系

1960—2003 年新疆夏季降水 EOF 第一模态(XJSR)时间序列和西亚急流 Rossby 波扰动动能指数(WAJRI)见图 8-9a。两者之间线性相关系数为－0.38，通过 0.01 的 t 统计显著性检验，表明它们为显著反相关关系。图 8-9b 为 1960—2003 年 WAJRI 和印度夏季降水指数(ISRI)年际变化。两者之间线性相关系数为 0.54，通过 0.001 的 t 统计显著性检验，表明印度夏季降水与西亚急流 Rossby 波扰动动能呈显著正相关。那么，是否印度夏季降水与新疆夏季降水有显著联系呢？图 8-9c 为 1960—2003 年 XJSR 和 ISRI 时间序列。两者之间线性相关系数为－0.39，通过 0.01 显著性检验，表明印度夏季降水与新疆夏季降水有着显著负相关，西亚急流 Rossby 波活动可能是它们之间的联系纽带。

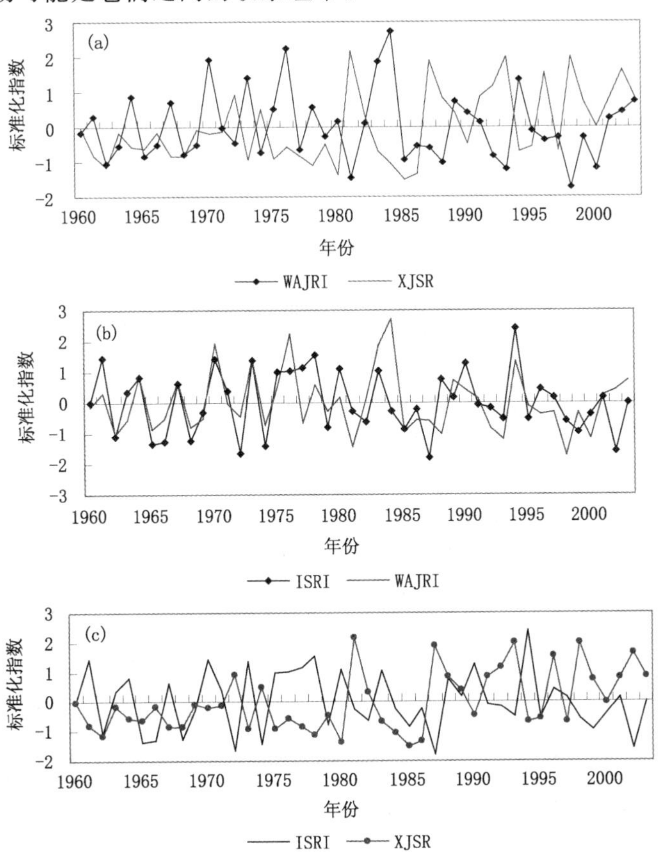

图 8-9　(a) 新疆夏季降水 EOF 第一模态(XJSR)时间序列和西亚急流 Rossby 波扰动动能指数(WAJRI)；(b) 西亚急流 Rossby 波扰动动能指数(WAJRI) 和印度夏季降水指数(ISRI)；(c) 印度夏季降水指数(ISRI)和新疆夏季降水 EOF 第一模态(XJSR)时间序列

(1) 印度降水异常与环流变化

印度夏季降水异常是如何与中纬度西亚副热带急流和新疆夏季降水联系的呢？图 8-10 为 ISRI 与对流层 850～200 hPa 平均温度相关分布。由图可见，印度夏季降水与阿拉伯半岛—中亚地区 850～200 hPa 平均温度呈显著正相关，表明印度夏季降水偏多(偏少)与伊朗地区对流层增温(降温)有联系。钱永甫、张琼(2002)研究表明，南亚高压是一个暖性高压，其中心有“趋热性”，通常位于或趋于加热率的相对大值区，南亚高压的年循环过程主要受南亚地区潜热和感热季节变化的支配。同时，500 hPa 伊朗高原上空副热带高压(伊朗高压)也是热力性高压，因此伊朗地区对流层增温利于南亚高压中心趋于伊朗高原上空，伊朗高压增强，伊朗地区对流层温度降低，利于南亚高压中心偏东，伊朗高压减弱。这与刘屹岷(1999)通过数值试验指出深对流凝结潜热在垂直方向不均匀，导致高空高压位于热源西侧结论一致。可见，印度降水偏多(偏少)释放潜热增强(减弱)利于南亚高压中心偏西(偏东)，高压西部增强(减弱)，伊朗高压增强(减弱)，而这种副热带高压的配置恰好是新疆降水偏多(偏少)的环流形势。

为了进一步分析印度夏季降水与 200 hPa 南亚高压的关系，给出印度夏季降水指数 ISRI

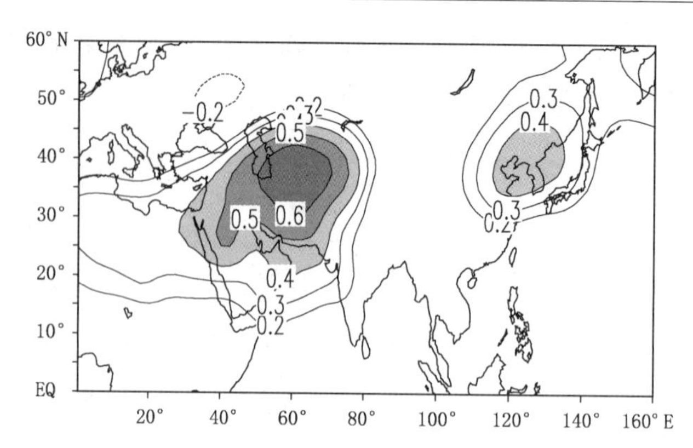

图 8-10　印度夏季降水指数与对流层 850～200 hPa 平均温度相关分布
（阴影区为信度超过 99％的显著相关区）

与 200 hPa 风场的相关分布（图 8-11），相关矢量的纬向分量是 ISRI 与纬向风的相关系数，而经向分量是 ISRI 与经向风的相关系数。由图可见，ISRI 与伊朗高原—新疆上空反气旋风场呈显著正相关，即与南亚高压西部强度呈显著正相关，也与 40°N 以北的西亚急流强度呈显著正相关，表明印度夏季降水异常与南亚高压西部的强弱和西亚急流的强弱有密切联系，南亚高压西部增强（减弱）使得与其北侧位势高度梯度增强（减弱），进一步导致西亚急流增强（减弱）。印度夏季降水指数（ISRI）大于均值 1 个标准差取为异常偏强年，有 1964、1970、1973、1977、1983、1990 和 1994 年，小于均值 1 个标准差的异常偏弱年有 1962、1965、1966、1972、1974、1979 和 1987 年，以下合成分析均为这些异常年。图 8-12 为印度夏季降水偏多、偏少年 20°～40°N 平均位势高度经度—高度剖面图，进一步表明了印度夏季降水偏强年南亚高压中心位于伊朗高原上空，而偏弱年南亚高压中心位于青藏高原上空。

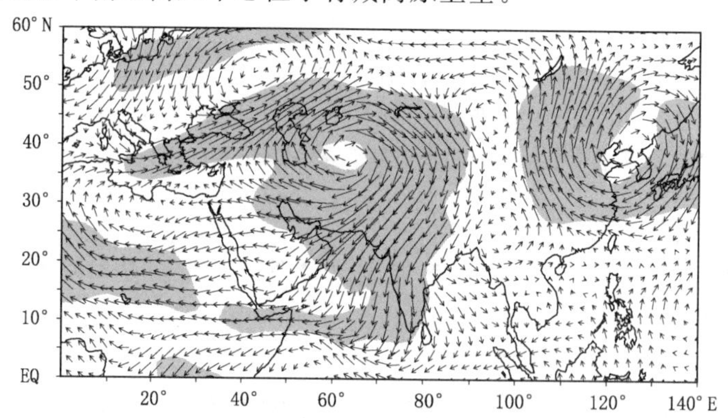

图 8-11　印度夏季降水指数与 200 hPa 风场的相关分布，矢量的纬向分量为
印度夏季降水指数与纬向风的相关系数，经向分量为与
经向风的相关系数（阴影区表示信度超过 99％）

ISRI 与 500 hPa 风场的相关分布表明，印度夏季降水偏多使得对流层中层的伊朗副热带高压偏东、偏强控制新疆，新疆高温、少雨；降水偏少则使得伊朗高压偏西，中亚表现为气旋性风场距平，中亚低值系统活跃利于新疆降水的产生，这是新疆多雨期典型环流形势，新疆易低温、多雨。这与新疆夏季降水异常偏多、偏少环流特征一致。

图 8-13 为印度夏季降水偏多年和偏少年夏季 200 hPa 水平波活动通量和散度。降水偏

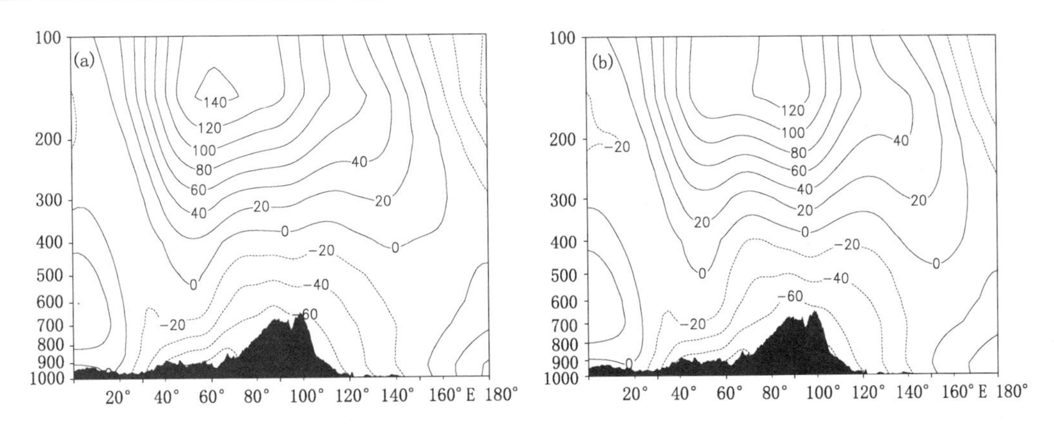

图 8-12　印度夏季降水强年(a)和弱年(b)年 20°～40°N 平均位势高度经度—高度剖面图(单位:gpm,阴影为地形)

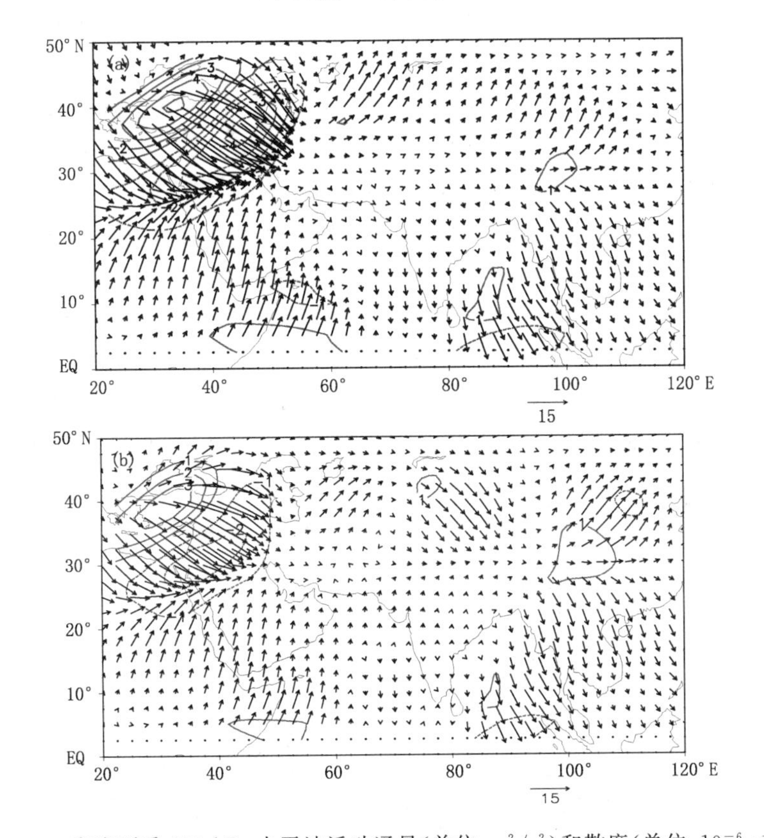

图 8-13　印度夏季 200 hPa 水平波活动通量(单位:m^2/s^2)和散度(单位:$10^{-6}\ s^{-1}$)(箭头表示波活动矢量,等值线表示波活动通量散度)
(a)降水偏多年;(b)降水偏少年

多年 EP 通量强辐散中心位于地中海东部,水平波作用量矢量从强辐散中心激发沿亚洲西风急流传播,南亚高压西侧为低纬向西亚急流 EP 通量强辐合中心波能量传播。距平分布(图略)表明,地中海东部及其东侧 EP 通量辐散和辐合增强,南亚高压西侧低纬向西亚急流波能量传播也增强,沿西亚急流自西向东的水平波活动通量偏强,西亚急流偏强。印度降水偏多年

200 hPa 纬向风距平(图略)表明,西亚急流偏强、偏北,造成新疆降水偏少。降水偏少年 EP 通量强辐散中心仍位于地中海东部,但沿西亚急流 EP 通量辐散和辐合偏弱,南亚高压西侧低纬向西亚急流波能量传播也减弱,沿西亚急流自西向东的水平波活动通量减弱,西亚急流偏弱。印度降水偏少年 200 hPa 纬向风距平(图略)表明,西亚急流偏弱、偏南,造成新疆降水偏多。可见,西亚急流活动与印度夏季降水存在密切联系。

上述分析表明,印度夏季降水异常与对流层高层南亚高压的东西振荡、西风急流的南北变化及其上的 Rossby 波活动、500 hPa 伊朗高压南北振荡和东扩有联系,从而与新疆地区夏季降水变化有密切联系。

(2)印度降水异常与水汽输送

印度夏季降水异常是否对新疆的水汽输送有影响呢?图 8-14 为 ISRI 与地面至 500 hPa 水汽通量的相关分布,相关矢量的纬向分量是 ISRI 与纬向水汽通量的相关系数,而经向分量是 ISRI 与经向水汽通量的相关系数。由图可见,ISRI 与索马里越赤道急流向印度中、南部地区的水汽输送呈显著正相关,与印度北部气旋性水汽输送呈显著正相关,表明印度夏季降水偏多是由索马里越赤道急流水汽输送增强与印度北部气旋性水汽输送增强共同所致,反之则相反。同时,印度夏季降水与西亚急流轴南、北侧的反气旋和气旋性水汽输送呈显著正相关,即印度降水偏多时沿西亚急流北侧 80°E 以西(新疆境外)西风带水汽输送增强,而在新疆天山以北为自东向西的水汽输送(气候平均新疆上空为自西向东的水汽输送),表明沿西风带进入北疆地区的水汽输送减弱,西亚急流南侧西风带水汽输送增强进入天山以南地区(通过 t 统计 99%显著性检验),但表现为水汽辐散,不利于新疆降水,反之则相反。可见,印度夏季降水变化可以间接地影响新疆地区水汽输送。印度夏季降水偏多、偏少年地面至 500 hPa 水汽通量和散度距平(图略)也进一步表明,印度夏季降水偏多(偏少)年索马里越赤道急流向印度输送水汽增强(减弱),西风带向新疆北部地区水汽输送减弱(增强),西风带向新疆南部地区水汽输送增强(减弱)但表现为水汽辐散(辐合)增强,不利于(利于)新疆降水。这反映的是气候平均状况,印度降水异常引起的环流异常影响水汽输送,还需对强降水过程进行细致的分析,将另文讨论。

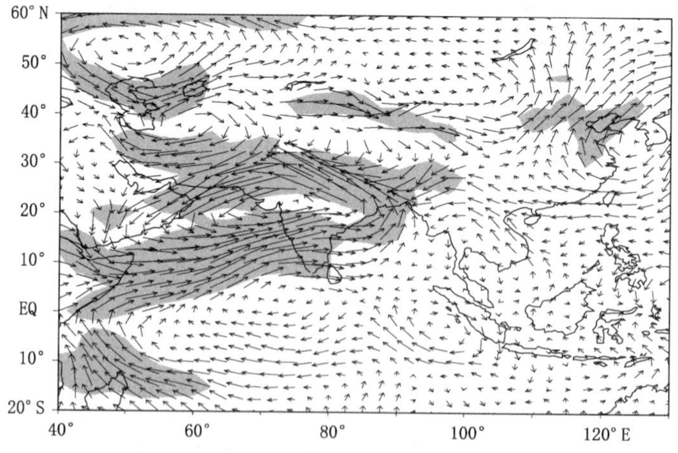

图 8-14 印度夏季降水指数与地面至 500 hPa 水汽通量场的相关分布,矢量的纬向分量为印度夏季降水指数与纬向水汽通量的相关系数,经向分量为与经向水汽通量的相关系数(阴影区表示信度超过 99 %)

上述分析表明，印度夏季降水异常影响对流层高层南亚高压的东西振荡、西风急流的南北变化及其上的 Rossby 波活动、500 hPa 伊朗高压南北振荡和东扩，以及向新疆地区的水汽输送，从而间接影响新疆地区夏季降水变化。

(3)小结

新疆地处欧亚大陆腹地，夏季气候不受季风的直接影响，印度夏季风为亚洲季风系统的重要组成部分，与东亚气候异常联系密切，本文从印度夏季降水的角度探讨其与新疆夏季降水的关系。研究表明，印度夏季降水与新疆夏季降水呈显著反相关关系，对流层高层的南亚高压和西亚西风急流、500 hPa 伊朗高压和中亚低值系统都是新疆夏季降水的关键影响系统。印度夏季降水与伊朗高原上空大气平均温度呈显著的正相关联系，伊朗高原上空增温(降温)利于南亚高压中心偏西(偏东)，南亚高压西部增强(减弱)，西亚急流增强、偏北(减弱、偏南)，同时对流层中层伊朗高压增强东伸控制新疆(中亚低值活动区影响新疆)，这种环流配置恰好是新疆降水偏少(偏多)的典型环流形势，印度降水异常通过这些环流系统变化而间接地与新疆降水变化产生显著反相关关系。此外，印度夏季降水增强(减弱)异常引起环流异常，使得新疆地区水汽输送减弱(增强)、辐散增强(减弱)，不利于(利于)新疆降水产生。

新疆为干旱半干旱气候，其降水异常受高、中、低纬环流系统的共同影响，水汽是关键的影响因子，并往往由几次强降水过程造成。本文用夏季平均环流分析，更细致的特征常被强干旱背景信息所掩盖，难以在季平均场中体现，需要对季节内强干旱、强降水时期的典型个例深入分析，尤其是水汽的输送和高、中、低纬环流系统的配合，有助于揭示新事实，发现新问题，由个别到一般，深化对新疆干旱气候的认识。

8.2　新疆冬春季降水异常的环流及水汽诊断分析

8.2.1　冬季降水异常的环流和水汽

(1)冬季降水异常的环流

图 8-15a～c 分别为降水异常偏多 11 月、12 月和 1 月合成的 500 hPa 高度距平场。由图可见，斯堪的纳维亚半岛及其以东为很强的位势高度正异常，使得平均脊增强，与此对应，东北大西洋和中西伯利亚地区分别存在位势高度负距平和相应的气旋环流异常，这三个异常活动中心共同形成了典型的正位相斯堪的纳维亚环流型(简称 SCA 环流型，又称为欧亚 1 型)，其中 12 月 SCA 环流型较弱。同时，对流层高层和 700 hPa 也表现为同样的正位相 SCA 环流型，表明正位相 SCA 环流深厚且具有相当正压结构。合成的 500 hPa 高度场(图略)表明，北欧脊增强且偏东，东欧平均槽偏东位于乌拉尔山及其以东，引导极地冷空气南下，利于新疆北部降水偏多。同时，200 hPa 北大西洋急流增强东伸(图略)。关于 SCA 环流型的形成和维持机制 Bueh 等(2007)进行了细致的研究，指出北大西洋和斯堪的纳维亚半岛的两个活动中心主要由北大西洋急流东伸有关的大气内部动力学过程所形成和维持，而中西伯利亚地区气旋式环流异常主要由从上游(即斯堪的纳维亚半岛活动中心)频散 Rossby 波能量所形成和维持。正位相 SCA 环流型造成了 2000/2001 年冬季我国北方地区降雪显著增多。通过上述合成分析表明，正位相 SCA 环流型是新疆冬季季节内降水异常偏多的主要环流特征，具有普遍意义。由于季节内气候背景的差异，11 月正位相 SCA 环流型最强。

而降水异常偏少月(图 8.15d~f)则表现为负位相 SCA 环流型，北欧平均脊减弱且西退，欧洲为平均长波槽，中西伯利亚地区为长波脊，不利于北方冷空气南下影响新疆，使得新疆降水异常偏少，该型也具有相当正压结构。同时，200 hPa 北大西洋急流减弱西退(图略)。

可见，冬季 SCA 环流型与新疆冬季降水异常密切联系，北大西洋急流的东西振荡及对应的斜压扰动活动，以及由此引发的 SCA 环流型活动对冬季降水预测具有重要意义。

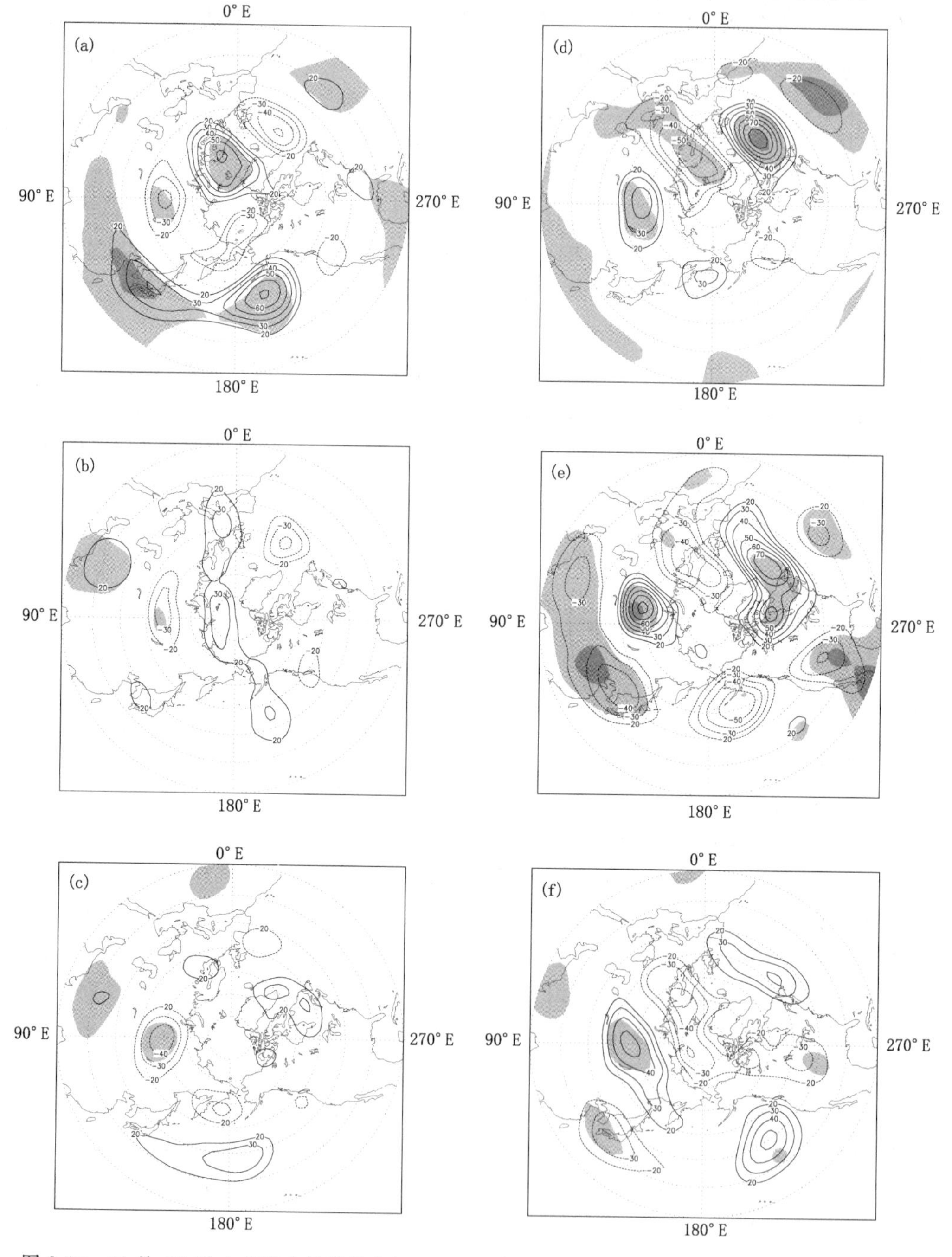

图 8-15 11 月、12 月、1 月降水异常偏多年(a~c)及降水异常偏少年(d~f)500 hPa 高度场距平场(单位:gpm，阴影区表示通过 0.1 显著性水平 t 检验)

(2)水汽输送异常特征

表 8-1 为新疆北部对流层各层 11 月、12 月和 1 月 1960—2004 年平均各边界水汽输送及净收支。由表可见，各月各层及整层的西边界为主要流入界，东边界为主要流出界，这是由于西风带环流的控制所致。南边界有少量水汽流出，北边界低层有少量水汽流出，在中、高层有少量水汽流入，南、北边界水汽输送量很小，约为东、西边界的 1/10，这与偏西北气流控制有关。11 月水汽输送量最大，然后逐月减弱，水汽净收支也表现为 11 月最大，逐月减小，但各月差异不大。对流层中层水汽输送最强，这与新疆北部的地形有关，南侧天山海拔高度为 1500～4000 m，东北侧为西北—东南走向海拔 1500～2500 m 的阿尔泰山，西侧为天山的余脉，海拔为 1000～2000 m，因此 700 hPa 以下水汽输送弱于中层，高层水汽输送最弱。中、高层水汽为净流入，低层为净流出。钱正安等(2001)曾细致地研究了青藏高原及周围地区的垂直环流特征，指出冬季新疆处于对流层中、低层(400 hPa 以下)的不很完整也不很典型的反 Ferrel 环流圈下沉气流控制下，低层表现为气流辐散，这是低层各月水汽收支表现为净流出的原因。

表 8-1　新疆北部上空对流层各层 11 月、12 月和 1 月各边界水汽输送及净收支量

(单位:10^8 m^3/月)

		西边界	东边界	南边界	北边界	净收支
地面至 700 hPa	11 月	31.0	25.4	−2.4	6.5	−3.3
	12 月	23.8	18.4	−0.7	6.7	−2.0
	1 月	18.1	12.8	−0.1	6.7	−1.5
700～500 hPa	11 月	47.9	38.9	−4.8	−2.8	7.0
	12 月	38.2	30.5	−3.7	−1.7	5.7
	1 月	29.9	23.3	−1.9	0.1	4.6
500～300 hPa	11 月	19.9	16.2	−1.7	−2.2	4.1
	12 月	16.0	12.8	−1.2	−1.6	3.6
	1 月	12.8	10.0	−0.4	−0.5	2.9
地面至 300 hPa	11 月	98.8	80.5	−8.9	1.5	7.8
	12 月	78.1	61.7	−5.6	3.4	7.4
	1 月	60.8	46.1	−2.4	6.3	6.0

注:西边界为正指水汽自西向东流，水汽进入新疆;为负则指水汽自东向西流，水汽从新疆流出。
东边界为正指水汽自西向东流，水汽流出新疆;为负则指水汽自东向西流，水汽流入新疆。
南边界为正指水汽自南向北流，水汽流入新疆;为负则指水汽自北向南流，水汽流出新疆。
北边界为正指水汽自南向北流，水汽流出新疆;为负则指水汽自北向南流，水汽流入新疆。

各月降水量与各月各边界水汽输送和水汽净收支的相关系数表明，冬季各月降水与西边界的水汽输入、东边界的水汽输出密切联系，与南、北边界水汽输送关系较弱，与水汽净收支呈显著正相关关系，体现了西风气流控制新疆的气候特征。西风气流输送水汽多少决定降水量的大小。

各月降水异常的水汽输送特征有何差异? 表 8-2 为 11 月、12 月和 1 月降水异常各边界水汽输送及净收支量。由表可见，各月降水偏多年西边界流入和东边界流出约为降水偏少年的 2～3 倍;降水偏多年与偏少年南北边界水汽输送量虽然有约 1 倍的差异，但南、北边界水汽输送量在总水汽输量中比例多数不到 10%，表明降水异常各月的水汽输送异常主要表现在西风气流输送水汽的强弱。水汽净收支在降水偏多年是偏少年的4～10倍，12月和1月水汽净收支比11月大，而降水却比11月小，说明各月气候背景的差异。

表8-2 11月、12月和1月降水异常各边界水汽输送及净收支量 （单位：10^8 m^3/月）

		西边界	东边界	南边界	北边界	净收支
11月	降水多年	133.2	107.8	－8.9	7.8	8.7
	降水少年	61.7	54.3	－5.9	－0.4	1.9
12月	降水多年	107.1	82.2	－10.4	3.1	11.4
	降水少年	33.2	40.9	－5.4	－12.2	－0.9
1月	降水多年	82.9	61.0	－5.1	6.1	10.7
	降水少年	42.5	33.8	－2.2	3.8	2.7

注：各边界正、负值意义与表8-1同。

冬季西风气流控制新疆，各月水汽通量矢量表明新疆以西方路径输送水汽。图8-16为各月降水偏多和偏少年地面至300 hPa整层水汽通量矢量距平。降水偏多的11月，新地岛以东的北冰洋和西伯利亚为向西南到里海、咸海—巴尔喀什湖的水汽通量矢量距平，同时阿拉伯海出现向北到巴尔喀什湖的水汽输送异常，高纬和低纬同时向中亚地区输送水汽并汇合，然后随西风气流向新疆地区输送，表明降水偏多时水汽异常来自高纬和低纬。上述西边界偏多的水汽输送来自于高纬和低纬，而并非气候平均的地中海和里海源地。已有研究表明，冬季新疆暴雪天气过程时阿拉伯海向北输送丰富的水汽到中亚地区，西伯利亚地区也存在向中亚地区的水汽输送，然后中亚地区水汽随西风气流继续向新疆地区输送，可见天气尺度过程的水汽输送异常在本文讨论的月尺度水汽输送异常中也有所表现。而降水偏少年随西风气流进入新疆的水汽输送减弱。

12月和1月降水异常的水汽输送特征与11月一致，只不过12月水汽输送异常特征更加显著，且低纬水汽输送异常比高纬强，1月水汽输送异常较弱，这可能与1月气候更干冷水汽输送本身较弱有关。可见，虽然冬季地中海和里海为新疆水汽源地，水汽以西方路径输送，但降水异常偏多时其水汽输送异常来自于高纬的新地岛以东北冰洋、西伯利亚和低纬阿拉伯海，高纬和低纬均向中亚地区输送水汽并汇合后沿西风气流进入新疆；降水偏少时里海以东随西风向新疆水汽输送减弱。

8.2.2 春季降水异常的环流和水汽

(1)环流异常特征

3月500 hPa高度场北半球极涡中心位于加拿大北部，表明冷空气主体偏于西半球极区，中高纬为三槽三脊(分别为北美大槽、北大西洋脊、欧洲沿岸长波槽、西伯利亚脊、东亚大槽、北美西部脊)，新疆处于西伯利亚脊控制下。如果整个极区冷空气加强，北大西洋脊增强并东移至西欧沿岸，欧洲沿岸长波槽东移至西伯利亚地区，则西伯利亚大槽将造成新疆降水偏多。图8-17a为降水异常偏多年3月500 hPa高度距平场，由图可见，斯堪的纳维亚半岛为位势高度正异常，东北大西洋和西伯利亚地区分别存在位势高度负距平和相应的气旋环流异常，这三个异常活动中心共同形成了典型的正位相斯堪的纳维亚环流型(简称SCA环流型，又称为欧亚1型)。降水偏少

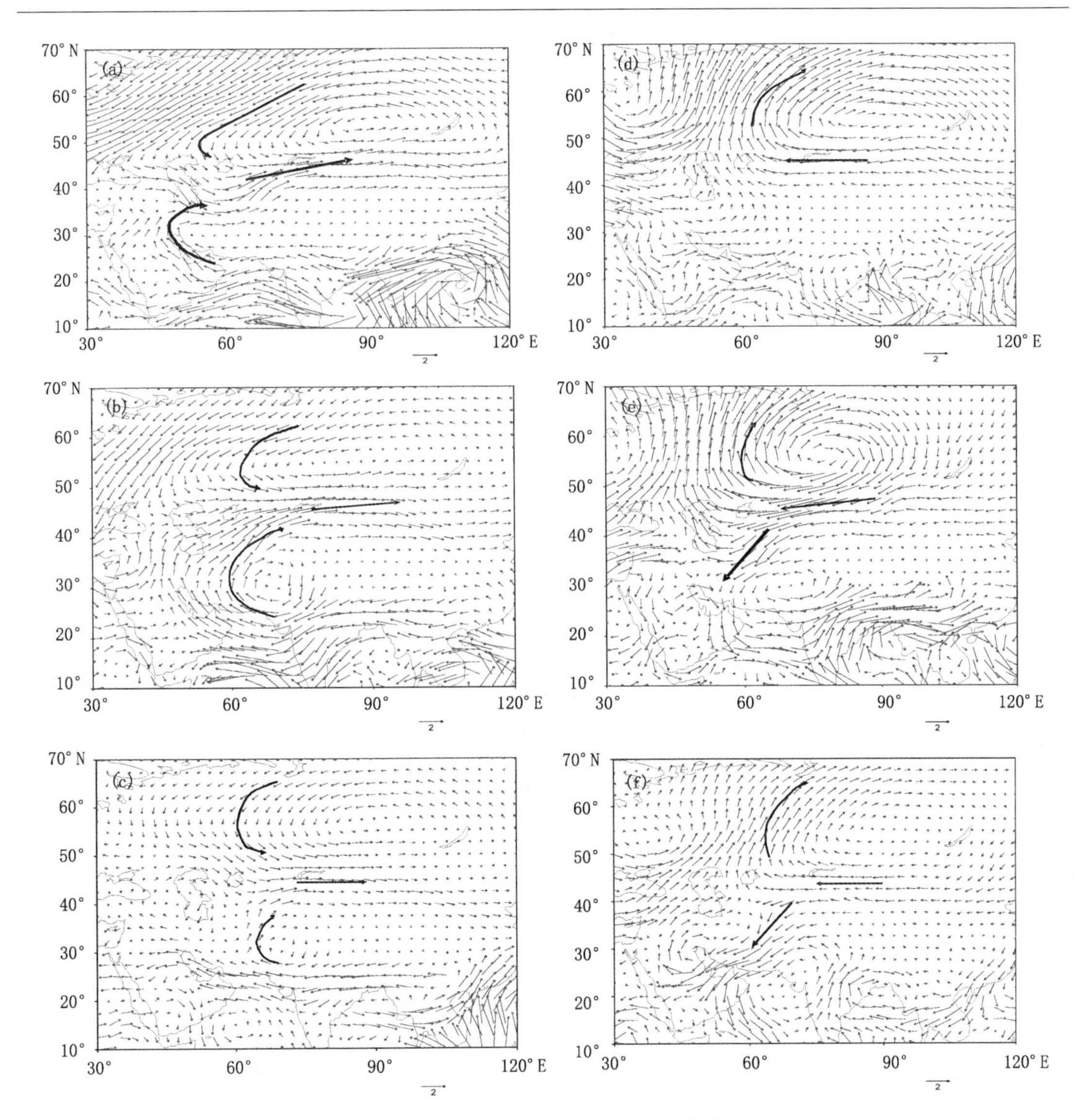

图 8-16　11 月、12 月、1 月降水异常偏多年(a～c)及降水异常偏少年(d～f)地面至 300 hPa 水汽通量矢量距平(单位:g·cm^{-1}·s^{-1}·hPa^{-1})

年 3 月 500 hPa 高度场三槽三脊型分布与气候平均一致,槽脊位置无变化,北大西洋脊有所减弱,欧洲沿岸长波槽和西伯利亚脊明显增强,500 hPa 高度距平场(图 8-17d)表现为欧洲沿岸高度异常和西伯利亚高度正异常,西伯利亚脊增强控制新疆,使得新疆降水偏少。

4 月 500 hPa 高度场北半球极涡主体位于极区且强度较 3 月减弱,中高纬的三槽三脊分布与 3 月相同,但强度明显减弱。降水偏多年 4 月 500 hPa 高度场北大西洋脊增强并东移至西欧沿岸,欧洲沿岸长波槽东移至西伯利亚地区,西伯利亚大槽造成新疆降水偏多,500 hPa 高度距平场(图 8-17b)表现为东北大西洋高度负异常—斯堪的纳维亚半岛高度正异常—西伯利亚高度负异常,即正位相 SCA 环流型。降水偏少年 4 月 500 hPa 高度场仍为气候平均的三槽三脊分布,但槽脊强度明显增强,500 hPa 高度距平场(图 8-17e)表现为负位相 SCA 环流型,西伯利亚地区位势高度正异常达 100 gpm,西伯利亚脊增强使得新疆降水明显偏少。

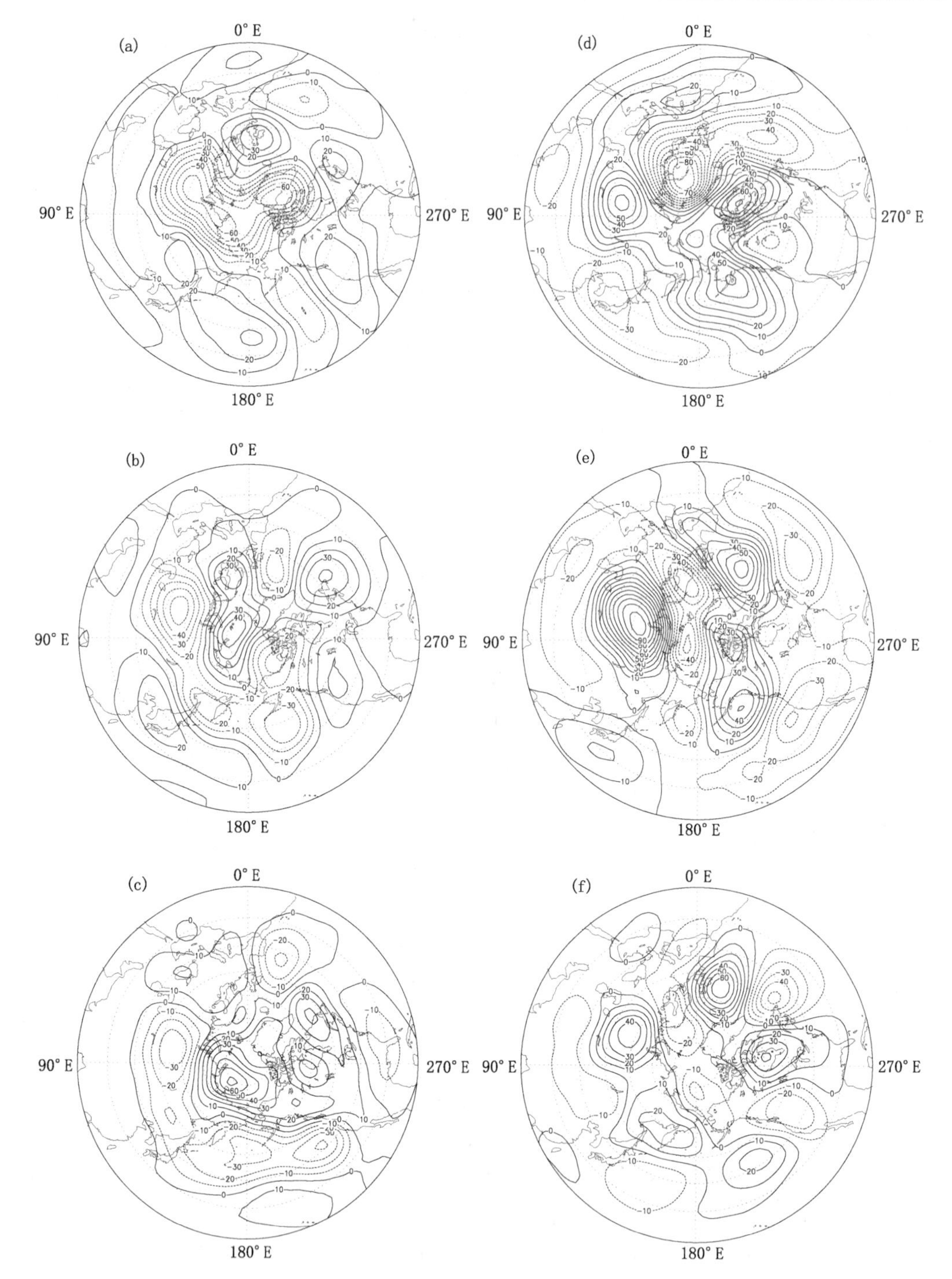

图 8-17 3 月、4 月、5 月降水异常偏多年(a～c)及降水异常偏少年(d～f)500 hPa 高度场距平场(单位:gpm)

5 月 500 hPa 高度场极区冷空气明显减弱,中高纬环流经向度和槽脊强度进一步减弱,尤其北大西洋脊和欧洲槽明显减弱,三槽三脊环流型已不存在。降水偏多年 5 月 500 hPa 高度场中高纬表现为四槽四脊型,其中东北大西洋至欧洲沿岸槽、欧洲脊和西西伯利亚槽组成了欧亚范围环流型,西西伯利亚槽造成新疆 5 月降水偏多,其距平场(图 8-17c)表现为正位相 SCA

环流型。降水偏少年 5 月 500 hPa 高度场中高纬也表现为四槽四脊型，但欧亚范围表现为东北大西洋脊、欧洲槽和西西伯利亚脊，西西伯利亚脊使得新疆 5 月降水偏少，其距平场（图 8-17f）表现为负位相 SCA 环流型。

通过上述分析可知，对新疆春季各月降水预测时需密切关注北大西洋—西伯利亚环流变化。如果预测出现 SCA 环流型的正负位相，则要警惕新疆月降水可能出现异常。

关于 SCA 环流型的形成和维持机制，Bueh 等（2007）进行了细致的研究并指出，北大西洋和斯堪的纳维亚半岛的两个活动中心主要由北大西洋急流东伸有关的大气内部动力学过程所形成和维持，而中西伯利亚地区气旋式环流异常主要由从上游（即斯堪的纳维亚半岛活动中心）频散 Rossby 波能量所形成和维持，5 月北大西洋急流减弱则 SCA 环流型强度也随之减弱。上述分析表明，新疆 3 月、4 月、5 月降水异常主要由 SCA 环流型的正、负位相所造成。密切关注上游北大西洋急流和斯堪的纳维亚半岛环流的变化对新疆春季降水预测有积极意义。

（2）水汽异常特征

表 8-3 为新疆区域 3 月、4 月和 5 月对流层各层 1961—2007 年平均各边界水汽输送及净收支。由表可见，各月各层及整层的西边界为主要流入界，东边界为主要流出界，这是由于西风带环流的控制所致。南边界中、低层有少量水汽流出，高层有少量水汽流入；北边界低层 3 月有少量水汽流入，4 月和 5 月则有较丰富水汽流入，中层各月均有少量水汽流入，高层水汽输送量很小。春季蒙古高压减弱，新地岛到新疆的西北气流加强，新疆受北方冷空气影响频繁，南下冷空气在对流层中、低层可以为新疆带来部分水汽，因此该季节西边界和北边界为水汽输入界。整层而言，3 月水汽输送量最小，4 月、5 月相当，水汽净收支各月差异不大。中层水汽输送量最大，其次为高层，低层最少，这与新疆的地形有关，南侧为青藏高原，东北侧为西北—东南走向海拔 1500～2500 m 的阿尔泰山，西侧为帕米尔高原，因此 700 hPa 以下水汽输送弱于中层。

各月降水量与各月各边界水汽输送和水汽净收支的相关系数表明，春季各月降水与西边界的水汽输入、东边界的水汽输出密切联系，与南、北边界水汽输送关系较弱，体现了西风气流控制新疆的气候特征。西风气流输送水汽多少决定降水量的大小。

表 8-3　新疆区域 3 月、4 月和 5 月对流层各层各边界水汽输送及净收支量　（单位：10^8 m^3）

		西边界	东边界	南边界	北边界	净收支
地面至 700 hPa	3 月	148.6	263.5	−1.6	−9.4	−107.1
	4 月	222.0	413.6	−10.3	−171.1	−30.8
	5 月	229.3	461.0	−29.1	−362.6	101.8
700～500 hPa	3 月	650.5	513.4	16.5	−12.3	165.9
	4 月	793.4	702.5	−30.5	−79.3	139.7
	5 月	775.6	680.1	−105.6	−38.6	22.5
500～300 hPa	3 月	380.8	288.6	24.7	3.8	113.1
	4 月	446.5	402.9	24.5	−9.6	77.7
	5 月	450.4	450.6	69.0	47.3	21.5
地面至 300 hPa	3 月	1179.9	1065.5	39.6	−17.9	171.9
	4 月	1461.9	1519.0	−16.3	−260.0	186.6
	5 月	1455.3	1597.6	−65.7	−353.9	145.8

注：各边界正、负值意义与表 8-1 同。

表 8-4 为 3 月、4 月和 5 月降水异常各边界水汽输送及净收支量。由表可以看出，各月降水偏多年西边界流入和东边界流出约为降水偏少年的 2 倍，表明降水偏多年东西向水汽输送远大于降水偏少年，且降水偏少年时西边界流入小于东边界流出；降水偏多年与偏少年南边界水汽输送量差异不大，降水偏少年北边界水汽流入新疆且输送量大于降水偏多年，但其西边界流入小于东边界流出，使得水汽净收入小于降水偏多年水汽净收入 1～4 倍。3 月水汽净收支最小，4 月、5 月相当。

表 8-4　3、4 和 5 月降水异常各边界水汽输送及净收支量　　(单位：10^8 m^3)

		西边界	东边界	南边界	北边界	净收支
3 月	降水多年	1648.3	1495.7	27.7	28.0	152.7
	降水少年	707.6	758.5	40.1	−41.8	31.0
4 月	降水多年	1937.6	1796.9	18.4	−101.5	260.6
	降水少年	833.3	1082.0	−29.9	−413.8	135.2
5 月	降水多年	1891.2	1860.5	−56.6	−297.5	271.7
	降水少年	943.6	1347.1	−80.1	−629.2	145.4

注：各边界正、负值意义与表 8-1 同。

春季西风气流控制新疆，各月水汽通量矢量表明新疆为偏西路径水汽输送。图 8-18 为各月降水偏多和偏少年地面至 300 hPa 整层水汽通量矢量距平。由图可见，降水偏多的 3 月(图 8-18a)，巴伦支海—新地岛以东出现自北向南到里海、咸海—巴尔喀什湖的水汽通量矢量距平，同时地中海出现自西向东到巴尔喀什湖的水汽输送异常。高纬和中低纬同时出现向中亚地区水汽输送异常并汇合，然后随西风气流向新疆地区输送，表明降水偏多时水汽异常主要来自高纬，还有部分来自地中海，上述西边界偏多的水汽输送主要来自于高纬极区，少部分来自气候平均的地中海源地。而降水偏少年时随西风气流进入新疆的水汽输送减弱(图 8-18d)。

降水偏多的 4 月水汽输送异常(图 8-18b)也表现为高纬西伯利亚向里海、咸海地区输送异常和低纬阿拉伯半岛向里海、咸海水汽输送异常。这两支水汽输送异常汇合于里海、咸海，然后沿西风气流进入新疆，可见虽然春季地中海和里海为新疆水汽源地，水汽以西方路径输送，但降水异常偏多时其水汽输送异常来自于高纬和低纬；降水偏少时(图 8-18e)里海以东随西风向新疆水汽输送减弱。

降水偏多的 5 月，水汽输送异常与 3 月、4 月均有所差异，出现 4 支水汽输送异常路径(图 8-18c)。高纬的 2 支分别为西伯利亚自北向南到咸海—巴尔喀什湖和巴伦支海自北向南到地中海东部的水汽输送异常。低纬 2 支分别为红海向北到地中海东部和阿拉伯海向北到中亚的水汽输送异常。水汽从高、低纬向中纬地中海东部—中亚地区异常输送并汇合，尔后沿西风气流输送到新疆，可见 5 月降水偏多时水汽来自于高纬和低纬，水汽输送异常路径较复杂，降水偏少时里海以东随西风气流向新疆的水汽输送减弱(图 8-18f)。

前面的讨论使我们对降水偏多、偏少月水汽输送异常的平均状况有了一定认识，但对于环流和水汽异常部分对整个水汽输送异常的贡献还有待于进一步考察。一般地，水汽通量异常可以分解为两部分(忽略二阶小量)：

$$(qV)' \approx \bar{q}V' + q'\bar{V}$$

式中，右边第一项表示在气候干、湿区之间由异常环流引起的输送，主要表征在环流发生异常

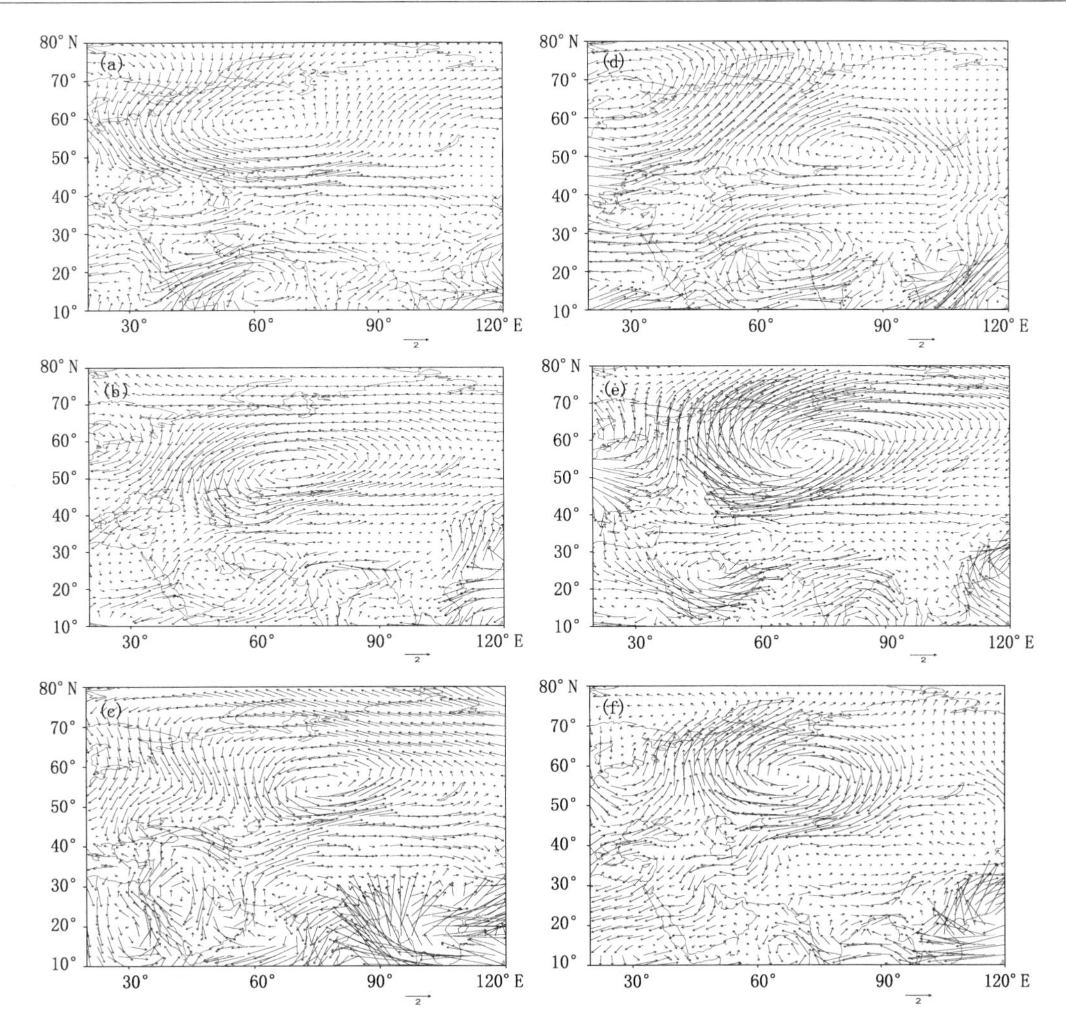

图 8-18　3 月、4 月、5 月降水异常偏多年(a～c)及降水异常偏少年(d～f)地面至 300 hPa 水汽通量矢量距平(单位:g · cm^{-1} · s^{-1} · hPa^{-1})

时水汽从海洋输送到陆地、湿区输送到干区的过程,这是在以往研究中被主要关注的输送问题,但也容易将其与异常水汽通量的整体相混淆;第二项表示平均环流对异常水汽的输送,在东亚地区主要表现在平均大气环流对异常水汽的输送,如西风基本气流等,对西北干旱半干旱地区而言常常被忽视。

图 8-19 为降水异常年 5 月 700 hPa 上述二项异常水汽通量矢量。由图可见,无论降水偏多或少年异常环流引起的水汽输送都明显强于平均环流对异常水汽的输送。500 hPa 和 850 hPa 也是如此,表明在同一标尺下,环流异常导致的平均水汽输送在降水异常中起主导作用,5 月 4 支水汽输送异常均是由环流异常导致的平均水汽输送造成的。3 月和 4 月环流异常导致的平均水汽输送在降水异常中起主导作用,与 5 月一致,表明虽然季节内气候背景有一定差异,但还是环流异常对整个水汽输送异常起主导作用。

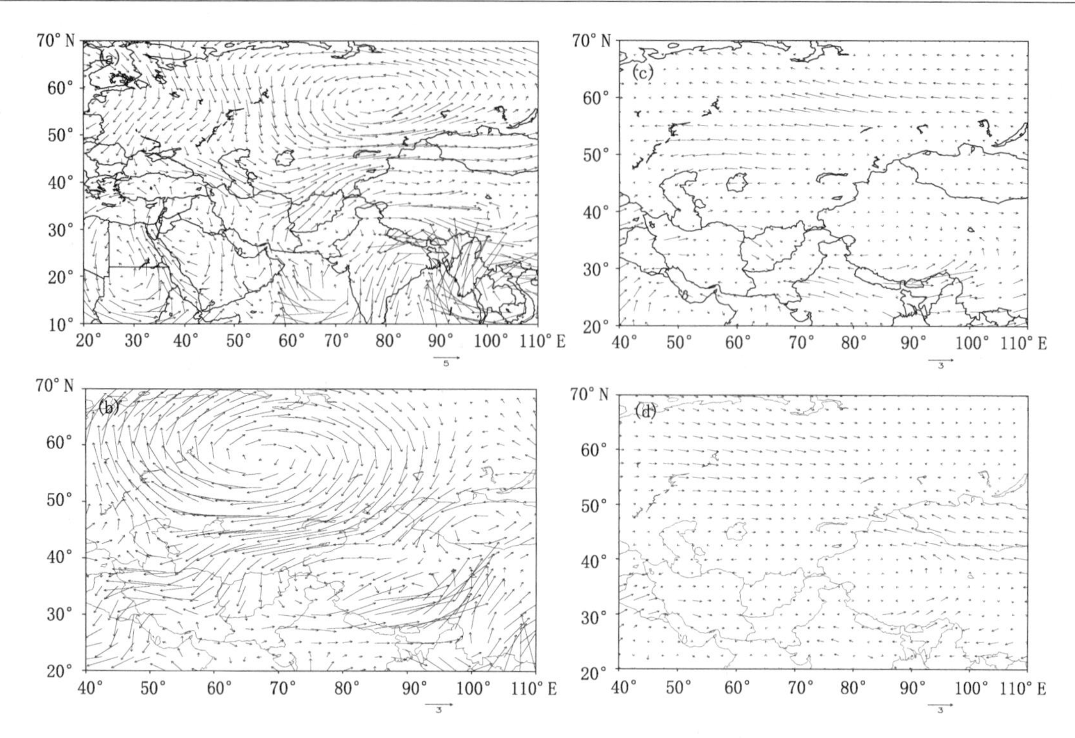

图 8-19 5 月降水偏多年、降水偏少年 700 hPa 异常环流对平均水汽的输送(a,b)及平均环流对异常水汽的输送(c,d) (单位:g·cm^{-1}·s^{-1}· hPa^{-1})

8.3 中亚低涡活动特征及其对降水的影响

里海、咸海以东到新疆常出现与乌拉尔脊联系的天气尺度冷性涡旋系统,我们称之为中亚低涡。中亚低涡是自对流层上部向下延伸的中期时间尺度(4 天以上)的深厚切断低压系统,它是造成新疆暴雨(雪)、持续低温天气的重要影响系统之一。如 1996 年 7 月 5—25 日的中亚低涡系统造成 7 月 15—16 日新疆西部、17—21 日新疆全境和 24—28 日新疆东南部 3 次大范围暴雨过程,引发自 1949 年以来新疆最严重的洪水灾害。江远安(2001)等统计了 1970—1999 年新疆西南部 116 次强降水天气过程,对其影响系统进行了分类,指出其中 61%强降水过程和 72%中等强度降水过程是由中亚低涡系统造成的,最强的 2 次暴雨过程也是中亚低涡造成的。中亚低涡活动异常甚至对我国东部地区天气气候也有重要影响,如 2008 年 1 月中亚低涡维持 20 多天,至少有 4 次冷空气从中亚低涡分裂东移,是我国南方罕见低温雨雪冰冻灾害形成过程中的一个关键系统。中亚低涡是有地域特色的天气系统,其形成与所处的地理位置、高中低纬环流和中亚地形有很大关系,目前气象工作者对中亚低涡的认识还停留在天气学特征方面。由于对新疆地区极端天气气候问题关注和研究不够,对中亚低涡系统的认识和关注就更少,因此对中亚低涡进行细致深入的研究很有必要。

大气中的气旋性涡旋(北半球为逆时针环流),诸如台风、季风低压、温带气旋、梅雨锋上的中尺度低压、东北冷涡、西南低涡等,常与降水天气甚至暴雨密切联系,气象学者已进行了较多的研究,在理论研究和预报技术方面均取得了巨大的进步。其中,东北冷涡和西南涡是具有明显地域特色的天气系统,对它们有大量的研究,极大提高了人们对低涡系统及其影响天气的认识,而对中亚低涡仅就其影响的天气个例进行了初步的天气学分析。对于中亚低涡的认识集中体现在1986年和1987年出版的《新疆降水概论》和《新疆短期天气预报指导手册》中,这两本专著利用1971—1980年500 hPa探空资料进行统计得出了一些初步的结果,由于所用资料时间短、中亚和新疆探空站点稀疏、主观判断等方面的限制,对其定义还需要进一步完善、量化和细化,制定一个大家共同接受的中亚低涡活动统计标准。利用30年以上逐日历史资料,对中亚低涡活动的频次、产生源地、生命史及移动情况等特征进行统计分析,揭示中亚低涡的活动规律,仍然是值得进行的基础性工作。本文利用NCEP/NCAR逐日再分析资料,通过计算机编程客观、自动识别追踪中亚低涡,得到40年中亚低涡活动数据集,对1971—2010年中亚低涡活动的时空分布、持续时间、移动路径进行分析,并给出其对新疆天气影响的分类等特征。

(1)中亚低涡的定义与资料

低涡的生命史分为形成、成熟和衰退三个阶段,低槽发展并形成切断低涡过程为形成期,低涡闭合稳定过程为成熟期,低涡减弱成槽东移过程为衰退期。《新疆降水概论》定义中亚低涡为500 hPa高度场上低值中心位于60°～90°E、40°～60°N范围内并出现2条以上闭合等高线(80 gpm),时间维持48 h以上的低压环流天气尺度系统,这里描述的是低涡的成熟期。考虑到60°N已经包含了西伯利亚低压系统,而40°N会忽略一些造成南疆西部天气的中亚偏南低涡,这里所定义的中亚低涡为符合下述条件的一次过程:500 hPa高度场低压中心位置位于60°～90°E、35°～55°N,低压中心至少能分析出2条以上闭合等值线(80 gpm),并且有冷中心或明显冷槽配合的低压环流系统;低涡在上述区域内的生命史维持2 d或以上。

(2)中亚低涡活动的时空分布特征

1)空间分布特征

1971—2010年共出现305次中亚低涡过程,中亚低涡成熟期的日数为1166天。分析1166天中亚低涡低值中心活动的经、纬度位置可以看出,其空间分布随纬度存在两个高频次活动区域(图8-20):一是低涡中心在47.5°～55°N活动,本文定义为北涡,北涡共有664天,占中亚低涡总天数的57%,并且有两个明显的活动中心,分别位于哈萨克丘陵地区和萨彦岭一带;二是在35°～47.5°N范围内活动的低涡,定义为南涡,有502天,占中亚低涡总天数的43%,有两个高中心,分别位于咸海东部地区和塔什干地区。图8-20可以看出,成熟期的中亚低涡大部分活动在中亚地区。统计表明,有90%的中亚低涡减弱成低槽时进入新疆造成明显的降水天气过程,而10%的低涡进入新疆后再逐渐减弱成低槽。

中亚低涡活动空间分布也表现出明显的季节变化。春季南涡活动124天,北涡活动74天,低涡多活动于咸海至巴尔喀什湖一带的中亚地区,春季南涡活动的活跃与副热带锋区北抬有关;夏季北涡活动345天,比南涡113天明显偏多,主要活动于哈萨克丘陵地区至萨彦岭一带,同时巴尔喀什湖以东的中亚地区是南涡的一个活动中心,这与夏季副热带西风急流位于42.5°N和极锋锋区偏南有关;秋季和冬季南、北涡活动次数相当,北涡活动多位于哈萨克丘陵地区至萨彦岭一带,南涡活动多位于咸海至巴尔喀什湖之间的中亚地区。

2)月、季分布特征

图8-21a为中亚低涡活动频次的月分布特征,可以看出中亚低涡活动的月际变化明显。出现最多的月份为7月,共43次,年平均达1.08次,其次为6月和8月,年平均分别为0.975次和0.825次,这与新疆月降水量的分布特点是一致的。出现最少的4月为0.25次,3月和9月分别为0.70次和0.75次,其他月为0.425～0.55次。

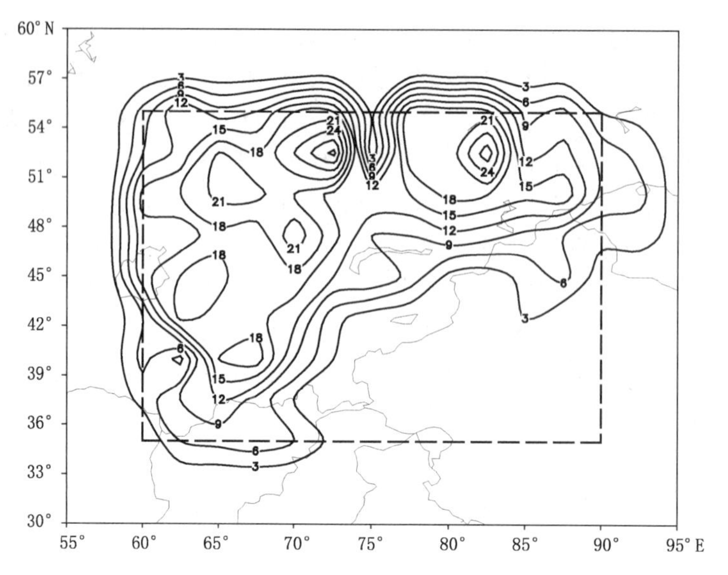

图 8-20 1971—2010 年中亚低涡活动空间分布(实线)及其定义范围(虚线)

由中亚低涡出现频次的季节分布(图 8-21b)可以看出,夏季(6—8 月)出现中亚低涡的频次最高,发生 115 次,占 38%,年平均达 2.875 次,与夏季降水量最多一致,其次是秋季(9—11 月),出现 74 次,占 24%,年平均达 1.85 次,春季(3—5 月)出现 60 次,约占 20%,年平均达 1.5 次,冬季最少,发生 56 次,约占 18%,年平均达 1.4 次。这种季节分布特征与以往的结论有一定的差异,主要是秋季出现频次比例有所增加,已有结论基于 1971—1980 年 500 hPa 高度场探空资料和预报员手工分析天气图为基础,本文统计时间长达 40 年、用计算机客观统计分析方法和 NCEP/NCAR 逐日再分析资料,此外统计区域范围偏南 5 个纬度。

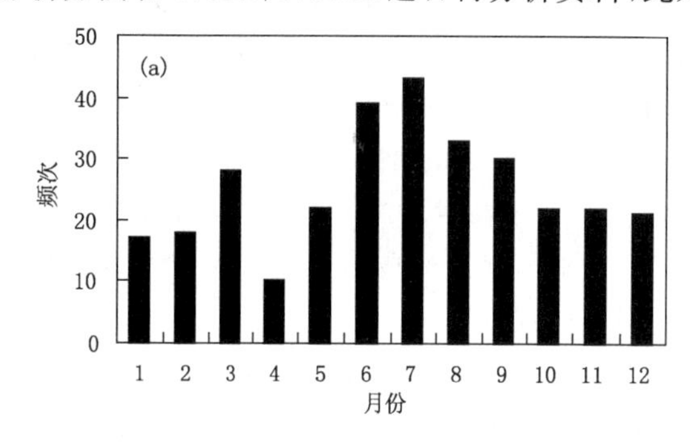

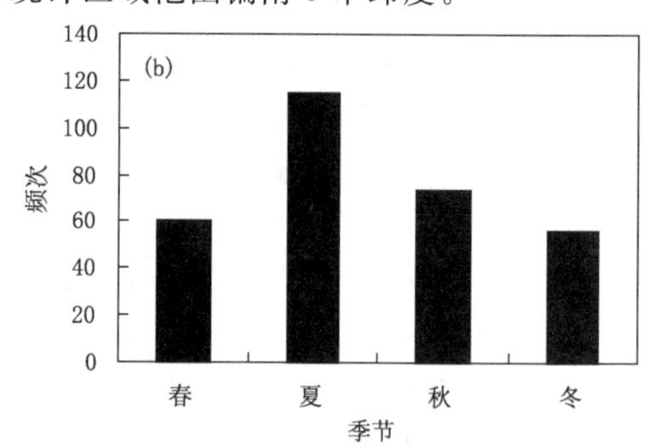

图 8-21 1970—2010 年中亚低涡活动频次的月分布(a)及季分布(b)

低涡活动的季节分布与北半球大气环流背景季节变化密切联系。夏季北半球中高纬为四槽四脊型,乌拉尔山地区为平均脊,中亚地区由冬季平均脊转为平均槽,60°N 以北平均槽线在 90°E 附近,60°N 以南平均槽线则趋近于 80°E 附近(巴尔喀什湖),因此造成有利于中亚地区低涡活动的环流背景,此外副热带西风急流夏季维持在 40°N 附近,低涡常生成于急流的左侧,由于急流左侧有明显的水平风速的气旋性切变,利于正涡度的发展和低涡的生成。冬季北半球中高纬为三槽三脊型,东欧至乌拉尔山为平均槽,极锋急流偏北、副热带西风急流偏南,中亚地区为平均脊控制,因此造成不利于中亚低涡生成的环流背景。中亚低涡活动夏季频次最多和冬季频次最少,这与新疆夏季降水最多和冬季降水最少分布一致。

3)中亚低涡活动的持续时间

中亚低涡维持时间的长短及其发展对天气演变有重要影响,305 次中亚低涡过程成熟期共 1166 天,平均每次低涡成熟期维持时间为 3.83 天。图 8-22a 为低涡成熟期维持时间与出现频次的关系。由图可知,随着中亚低涡维持时间的增加其出现频次迅速减少。在我们统计范围内,低涡成熟期维持时间为 2～3 天的中亚低涡活动有 172 次,占总数的 56%,由于这里持续时间为两根等值线闭合低压过程,如果加上其形成和消亡过程,中亚低涡生命史至少 4 天以上;持续时间在 4～5 天的中亚低涡共有 84 次,占 27.5%,持续时间在 5 天以上的中亚低涡一共有 50 次,占总数的 16.5%,这些中亚低涡基本都是准静止活动后逐渐减弱东移,其中持续 12 天的有 2 次,17 天的只有 1 次,此类长时间维持的低涡常造成新疆的大范围多次强降水或持续低温天气。

中亚低涡持续时间的季节分布差异较大。由图 8-22b 可看出,春、秋和冬季低涡成熟期持续时间以 2 天为最多,随着持续时间增加频次迅速减少,表明中亚低涡活动在这三个季节以 4～5 天中期时间尺度活动为多,而夏季以持续 3 天频次最多。210 次持续时间为 3～8 天的中亚低涡过程,夏季最多有 90 次,占 43%,秋季 52 次,占 25%,春、冬季相对较少,共有 68 次,占 32%。持续时间 9 天以上的 10 次中亚低涡四季均出现,其中维持 10 天的 2 次,春、夏各 1 次,12 天的 2 次,出现在冬季,17 天的 1 次,出现在盛夏 7 月。

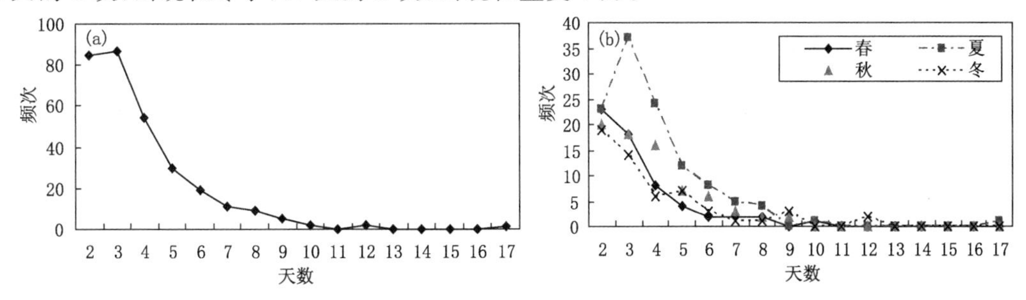

图 8-22　全年(a)及四季(b)中亚低涡出现频次与持续时间的关系

(3)年际和年代际变化

305 次中亚低涡过程,平均每年出现 7.6 次,低涡频次的年标准差为 2.79 次,可见低涡活动年际变率很大;中亚低涡成熟期的日数共 1166 天,平均每年 29 天。从图 8-23 可看出,40 年来中亚低涡活动频次存在显著的年际变化,异常偏多的有 6 年,1972 年、1989 年、1994 年和 2005 年均为 13 次,1996 年和 2009 年均为 11 次,而异常偏少的有 5 年,1978 年和 1983 年为 4 次,1971 年和 1975 年为 3 次,最少的 2002 年仅有 2 次。40 年来低涡活动频次呈显著增加趋势,通过 0.1 显著性水平,线性增加趋势率为 0.7 次/10 年。分析中亚低涡成熟期发生天数与次数的关系,两者的演变具有很好的一致性,相关系数达 0.94。

图 8-24 为各季节中亚低涡出现频次的情况。春季年际变化较大,且无明显的变化趋势,这与春季降水无明显变化趋势一致,其中 1989 年最多,为 6 次,8 年春季没有出现中亚低涡活动,大多数年份出现 1～3 次。夏季大部分年份出现 2～4 次,1972 年和 2009 年最多为 8 次,最少的 1978 年和 1986 年没出现,其活动频次多的夏季相应季降水量也偏多,活动频次少的夏季相应季降水量也偏少。秋季大多数年份出现 1～3 次,最多为 1992 年的 5 次,最少的有 6 年

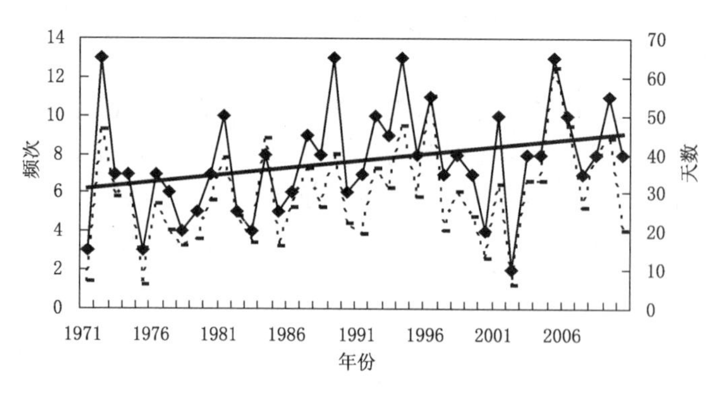

图 8-23 1971—2010 年中亚低涡出现频次(实线)和天数(虚线)

未出现,未呈现显著变化趋势,与秋季降水量变化一致。冬季中亚低涡活动年际变化较大,1980 年、2005 年和 2008 年发生频次最多,均为 4 次,有 14 年冬季没有出现低涡活动,其他年份出现 1～3 次。上述分析表明,冬、春、秋季中亚低涡出现频次的年际变化比较大,没有出现低涡的年份较多,而夏季低涡频次的变化相对较小,这与季降水量变差系数变化是一致的。

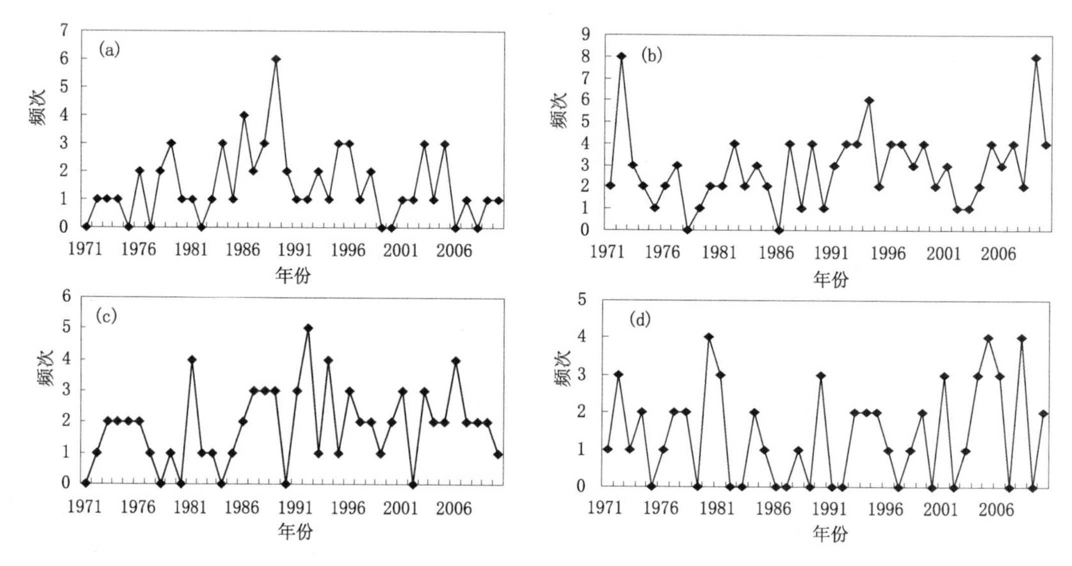

图 8-24 1971—2010 年四季中亚低涡出现频次

(a)春季;(b)夏季;(c)秋季;(d)冬季

图 8-25 给出了中亚低涡发生次数和发生天数的年代际变化,可以看出,中亚低涡具有显著的年代际变化,并呈年代际递增的趋势。20 世纪 70 年代有 62 次中亚低涡活动,80 年代增至 74 次,90 年代增至 84 次,21 世纪头 10 年出现了 85 次,这与一些研究得出的新疆降水自 1987 年有年代际增多现象是一致的。

(4)中亚低涡的移动路径及其影响分类

1)中亚低涡影响新疆天气的分类

中亚低涡对新疆天气的影响有两类,一类造成新疆明显降水天气过程,称之为“湿涡”;另一类则造成大风降温和长时间低温天气,降水较弱,有时对新疆天气没有明显影响,称之为“干

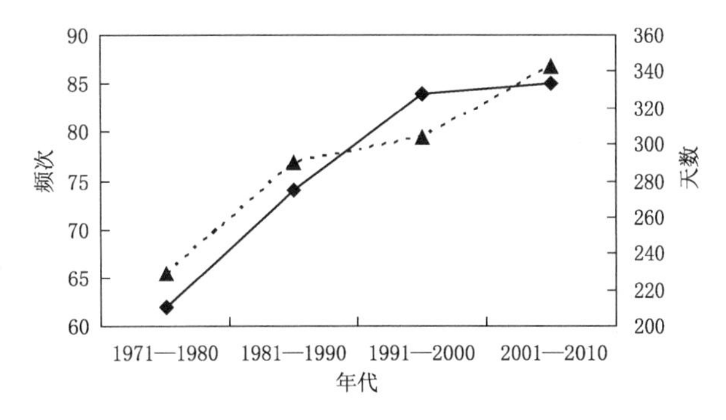

图 8-25　中亚低涡活动频次(实线)和天数(虚线)的年代际变化

涡”。根据新疆气象业务对降水过程强弱及降水量级的规定，本文定义 24 h 新疆区域至少有 6 站以上降水量达中量(新疆短期天气业务中定义的中度降水天气过程)为湿涡，否则为干涡。按照上述规定，普查统计 305 次中亚低涡对应的新疆 105 个站日降水分布情况，结果见表 8-5，湿涡有 122 次，占 40%，干涡有 183 次，占 60%，其季节分布差异很大。夏季湿涡 70 次、干涡 45 次，中亚低涡系统在夏季造成降水过程比例较高，秋、春、冬季干涡远比湿涡过程多，尤其冬季，湿涡只占总低涡过程的 5.3%。夏季湿涡过程是四季中最多的，占总湿涡过程的 57%，秋、春季次之，分别占 23%和 18%，而冬季最少，仅占 2%，湿涡的季节分布特点与新疆降水季节分布特点是一致的，而干涡的季节分布比较均匀。由此可见，虽然存在强的中亚低涡天气尺度系统，但造成新疆较强降水过程的只占 40%，这与新疆干旱半干旱气候背景有关，虽然低涡系统能提供降水产生的有利动力条件和冷空气，但由于干旱区水汽缺乏，水汽配合不好则强的低涡系统也只能造成较弱的降水天气，反之，新疆出现持续性大范围暴雨过程却往往是由中亚低涡系统造成的。通过上述分析可知，中亚低涡中干涡比例较大，在实际预报业务中经常出现空报现象，因此干、湿涡的深入研究对提高新疆天气预报水平是十分必要的。

表 8-5　中亚低涡湿涡和干涡频次的季节分布

	春	夏	秋	冬	全年
湿涡	21	70	28	3	122
干涡	39	45	46	53	183
合计	60	115	74	56	305

2)中亚低涡的移动路径及其影响

把每次中亚低涡每天低中心经纬度连线，作为这次中亚低涡过程的移动路径，并统计中亚低涡影响新疆天气现象时段。结果表明，不同移动路径造成的天气明显不同，这和环流配置及新疆特殊的地理位置有很大关系。

北涡移动路径及其影响

北涡 40 年来有 197 次，占低涡总数的 65%，其中湿涡过程 91 次，干涡过程 106 次，北涡的季节差异较大，夏季出现最多，达 93 次，其次是秋季的 46 次，春季和冬季分别为 26 次和 32 次。按照其移动方向可分为东北、偏东和东南路径三类。

东北路径。低涡移动路径与纬圈夹角在东北方向大于 45°的有 28 次，湿涡 5 次，仅占 18%，干涡 23 次，占 82%。由于此移动路径低涡向东北方向北缩明显，低涡主体未进入新疆，仅低涡底部对新疆北部有弱影响，主要影响新疆偏北地区降水，对其他地区降水影响概率最小且天气最弱。如 2008 年 1 月 12—16 日的中亚低涡过程，500 hPa 高度场欧亚范围中高纬为二脊二槽的经向环流，欧洲为高压脊，中亚低涡位于咸海附近，西西伯利亚为阻塞高压且与新疆脊同位相叠加形成强盛的长波脊，受其阻挡作用，中亚低涡减弱东移北上，造成新疆偏北地区弱降雪。

偏东路径。低涡移动路径与纬圈基本平行的有 78 次，湿涡 24 次，占 31%，干涡 54 次，占 69%。此路径低涡主体偏北，低涡底部位于天山山区，主要造成天山及其两侧降水。如 2006 年 6 月 22—28 日的中亚低涡过程，500 hPa 高度场中高纬环流为二脊一槽的经向环流，欧洲和贝加尔湖为长波脊，中亚低涡生成于乌拉尔山南端，随着欧洲脊发展东移推动中亚低涡东移并减弱成槽，进入新疆造成天山山区及其北侧弱的降水过程。

东南路径。低涡移动路径在东南向与纬圈夹角呈 45°左右的有 91 次，湿涡 62 次，占 68%，干涡 29 次，占 32%。低涡在向东南移动过程中主体逐渐进入新疆，移动路径见图 8-26。统计表明，有 90%的中亚低涡在减弱成低槽时进入新疆，10%的低涡进入新疆后再减弱成低槽，因此低涡中心进入新疆区域的较少。东南路径低涡对新疆降水影响最明显，降水范围和强度也大，往往造成新疆自西北向东南出现大范围强降水，尤其天山山区及其两侧降水过程最强。如 1996 年 7 月 5—25 日的中亚低涡过程，是 40 年来持续时间最长的低涡过程，造成 7 月 15—16 日、17—21 日和 24—28 日 3 次大范围暴雨过程，出现了新疆自 1949 年以来最严重的洪水灾害。低涡生成时 500 hPa 高度场高纬环流为欧洲脊—乌拉尔槽—贝加尔湖脊的经向环流(图 8-27)，低涡切断于乌拉尔山南部，同时副热带锋区很强，随后地中海高压脊和新疆脊强盛发展，低涡发展东南移到中亚地区形成强盛的中亚低涡，7 月 15 日达到强盛时期，造成新疆偏西地区暴雨过程，此后低涡减弱东南移至巴尔喀什湖—新疆地区，造成 17—21 日全新疆范围暴雨过程，其中天山及其两侧为大暴雨，24—28 日低涡减弱成槽向东南移动造成新疆东南地区暴雨过程。

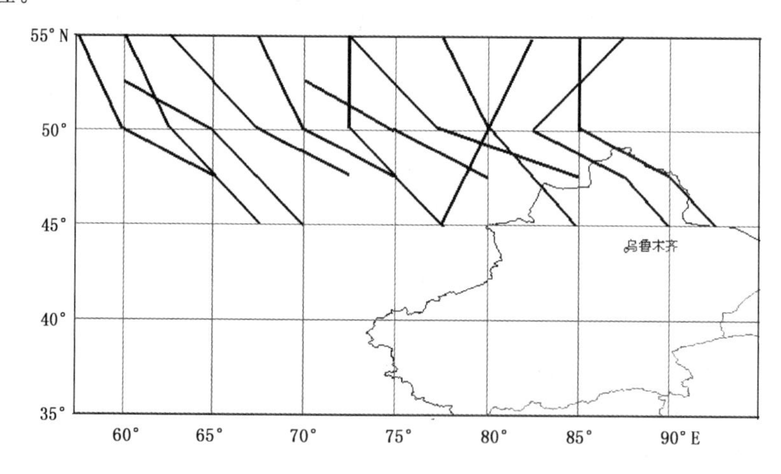

图 8-26　北涡东南移动路径图

南涡移动路径及其影响

南涡自 60°E 或以东东移，有 88 次，占低涡总数的 29%，其中湿涡 23 次，干涡 65 次，此类低涡的季节差异相对较小，春、秋季出现最多，冬季次之。按照其东移方向可分为东北移、东移和东南移三类。

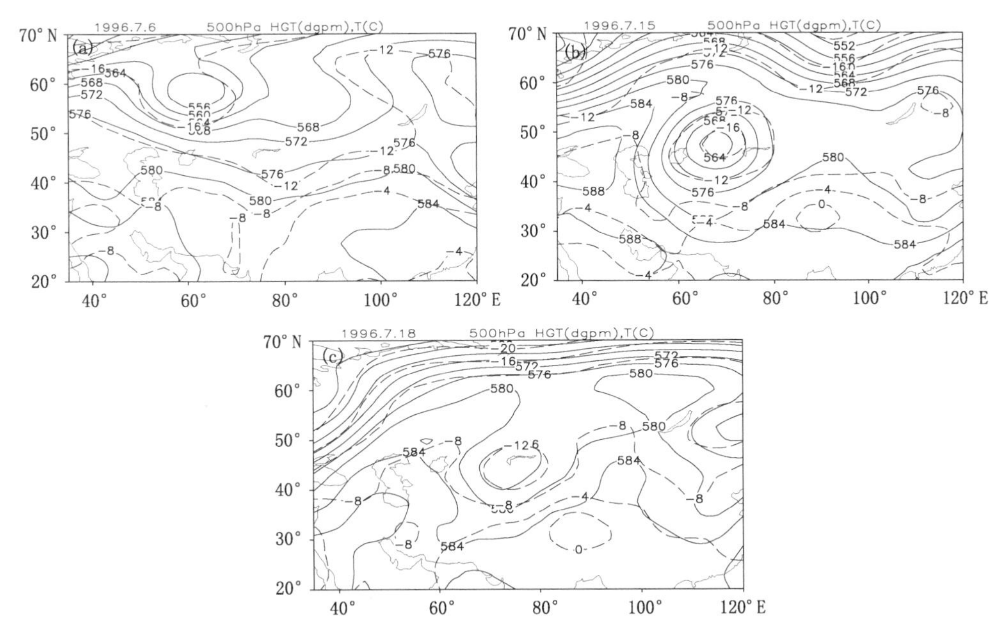

图 8-27　1996 年 7 月 3 次暴雨过程 500 hPa 高度场(实线,dagpm)和温度场(虚线,℃)
(a)7 月 6 日;(b)7 月 15 日;(c)7 月 18 日

东北路径。低涡移动路径与纬圈夹角在东北方向大于 45°的有 23 次,湿涡 7 次,占 30%,干涡 16 次,占 70%。此路径低涡主体虽然在 47.5°N 以南,但在移动过程中向东北方向收缩,主要造成北疆地区降水。如 1988 年 9 月 24—29 日的中亚低涡过程,500 hPa 高度场中高纬为两脊一槽的经向环流,乌拉尔山和贝加尔湖为高压脊,西西伯利亚槽南端切涡于咸海与巴尔喀什湖之间,随着欧洲脊减弱东移和贝湖脊发展东移,中亚低涡东北移进入新疆并打转减弱北上,27—29 日造成天山两侧大到暴雨过程。

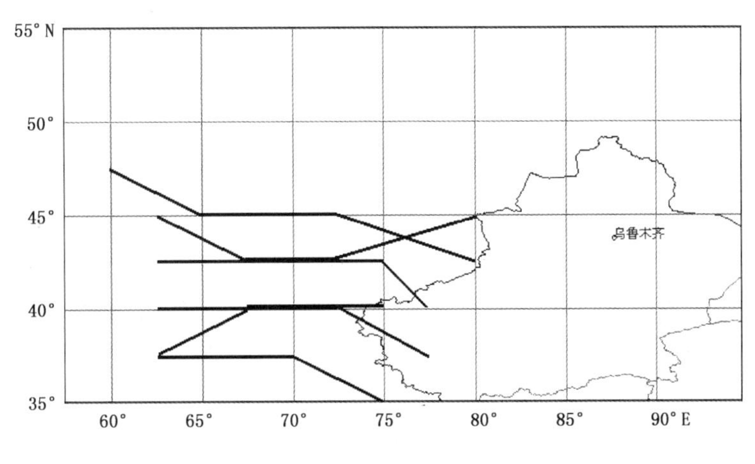

图 8-28　南涡东移路径图

偏东路径。低涡移动路径与纬圈基本平行的有 38 次,湿涡 12 次,占 32%,干涡 26 次,占 68%。此路径低涡主体在 47.5°N 以南并逐渐东移,因此可以影响新疆全境(图 8-28),对新疆降水影响相对较强,主要造成南疆西部及天山两侧降水。如 1982 年 6 月 30 日至 7 月 2 日的中亚低涡过程，500 hPa 高度场(图 8-29)中亚低涡在副热带锋区上形成，随着里海脊发展推动中亚低涡东移，2—3 日造成伊犁河谷小雨及南疆西部中雨天气。

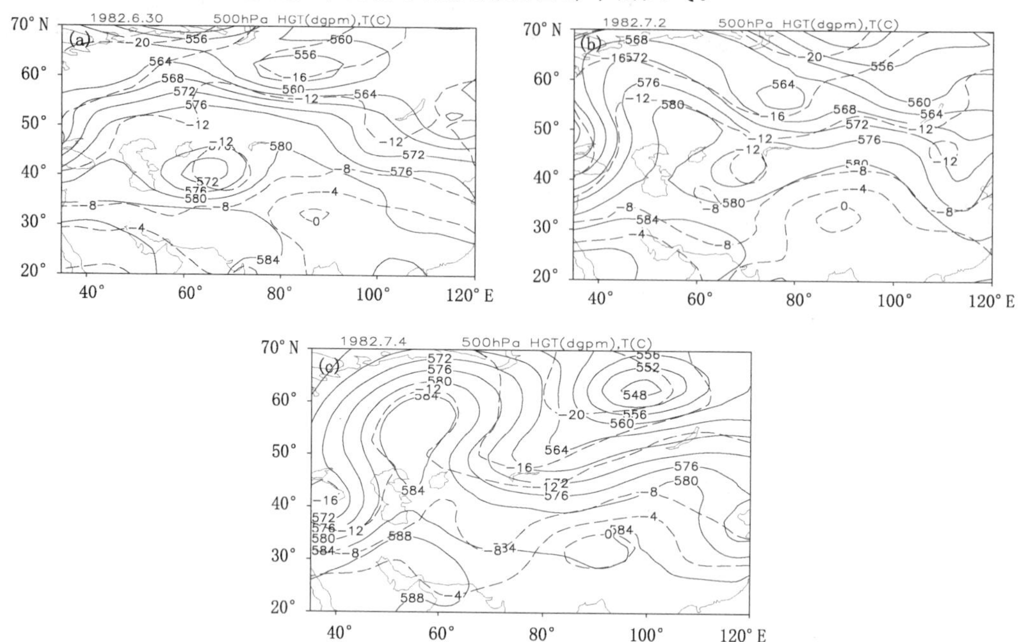

图 8-29　1982 年 6 月 30 日—7 月 4 日 500 hPa 高度场(实线，dagpm)和温度场(虚线，℃)
(a)6 月 30 日；(b)7 月 2 日；(c)7 月 4 日

东南路径。低涡移动路径在东南方向与纬圈夹角为 45°左右的有 27 次，湿涡仅 4 次，占 15%，干涡 23 次，占 85%。由于此路径低涡在东南移动过程中主体位于新疆西南部，且受帕米尔高原和青藏高原阻挡作用减弱明显，对新疆大部地区基本无影响，主要造成新疆西南部的强降水。如 2005 年 5 月 18—20 日的中区低涡过程，500 hPa 高度场中高纬欧洲至贝加尔湖为宽广的长波脊，中亚低涡在副热带锋区上切出，低涡位于咸海与巴湖南部，由于乌拉尔山高压脊的强盛维持，使得中亚低涡东南移后减弱成槽进入南疆西部，造成 20 日、22 日南疆西部大到暴雨过程。

原地少动或打转类低涡的影响

极风锋区或副热带锋区上的低槽切涡于中亚地区，低涡常表现为孤立活动，原地少动或打转后减弱，此类最少，有 20 次，占低涡总数的 6%，湿涡 8 次，占 40%，干涡 12 次，占 60%，此类低涡的季节差异也较明显，春、夏季较多，秋、冬季次之。此类虽然出现的少，但低涡位置随锋区低槽切涡而定，因此降水区域并没有明显规律，低涡造成的天气也比较难把握。

8.4　典型强降水天气过程的水汽输送及演变

8.4.1　典型强降水天气过程的水汽输送

(1)环流背景

新疆频发性暴雨过程不多，但 2007 年 5—8 月罕见地发生了 8 次大范围强降水过程，7 月

8—11日、15—17日、27—29日出现3次大范围暴雨过程。乌鲁木齐7月16日出现了破历史记录的日降水量75.8 mm，小渠子、奇台、吉木萨尔和民丰日降水量也破历史记录。图8-30为7月3次暴雨过程降水量分布，分别代表了新疆3种典型雨型：天山及其两侧型、东部型和北疆型。

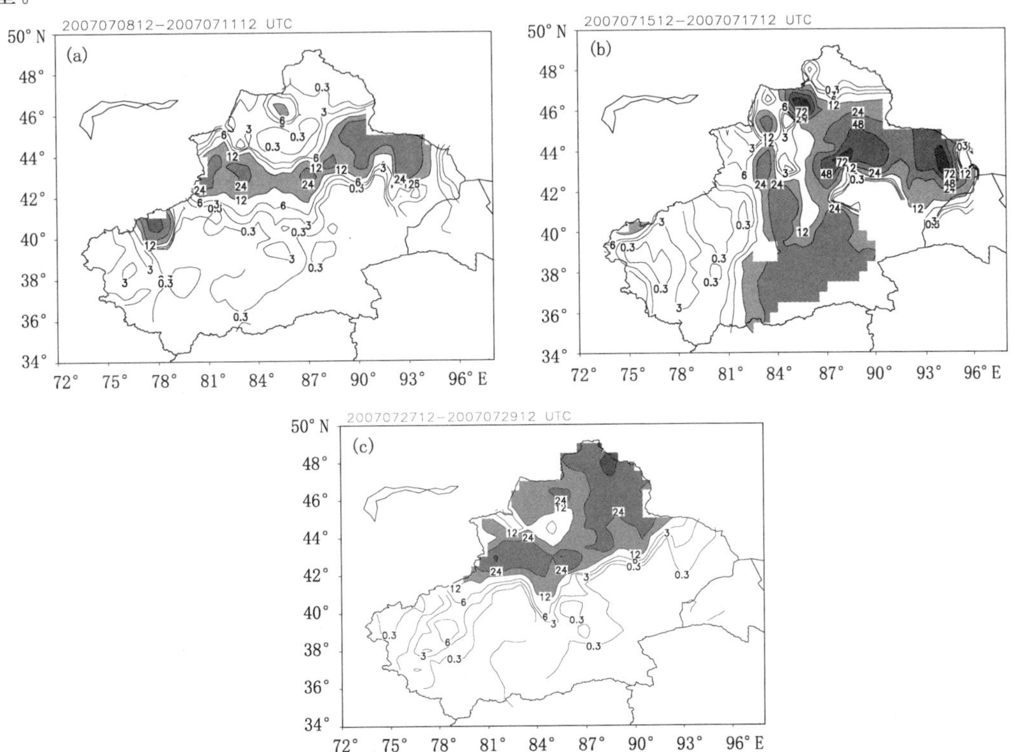

图8-30　2007年7月新疆3次暴雨过程降水分布(单位：mm，浅色和深色阴影表示大雨和暴雨范围)

3次暴雨过程的环流形势见图8-31，它们有一些共同特点：

850～100 hPa均出现主导系统乌拉尔脊；对流层深厚的中亚低涡东南移造成新疆降水；贝加尔湖或南侧高压脊维持，中高纬这两脊一槽的环流形势构成了大范围强降水的有利条件；对流层高层副热带西风急流呈西南向，急流北侧中亚地区气旋性切变形成中亚副热带大槽；同时，南亚高压呈双体型，一个中心位于伊朗高原，另一个位于青藏高原，脊线位于30°N附近，大尺度环流为大范围强降水提供了有利的条件。当然，3次过程的各环流系统位置、伸展方向、强度和相互配置是不同的。

3次过程的700 hPa风场见图8-32。可以发现，河西走廊或蒙古向新疆伸展的偏东低空急流(LLEJ)，与中亚的西风气流在新疆上空产生辐合，3次过程的强辐合区分别位于天山山区、新疆东部和北疆，恰好也是暴雨中心，表明LLEJ在新疆暴雨过程中扮演了非常重要的角色。

(2)天山山区暴雨过程水汽源地、输送路径和收支特征

700 hPa水汽通量(WVF)表明，暴雨发生前新疆上空为弱西方路径水汽输送(图8-33a)，这与气候平均是一致的。但8日在天山山区上空突然出现LLEJ并与西风气流汇合(图8-33b)，然后强辐合区沿天山山区自西向东移动，水汽通量散度最强出现于9日06UTC，达一

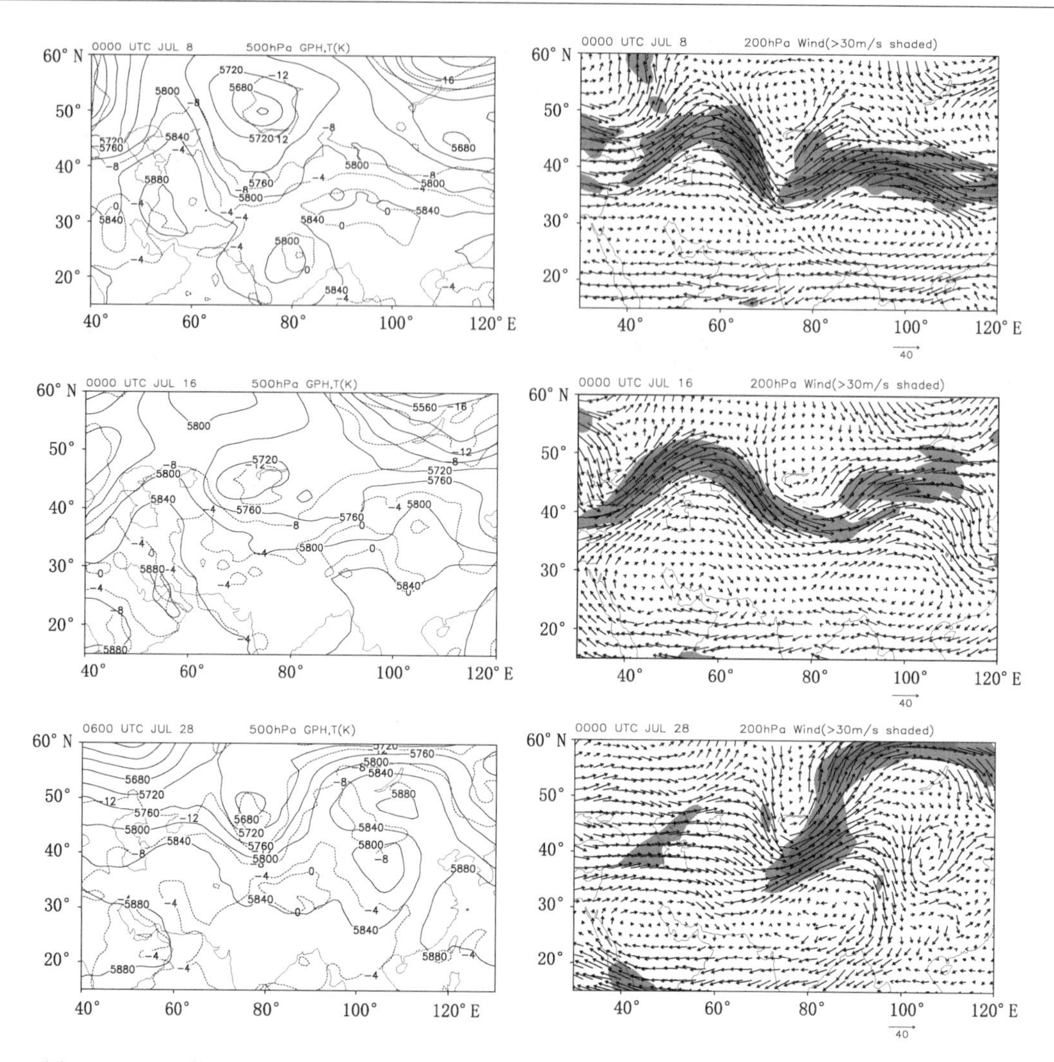

图 8-31　2007 年 7 月 3 次暴雨过程 500 hPa 位势高度场(gpm,实线)、温度场(℃,虚线)(左图)及 200 hPa 风场(阴影表示风速大于 30 m/s)(右图)

4.5×10^{-5} g·m^{-2}·s^{-1}(图 8-33d),暴雨也随强辐合区自西向东移动,辐合区消失暴雨也结束了。可以发现,LLEJ 部分来自于贝加尔湖。

500 hPa 水汽通量场表明,暴雨发生前随西风气流新疆为西方路径水汽输送,与气候平均一致。然而,暴雨发生前 12 h 随着新疆脊增强在青藏高原西部出现偏南水汽输送,这支水汽输送随新疆脊东移也自西向东移动。可以发现,这支来自青藏高原的偏南水汽输送伴随着暴雨过程,表明青藏高原水汽在一定的环流形势下可以向新疆输送并起着重要作用(见图 8-34)。

由于新疆周围地形复杂,这里用地面气压 p_s 计算对流层水汽通量,去除地形的影响。为了综合分析暴雨期间对流层总的水汽输送情况,分析地面至 300 hPa 垂直积分水汽通量。图 8-35 为暴雨最强时(2007 年 7 月 9 日 14 时)整层水汽通量场,存在 3 支异常水汽输送路径:随西风气流的西方路径水汽输送、来自青藏高原的偏南路径水汽输送以及低空偏东急流导致的来自贝加尔湖的偏东路径水汽输送。这 3 支水汽输送在天山山区上空汇合,辐合区随暴雨向东移动,最大水汽通量散度达 -7.0×10^{-5} g·m^{-2}·s^{-1}。整层水汽通量场综合表现了高、中、低层的水汽输送。

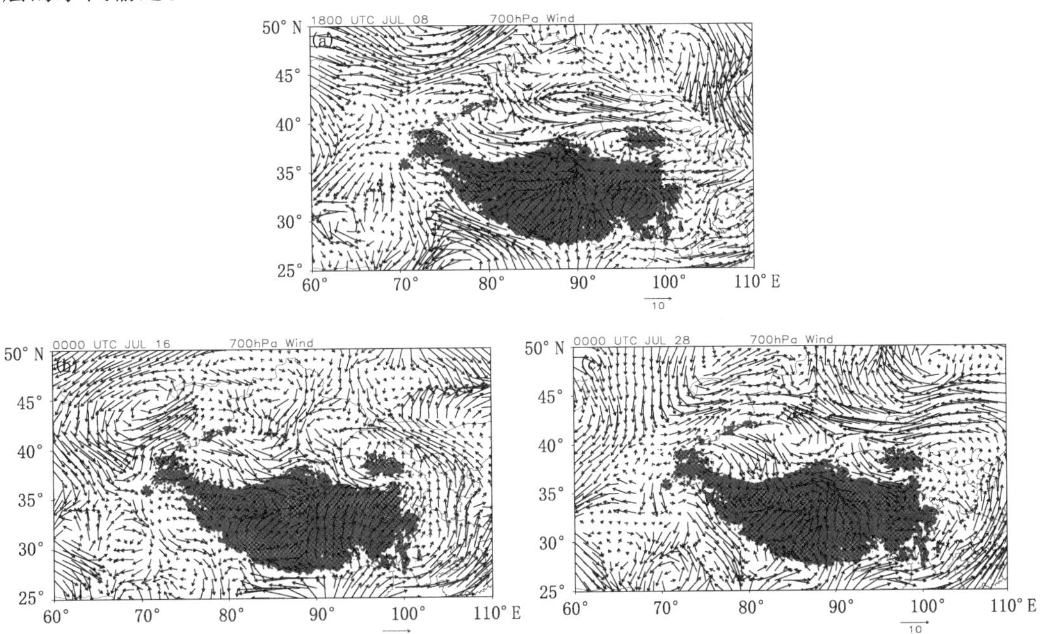

图 8-32　2007 年 7 月 3 次暴雨过程 700 hPa 风场(阴影区表示海拔 3000 m 的高原范围)

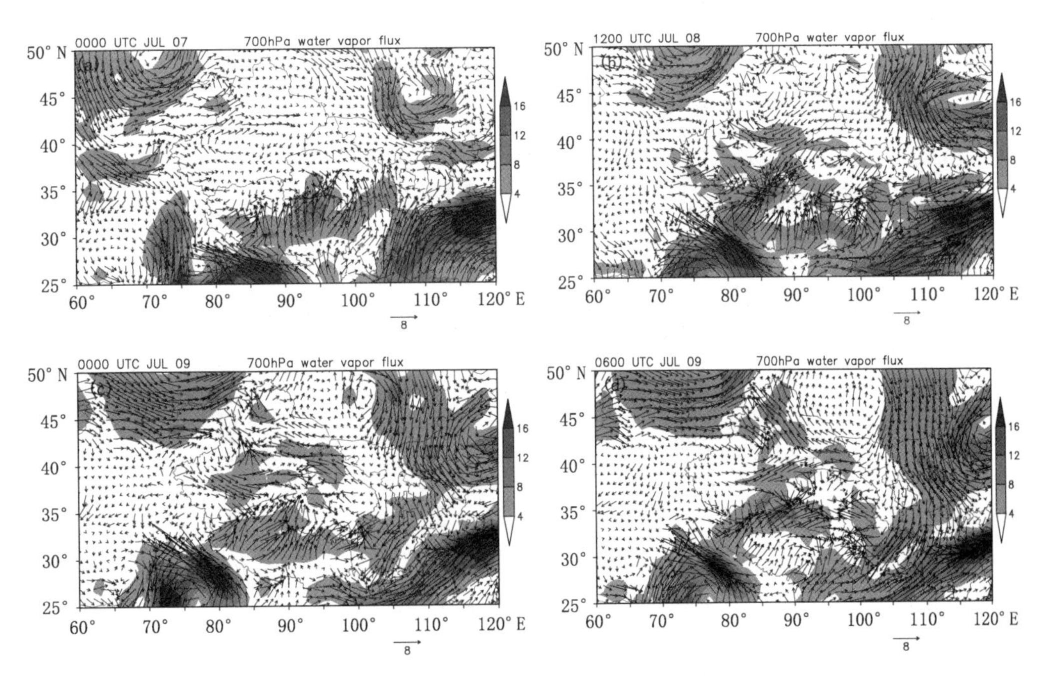

图 8-33　2007 年 7 月 7 日 00 UTC(a)、8 日 12 UTC(b)、9 日 00 UTC(c)和 9 日 06UTC(d)700 hPa 水汽通量场

(单位：g・s^{-1}・cm^{-1}・hPa^{-1}，阴影区表示水汽通量大于 4 g・s^{-1}・cm^{-1}・hPa^{-1})

暴雨过程每隔 6 小时对流层高、中、低层各边界水汽输送量见图 8-36，水汽输入主要有随西风气流的西边界、500 hPa 以上南边界和低空偏东急流导致的 500 hPa 以下东边界，7 日 20

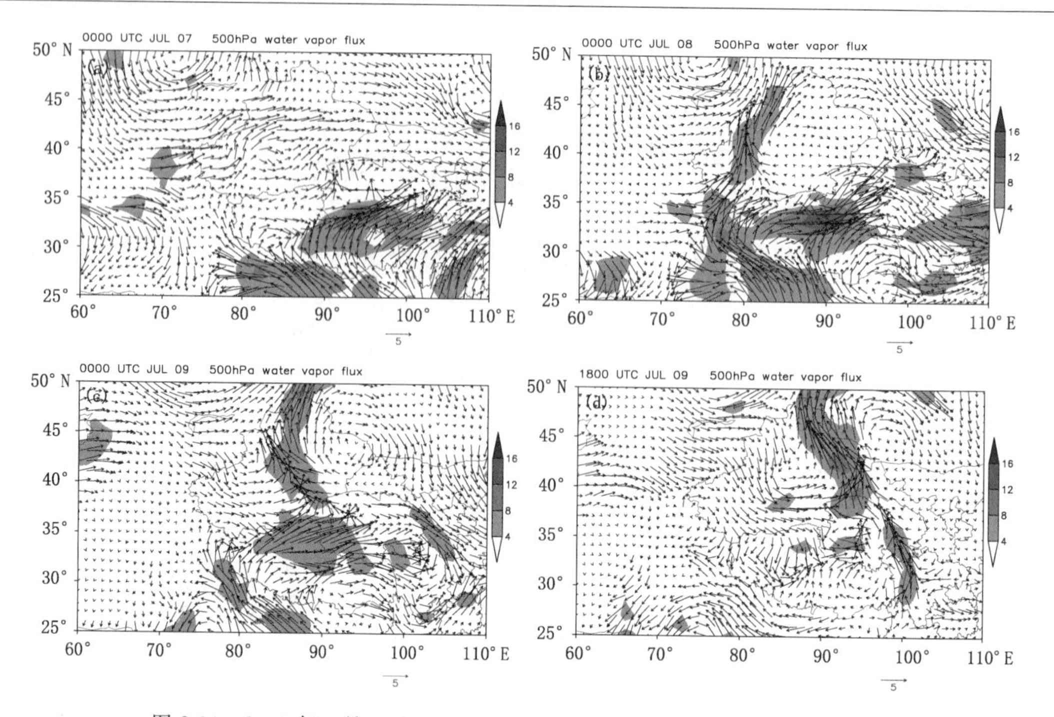

图 8-34 2007 年 7 月 7 日 00 UTC(a)、8 日 00UTC(b)、9 日 00 UTC(c)和 9 日 18 UTC(d)500 hPa 水汽通量场

（单位：g・s^{-1}・cm^{-1}・hPa^{-1}，阴影区表示水汽通量大于 4 g・s^{-1}・cm^{-1}・hPa^{-1}）

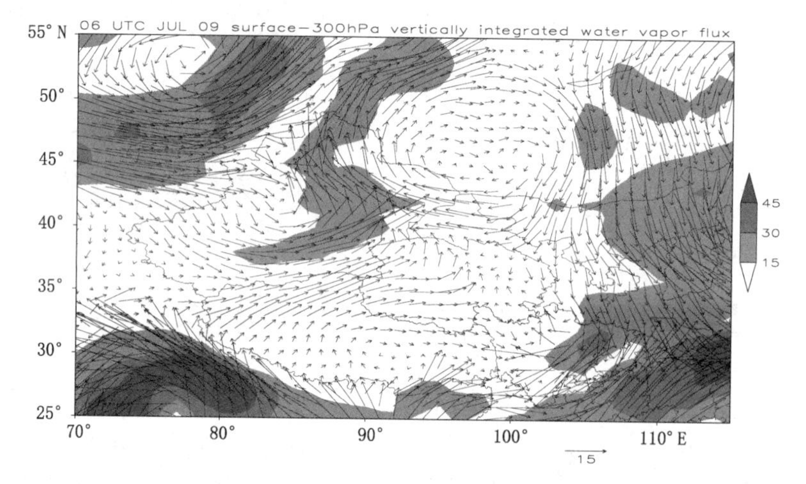

图 8-35 2007 年 7 月 9 日 14 时(北京时)地面至 300 hPa 垂直积分水汽通量场

（单位：g・s^{-1}・cm^{-1}・hPa^{-1}，阴影区表示水汽通量大于 15 g・s^{-1}・cm^{-1}・hPa^{-1}）

时至 10 日 20 时这三部分水汽输送量分别为 2.67×10^8 t、0.90×10^8 t 和 0.76×10^8 t。很明显，西边界的输送量最大，且随着暴雨的发生逐步增大，南边界和东边界水汽输送量之和为西边界的 62%，随着暴雨的结束它们的水汽输入也停止。这些计算结果与上述水汽通量矢量分析是一致的。水汽输出主要出现在 500 hPa 以上的东边界和 700 hPa 以上的北边界。

(3)新疆东部暴雨过程水汽源地、输送路径和收支特征

700 hPa 水汽通量场表明，在暴雨发生的初始阶段 15 日 14 时蒙古至华北的高压发展导

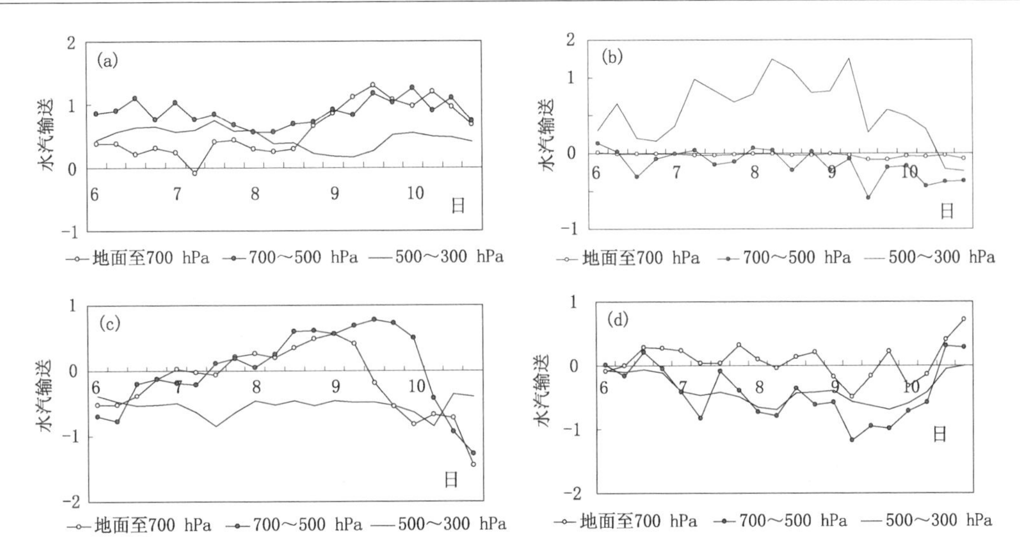

图 8-36　对流层高、中、低层每隔 6 h 各边界水汽输送量(正值表示输入，负值表示输出，单位：$10^9\ m^3$)
(a)西边界；(b)南边界；(c)东边界；(d)北边界

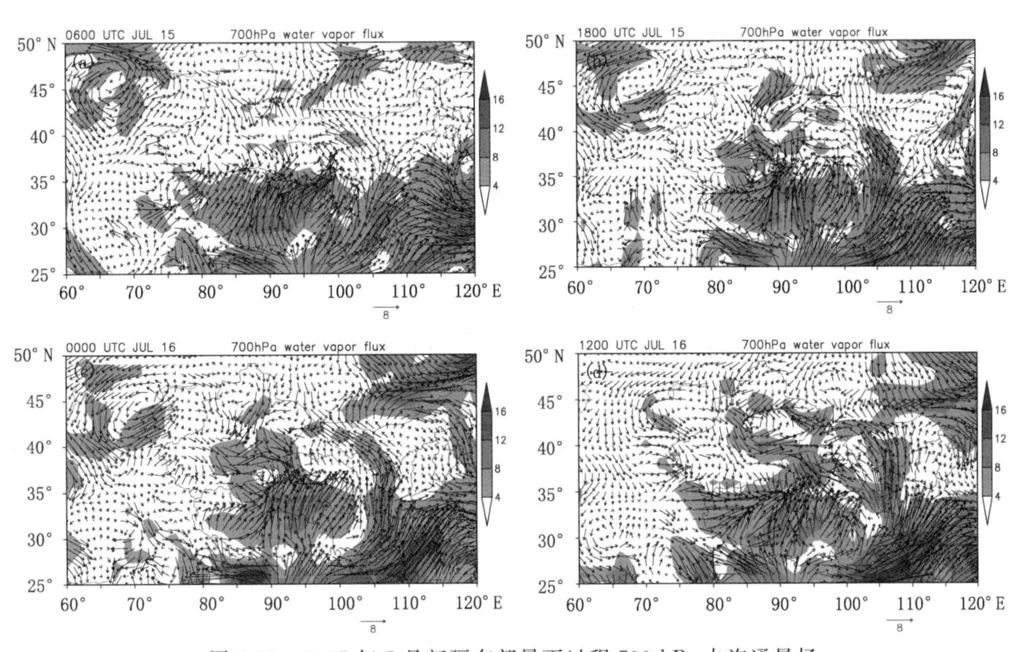

图 8-37　2007 年 7 月新疆东部暴雨过程 700 hPa 水汽通量场
(单位：$g \cdot s^{-1} \cdot cm^{-1} \cdot hPa^{-1}$，阴影区表示水汽通量大于 4 $g \cdot s^{-1} \cdot cm^{-1} \cdot hPa^{-1}$)
(a)15 日 06 UTC；(b)15 日 18 UTC；(c)16 日 00 UTC；(d)16 日 12 UTC

致河西走廊突然出现低空偏东急流，并向新疆输送少量水汽，随着华北高压发展从 16 日 02 时低空偏东急流增强，同时新疆出现天山中部、东疆和新疆东南部 3 个辐合中心，分别对应 3 个暴雨中心。由图 8-37 可见，偏东水汽来自于孟加拉湾，印度季风从孟加拉湾向东北输送大量水汽，其中一部分到达甘肃东部，在低空偏东急流的引导下向新疆输送。此外，西北风、东北风、西风和东风气流在新疆偏东地区汇合产生强降水，16 日 02 时天山中部出现最大水汽通量散度，达 $-6.0\times10^{-5} g \cdot m^{-2} \cdot s^{-1}$，从 16 日 14 时至 17 日 20 时中天山至东天山和新疆东南部出现强水汽通量辐合区，与暴雨中心一致。上述分析表明，孟加拉湾水汽在一定环流条件下能向新疆传输，并影响新疆暴雨的形成。

从大尺度环流看，强降水期间印度至新疆为平均槽区，500 hPa 水汽通量表现为青藏高原向北的水汽输送。14 日 08 时至 15 日 08 时在新疆东部脊的引导下，青藏高原水汽向新疆输送使得新疆上空增湿，随着中亚低涡的东移水汽呈西南向输送，这进一步表明在一定的环流形势下青藏高原水汽能向北输送进入新疆(见图 8-38)。

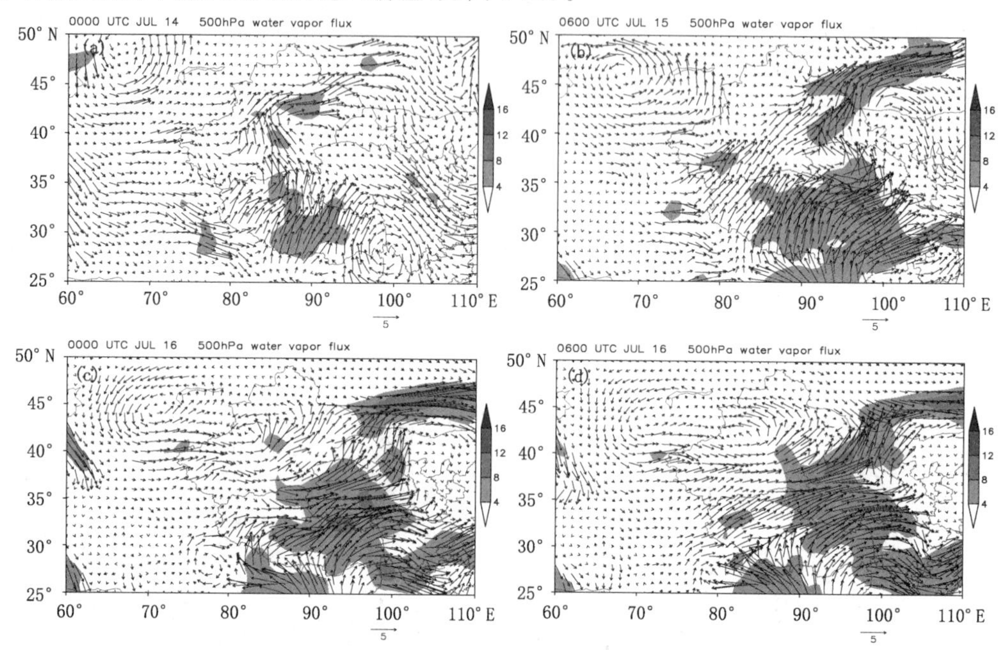

图 8-38　2007 年 7 月新疆暴雨期间 500 hPa 水汽通量场

(单位：$g \cdot s^{-1} \cdot cm^{-1} \cdot hPa^{-1}$，阴影区表示水汽通量大于 4 $g \cdot s^{-1} \cdot cm^{-1} \cdot hPa^{-1}$)

(a)14 日 00 UTC；(b)15 日 06 UTC；(c)16 日 00 UTC；(d)16 日 06 UTC

暴雨过程中 500 hPa 以上东边界有大量水汽输出，如果垂直积分到 300 hPa，东边界低层水汽输入被高层的输出抵消，因此这里讨论地面至 500 hPa 垂直水汽积分。由图 8-39 可见，存在西北、东北、西方和东方 4 支水汽输送路径，水汽辐合区位于西天山、东天山和新疆东南部，水汽通量散度分别达 -5.5×10^{-5} $g \cdot m^{-2} \cdot s^{-1}$、$-5.2\times10^{-5}$ $g \cdot m^{-2} \cdot s^{-1}$ 和 -14.0×10^{-5} $g \cdot m^{-2} \cdot s^{-1}$，对应于 3 个暴雨中心。这与 700 hPa 水汽输送路径非常一致。偏东的水汽输送源自于孟加拉湾和阿拉伯海，印度季风向东北方向输送充沛的水汽，其中一部分在低空偏东急流的引导下向新疆输送，500 hPa 以上存在青藏高原向新疆的水汽输送。

对流层各层各边界每隔 6 h 水汽输送量见图 8-40，水汽输入主要有 500 hPa 以下西边界、500 hPa 以上南边界、700 hPa 以下北边界和 500 hPa 以下东边界，7 月 15 日 08 时至 18 日 02 时这四个边界的水汽输入量分别为 1.07×10^{8} m^3、0.91×10^{8} m^3、0.60×10^{8} m^3 和 0.25×10^{8} m^3。虽然西边界的输入最多，但南边界输入量接近西边界，北边界和东边界输入量之和为西边界的 79.8%，东、南和北边界水汽输入量之和达 1.76×10^{8} m^3，远远超出西边界输入量，此外西边界输入量随着暴雨持续是减小的。上述表明，在此类暴雨过程中东、南、北边界水汽输入扮演了重要角色，尤其青藏高原的偏南水汽输入是非常充沛的。

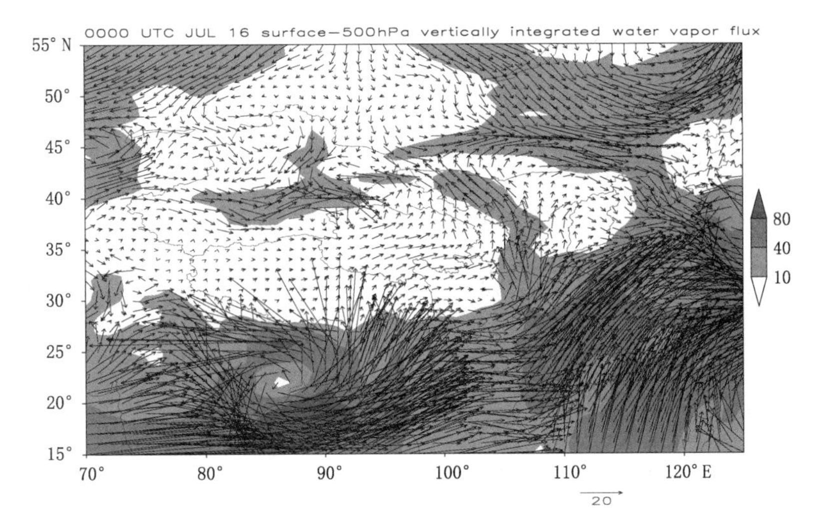

图 8-39　2007 年 7 月 16 日 08 时地面至 500 hPa 垂直积分水汽通量场

（单位：g・s^{-1}・cm^{-1}・hPa^{-1}，阴影区表示水汽通量大于 10 g・s^{-1}・cm^{-1}・hPa^{-1}）

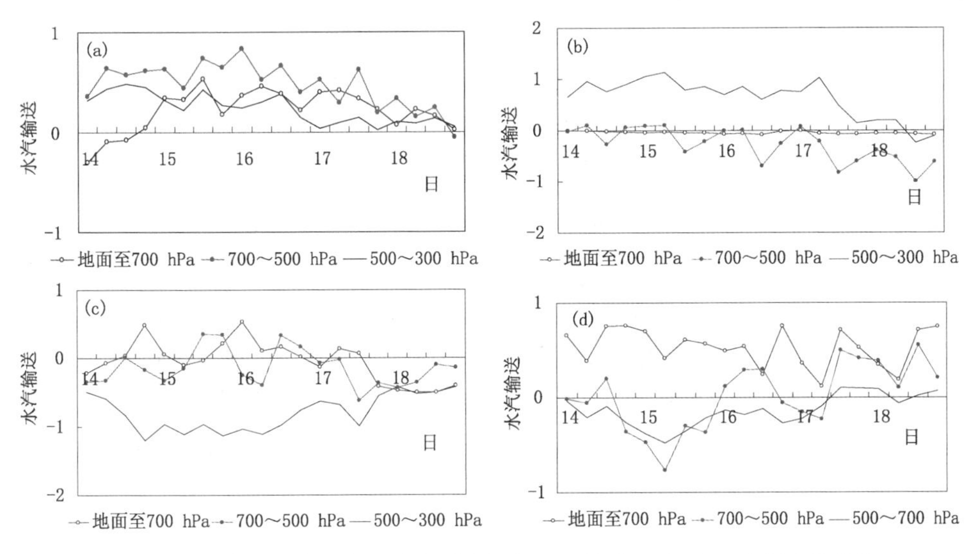

图 8-40　2007 年 7 月新疆暴雨期间对流层高、中、低层每隔 6 h 各边界水汽输送量

（正值表示输入，负值表示输出，单位：10^9 m^3）

(a)西边界；(b)南边界；(c)东边界；(d)北边界

(4)新疆北部暴雨过程水汽源地、输送路径和收支特征

700 hPa 水汽通量表明，暴雨开始前低空偏东急流出现并引导贝加尔湖水汽向新疆输送，低空偏东急流逐渐增强并与中亚地区西风气流交汇于北疆地区，东、西风气流交汇辐合区逐渐东移导致强降水持续并逐渐东移，28 日 08 时在天山中部和北疆出现了最大水汽通量散度，达 -4.5×10^{-5}g・m^{-2}・s^{-1}。同时，东亚气候平均场热带有三支水汽输送，一支为印度季风引导孟加拉湾和阿拉伯海的充沛水汽向中国东部地区输送，第二支为东亚季风引导热带太平洋水汽向中国东部输送，第三支为 105°～150°E 跨赤道气流向中国输送水汽，这是三支中最弱的。这三支水汽汇合于中国东部并加强然后继续向北方 40°N 输送，但 28 日 14 时开始这部分

水汽在贝加尔湖高压的作用下向西输送并与来自于贝加尔湖水汽汇合，在低空偏东急流的引导下向新疆输送(见图 8-41)。由此可以推断，在贝加尔湖阻塞高压西移和西太平洋副热带高压北扩的共同作用下，孟加拉湾、南海和热带西太平洋上丰沛水汽的一部分能向新疆输送，这一点与上述天山山区暴雨和新疆东部暴雨过程水汽输送有所不同。

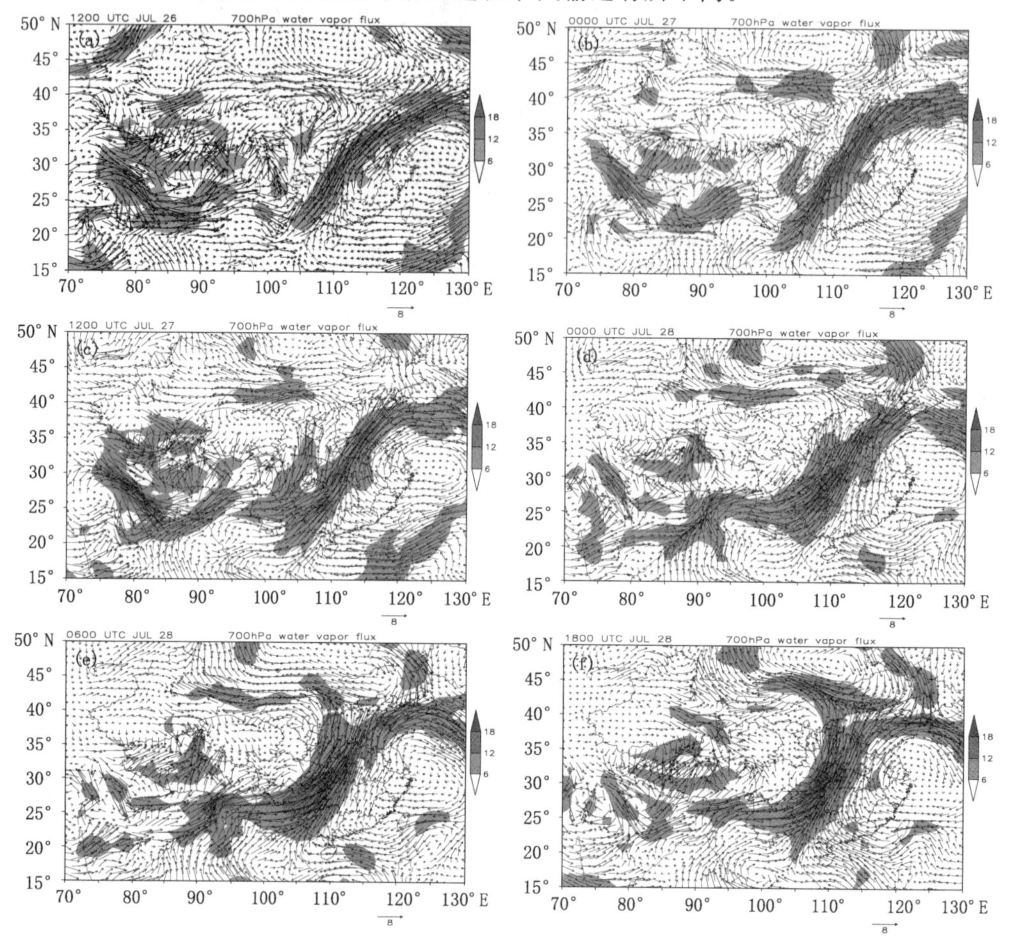

图 8-41 2007 年 7 月新疆暴雨期间 700 hPa 水汽通量场

(单位：$g \cdot s^{-1} \cdot cm^{-1} \cdot hPa^{-1}$，阴影区表示水汽通量大于 6 $g \cdot s^{-1} \cdot cm^{-1} \cdot hPa^{-1}$)

(a)26 日 12 UTC；(b)27 日 00 UTC；(c)27 日 12 UTC；(d)28 日 00 UTC；(e)28 日 06 UTC；(f)28 日 18 UTC

500 hPa 水汽通量(图 8-42)表明，存在两支水汽输送路径：西风路径和来自于青藏高原的南方路径。这两支气流在新疆汇合并在暴雨区形成强辐合，强辐合区自西向东移动，暴雨区也自西向东移动。再一次强调，青藏高原水汽不仅能向新疆输送，而且能与西风气流产生辐合，为暴雨产生提供有利的水汽和动力条件。

暴雨强盛期的 7 月 28 日 14 时地面至 300 hPa 垂直积分水汽通量场(图 8-43)表明，有 3 支异常水汽输送路径，一支为众所周知的随西风气流的西方路径，一支为来自青藏高原的偏南路径，第三支为低空偏东急流导致的偏东路径。偏东路径水汽有四部分：强贝加尔湖高压脊引导的来自于贝加尔湖的偏东水汽输送，以及向南追溯到低纬孟加拉湾、南海和热带西太平洋的水汽输送。低纬水汽向北输送汇聚于中国东部，在低空偏东急流的引导下部分向西传输并与

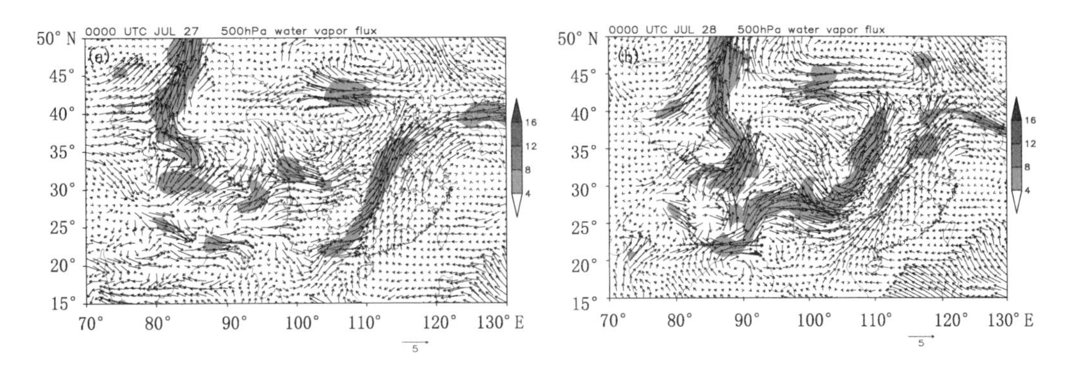

图 8-42　2007 年 7 月新疆暴雨期间 500 hPa 水汽通量场

（单位：$g \cdot s^{-1} \cdot cm^{-1} \cdot hPa^{-1}$，阴影区表示水汽通量大于 4 $g \cdot s^{-1} \cdot cm^{-1} \cdot hPa^{-1}$）

(a)27 日 00 UTC；(b)28 日 00 UTC；

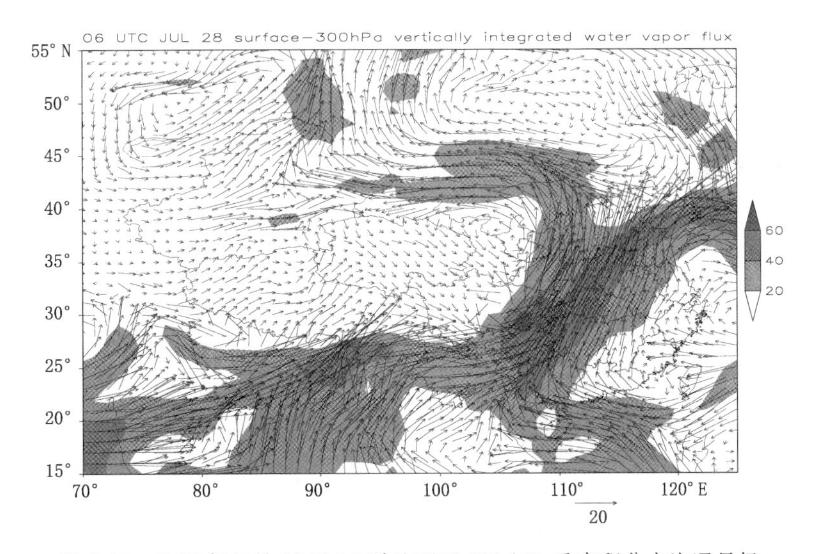

图 8-43　2007 年 7 月 28 日 14 时地面至 300 hPa 垂直积分水汽通量场

（单位：$g \cdot s^{-1} \cdot cm^{-1} \cdot hPa^{-1}$，阴影区表示水汽通量大于 20 $g \cdot s^{-1} \cdot cm^{-1} \cdot hPa^{-1}$）

贝加尔湖水汽汇合然后向新疆输送。由图可见，偏东水汽通量矢量远大于西方和南方路径，这与低层水汽输送路径相似，是由于大气水汽主要集中于低层，垂直积分的水汽通量很大部分由低层贡献所致。上述表明，在高、中、低纬环流系统配合下印度季风和东亚季风能影响新疆地区暴雨的形成。

7 月 25 日 08 时至 31 日 02 时各层各边界每隔 6 h 水汽输送量见图 8-44，500 hPa 以下西边界和东边界有大量的水汽输入，500 hPa 以上南边界和 700 hPa 以下北边界有少量水汽输入，27 日 08 时至 29 日 20 时西边界、东边界、南边界和北边界水汽输入量分别为 1.16×10^8 m^3、1.39×10^8 m^3、0.29×10^8 m^3 和 0.18×10^8 m^3，东边界的水汽输入量大于西边界。暴雨开始前一天突然出现 500 hPa 以下东边界水汽输入，同时随着暴雨持续西边界水汽输入逐渐减弱，表明东边界水汽输入起到了重要作用。

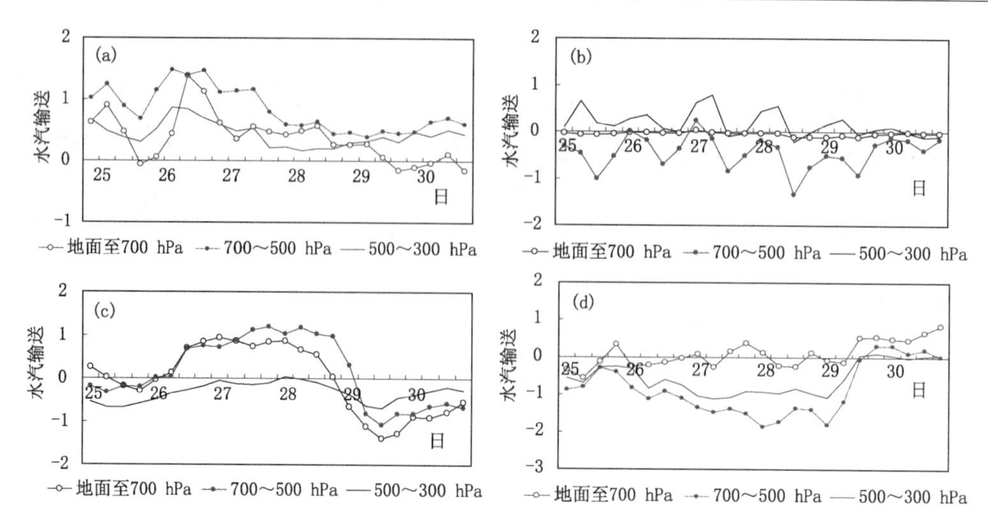

图 8-44　2007 年 7 月 25—31 日新疆暴雨期间对流层高、中、低层每隔 6 h 各边界水汽输送量

（正值表示输入，负值表示输出，单位：10^9 m^3）

(a)西边界；(b)南边界；(c)东边界；(d)北边界

8.4.2　暴雨水汽来源的数值模拟

(1)轨迹模式

使用模式为美国 NOAA 开发的供质点轨迹、扩散及沉降分析用的综合模式系统(HYSPLIT)。模式基于拉格朗日方法，采用地形坐标，水平网格与输入的气象场相同，垂直方向分为 28 层。

(2)资料

驱动轨迹模式(HYSPLIT)的 NCEP 再分析资料。逐日的 ARL 数据，时间分辨率为 6 h 一次，水平分辨率为 2.5°×2.5°，包括 1000～10 hPa 共 17 层的位势高度、温度、纬向风、经向风、垂直速度，1000～300 hPa 各层比湿。

(3)通道水汽贡献率的计算

定义：

$$Q_s = \left(\sum_1^m q_{\text{last}} \Big/ \sum_1^n q_{\text{last}}\right) \times 100\%$$

式中，Q_S 表示通道水汽贡献率，q_{last} 表示通道上最终位置的比湿，m 表示通道所包含轨迹条数，n 表示轨迹总数。

(4)计算方案及结果

暴雨个例 1：

时间：2004 年 7 月 17—21 日

目标区域：40°～45°N，80°～90°E。水平分辨率：1°×1°，整个模拟空间的轨迹初始点为 66 个。垂直高度：700 hPa 为模拟的初始高度((彩)图 8-45)。

本个例模式计算共得到 1584 条轨迹：通道 1 轨迹条数 500，占 32%；通道 2 轨迹条数 739，占 47%；通道 3 轨迹条数 345，占 22%。

2004 年 7 月新疆暴雨的水汽输送通道主要有 3 条，水汽输送贡献分别占 21%、53%、26%(图 8-46～图 8-48)：

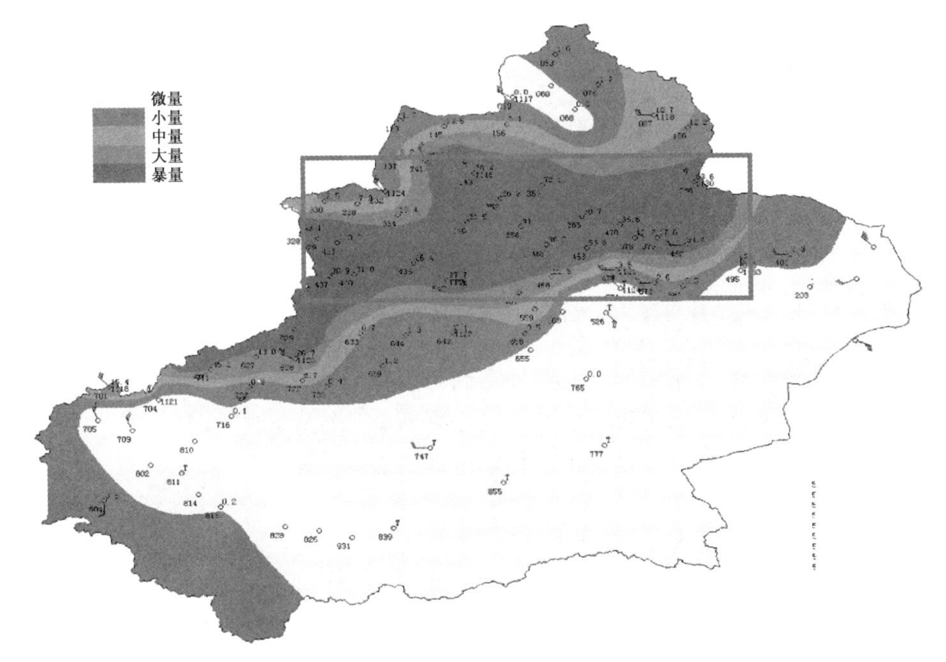

图 8-45　2004 年 7 月 17—21 日新疆降水实况

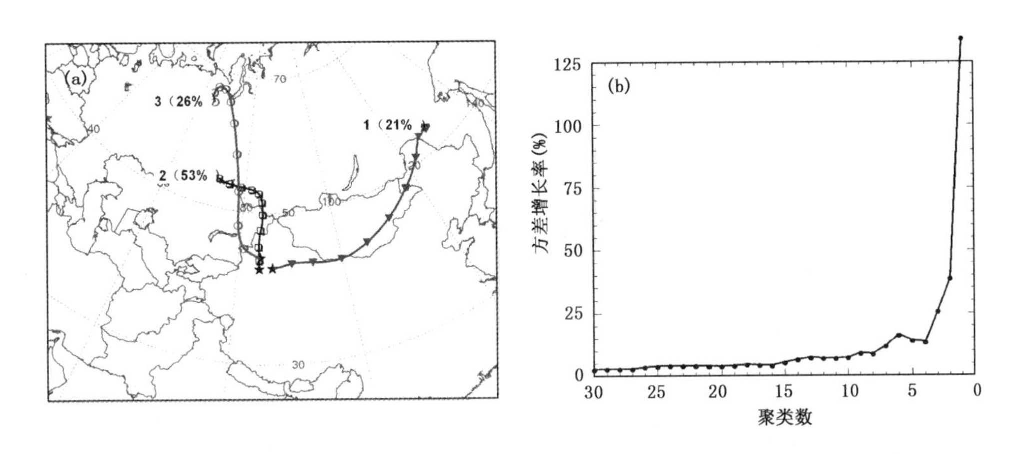

图 8-46　2004 年 7 月新疆暴雨水汽通道空间分布(a)和水汽输送轨迹聚类空间方差增长率(b)

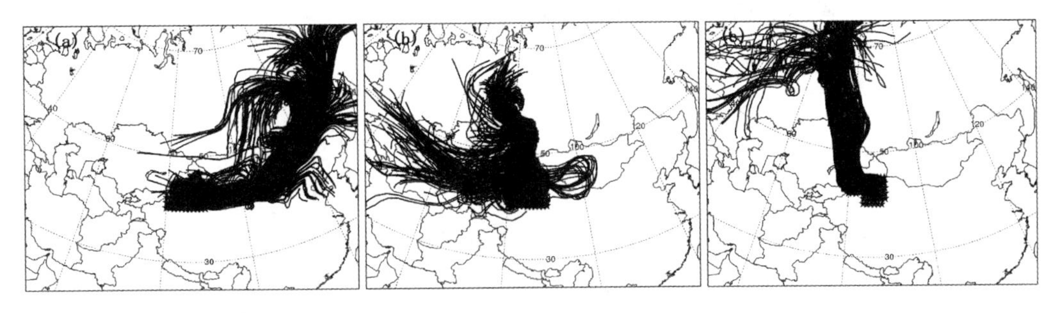

图 8-47　2004 年 7 月新疆暴雨水汽输送通道 1(a)、水汽输送通道 2(b)、水汽输送通道 3(c)轨迹

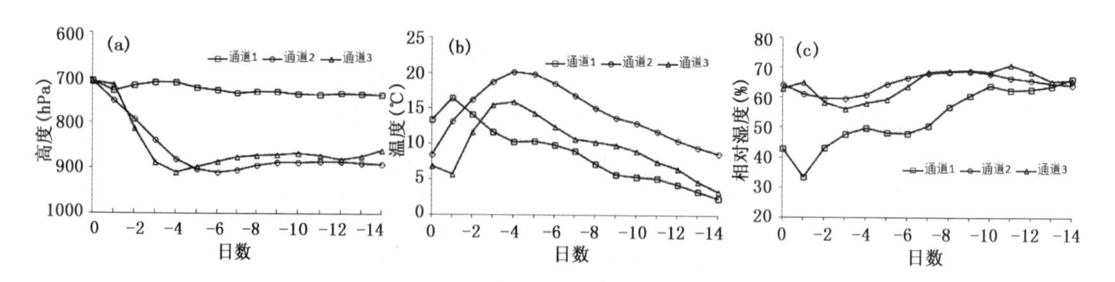

图 8-48 2004 年 7 月新疆暴雨水汽输送通道高度(a)、温度变化(b)、相对湿度(c)变化

1)来自东西伯利亚的气流经蒙古向西输送到新疆地区；

2)额尔齐斯河附近的气流越过阿尔泰山输送到新疆地区；

3)西西伯利亚以北的气流经过巴尔喀什湖东部输送到新疆地区；

暴雨个例 2：

时间：2010 年 7 月 28 日至 8 月 1 日

目标区域：40°～45°N，80°～85°E；35°～40°N，75°～85°E。水平分辨率：1°×1°，整个模拟空间的轨迹初始点为 96 个。垂直高度：700 hPa 为模拟的初始高度((彩)图 8-49)。

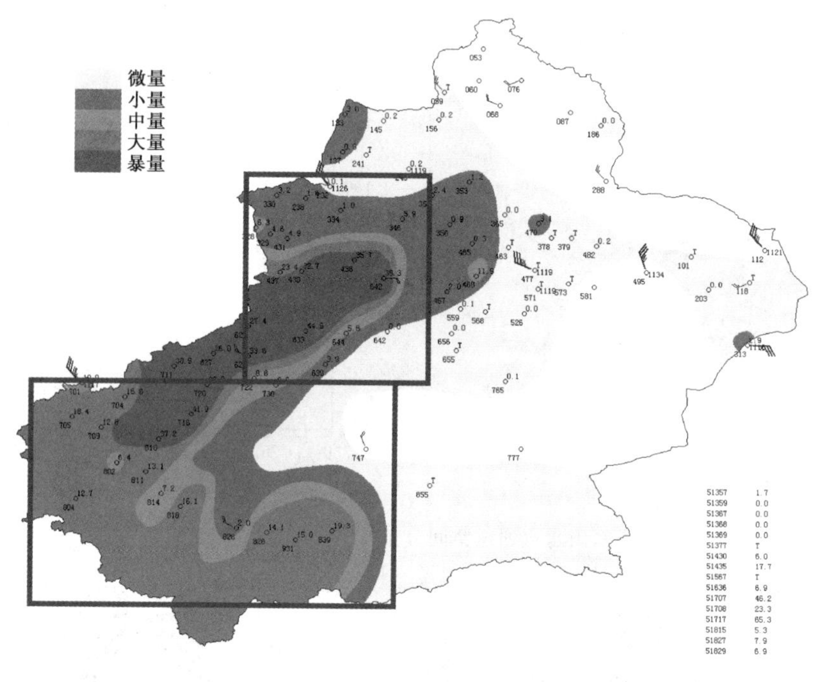

图 8-49 2010 年 7 月 28 日至 8 月 1 日新疆暴雨降水实况

本次模式计算共得到 1920 条轨迹：通道 1 轨迹条数 637，占 33％，通道 2 轨迹条数 926，占 48％，通道 3 轨迹条数 238，占 12％，通道 4 轨迹条数 119，占 6％(图 8-50)。

2010 年 7 月新疆暴雨的水汽输送通道主要有 4 条，分为南北两大支，其中来自北方的有三条，南方的有一条。第一条通道源自额尔齐斯河中部，沿该河流域经阿尔泰山西侧进入新疆地区，水汽输送约占 36％；第二条通道的源地始于新地岛北部，途径鄂毕河流域，从阿尔泰山西侧进入新疆地区，该条通道水汽输送最多，达到 45％；第三条通道来自遥远的挪威海，经乌

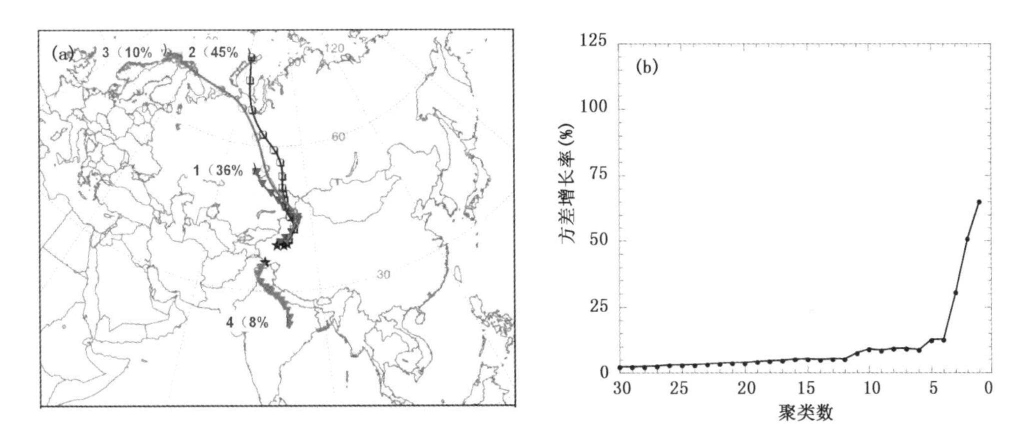

图 8-50　水汽通道空间分布(a)和水汽输送轨迹聚类空间方差增长率(b)

拉尔山北侧、西西伯利亚平原、额尔齐斯河流域到达新疆地区，水汽输送 10%左右；第四条通道，也是惟一来自新疆以南的水汽输送，始于印度半岛，沿喜马拉雅山脉南侧北上进入新疆南部地区，水汽输送约占 8%(图 8-51～8-52)。

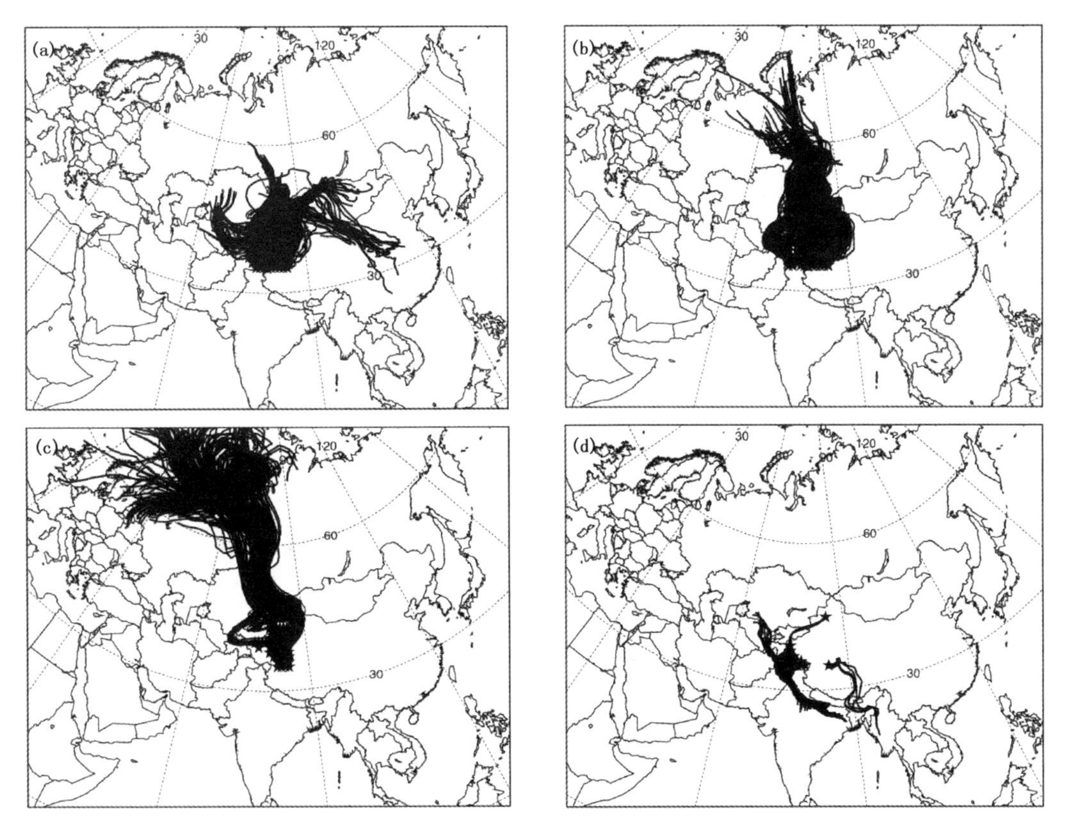

图 8-51　水汽输送通道 1 轨迹(a)、通道 2 轨迹(b)、通道 3 轨迹(c)和通道 4 轨迹(d)

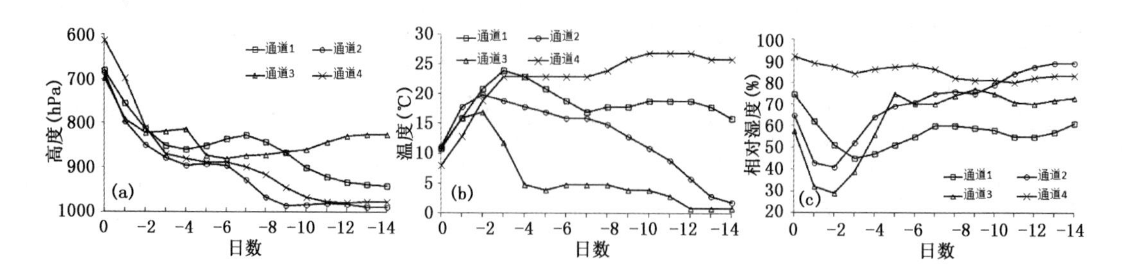

图 8-52　水汽输送通道高度变化(a),水汽输送通道温度变化(b)和水汽输送通道相对湿度变化(c)

第 9 章　降水异常与外强迫因子的关系

9.1　新疆北部夏季降水与海温异常的关系

海气相互作用已公认为气候问题的一个核心内容。大量事实和理论研究表明，海洋在几乎所有时间尺度的气候变化中起重要作用，海洋的变化对大气环流和气候的年际变化具有突出贡献。人们认识到太平洋、印度洋海温异常对我国气候的影响，如与东北低温、东部汛期降水、西太平洋台风、西太平洋副热带高压的关系研究等。钱正安等(2001)对西北干旱气候背景及成因进行了系统的总结，得出西北干旱气候形成的概念模型，即远离海洋和青藏高原地形造就了西北干旱气候的背景，而青藏高原地形的热力、动力作用连同盛行环流的年际变化等又造成了干旱区相对干、湿年的变化。这里研究讨论影响新疆北部夏季降水年际变化的海温敏感区，并进一步分析降水异常与海温异常之间的前期异常信号。

图 9-1 里中间的一条虚线为 5 年滑动平均曲线，上下两条虚线分别为超出和低于 1 个标准差。这里的标准差是根据每年夏季降水量减去滑动平均后计算出来的。

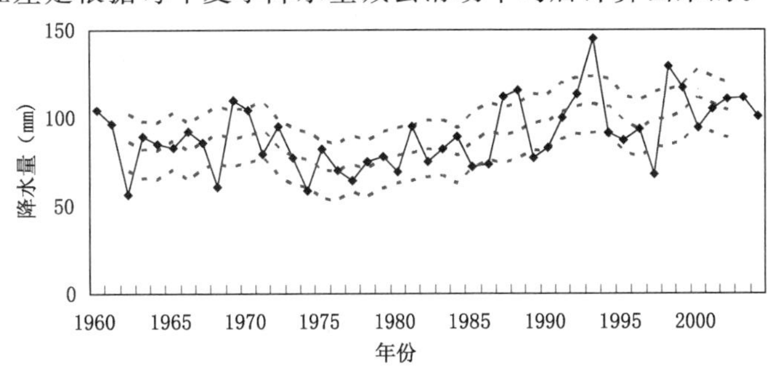

图 9-1　新疆北部 1960—2004 年夏季降水量变化

(1)新疆北部夏季降水量的年际变化与海温关系

新疆北部夏季降水与前期冬季(前一年 11 月至次年 2 月，NDJF)、前期春季(3—5 月，MAM)和同期夏季(6—8 月，JJA)海温的相关分布见图 9-2。由图可见，冬季通过 0.01 信度水平检验的主要相关区为南半球热带中太平洋和北大西洋。春季海温显著相关区明显增大，主要为 20°S 以北的印度洋(包括阿拉伯海和孟加拉湾)、西太平洋暖池及黑潮区、赤道中东太平洋，相关系数达 0.5 以上(通过 0.001 信度水平检验)，同时还出现了热带大西洋高相关区，这种海温分布为冬季典型 ENSO(恩索，厄尔尼诺—南方涛动的缩写)盛期分布型(宗海峰等，2008)，各海温区温度分布表现为一种锁定关系。夏季，北印度洋显著相关区明显减小，主要为阿拉伯海和赤道东印度洋区，赤道中东太平洋显著相关区消失，而北大西洋和热带大西洋显著相关区维持。可见，新疆北部夏季降水与冬季海温异常关系很弱，而与春季海温关系最密切，春季海温异常表现为冬季ENSO盛期分布型，这种分布异常维持时间仅3个月左右，到夏季则消失。

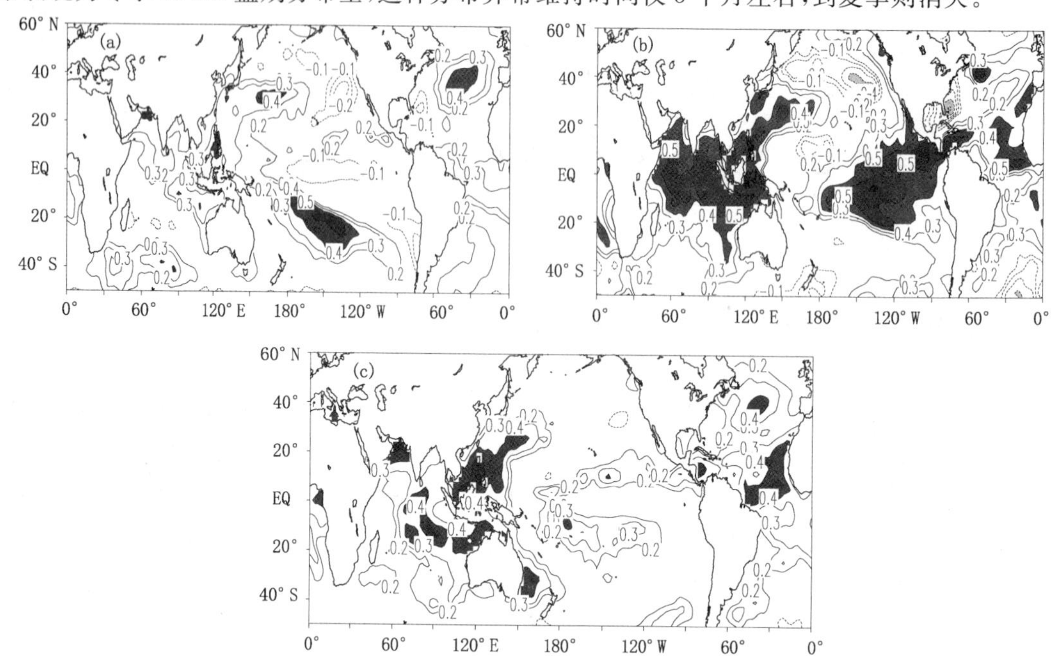

图9-2 新疆北部夏季降水与前期冬季(a)、前期春季(b)和同期夏季(c)海温相关系数分布
(阴影区表示统计信度水平超过0.01的区域)

一般认为，ENSO事件秋季型赤道中东太平洋海温异常多开始于7—8月，春季型赤道中东太平洋海温异常多开始于5月，冬季发展到盛期，海温持续异常超过6个月为一次ENSO事件，而新疆夏季降水仅与春季海温异常密切联系，可见新疆夏季降水与ENSO事件关系不密切，与我国长江流域夏季降水受ENSO海温外强迫影响有显著差异，而主要受春季热带印度洋、热带太平洋和热带大西洋海温异常的影响，这些区域春季海温偏高，夏季新疆北部降水将明显偏多，反之则偏少。因此，春季通过0.001信度水平检验的海温区海温异常信号可以作为夏季降水预测的前期信息。综合前冬到夏季海温显著相关区的情况，给出了5个海温异常敏感区(图9-3)，分别为热带印度洋(N-IND, 20°S～20°N,60°～110°E,包括阿拉伯海和孟加拉湾)、西太平洋暖池及黑潮区(W-P, 0～30°N, 110°～150°E)、热带中东太平洋(ME-P, 5°S～5°N, 150°～80°W)、北大西洋(N-A, 30°～50°N, 60°～20°W)和热带大西洋(TR-A, 0～20°N, 60°～20°W)。

为了更好地分析新疆北部夏季降水与敏感区海温的关系，给出了5个敏感区域平均海温与新疆北部夏季降水逐月相关系数(图9-4)。从1月开始到夏季，北印度洋海温与新疆北部夏季降水为显著正相关，通过0.01的统计信度水平检验，1—5月相关较其他时期高，通过0.001的统计信度水平检验，3月达最大，为0.6；而西太平洋暖池和黑潮区海温从1月开始一直保持显著正相关，5月达到最大的0.5；北大西洋海温2—5月呈显著正相关，4月最大，为0.44；热带大西洋海温3—6月呈显著正相关；热带中东太平洋2—5月呈显著正相关。可见，各敏感区海温从前冬后期到春季与新疆夏季降水关系显著，其中3—4月最显著，北印度洋海区与新疆降水关系最密切。与上述季平均相关分布一致，有了夏季降水与前期海温的关系，我们就可以用前期特定区域的海温异常来预测夏季新疆北部降水趋势，为短期气候预测提供新的因子。

新疆夏季降水异常偏少年和偏多年1个标准差的海温分布状况如图9-5所示。降水异常

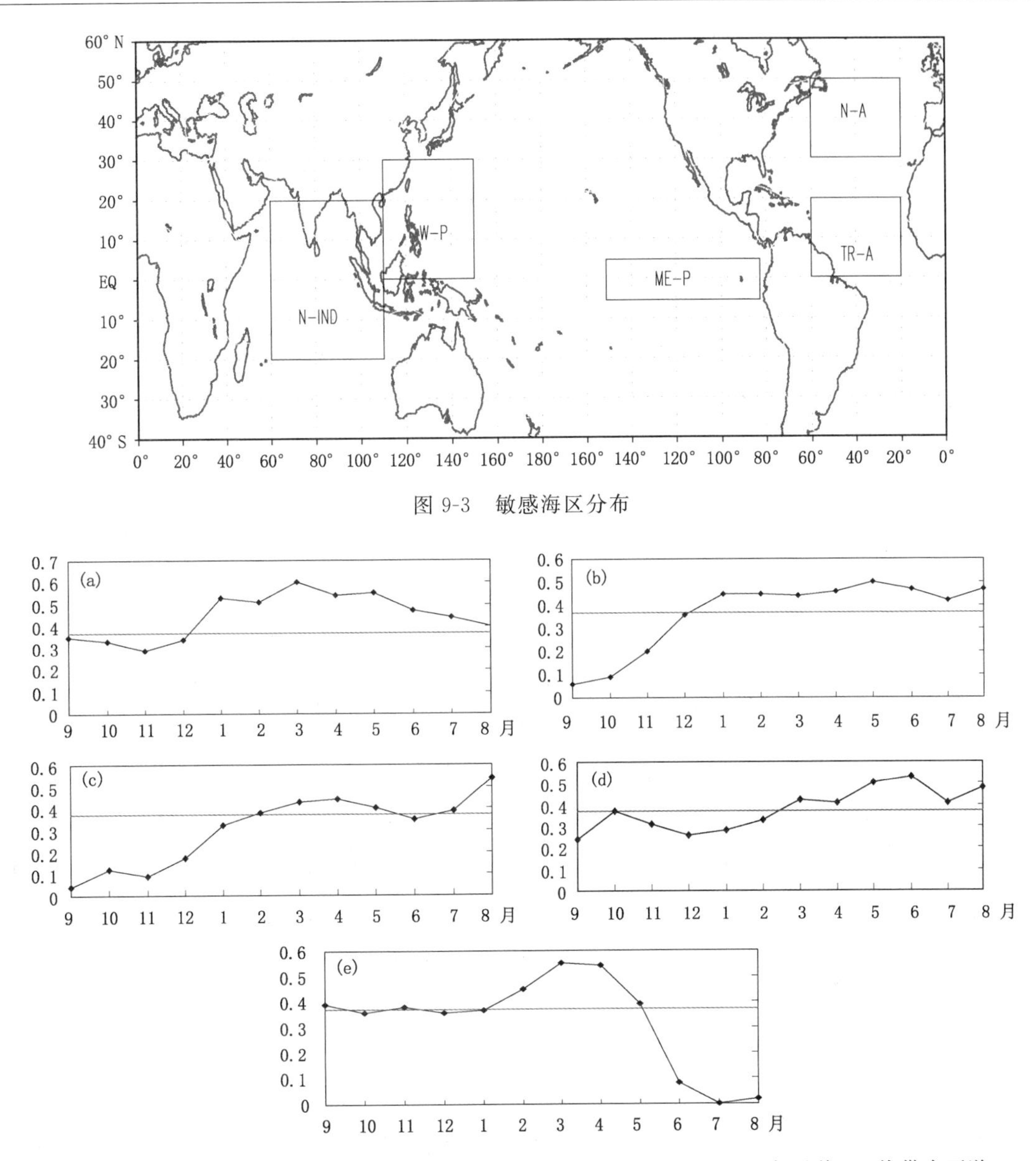

图 9-3　敏感海区分布

图 9-4　新疆北部夏季降水与北印度洋(a)、西太平洋暖池及黑潮区(b)、北大西洋(c)、热带大西洋(d)及热带中东太平洋(e)逐月海温相关系数(图中横线表示统计信度水平达到 0.01)

偏多年前冬赤道以北印度洋为正距平，最大在阿拉伯海，达 0.2℃，西太平洋暖池和黑潮区为正距平，最大达 0.4℃，而赤道中东太平洋为负距平，中太平洋最强为－0.6℃，北太平洋海温呈负距平，最强达－0.5℃，其他海区海温异常不显著；春季北印度洋正距平区有所扩大，强度有所增强，达 0.5℃，西太平洋暖池区范围和幅度变化不大，但赤道中东太平洋则由负距平变为正距平，最大正距平在 Nino－1 区达 1℃，北太平洋海温仍呈负距平，最强达－0.8℃；夏季海温异常明显减弱，北印度洋和西太平洋海温仍为正距平，但赤道中东太平洋则由正距平变为负距平，北太平洋海温维持负距平，最强仍达－0.8℃。由上述分析可见，赤道中东太平洋海温异常导致 ENSO 事件的海区在新疆夏季降水异常中表现很特别，仅在春季出现异常，表明新疆夏季降水与 ENSO 事件关系不密切，值得深入研究。降水偏少年海温分布基本相反，但异常幅度偏弱，这进一步表明，新疆夏季降水异常时春季热带印度洋、西太平洋暖池和黑潮区、赤道中东太平洋海温表现为强的同位向异常，而冬季和夏季同期海温则无明显异常。

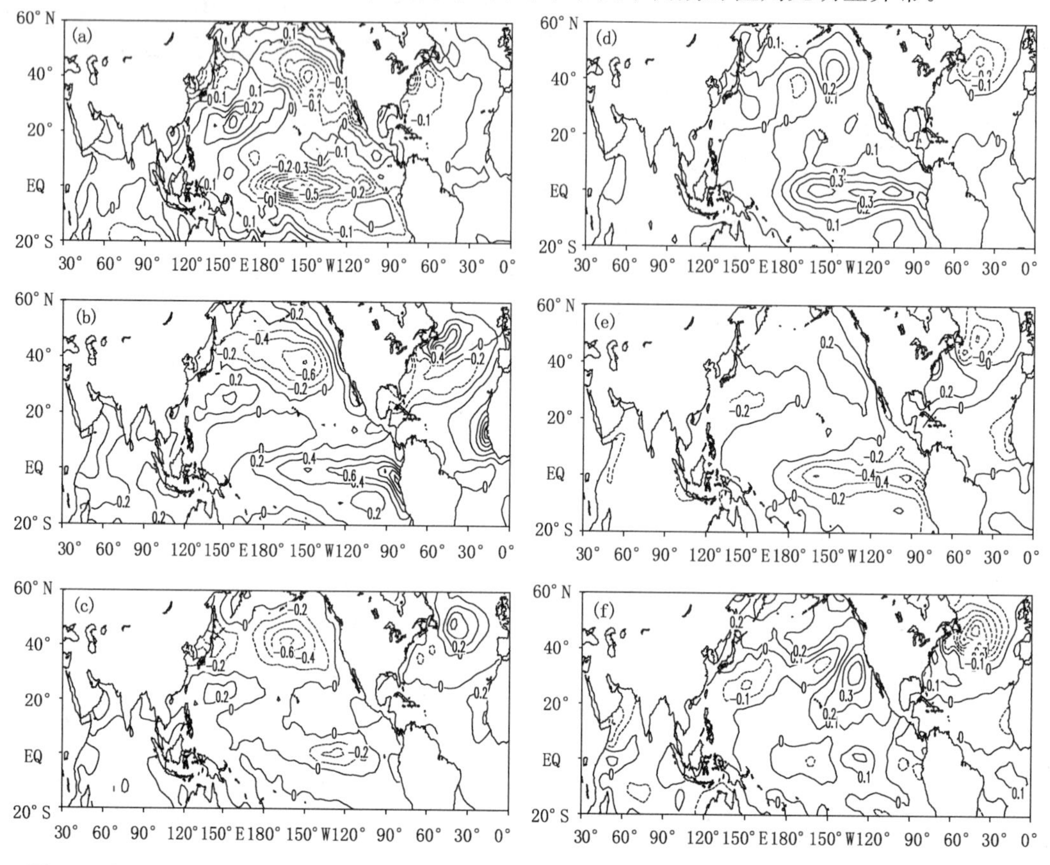

图 9-5　新疆北部夏季降水异常偏多年前期冬季(a)、前期春季(b)、同期夏季(c)及偏少年前期冬季(d)、前期春季(e)、同期夏季(f)海温距平分布

(2)讨论

目前，一般认为赤道中东太平洋海温异常引起的 ENSO 事件是年际气候变化的最强信号，一般情况赤道中东太平洋海温异常自秋季或 5 月开始，冬季发展到盛期，海温持续异常超过 6 个月常导致全球大气环流异常，对中国东部、印度、大洋洲和南美洲等地气候异常有重要影响。但 ENSO 事件与新疆夏季降水异常的年际变化却关系不密切，这可能与新疆干旱气候背景和地理位置有关。新疆身居内陆，远离海洋，降水异常受高、中、低纬环流系统的共同影响，影响降水的环流系统与其他区域有很大不同，具有决定区域气候环流的自身特点，夏季降水异常往往由几次强降水过程造成。影响新疆的水汽非常复杂，水汽是干旱的新疆产生降水的关键影响因子，用季平均分析使得更细致的季节内特征常被强干旱背景信息所掩盖。此外，各海区海温异常既有联系又有各自特点，海-气相互作用的响应和反馈非常复杂，对海温异常引起的局地和大范围大气环流异常认识还不够。上述研究初步揭示了前期各月、季海温与新疆夏季降水异常的关系，但海温异常引起的新疆夏季降水变化过程和机理是一个复杂的问题，需要进一步研究。

上述分析表明，新疆北部夏季降水年际变化与 ENSO 事件关系不密切，而与前期冬末至春季短短 4～5 个月的海温异常有显著的联系。5 个敏感区分别为北印度洋、热带西太平洋暖池及黑潮区、赤道中东太平洋、北大西洋和热带大西洋。新疆北部夏季降水与上述敏感区海温呈显著正相关关系，其中 3－5 月相关最显著，前期春季关键区海温偏高(低)时夏季降水异常偏多(少)。海温异常信号为新疆北部夏季降水量气候趋势预测增加了一个有用的信息，结合其他因子有助于提高气候预测的准确率。

9.2 印度洋海温异常对新疆降水影响的数值模拟

利用区域气候模式 RegCM4.3 对新疆地区 1996—2005 年 10 年气候进行模拟，评估模式的模拟性能，模拟印度洋海温异常后(不同模态)对新疆降水的影响，揭示印度海温在新疆气候变化中的影响作用。

9.2.1 资料

新疆 83 站 1961—2007 年夏季平均(6—8 月)降水资料。

NOAA 的 1961—2007 年月平均海温资料。

NCEP 的 1991—2005 年大气资料。

9.2.2 数值试验

使用区域气候模式 RegCM4.3 进行 2 组 15 年的模拟(1991—2005)，海温使用 1961—2007 的气候平均态，在关键区域分别加入 2 倍标准差的正、负异常。一组 15 年的控制试验。数值模拟区域见(彩)图 9-6。

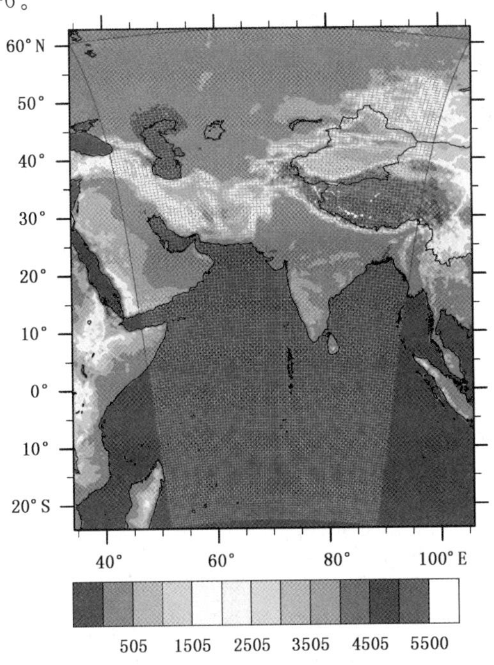

图 9-6 模拟区域及模式网格(60 km×60 km，红框内为模拟区域及网格)，阴影为地形高度(单位：m)

9.2.3 印度洋海温与新疆降水的相关

表 9-1 列出了新疆夏季降水与 3 月印度洋海温、Niño 3.4 区海温相关及偏相关系数。表明新疆夏季平均降水与印度洋 3 月海温具有显著的联系，这一显著关系不受 ENSO 的影响。(彩)图 9-7a 给出了印度洋海温与新疆夏季平均降水的年际变化曲线。其中，海温和降水均除去了线性趋势，可以看出两者的波动变化十分一致。(彩)图 9-7b 和(彩)图 9-7c 则分别表示了新疆夏季平均降水与印度洋格点海温的相关分布和印度洋平均海温与新疆 83 站夏季降水的相关分布。可以看出伊犁河谷和天山山区是印度洋海温影响新疆降水比较显著的区域。

表 9-1 新疆夏季降水与 3 月印度洋海温、Niño 3.4 区海温相关及偏相关系数

	夏季降水	ENSO
印度洋海温	0.48 (0.40)	0.56
夏季降水		0.32 (0.06)

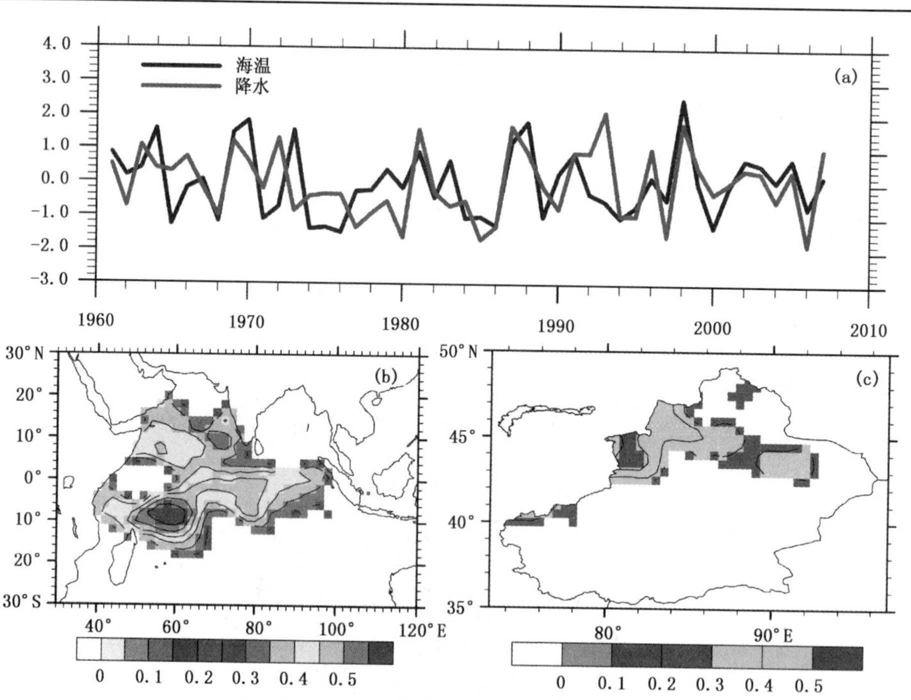

图 9-7 (a)1961—2007 年 3 月印度洋海温的年际变化(蓝线)与新疆夏季平均降水的年际变化。其中，印度洋海温为(b)中的阴影区域的海温平均。(b)新疆夏季平均降水与印度洋格点海温的相关系数，阴影区域通过了 5%的显著性检验。(c)印度洋平均海温(通过 5%的显著性检验的区域)与新疆 83 站夏季降水的相关。

9.2.4 模拟检验与试验设计

利用 RegCM4.3 在(彩)图 9-7b 的阴影区域加入海温异常，设计 1 组 1996—2005 年控制试验和 4 组敏感性试验(表 9-2)，数值模拟从每年的 3 月开始 8 月结束，仅在每年的 3 月加入海温异常。

表 9-2 模拟试验设计

实验名称	海温
Control	1961—2007 年的气候平均态海温
Pos1	Control 上加＋1 个标准差异常
Neg1	Control 上加－1 个标准差异常
Pos2	Control 上加＋2 个标准差异常
Neg2	Control 上加－2 个标准差异常

控制试验模拟出的降水空间分布((彩)图 9-8)可以看出,模式比较好的模拟出了新疆降水的空间分布特征。

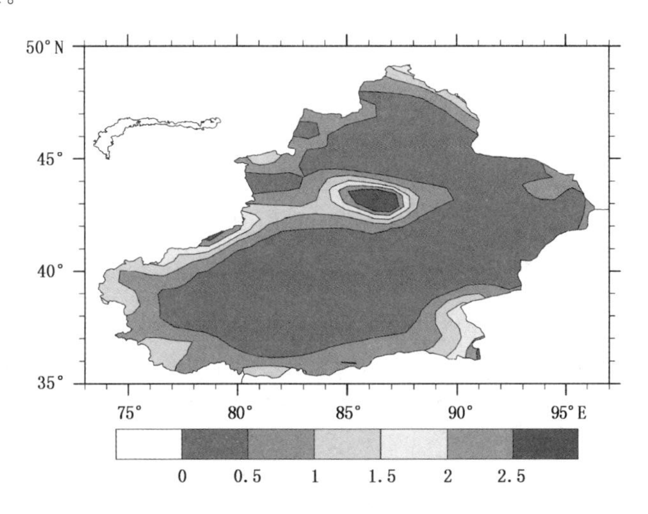

图 9-8 控制试验模拟出的降水空间分布

从(彩)图 9-9 可以看出,当三月印度洋海温为正异常时天山以东和塔里木盆地出现降水的正异常;同时在天山以西和新疆的西南侧为降水的负异常。

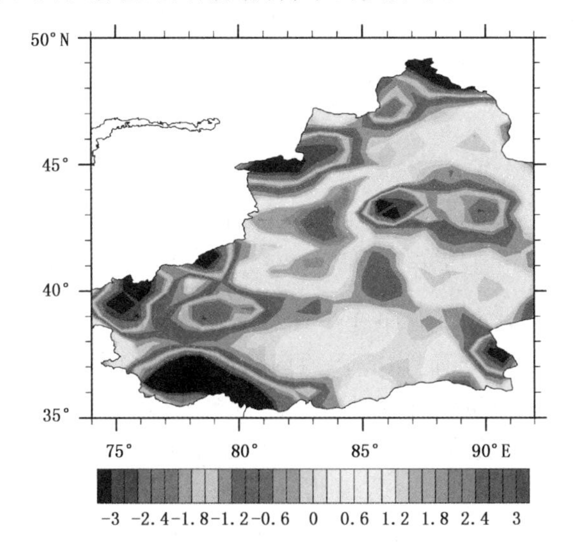

图 9-9 3 月海温正异常(＋1 和＋2 STD)的与海温负异常(－1 和－2 STD)敏感性试验中夏季平均降水的差异(单位:mm/month),即[(Pos1＋Pos2)－(Neg1＋Neg2)]/2。

从图 9-10 可以看出，印度洋海温在 3 月的正异常相比其负异常，在马达加斯加东北处激发出一个反气旋式环流(南半球)，而在这一环流以北激发了另一反气旋式环流(北半球)。北半球的这一反气旋环流在 4 月向北移动至青藏高原南侧，同时在这一反气旋的南侧激发出了一个气旋式环流；这个气旋式环流在 5 月向北移动代替了原来的反气旋，接着又在其南侧激发出了一个反气旋式环流；接着这一反气旋环流在 6 月北移替换了原来的反气旋式环流，然后在 7 月北移减弱移至新疆上空，并在其西南侧激发出一个气旋式环流，在 8 月这个气旋式环流向东北方向移动替换了原来的反气旋式环流。总之，印度洋海温在 3 月的异常可以激发出一串向北移动的波列，这串波列从 4—8 月逐渐经过新疆上空。

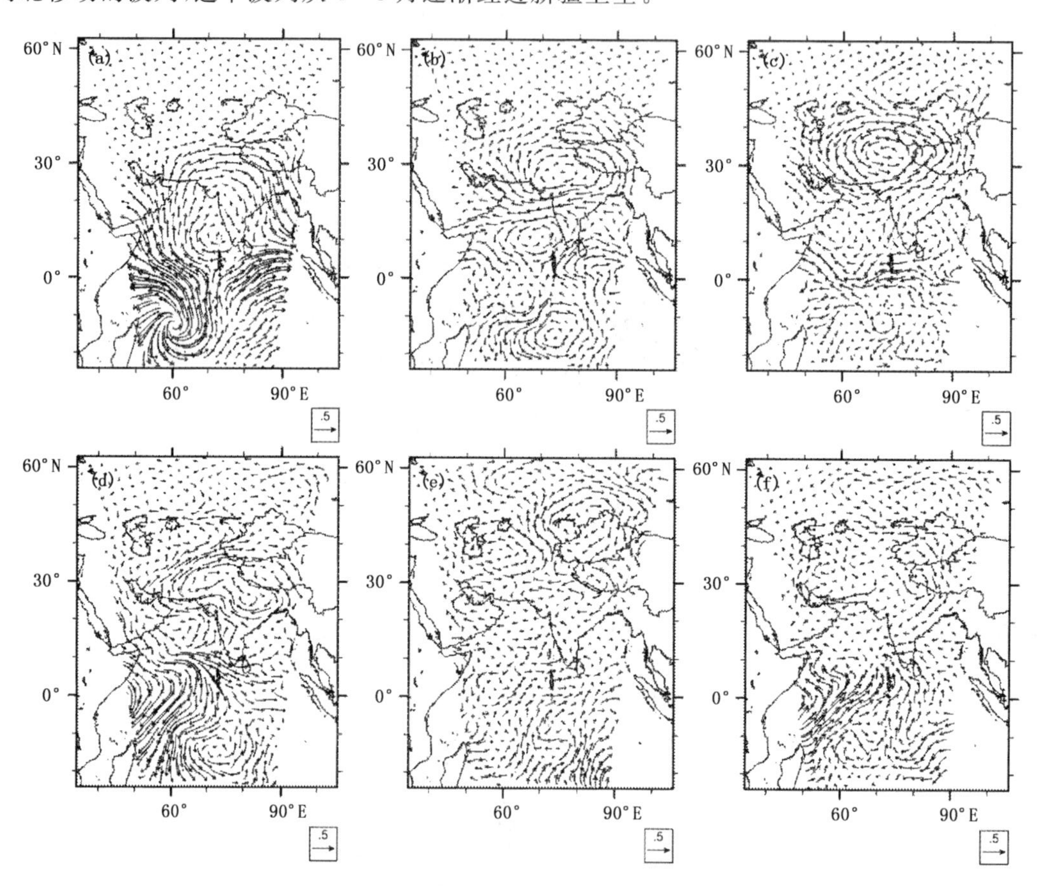

图 9-10　3 月海温正异常(＋1 和＋2 STD)的与海温负异常(－1 和－2 STD)的敏感性试验中 200 hPa 风场差异(单位：m/s)，a—f 依次为 3—8 月。

从(彩)图 9-11 中可以看出，3 月印度洋海温异常，使得印度洋上空水汽含量增加。4—5 月这部分水汽具有北传的特点。而且，6—8 月新疆部分地区的水汽是增加的，但是还需要进一步深入分析这部分水汽是否是从印度洋来的。

(彩)图 9-12 敏感性试验的结果表明，由 3 月印度洋暖海温异常在大气中低层激发出一个负的位势高度场，这一负的位势高度一方面北传，另一方面一直维持至 5 月然后北传，使得新疆西南侧在中低层有一气旋式环流。这一环流一方面从印度北侧输送水汽到新疆，另一方面有利于这一区域的水汽辐合。

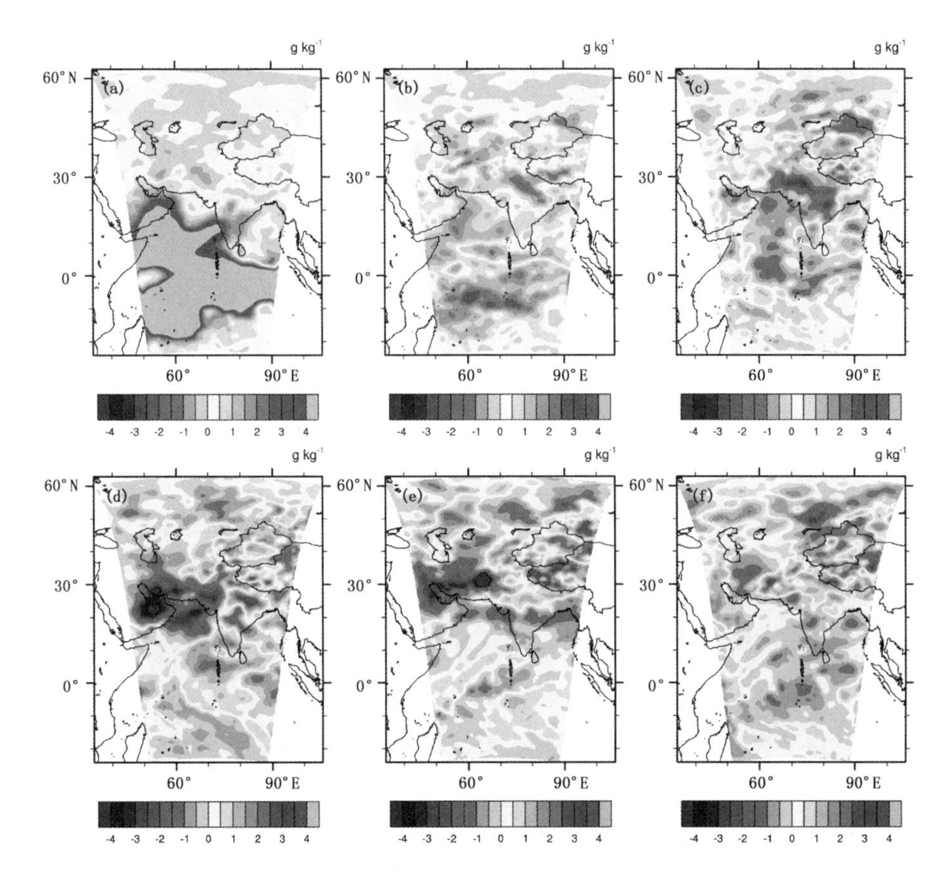

图 9-11　3 月海温正异常(+1 和+2 STD)的与海温负异常(−1 和−2 STD)的敏感性试验中 1000～300 hPa 的平均水汽混合比的差异(单位:g/kg)。a—f 依次为 3—8 月。

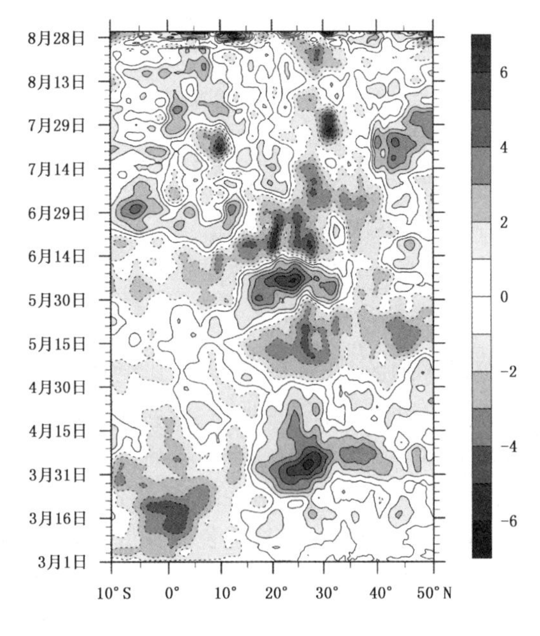

图 9-12　500 hPa 位势高度随时间和纬度的变化

9.3 南疆降水异常与青藏高原地表潜热通量的关系

青藏高原的热力和动力作用对北半球大气环流和天气气候的重要影响已是众所周知的事实。高原地表潜热通量异常与南疆夏季降水多寡的关系也是密切的。

9.3.1 南疆夏季降水异常的环流特征

作为南疆夏季区域旱涝指数，选取大于1个标准差的1981年、1987年、1996年和1998年为涝年，小于1个标准差的1980年、1984年、1985年、1986年和1994年为旱年。南疆旱涝指数与全国其他地区夏季降水量的相关系数见图9-13，可见南疆与北疆降水联系很弱，甚至相反，与其他地区降水联系也很弱，自成一个较独立的气候区。另外，南疆西部和东部降水具有一定的差异，主要是由于南疆东部为极端干旱区，年降水量仅为31.2 mm，西北部年降水量为64.5 mm，南疆的降水主要位于西北部地区。

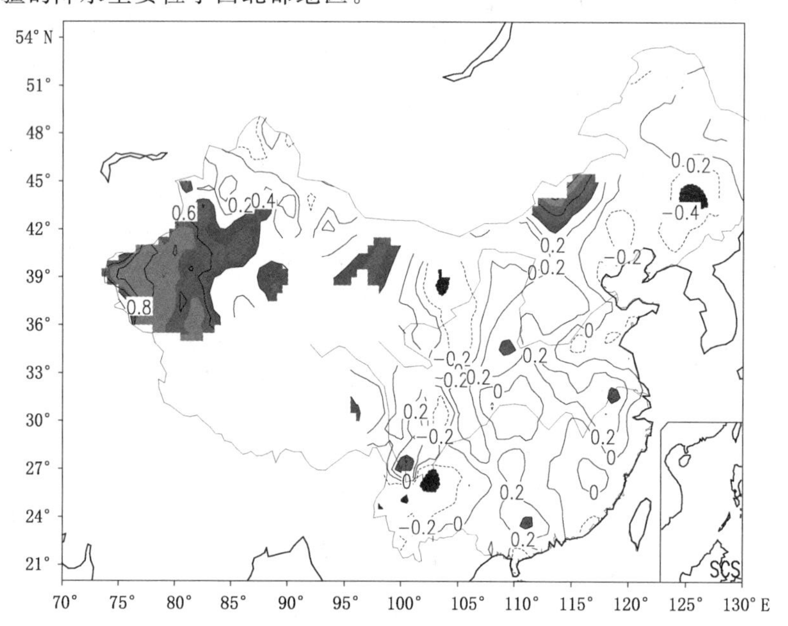

图9-13 1980—2004年南疆夏季旱涝指数与同期全国225个站降水相关系数
（阴影区表示超过0.05显著性水平t检验）

(1)水平环流

图9-14是南疆干旱年夏季平均的200 hPa流场及其距平。由图9-14a可见，南亚高压脊线位于28°N附近，中心位于90°E以西的印度北部，沿西风急流里海、咸海—新疆为长波脊。距平图(图9-14b)上，地中海东部—新疆的低纬到中高纬，以及我国华北和日本附近，均为反气旋式距平环流，而在我国西北东部为气旋式距平环流，中高纬为“反气旋—气旋—反气旋”距平波列，表明南亚高压西部偏强，里海、咸海—新疆长波脊增强，不利于产生降水。沿亚洲西风急流北侧西风增强(尤其中亚上空增强6 m/s)、南侧西风减弱，显示西风急流位置偏北。

南疆降水偏多年的形势则明显不同，南亚高压脊线位置仍位于28°N附近，但中心位于90°E附近的青藏高原南部(图9-15a)，西风急流上Rossby波活跃，波长变短，中亚—新疆出现长波槽。距平环流图(图 9-15b)中,沿急流出现“气旋—反气旋—气旋”距平波列,地中海东部和 90°E 以东的我国大陆为反气旋式距平环流,里海、咸海—新疆和贝加尔湖—日本北部为气旋式距平环流,南亚高压西部和东部分别为气旋和反气旋环流距平,显示南亚高压西部偏弱、东部偏强。西亚—中亚上空西风急流轴北侧显著减弱、南侧西风增强,表明西亚—中亚急流位置偏南,同时东亚西风急流有所增强。

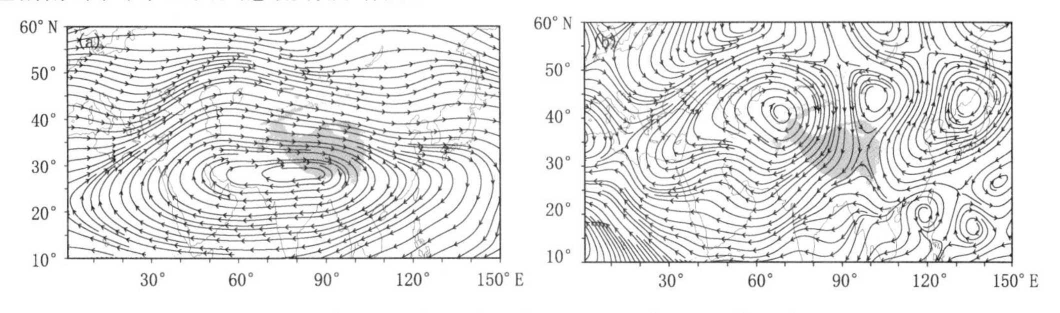

图 9-14　南疆干旱年夏季平均 200 hPa 流场(a)及其距平(b)

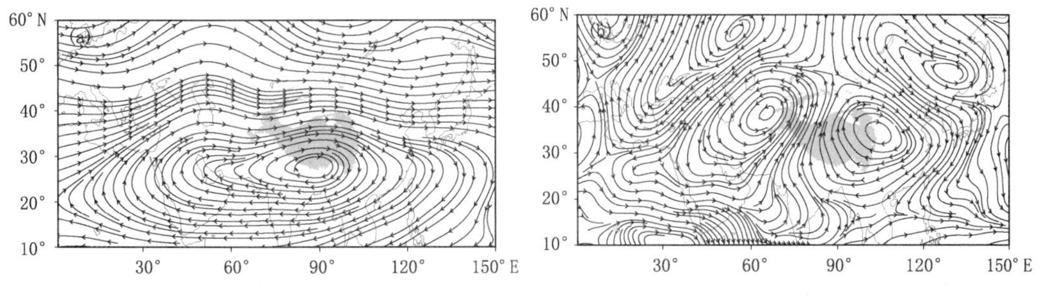

图 9-15　南疆降水偏多年夏季平均 200 hPa 流场(a)及其距平(b)

图 9-16a 是南疆干旱年夏季平均的 500 hPa 流场距平。由图可见,乌拉尔山、贝加尔湖、阿拉伯半岛北部和从印度经我国华南到 30°N 以南的西太平洋地区为气旋式距平环流区,而从里海、咸海到南疆和青藏高原西部以及日本则为反气旋式距平环流所控制,这反映了乌拉尔山和贝加尔湖脊偏弱,中高纬环流经向度减小,不利于冷空气南下,同时伊朗高压偏北、偏东控制南疆和青藏高原西部,西太平洋副热带高压偏北,中高纬系统共同影响造成南疆降水偏少。降水偏多年距平环流(图 9-16b)则有明显不同,乌拉尔山、阿拉伯半岛西部和从印度经我国华南到 30°N 以南的西太平洋地区为反气旋式距平环流区,表明乌拉尔山脊偏强,有利于冷空气

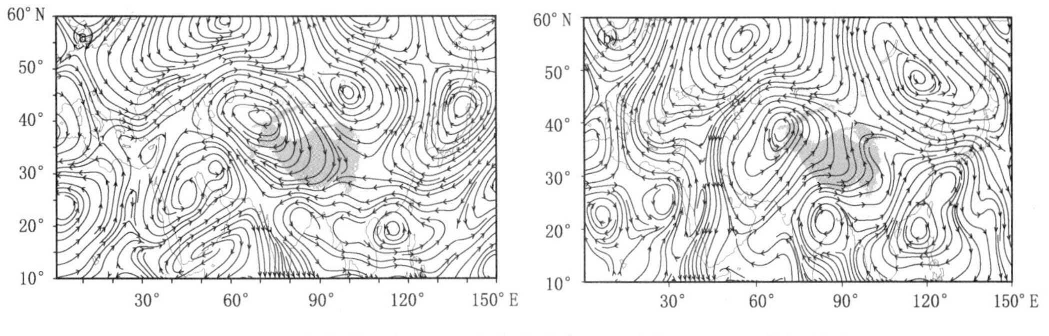

图 9-16　降水偏少年(a)及降水偏多年(b)夏季 500 hPa 流场距平

南下，伊朗高压偏西、偏南，西太平洋副热带高压偏西、偏南，而从里海、咸海—南疆和青藏高原以及贝加尔湖则为气旋式距平环流所控制，表明中亚低值系统偏南且活跃，乌拉尔山脊引导冷空气南下与偏南的中亚低值系统共同造成南疆降水偏多。这种环流形势是南疆强降水天气过程的一种典型形势(新疆短期天气预报指导手册，1986)。

(2)垂直环流

图 9-17 给出了南疆降水偏少年和偏多年夏季 80°～85°E 平均经向垂直环流距平。降水偏少年时(图 9-17a)，青藏高原 33°N 以北地区和南疆为下沉运动距平气流区，北疆上空为上升距平气流区，并形成闭合的距平垂直环流圈，表明高原北部的上升运动减弱，南疆的下沉运动增强，Ferrel 环流增强。降水偏多年时(图 9-17b)，高原北部和南疆为上升距平气流区，南疆上空的下沉运动减弱，高原北部的上升运动增强，南疆和北疆之间在 500 hPa 以下形成闭合的垂直环流距平圈，Ferrel 环流减弱，高原南部及南侧下沉距平气流与 15°N 以南的上升距平气流区形成闭合的垂直环流距平圈，表明 Hadley 环流增强，高原南部的上升运动减弱。由此可见，降水偏少年和偏多年高原南、北部上升运动变化是相反的，与费雷尔(Ferrel)环流和哈得来(Hadley)环流的强弱变化密切联系。

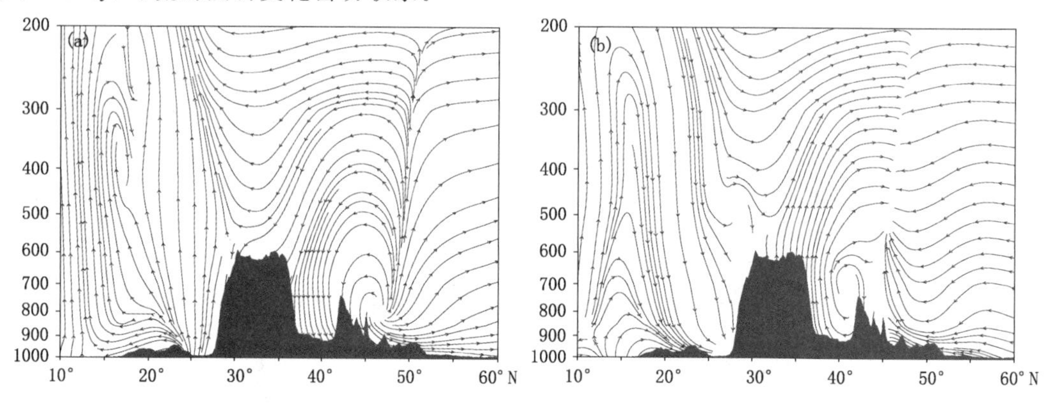

图 9-17 降水偏少年(a)及降水偏多年(b)夏季 80°～85°E 平均经向垂直环流距平

9.3.2 高原地表潜热通量与南疆夏季降水的关系

图 9-18 是 1980—2004 年 6—8 月平均地表潜热通量(LH)分布，高原东南部约为 60～110 W/m^2，而西北部仅为 30～60 W/m^2，南疆为 20～30 W/m^2，表明高原东南部对流旺盛，而西北部和南疆对流弱，与实际观测结果一致。对高原地区(25°～40°N, 75°～105°E)地表潜热通量距平进行 EOF 分析，第 1、第 2 和第 3 主分量分别占总方差的 24.8%、15.5%和 11.9%。第 1 主分量空间分布表现为高原西北和东南地区潜热变化的反位相，北正南负分界位于 33°N 附近，第 2 主分量空间分布表现为高原潜热变化的一致性，第 3 主分量表现为高原西南和东南地区与其他地区潜热的相反变化，其余分量所占总方差均小于 8%，说明夏季高原地表潜热通量变化最主要特征是以上三种形式。

为了解南疆夏季降水与高原地表潜热通量之间的关系，图 9-19 给出了南疆夏季降水与高原地表潜热通量的奇异值分解(SVD)第一模态异质相关分布，其解释协方差平方分数为 65%，两个场的时间系数的相关系数为 0.66，超过 0.01 的信度水平。可以看到，高原潜热的异质相关分布为高原北部显著正相关、南部负相关(图 9-19a)，南疆夏季降水的异质相关分布

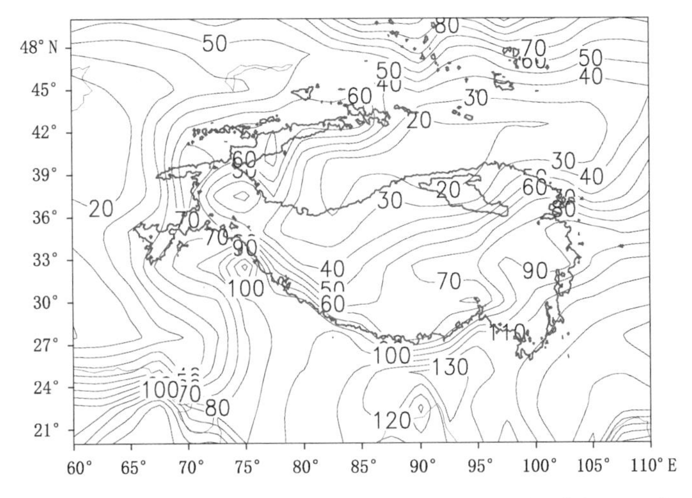

图 9-18　1980—2004 年夏季平均地表潜热通量分布(单位:W/m^2)

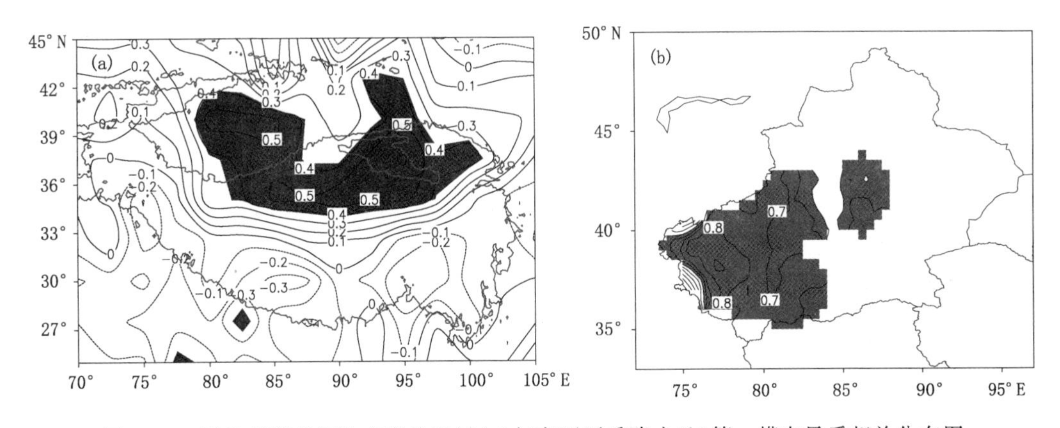

图 9-19　夏季青藏高原地表潜热通量(a)与南疆夏季降水(b)第一模态异质相关分布图
(阴影区表示超过 0.05 显著性水平 t 检验)

表现为一致的显著正相关(图 9-19b),表明当高原地表潜热通量出现北部强、南部弱的模态时,南疆夏季降水偏多,反之则降水偏少。以上 SVD 分析的第一模态解释了总体协方差的一部分,为了验证它们的代表性,用南疆夏季旱涝指数求与地表潜热通量的相关分布,其分布非常类似于图 19a,表明南疆旱涝指数与高原北部地表潜热通量呈显著正相关,并通过 0.05 显著性水平 t 检验,而与高原南部地表潜热通量呈反相关关系。另外,南疆降水偏少年(偏多年)地表潜热通量合成距平也表明,高原北部地表潜热通量偏弱(偏强)、南部偏强(偏弱),与从其他角度讨论得出的结果一致。因此,通过 SVD 分析、相关分析和合成分析表明,高原南、北部地表潜热通量的反位相变化对南疆夏季降水有普遍意义。关于高原地表潜热通量与垂直环流之间的因果关系需利用数值模式进行研究。

为了了解南疆夏季降水偏少年和偏多年高原及其附近地表潜热通量从前期冬季以来的演变情况,图 9-21 给出了降水偏少年和偏多年 80°～100°E 平均地表潜热通量纬度-时间距平变化。南疆降水偏少年(图 9-20a),南疆地区从 1 月开始地表潜热通量持续比常年偏弱,4 月以前整个高原上地表潜热通量比常年略偏弱,5 月高原潜热偏强 3～6 W/m^2,但 6—8 月 33°N 以南的高原地表潜热通量偏强 6～9 W/m^2,以北地区偏弱 3～6 W/m^2。同时,孟加拉湾 3—5 月北部地表潜热通量偏弱，而南部偏强，6—8 月则明显偏强，中心达＋21 W/m²。南疆降水偏多年(图 9-20b)，南疆地区从 2 月开始地表潜热通量持续比常年偏强，2—5 月高原 30°N 以南地表潜热通量偏弱，以北偏强，5 月整个高原地区地表潜热通量偏弱，但 6—8 月 30°N 以南的高原地区及其附近地表潜热通量偏弱，以北地区偏强。另外，孟加拉湾北部 1—5 月地表潜热通量偏强 3～6 W/m²，南部偏弱，到 6—8 月则显著偏弱。

以上分析表明，南疆夏季降水偏少年(偏多年)孟加拉湾前期春季地表潜热通量比常年偏弱(偏强)，同期夏季则转为偏强(偏弱)。5 月整个高原地表潜热通量偏强(偏弱)，夏季高原南部偏强(偏弱)、北部偏弱(偏强)。同时，南疆地区从 2 月开始地表潜热通量持续比常年偏弱(偏强)。

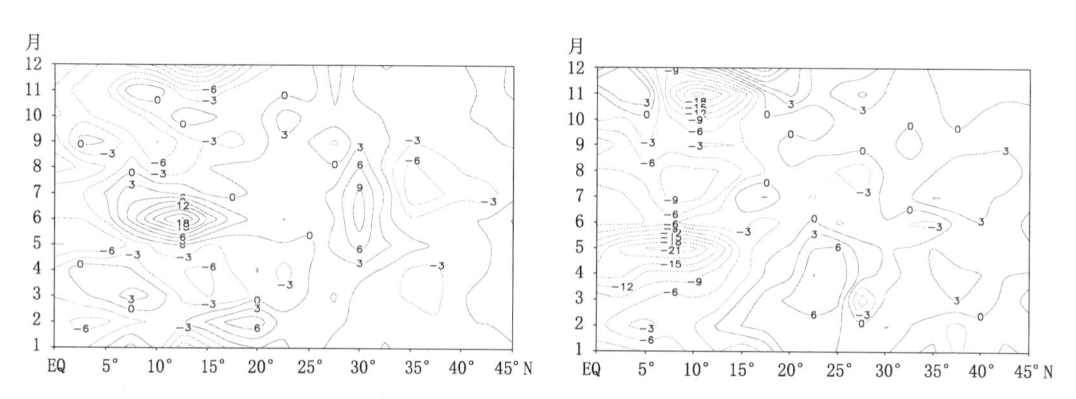

图 9-20 降水偏少年(a)及降水偏多年(b)80°～100°E 平均地表潜热通量纬度—时间距平(单位：W/m²)

9.3.3 小结

(1)南疆夏季降水偏少年(偏多年)南亚高压西部偏强(东部偏强)，西亚—中亚西风急流偏北(偏南)，乌拉尔山脊偏弱(增强)，中高纬环流经向度减弱(增大)，冷空气不易南下(易南下)，而伊朗高压则偏北、偏东(偏西、偏南)，西太平洋副热带高压偏西、偏南(偏北、偏东)。

(2)南疆夏季降水偏少年(偏多年)青藏高原北部和南疆为下沉(上升)运动垂直环流距平，Ferrel 环流增强(减弱)。

(3)南疆夏季降水与高原北部地表潜热通量呈显著正相关，与南部则为反相关，当夏季高原地表潜热通量为北正、南负的变化时，南疆夏季降水偏少；反之，降水偏多。降水偏少年(偏多年)，春季孟加拉湾北部地表潜热通量偏弱(偏强)、南部偏强(偏弱)，而夏季偏强(偏弱)；高原冬春季地表潜热通量偏弱(偏强)，5 月转为偏强(偏弱)，而夏季南部偏强(偏弱)、北部偏弱时(偏强)，同时南疆地区从前期冬春季到夏季地表潜热通量持续偏弱(偏强)。

影响南疆夏季降水异常的原因很多，不同因子之间又相互影响，本文只从高原地表潜热通量异常方面来分析与南疆旱涝的关系，而未涉及其他影响南疆旱涝的原因及复杂关系，对此需要利用数值模式等进行更多的深入研究。另外，由于南疆具有强干旱背景，对典型干、湿年成因进行深入的研究是十分必要的。

9.4　青藏高原和伊朗高原5月地表感热异常与北疆夏季降水的关系

9.4.1　青藏高原和伊朗高原5月感热与北疆夏季降水的奇异值分解分析

已有研究发现，青藏高原5月热力异常与中国夏季降水有密切的联系，这主要是由于5月热力异常与夏季热力异常有较好的异常持续性（段安民等，2003；赵勇等，2009）。相关分析表明，青藏高原5月感热和夏季感热的相关系数高达0.70。那么伊朗高原是否有此特征呢，相关分析表明，5月伊朗高原感热和夏季感热相关系数为0.54，说明两个高原5月感热和夏季感热异常均有较好的持续性。为了揭示两个高原5月感热异常与北疆夏季降水的关系，进行二者与北疆夏季降水的奇异值分解分析。取青藏高原（75°～105°E，25°～40°N）5月标准化的地表感热场为左场，北疆夏季降水的标准化场为右场。为了更好地揭示地表感热场对降水场的控制作用，左场采用同质相关系数，右场采用异质相关系数。由于第一模态的协方差贡献已达63%，远高于其他模态，本文主要讨论第一模态的空间分布型，空间分布型在一定程度上反映了两个场的遥相关特征。从图9-21a左场的空间分布型可见，青藏高原为正相关区，相关中心值高达0.70以上。右场的空间分布型（图9-21b）以负相关为主，高相关区主要位天山地区，高值中心与该地区夏季降水的均方差大值中心基本重合。5月青藏高原地表感热与北疆夏季降水两个场时间系数的相关系数为0.55，说明两个场的关系较为密切。由两个场的空间分布型和时间系数关系可以判定，5月当青藏高原感热偏强时，北疆夏季降水将偏少。伊朗高原5月感热与北疆夏季降水的关系则有所不同，由于第一模态的协方差贡献已达68%，远高于其

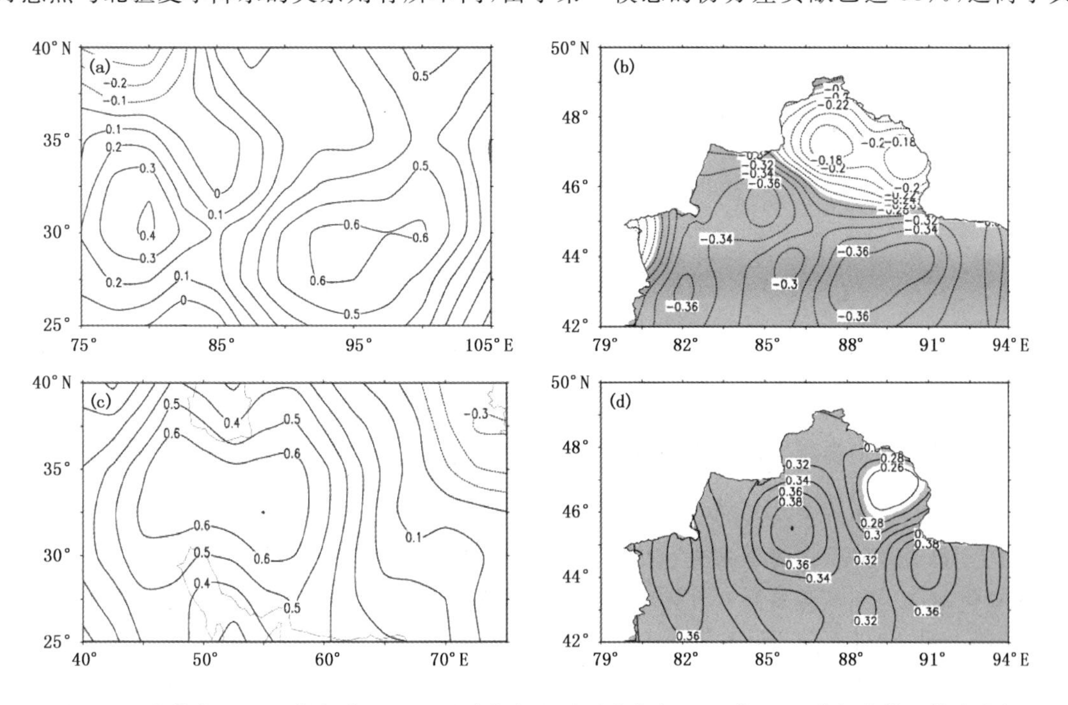

图9-21　青藏高原（a）和伊朗高原（c）5月感热与北疆夏季降水（b，d）的SVD分析的第一模态分布（阴影区表示通过0.05显著性水平t检验）

他模态，因此，主要讨论第一模态的空间分布型。从图 9-21c 左场的空间分布型看出，伊朗高原为正相关区，相关中心值高达 0.60 以上。右场的空间分布型(图 9-21d)以正相关为主，相关中心大值区主要准噶尔盆地。5 月伊朗高原地表感热与北疆夏季降水两个场时间系数的相关系数为 0.58，说明两个场的关系较为密切。由两个场的空间分布型和时间系数关系可以判定，5 月当伊朗高原感热偏强时，北疆夏季降水将偏多。

以上考虑了两个高原 5 月感热单独与北疆夏季降水的联系，那么将两个高原整体考虑，这种大尺度的热力异常对比与北疆夏季降水的关系又如何呢？图 9-22 给出了两个高原 5 月感热和北疆下及降水的奇异值分解分析，由于第一模态的协方差贡献已达 48%，因此，只考虑第一模态。从图 9-22a 左场的空间分布型看出，青藏高原东部为正相关区，相关中心值高达 0.50 以上，伊朗高原西部为负相关中心。右场的空间分布型(图 9-22b)以负相关为主，高相关区主要位于天山山区，高值中心与该地区夏季降水的均方差大值中心基本重合。5 月青藏高原和伊朗高原地表感热与北疆夏季降水两个场时间系数的相关系数为 0.64，说明两个场的关系密切。由两个场的空间分布型和时间系数关系可以判定，5 月当伊朗高原地表感热偏强，青藏高原地表感热偏弱时，夏季新疆北部的降水将偏多，反之，北疆地区的降水将偏少。

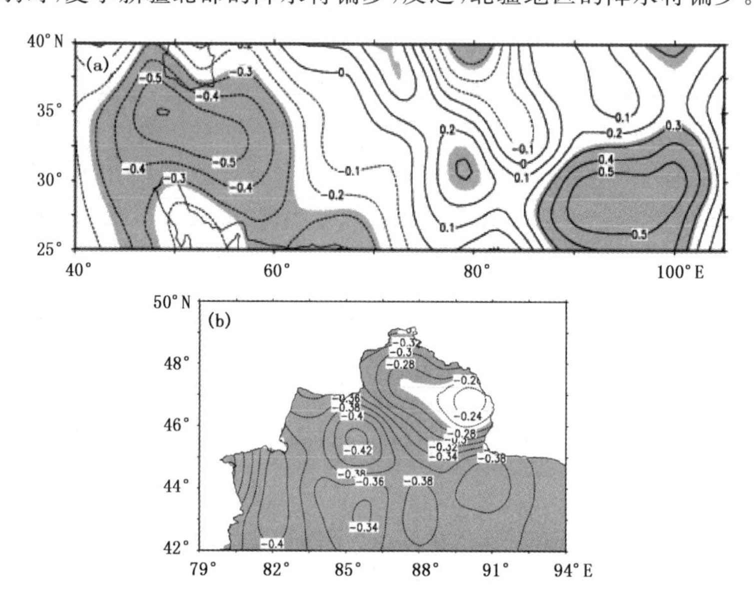

图 9-22　5 月青藏高原和伊朗高原感热(a)与北疆夏季降水(b)的 SVD 分析的第一模态分布
(阴影区表示通过 0.05 显著性水平 t 检验)

9.4.2　青藏高原和伊朗高原热力对比与北疆夏季降水的联系

(1)热力对比和降水指数的定义

由上述分析可见，将两个高原一并考虑，要比仅考虑一个高原与北疆夏季降水有更加密切的联系，伊朗高原和青藏高原 5 月热力异常存在大尺度的热力对比，因此，定义一个指数来反映这种热力对比，进而分析其和北疆夏季降水的联系。根据图 9-22a，取(42.5°～60°E，30°～37.5°N)区域作为伊朗高原关键区，(87.5°～102.5°E，25°～32.5°N)区域作为青藏高原关键区，热力对比指数(Thermal Contrast Index，TCI)为

$$I_{TC} = (H_{S_{IP}} - S_{H_{TP}})_{NOR}$$

式中，$H_{S_{IP}}$ 和 $S_{H_{TP}}$ 分别为 1961—2007 年的 5 月伊朗和青藏高原关键区平均的地表感热距平，其差的标准化值为热力对比指数。计算了 5 月热力对比指数与夏季地表感热通量的相关，相关分布类似于图 9-22a，即当 5 月两个高原存在明显的热力对比空间型时，在夏季也易出现类似的空间分布型，进而影响大气环流和新疆夏季降水。

伊朗高原热力指数 (Iran Plateau Thermal Index，IPTI)：定义 1961—2007 年 5 月(42.5°～60°E，30°～37.5°N)区域平均感热的标准化序列为伊朗高原热力指数。

青藏高原热力指数 (Tibetan Plateau Thermal Index，TPTI)：定义 1961—2007 年 5 月(87.5°～102.5°E，25°～32.5°N)区域平均感热的标准化序列为青藏高原热力指数。

夏季降水指数(Summer Precipitation Index，SPI)：定义新疆北部 43 站 1961—2007 年 7、8 月总降水量的标准化距平值为该地区夏季降水指数。

(2)热力对比与北疆夏季降水的关系

热力对比指数和夏季降水指数年际变化(图 9-23)总的趋势基本相似，具有明显相似的年代际变化特征，相关系数达 0.42，已通过 95%的信度检验，同号率为 76%。1988 年以前，热力对比指数大多为负，即伊朗高原感热异常小于青藏高原感热异常，北疆大多降水偏少；而 1988 年后，热力对比指数则大多为正，即伊朗高原感热异常大于青藏高原感热异常，北疆大多降水偏多。进一步研究发现，热力对比指数与该区域夏季的大雨降水也有较好的相关性，与区域平均的大雨降水相关系数达到 0.46 以上，与大雨(日降水大于 12 mm)降水空间相关高值区(中心值大于 0.35 以上)的位置，基本和大雨降水均方差大值区一致，而大雨降水是该区域夏季降水增加的主导因素。

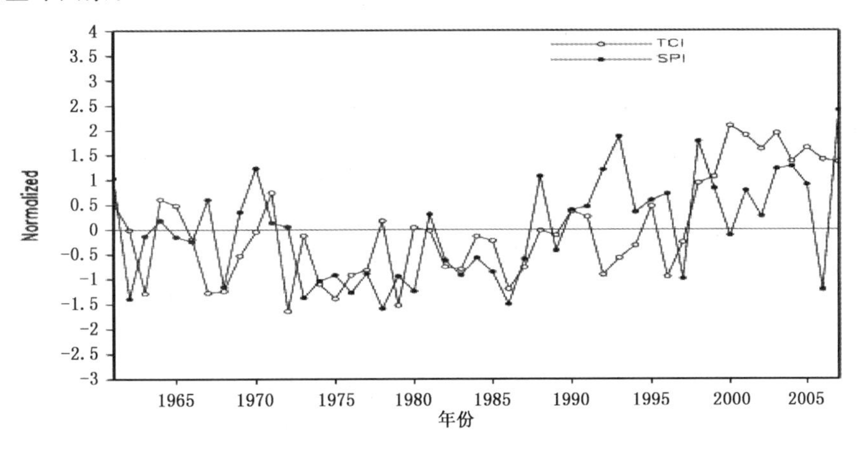

图 9-23　1961—2007 年伊朗高原和青藏高原 5 月热力对比指数和北疆夏季降水指数的年际变化

降水是环流和水汽条件配合的产物，首先讨论热力对比指数对 500 hPa 的环流的影响(图 9-24)，夏季从黑海至东亚，中高纬度依次为反气旋、气旋、反气旋和气旋性异常环流，中亚上空和贝加尔湖上空分别为异常气旋和反气旋环流，在二者共同作用下，新疆上空盛行异常的偏南气流，有利于低纬度的暖湿气流北上，由于新疆纬度较高，因此，在夏季冷空气是不缺的，如有低纬的暖湿气流北上，则有利于降水的发生，这与江淮流域夏季降水恰相反，在江淮流域，夏季由于东亚夏季风的背景，盛行偏南风，降水的形成与北方冷空气的频率和强度联系更紧密一些。通过合成分析发现，热力对比指数偏强年 500 hPa 风场的异常分布特征，与相关系数的矢量分布图特征相似，热力对比指数偏弱年的分布特征则与强年相反，基本特征表现为在欧亚大陆中高纬度异常波列的存在。

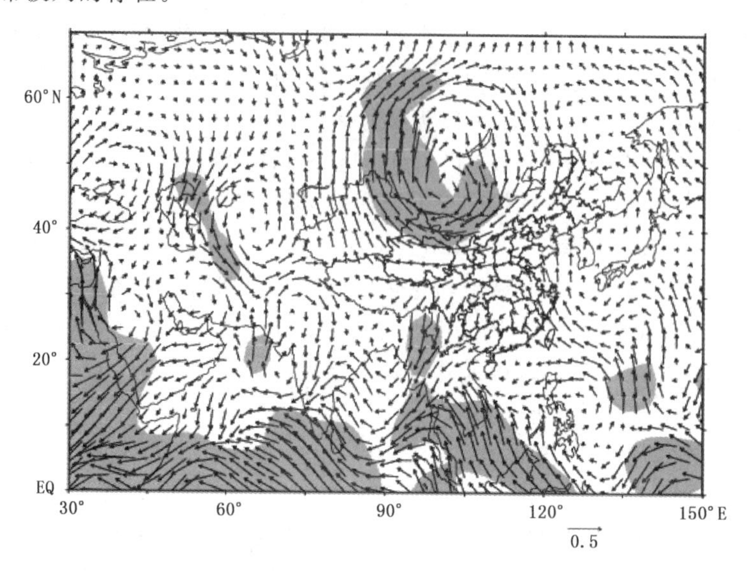

图 9-24　1961—2007 年 5 月热力对比指数与 500 hPa 风场(单位:m/s)的相关分布
(阴影区表示通过 0.05 显著性水平 t 检验)

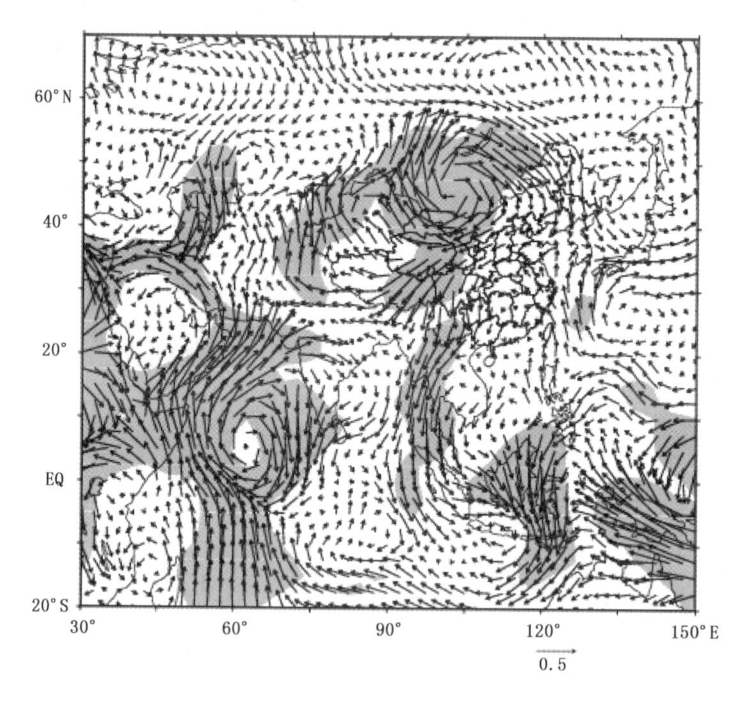

图 9-25　1961—2007 年 5 月热力对比指数与夏季水汽通量(从地表积分至 300 hPa,
单位:kg/(m· s))的相关分布(阴影区表示通过 0.05 显著性水平 t 检验)

新疆作为干旱区,除了环流动力条件,水汽输送也是一个重要因素。图 9-25 给出了热力对比指数与水汽通量的相关系数分布。可见当伊朗高原感热偏强,青藏高原感热偏弱时,越赤道索马里急流增强弱,阿拉伯海上看为异常反气旋性环流,利于热带海洋水汽的向北输送,蒙古高原上空为异常反气旋性环流，盛行偏南风，水汽输送条件利于降水的发生。虽然就气候平均来讲，新疆夏季降水的水汽输送途径为西方路径，但是在夏季，热带印度洋是北疆夏季降水的一个主要水汽源地，尤其是大降水的发生，南方路径的水汽输送显得更为重要。从以上分析可见，南支气流对新疆北疆夏季降水具有重要的作用。由于青藏和伊朗高原 5 月感热均和夏季感热有良好的持续性，而感热加热和夏季热源存在显著的正相关，所以当 5 月感热异常偏强时，夏季热源也异常偏强，反之偏弱。根据热力适应理论(吴国雄，2000)，伊朗高原感热偏强时，其上空低层对应异常气旋性环流，新疆位于伊朗高原的西侧，因而盛行异常偏南风；同时青藏高原感热偏弱，其上空低层对应异常反气旋性环流，新疆在其东侧，从而也盛行偏南风。因此在两个高原的共同作用下，中亚和新疆的中低空盛行异常偏南风，从而利于热带海洋的暖湿气流北上，造成北疆夏季降水偏多。

(3)伊朗高原和青藏高原 5 月地表感热异常与环流和水汽输送的关系

上面讨论了青藏高原和伊朗高原 5 月大尺度热力对比与新疆降水的关系和对环流的影响，那么单独考虑青藏高原或伊朗高原，其对环流的影响又如何？图 9-26 给出了伊朗高原(42.5°～60°E，30°～37.5°N)区域平均的 5 月感热与 500 hPa 环流和水汽通量的相关分布。由图 9-26a 可见，5 月伊朗高原对中高纬度 500 hPa 风场影响有限，中国北方上空为异常反气旋环流控制，但是与水汽通量关系紧密(图 9-26b)。当伊朗高原 5 月感热异常偏强时，越赤道索马里急流偏强，在阿拉伯海上空异常反气旋和阿拉伯半岛上空异常气旋环流的配合下，印度洋水汽被接力输送至北方中高纬度地区，有利于中亚和新疆降水的增多。

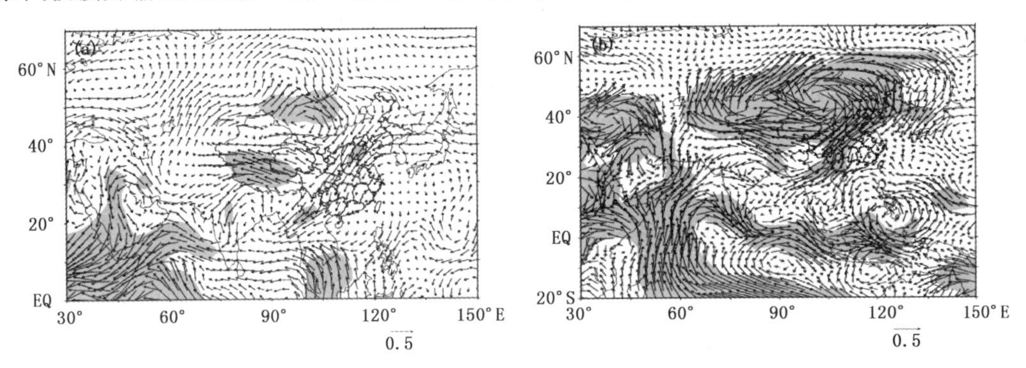

图 9-26　1961—2007 年 5 月伊朗高原热力指数与夏季 500 hPa 风场(a，单位：m/s)和水汽通量(b，从地表积分至 300 hPa，单位：kg/(m · s))的相关分布(阴影区表示通过 0.05 显著性水平 t 检验)

青藏高原和伊朗高原相比，其对环流影响差异较大。当 5 月青藏高原感热偏强时，在中高纬度存在明显的异常波列，中亚上空和贝加尔湖上空分别为异常反气旋和气旋环流控制，在二者共同作用下，新疆北部盛行异常偏北风，不利于南方暖湿气流北上，如此环流条件不利于降水的发生。反之，当 5 月青藏高原感热异常偏弱时，中亚上空和贝加尔湖上空分别为异常气旋和反气旋环流控制，北疆上空盛行异常偏南风，形成有利于北降水的环流条件(图 9-27a)。同时，当青藏高原 5 月感热偏强时，索马里越赤道气流偏弱，减弱了热带水汽的向北输送，阿拉伯海上空为异常气旋环流，不利于接力输送暖湿气旋北上至中亚和新疆上空。反之，越赤道索马里急流增强，阿拉伯海上空为异常反气旋环流，阿拉伯半岛上空为异常气旋环流，在二者共同作用下，低纬水汽向北输送至中亚和新疆地区，为降水的发生提供了有利的水汽条件(9-27b)。

青藏高原感热自1996年后明显减弱，说明青藏高原感热的减弱很可能是造成北疆大降水偏多的一个重要原因(Duan et al. 2011；赵勇等 2012)。

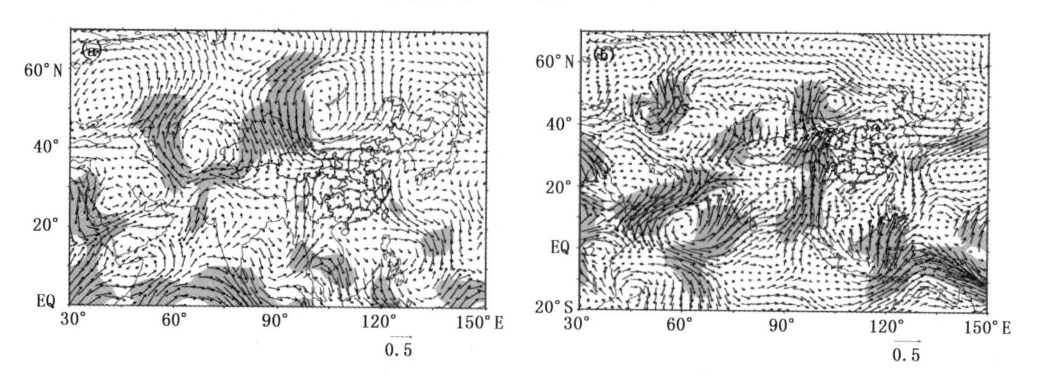

图 9-27　1961—2007 年 5 月青藏高原热力指数与夏季 500 hPa 风场(a,单位:m/s)和水汽通量(b,从地表积分至 300 hPa,单位:kg/(m · s))的相关分布(阴影区表示通过 0.05 显著性水平 t 检验)

由图 9-26 和图 9-27 可见，5 月伊朗高原和青藏高原感热异常对北疆夏季降水的影响途径有所不同，5 月伊朗高原感热异常对中高层环流的影响相对较弱，影响显著区位于低纬度地区，但与水汽通量有更为紧密的联系。青藏高原则对中高层环流有更为重要的影响，其热力异常在中高纬度激发出异常波列，进而影响新疆上空的环流背景，当青藏高原感热偏强时，环流不利于降水的发生，反之，有利于降水偏多，与水汽通量的联系相对要弱一些，这可能与水汽主要集中在中低层有关。

9.4.3　小结

(1)分析伊朗高原和青藏高原 5 月下垫面感热异常与北疆夏季降水的关系时发现，伊朗高原感热和北疆夏季降水呈正相关，青藏高原感热和北疆夏季降水呈负相关，将两个高原一并考虑，和北疆夏季降水的关系更为紧密。二者间的热力对比指数与北疆夏季降水的指数的相关系数为 0.42，高于仅考虑一个高原的情况。

(2)当 5 月伊朗高原感热偏强，青藏高原感热偏弱时，夏季从黑海至东亚，中高纬度依次为反气旋、气旋、反气旋和气旋性异常环流，中亚上空和贝加尔湖上空分别为异常气旋和反气旋环流，在二者共同作用下，新疆上空盛行异常的偏南气流，有利于低纬度的暖湿气流北上，形成有利于降水的环流形势。同时越赤道索马里急流偏强，在阿拉伯海上空为异常反气旋和阿拉伯半岛上空为异常气旋性环流共同作用下，低纬水汽被接力输送至中亚和新疆地区，为降水的发生提供了有利的水汽条件。进一步的研究发现，伊朗高原和青藏高原 5 月感热异常对北疆夏季降水的影响途径是不同的，伊朗高原主要影响水汽通量的输送，而青藏高原主要影响中高层环流。

(3)两个高原 5 月感热异常对北疆夏季降水的影响，在一定程度上可以用热力适应定理解释，伊朗高原感热偏强时，夏季其上空低层对应异常气旋性环流，新疆盛行异常偏南风；同时青藏高原感热偏弱，其上空低层对应异常反气旋性环流，新疆也盛行异常偏南风。因此在两个高原的共同作用下，中亚和新疆的中低空盛行异常偏南风，从而利于热带海洋的暖湿气流北上，造成北疆夏季降水偏多。

9.5 灌溉对局部地区降水增加的影响

新疆农业分布于大大小小、星罗棋布的数百块被沙漠戈壁包围的 7 万多平方千米的绿洲之中。由于新疆气候干旱少雨,年降水量 100～300 mm,年蒸发能力 2000～4000 mm,属内陆干旱地区,因此是典型的荒漠绿洲灌溉农业区,没有灌溉就没有农业。新疆用水总量中农业用水占 97%,灌溉面积占耕地面积的 90%以上。农田灌溉平均用水量为 11865 m^3/hm^2,远高于国内平均水平。另外,为保证绿洲内防护林建设及发挥绿州—荒漠过渡带天然绿洲的防护功能也需要消耗大量用水,这种大范围的灌溉改变了土壤湿度进而对局部气候产生着影响(图 9-28)。

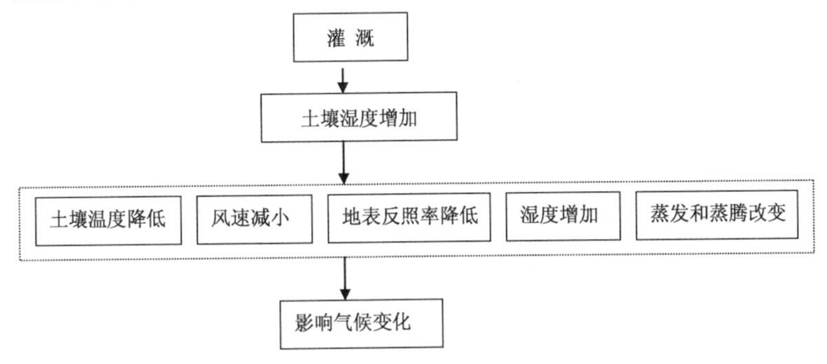

图 9-28 灌溉影响气候变化过程简图

9.5.1 农业灌溉面积变化

20 世纪 50 年代初期到 60 年代中期,新疆农业耕地面积迅速扩大,新疆 1949 年耕地面积仅为 121.0×10^4 hm^2,到 1965 年达到 316.3×10^4 hm^2。60 年代中后期到 70 年代中期,新疆绿洲农业发展处于徘徊不前的状态,全疆耕地面积到 1975 年为 313.3×10^4 hm^2,与 1965 年相比还有所减少。70 年代中后期到 80 年代中期,新疆耕地面积还是维持在 310×10^4 hm^2 左右,但从 80 年代中后期到 90 年代中期,耕地面积再次呈迅速增加趋势,1996 年新疆耕地面积为 317.6×10^4 hm^2,2005 年达到 346×10^4 hm^2(图 9-29)。新疆万亩以上的灌区有 527 处。

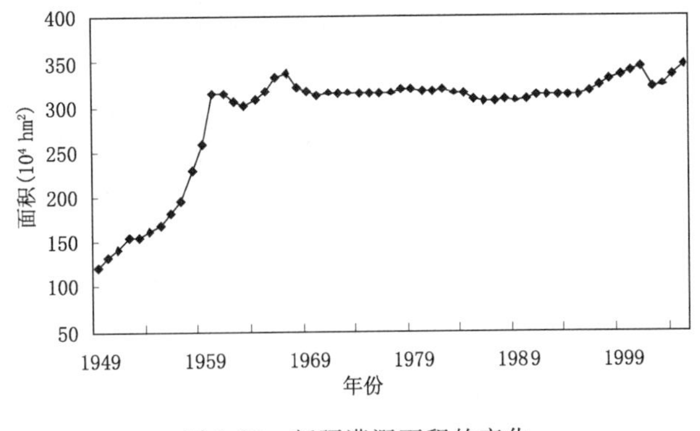

图 9-29 新疆灌溉面积的变化

耕地面积的变化必定伴随着水利设施的变化。新疆现有水库 477 座,总库容 67×10^8 m^3,喷、滴灌、管道输水等节水灌溉面积 10×10^4 hm^2。新疆灌溉地表水引水量约 460×10^8 m^3,引水、蓄水工程大大提高了地表水的引用量。由于灌区配套工程跟不上，渠道防渗率低，灌溉技术落后，灌溉管理不严，使得水资源利用效率很低。水库蒸发渗漏损失达 50%～60%，渠系利用率只有 0.35～0.4，毛灌溉定额高达 15000～22500 m^3/hm^2，粮食耗水量达 3.0～5.0 m^3/kg，棉花耗水达 20 m^3/kg 以上。把大量地表水引入灌区，显著地改变了地表水的时空分配。1957—1995 年塔里木河三源流来水量平均年增加 2000×10^4 m^3，而三源流灌区用水量也平均年增加 5000×10^4 m^3，使汇入干流的水量平均年减少 3000×10^4 m^3，阿拉尔站的径流量由 50 年代的 49.35×10^8 m^3 减少到 90 年代的 42.33×10^8 m^3，减少了 17.5%。近 50 年来，塔里木河源流区进行了大面积的水土开发，灌溉面积大幅度增加，降水偏多显著，气候变湿幅度在全疆最大（图 9-30）。

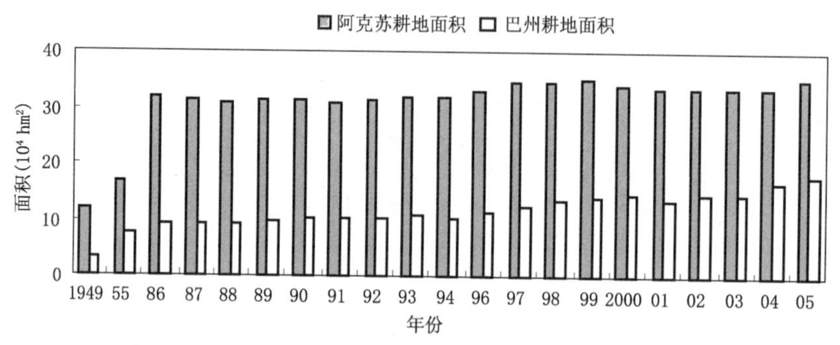

图 9-30 源流区阿克苏和下游区巴州灌溉面积的变化对比

阿克苏耕地面积（不包含新疆生产建设兵团，以下简称兵团）占全疆耕地面积的 10%左右，1949 年只有 12.2×10^4 hm^2，1986 年翻了一倍多，达到 32.2×10^4 hm^2，之后一直到 1994 年维持在 30×10^4～32×10^4 hm^2，1995—1999 年耕地面积再次增加，至 1999 年达到 35.3×10^4 hm^2，之后几年保持稳定并略有减少，2005 年又有增加的趋势。库尔勒耕地面积（不包含兵团）占全疆耕地面积的 3%左右，一直呈增加趋势，不像阿克苏地区，在 1986 年和 1999 年之后有个下降阶段。库尔勒与阿克苏耕地面积之比在 1949 年只有 28.5%，到 1993 年达到 33.8%，1994 年回落到 32.8%，之后一路攀升，至 2005 年已超过 50%（图 9-31）。这说明随着 1994 年 4 月颁布的《塔里木河流域水政水资源管理暂行规定》的实施，塔里木河流域的水资源分布开始发生变化，上游区域耕地面积的扩展受到一定遏制，下游耕地扩展速度在增加。

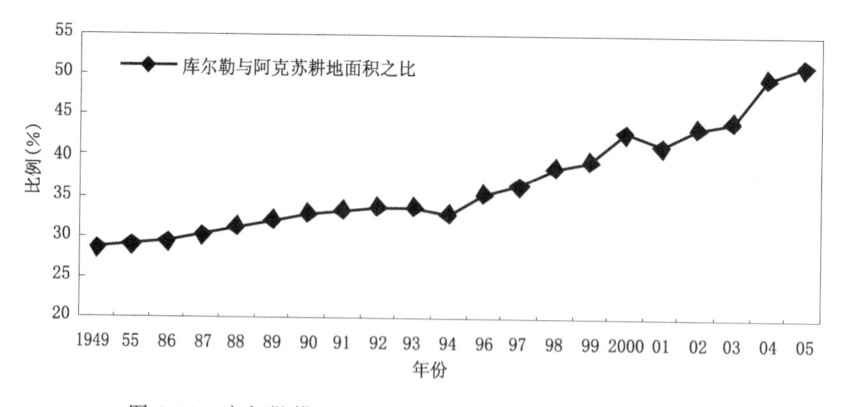

图 9-31 库尔勒耕地面积占阿克苏耕地面积百分比的变化

9.5.2　耕地面积与用水量关系

阿克苏地区是新疆水资源最为丰富的地区之一(见表 9-3)。地表水年径流量 129.4×10^8 m^3,地下水总储量 106.2×10^8 m^3,可开采利用量 51.2×10^8 m^3。地区土地面积 1.32×10^4 km^2,人均近 0.67 km^2。

表 9-3　水资源计算统计汇总表(数据来源：王书峰,1995)

	水资源($\times10^8$ m^3/a)				可利用水资源($\times10^8$ m^3/a)		
	总　量	地表水资源	地下水资源	二者重复量	总　量	地表水资源	地下水可开采资源
迪那河	7.7928	7.6934	5.3598	5.2604	10.2570	7.6934	2.5636
库车河	3.8183	3.8346	6.1404	6.1567	8.2340	3.8346	4.3994
渭干河	31.4416	27.5368	25.5359	21.6311	40.3291	27.5368	12.7923
阿克苏河	87.4390	82.5060	56.2817	51.3487	106.3915	82.5060	23.8855
总计	130.4917	121.5708	93.3178	84.3969	165.2116	121.5709	43.6408

阿克苏地区(包括兵团农一师)农作物总播种面积、粮食播种面积、水稻播种面积、棉花播种面积、其他作物播种面积变化见图 9-32。粮食播种面积在农作物总播种面积中占很大的比例,且农作物总播种面积的变化趋势与粮食播种面积的变化趋势基本一致。从 1993 年开始,农作物总播种面积受粮食播种面积的影响减小,粮食播种面积在缩小,而农作物总播种面积却在增加,这是由棉花播种面积大幅度增加引起的。水稻和其他农作物播种面积的变化较稳定,对农作物总播种面积的影响不大。

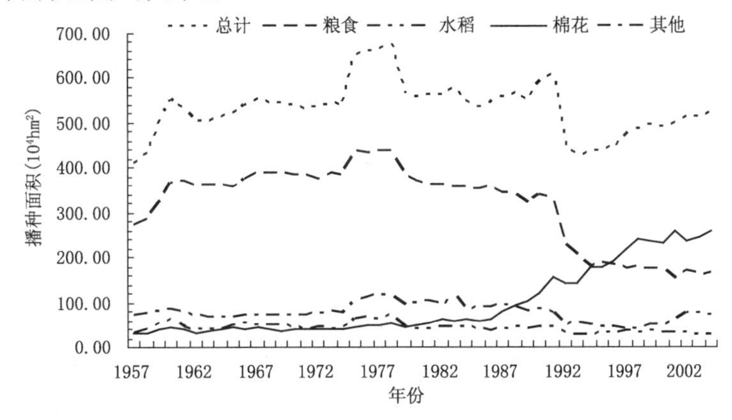

图 9-32　阿克苏地区农作物总播种面积以及粮食、水稻、棉花、其他作物播种面积

利用各种耕地面积和用水量,计算各种农作物的单位面积用水量。它们之间应该满足以下关系：

$$Y_{用水量} = aX_{粮食} + bX_{水稻} + cX_{棉花} + dX_{其他} + e \tag{9-1}$$

式中,Y 表示总用水量,X 表示各种农作物的播种面积,a、b、c、d 分别表示各种农作物的单位面积耗水量,e 是随机误差。因数据资料有限,阿克苏地区的用水量资料只有 1993—2005 年的,兵团农一师用水量资料只有 1998—2005 年的,考虑在一个区域内地方和兵团的单位面积用水量基本一致，将地方 13 年和兵团 8 年的用水量资料衔接起来作为一个样本，以延长样本数量。利用粮食、水稻、棉花的播种面积占总播种面积的百分比，计算这三种农作物的总用水量，并建立多元线性回归方程：

$$\bar{Y} = 3.321 + 0.188\,\bar{X}_{粮食} + 0.553\,\bar{X}_{水稻} + 0.136\,\bar{X}_{棉花} \quad (9\text{-}2)$$

相关系数 $R=0.986$，调整的判定系数 $\overline{R}^2=0.967$，说明样本回归效果相当好，并通过 0.0001 的显著性水平检验，自变量与因变量之间存在显著的线性回归关系。

再计算出其他农作物的耗水量，与其他农作物的播种面积建立多元回归方程：

$$\bar{Y}' = 0.466 + 0.179\,\bar{X}_{其他} \quad (9\text{-}3)$$

相关系数 $R=0.997$，调整的判定系数 $\overline{R}^2=0.993$，说明样本回归效果也非常好，同样通过了 0.0001 的显著性水平检验。

将(9-2)式和(9-3)式相加可以得出阿克苏地区(包括农一师)农作物播种面积与用水量之间的线性方程：

$$Y_{用水量} = 3.787 + 0.188X_{粮食} + 0.553X_{水稻} + 0.136X_{棉花} + 0.179X_{其他} \quad (9\text{-}4)$$

式中，系数 0.188 表示每公顷粮食耗水 18800 m^3。将 1957—2005 年的耕地面积数据带入(9-4)式中，对总用水量进行插值，得出 1957—2005 年地区的总用水量。对比已有的用水量，误差在 −2.61%～3.07%，误差相对较小。

9.5.3 水汽的变化

水汽是从水面或下垫面蒸发并经过湍流再扩散至空中的，因此具有较强蒸发的水面或潮湿的下垫面就成为降水的水汽源地。一个地区较大的降水，其量远远超过该地区的可降水量，必须有足够的水汽从源地不断向降水区提供。

依海拔高度挑选了 5 个分别位于山区、山前和谷地的气象站(阿拉尔代表谷地，乌什和阿合奇代表山区，阿克苏和柯坪代表山前，图 9-33)，这些站的分布基本上沿着山谷风的环流方向，统计 5 个站 1960—2005 年的水汽压和露点温度(图 9-34)。从平均状况而言，该区域的水汽压和露点温度 46 年来增加显著。5 站平均水汽压以 0.27 hPa/10a、平均露点温度以 0.5℃/10a 的增幅增加。

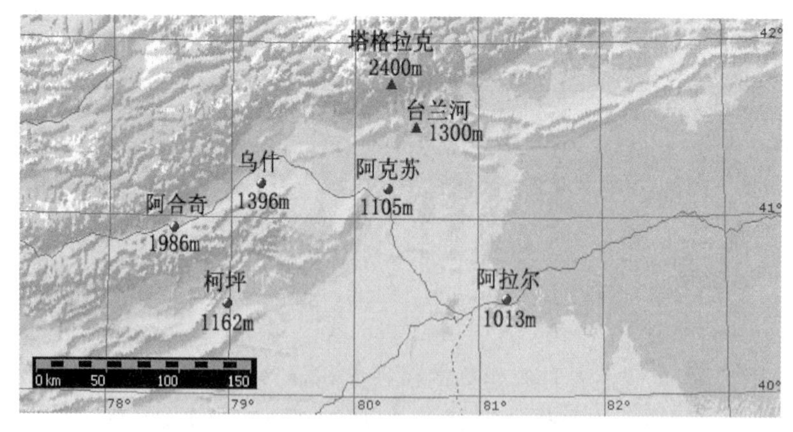

图 9-33 研究区气象站分布

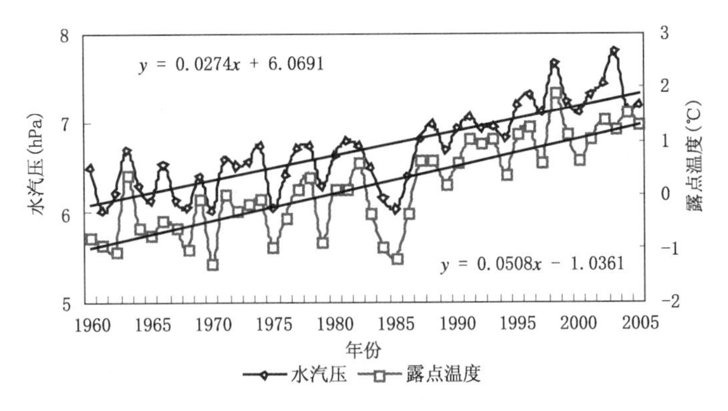

图 9-34 5个气象站平均水汽压和露点温度的长期变化

每个站的水汽压和露点的长期变化趋势都呈增加趋势，但增加率不同(表 9-4)。阿拉尔和柯坪的水汽压增加最为显著，分别是 0.37 hPa/10a 和 0.34 hPa/10a；其次是乌什和阿合奇，均为 0.25 hPa/10a；增加最少的是阿克苏，为 0.15 hPa/10a(图 9-35)。柯坪和乌什的露点温度增加最为显著，都是 0.68℃/10a；其次是阿拉尔和阿合奇，分别为 0.59℃/10a 和 0.32℃/10a；增加最少的还是阿克苏，为 0.3℃/10a(图 9-36)。

表 9-4 各站水汽压和露点温度变化率

站 名	水汽压增加率(hPa/10a)	露点温度增加率(℃/10a)
阿拉尔	0.37	0.59
阿克苏	0.15	0.3
柯 坪	0.34	0.68
乌 什	0.25	0.68
阿合奇	0.25	0.32

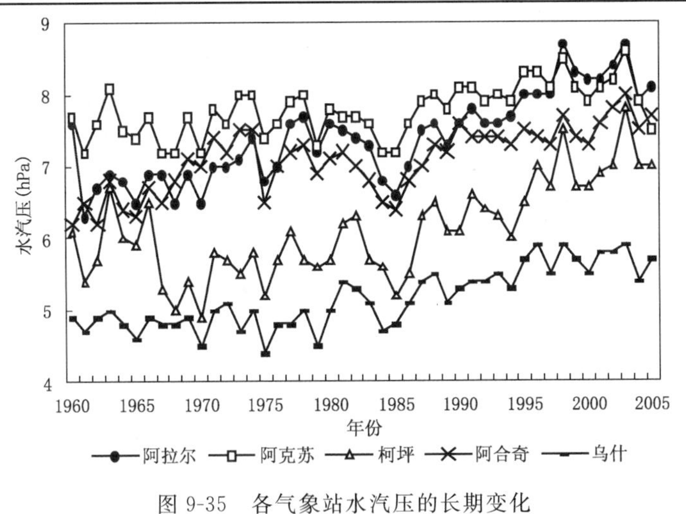

图 9-35 各气象站水汽压的长期变化

9.5.4 水汽增加原因分析

塔克拉玛干沙漠远离海洋，属极端干旱地区，其水汽来源和输送路径是由西向东、由北向南，以西风带输送的水汽为主，以西北方向、西南方向为主，偏东方向很次要。计算表明(张家宝等，1987)，新疆水汽输送 90%集中在 700 hPa 以下。因而塔克拉玛干沙漠的水汽受周围高山

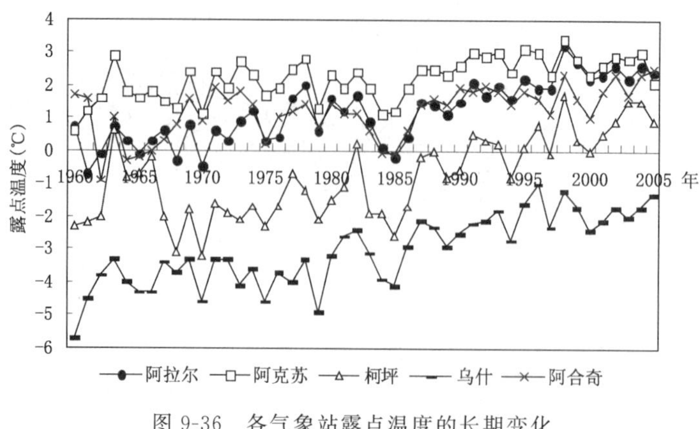

图 9-36 各气象站露点温度的长期变化

阻挡,来自遥远海洋的水汽十分有限。俞亚勋等(2003)对西北地区空中水汽时空分布及变化趋势(1987—1997 年)的分析指出,除新疆北部西风风量近年来有增强趋势外,西北地区其他大部分地区西风分量一致明显减弱,但南风分量明显增加。这也就意味着,热带印度洋、阿拉伯海和孟加拉湾的水汽越过平均海拔 4700 m 的青藏高原的输送有所加强。但也有研究表明(李江风,2003),塔克拉玛干的水汽并非由南向北输送,而是由西向东,或者东灌天气由东向西输送,但比之前者水汽输送较少。沈永平等(2002;2003)的研究指出,塔里木河流域共有现代冰川 14285 条,面积 23628.98 m^2,冰储量 2669.44 m^3,该地区融水径流量达到 150×10^8 m^3,占流域地表总径流的 40%。该地区气候自 1986 年以来增温明显,有利于冰川蒸发给大气提供水汽。

上述研究都忽略了下垫面变化导致的水汽增加。Chahine(1992)研究表明,陆面上 65%的降水来自于陆地地表蒸发,35%来自于海洋的水汽输送。赵虎等(2001)通过对塔里木河干流上游(主要是阿拉尔地区)土地利用动态变化的研究(1957—1993 年)指出,由于阿克苏流域耕地的明显增加,径流消耗巨大,如表 9-5 所示。可以看出,在多年平均天然来水量增加 7.36×10^8 m^3 的情况下,到阿拉尔节点水量反而减少了 6.15×10^8 m^3,这说明阿克苏河流域现在比过去平均每年要多耗 13.51×10^8 m^3 的径流。在阿克苏流域,耕地面积飞速增长是整个阿克苏流域每年多耗 13.51×10^8 m^3 径流的原因。另外,阿拉尔节点(包括阿克苏河、和田河、叶尔羌河三源流)为塔里木河干流输送的总水量为 38.37×10^8 m^3,这 13.51×10^8 m^3 径流占总水量 1/3 强。

表 9-5 1957—1993 阿克苏河天然水量与补给塔里木河干流水量(单位:10^8 m^3)(赵虎,晏磊等,2001)

年份	1957—1964	1965—1974	1975—1984	1985—1993
出山口天然流量	66.24	70.00	73.69	73.60
阿拉尔节点流量	36.97	34.52	33.03	30.82
整个区域耗水	29.27	39.48	40.66	42.78

局地的水汽来自 3 个源:降落到陆地的降水、灌溉到土壤里的径流(通过土壤的蒸发和植被的蒸散作用输送到大气中)、远方的海洋。如果按 Chahine(1992)的计算,来自于海洋的35%的水汽由于西风分量的减弱(俞亚勋等,2003)不会有明显增加,那么来自于本地地表的65%的水汽应该是水汽增加的主要来源。通过分析上述阿克苏流域 5 个气象站夏季(6、7、8月)的降水,发现该地区夏季的累积降水以 22 mm/10a 的速度增加,但主要增加在白天(15

mm/10a),夜间增雨(7 mm/10a)不如白天显著(图 9-37)。这说明局地系统是导致降水日变化差异的重要因素之一。

另外,该区域夏季水汽压与累积降水的相关只有 0.57,这说明除降水外,通过陆面蒸发的径流和来自远方的海洋水汽也影响着水汽量。阿克苏河流域灌溉耗水量逐年上升,这些水汽就成了一个逐年增加的水汽源。

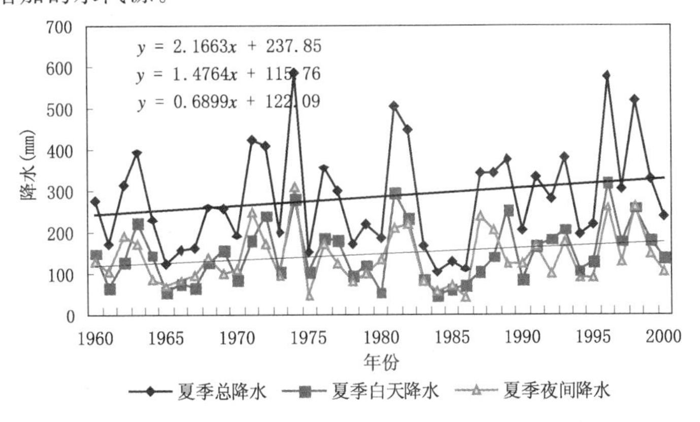

图 9-37　5 站夏季(6、7、8 月)降水累积、白天降水累积和夜间降水累积的长期变化

降水发生在夜间还是白天对于径流和蒸发都具有不同的影响。如果降水多发生在白天,那么其蒸发量就比发生在夜间大。另外,降水日分布的变化也会影响到温度的空间分布,进而影响大气湿对流和云的分布以及太阳和长波辐射的空间分布(Dai et al.,1999)。研究发现,阿克苏河流域的降水白天增幅比夜间大,这与该流域水汽呈很显著的变化相吻合,也从一个方面说明该区域局地因素的作用。

(1)地面风场

阿克苏流域西南—西—北—东北是天山南脉和天山高大的山体,东—南面是塔克拉玛干沙漠,高山—坡地绿洲—沙漠的下垫面格局,其热力特征对比明显,易引发局地环流。该地区常年平均盛行风以偏西和偏北风为主,也就是说,阿克苏河流域位于天山南脉和天山山脉的背风坡。从这个角度讲,背风坡的局地环流对于维持当地的降水意义更大。

分析山谷风是为了证实局地水汽增加。在没有大的天气系统带来更多远处水汽的前提下,山谷风的循环会导致局地降水的增加。根据上述 5 个气象站 1960—2005 年的地面风场资料分析,这些站的分布基本上沿着山谷风的环流方向。海拔较高的两个站阿合奇和乌什代表性不太好,因为位于河谷中。乌什站靠近河谷出口,与阿克苏较近,虽然其风向受河谷的影响,但分析结果也能说明山谷风的特征。

1)年平均地面风场

1960—2005 年的地面风场多年平均(图 9-38)显示,阿克苏的年平均地面风场以偏西和偏北风为主。气流翻过该地区西部和北部的天山后,高海拔和迎风坡的降水使空气变得干燥,对于系统性的降水很不利。阿拉尔以其东北部的天山翻山风,也即东北风频率最高。柯坪北—西—南三面环山,只有东部面向平坦的沙漠,各方向的风都有,但东灌的风频率最高。阿合奇和乌什位于东西向的山谷里,常年只吹东北和西南两个方向的风,以西南风为主。

2)夏季地面风场的山谷风特征

因为局地热力环流在夏季最强,研究区的降水也主要集中在夏季。从乌什、阿克苏和阿拉

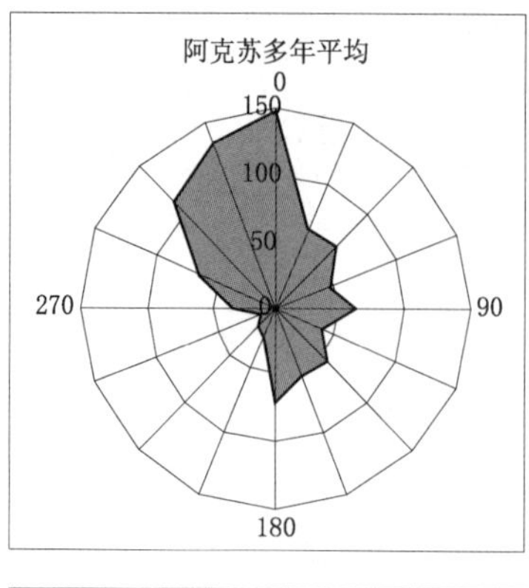

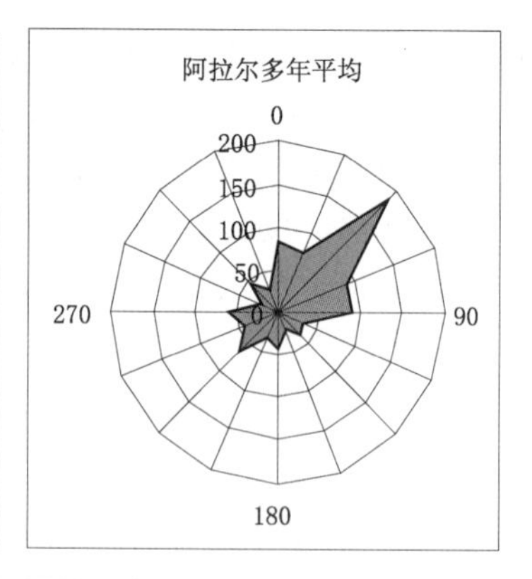

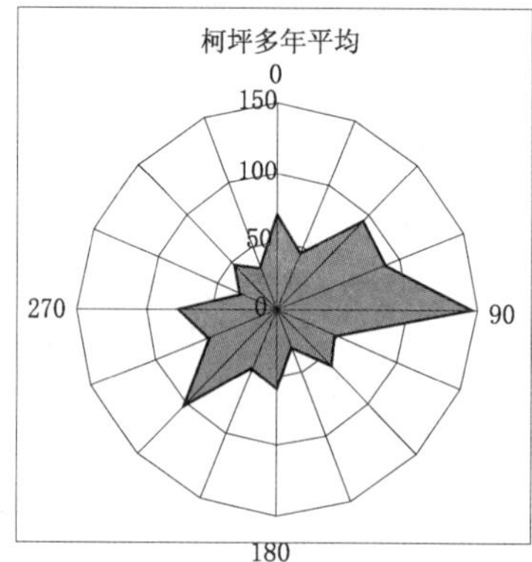

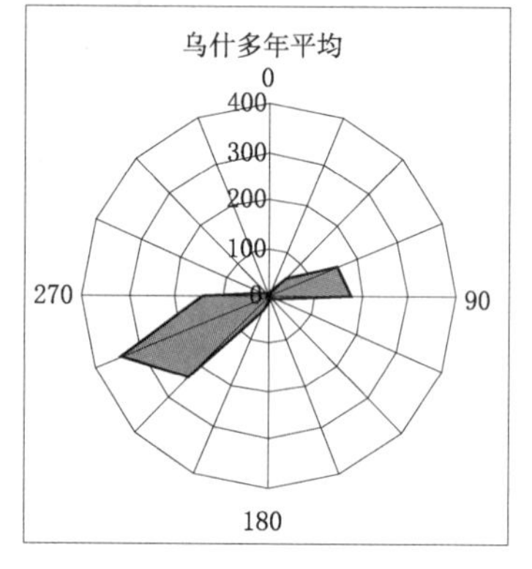

图 9-38 年平均地面风频率

尔夏季中午 14 时和夜间 02 时的风向图中可以看出(图 9-39),阿克苏的地面风场具有明显的山谷风特征,即晚上吹山风,白天吹谷风。比阿克苏海拔高的乌什,因其处于西南—东北向的河谷口,山谷风的方向有所改变,但仍然能够看出山谷风的影响:夜间,其南—西的山风顺着河谷由西南向东北吹;白天,谷风经阿克苏从河谷口由东北向西南吹。与阿克苏相距约 140 km,位于沙漠边缘的阿拉尔,没有与阿克苏对应的山谷风特征。这说明,夏季山谷风范围延伸不到沙漠边缘。阿拉尔的白天和夜晚都以偏东风为主。位于乌什南部山坡,海拔 1162 m 的柯坪的地面风场虽然没有明显的山谷风特征,但也能看出夜间以偏北风为主,白天以偏南风为主。

3)冬季地面风场的山谷风特征

冬季一方面太阳辐射减弱,一方面山坡和谷地或被积雪覆盖,或由于无绿色植被等差异,下垫面条件趋于一致,山谷风一定比夏季减弱很多(图 9-40)。阿克苏位于谷口地带,冬季无论是白天还是夜间均是北—西北风,完全没有山谷风的特征。阿拉尔处于谷地,积雪少,冬季与其东北方向的山地下垫面热力差异较大,因此其冬季山谷风特征较阿克苏,甚至较本地的夏季还要明显。乌什和柯坪的山谷风特征也较夏季弱。

4)春季小尺度地面风场的观测试验

2004 年 3 月 15 日至 5 月 14 日中日沙尘暴合作项目在塔格拉克、台兰河谷和阿克苏附近分别设立了 3 个自动气象站进行观测(图 9-41)。从图中可以看出,塔格拉克和台兰河的山谷风特征很明显,只有两个方向的风,即山风和谷风,没有其他方向的风。虽然几乎在一条线上,但阿克苏的风向是偏东风,有少量的西南方向的风,并没有与塔格拉克和台兰河相对应的风

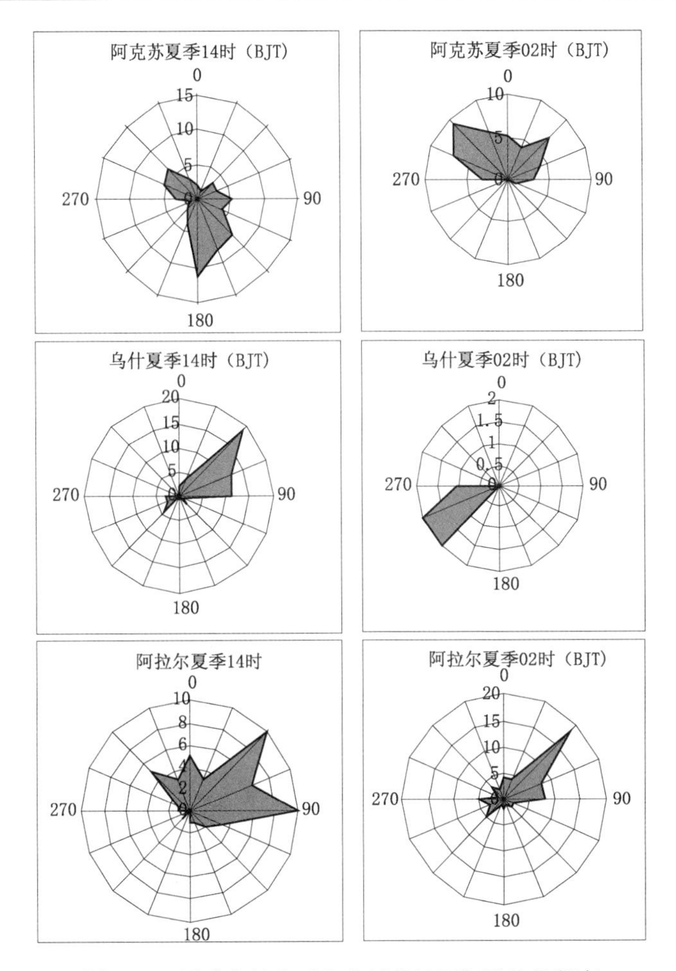

图 9-39　夏季各站白天和夜间的地面年平均风频率

场，这说明春季的山谷风影响范围不大，只能到达半山坡，无法到达山脚以外的谷口地区。夏季山谷风影响范围比春季范围要大，可影响到阿克苏，也就是海拔 1000 m 的地区，但影响不到更远的阿拉尔地区。

5)灌溉时段不同下垫面气象条件的观测试验

绿洲、戈壁、沙漠等不同下垫面属性是重要的局地强迫因子之一，其大气边界层的物理过程对该地区的气候演变有直接的影响。对不同下垫面属性造成的气象因子日变化的研究是进一步分析其对局地气候影响的基础性研究。鉴于常规气象站观测时次有限(每日 6 次)和站点位置的代表性不强(一般在市区或郊外开阔地)，项目研究人员于 2005 年 6 月 30 日至 7 月 30 日的主要灌溉时段，分别在水稻田内、沙漠绿洲过渡带(戈壁)、沙漠、棉田设立了 4 个自动气象观测站(图 9-42)，观测时间间隔为 30 min。观测使用的仪器是美国 Davis 公司的 Vantage Pro2 PLUS 便携式自动气象站，该自动站除了可以测量高度 2 m 的气压、温度、相对湿度、降水、风速风向，还可测量紫外辐射和太阳辐射。

在阿克苏地区耕地中水浇地(主要是棉田)占绝大部分，水田只是其中的一小部分。以 2002 年的统计数据计算，水田只占总耕地面积的 4.76%，而水浇地占 91.47%。阿克苏灌区的棉花一般在 3 月灌一次水，之后在 6 月中旬至 8 月中旬每隔 10～15 d 灌一次水。因此，选

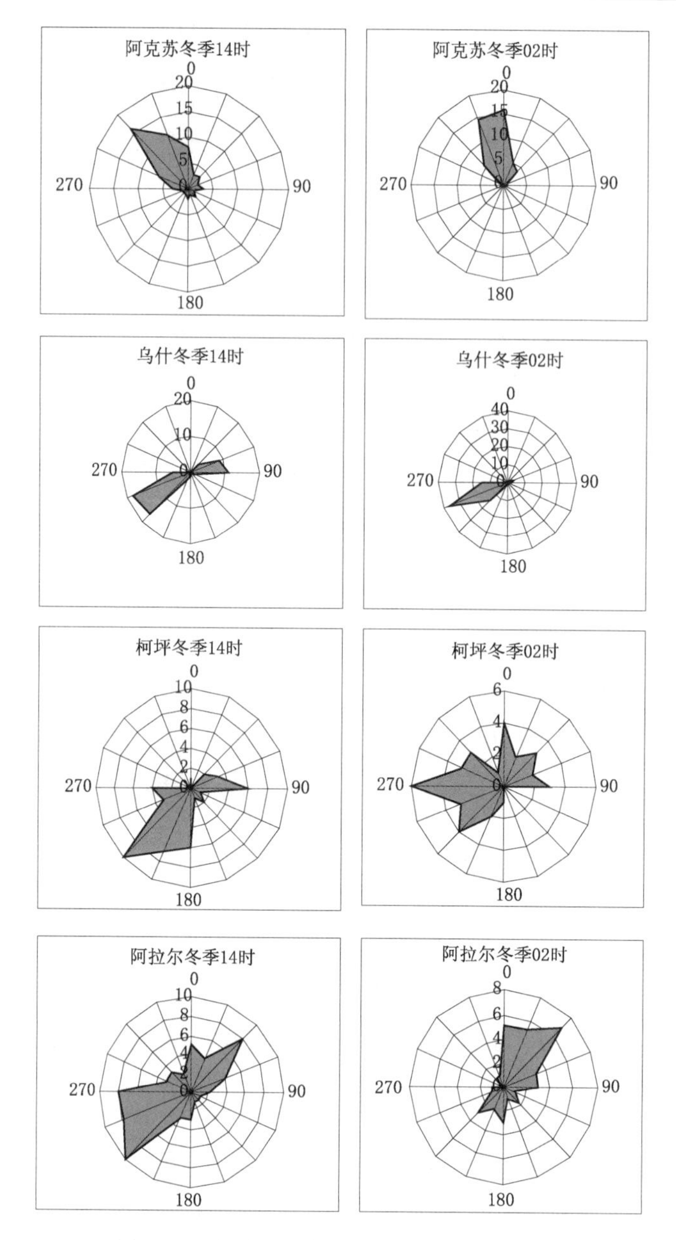

图 9-40 冬季各站白天和夜间的地面风频率

择6—7月作为灌溉比较集中的时段,具有一定的代表性。

(2)不同下垫面的温度日变化

从不同下垫面的温度日变化(图9-43)可以清楚地看出:

①无论白天还是夜间,水田的温度最低,其次是棉田,再次是戈壁和沙漠。在08:30—20:00,戈壁的温度低于沙漠其他时间,棉田的温度低于戈壁的温度,戈壁和沙漠的温度互有交错。

②水田和棉田气温都在06:00达到日最低,戈壁和沙漠则在05:30达到最低;水田在16:00达到最高,棉田在17:00、戈壁在14:30、沙漠在14:00达到日最高气温。

③平均而言,棉田比水田的温度高1.21℃,比沙漠的温度低0.66℃,比戈壁的温度

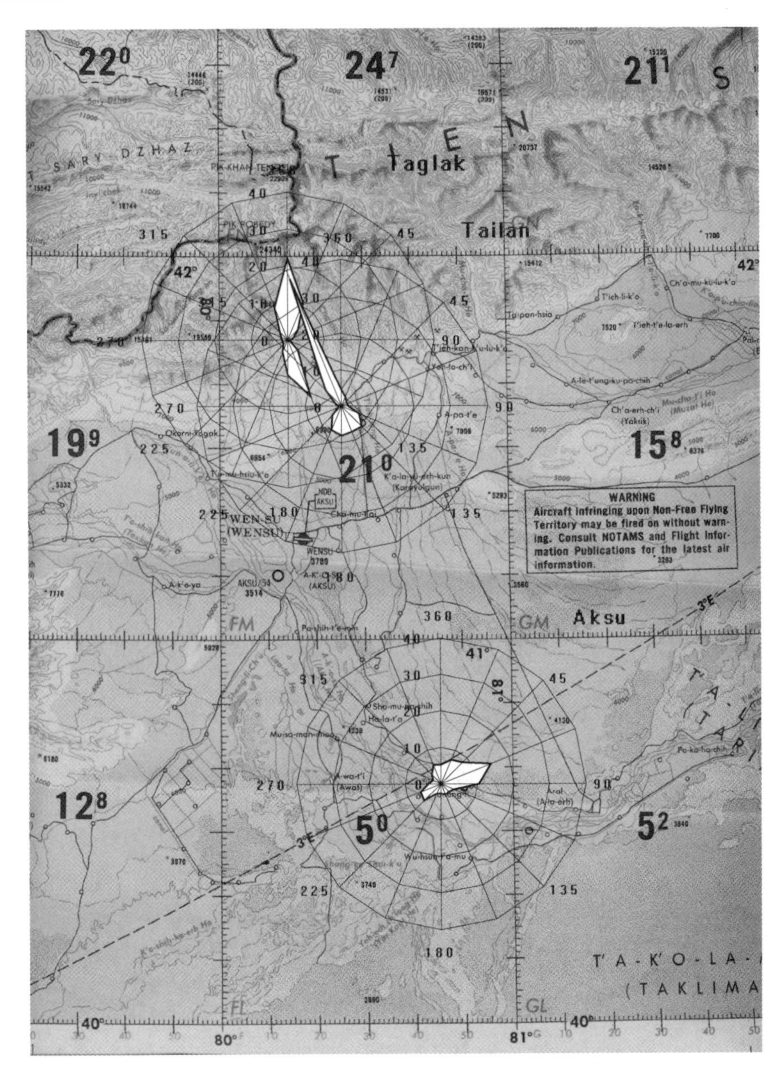

图 9-41　2004 年 3 月 15 日至 5 月 14 日每小时的地面风场

低 0.58℃。

④棉田和水田的温差在下午 16:00 到早晨 06:30 之间比早晨 07:00 至下午 15:30 之间大近 1 倍，分别是 0.86℃和 1.48℃。棉田和水田在一天中温差分别有两个极大和极小的峰值，两个极大峰值分别出现在早上 06:00 和傍晚 19:00，分别为 1.80℃和 1.90℃，两个极小峰值分别出现在早上 07:00 和下午 14:30，分别为 0.61℃和 0.46℃。值得注意的是，第一个温差高值与第一个温差低值只差一个小时。

⑤棉田与戈壁的温差在夜间较小，且夜间大部分时间戈壁温度比棉田要低。其温差在晚上 21:30 达到最大，为 1.46℃，之后连续走小，至中午 13:30 达到最小，为 0.02℃，接近相同。

⑥棉田与沙漠的温差曲线有自己的特点，在 19:30 达到最大，为 1.26℃，之后在 05:30 达到最小，为 0.14℃。

(3)不同下垫面的相对湿度日变化

从不同下垫面的相对湿度日变化(图 9-44)可以看出：

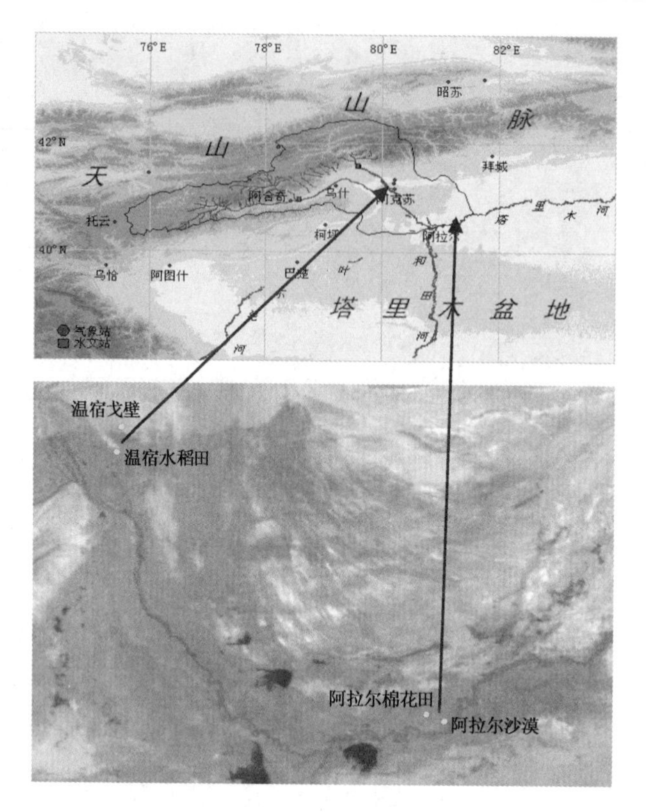

图 9-42　气象观测站分布

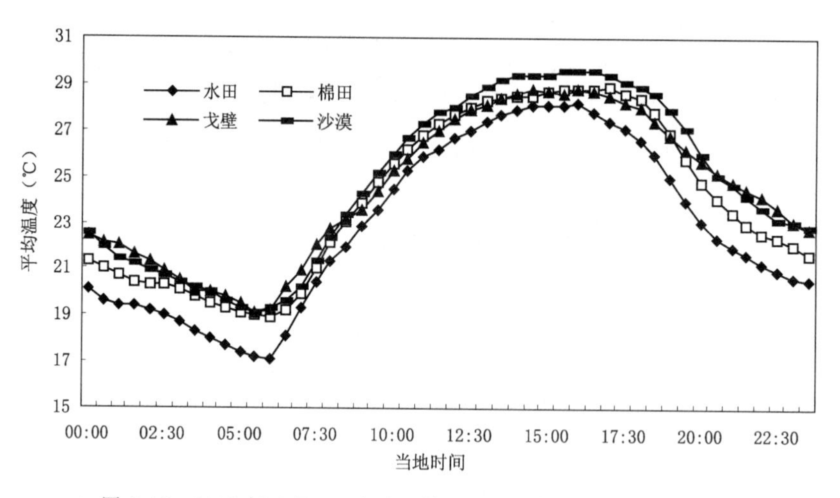

图 9-43　2005 年 6 月 30 日至 7 月 30 日不同下垫面温度日变化

①水田的相对湿度最高，平均为 62.3%，其次是棉田，为 58.2%，再次是沙漠，为 51.5%，相对湿度最小的是戈壁，为 44.3%。

②一天中 4 种下垫面的相对湿度都在早上 06:00 达到最大，然后降低，在 15:30—16:00 达到最小。

③从棉田与水田、戈壁和沙漠的相对湿度之差的日变化图看，棉田与水田在 11:00—15:30之间相对湿度之差较小，其他时间较大，平均相差 4.2%；棉田与戈壁和沙漠的相对湿度

之差在一天中变化不大，平均相差14.0%和6.8%。

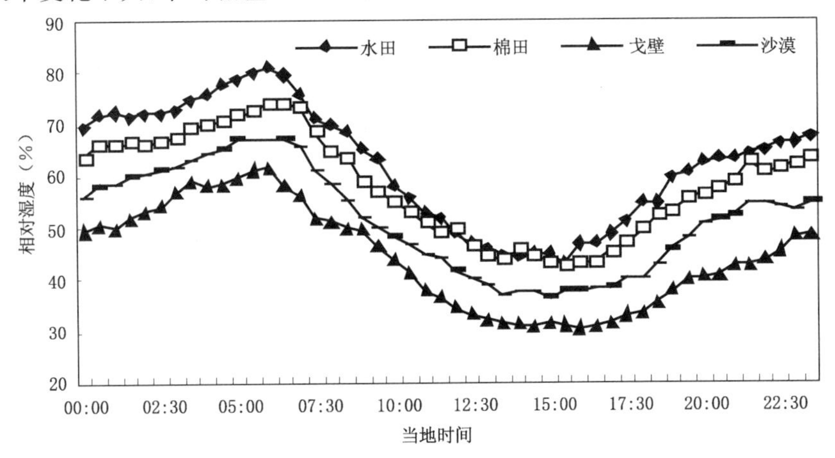

图9-44　不同下垫面相对湿度日变化(2005年6月30日至7月30日)

(4)不同下垫面温度露点差日变化

当空气中的水汽已达到饱和时，气温与露点温度相同；当水汽未达到饱和时，气温一定高于露点温度。所以，气温与露点的差值($t-t_d$)也可以表示空气中水汽距离饱和的程度。

从不同下垫面$t-t_d$日变化(图9-45)可以清楚地看出：

①水田的$t-t_d$最小，平均为8.17℃；其次是棉田，为9.31℃；再次是沙漠，为10.85℃；$t-t_d$最大的是戈壁，为13.76℃。

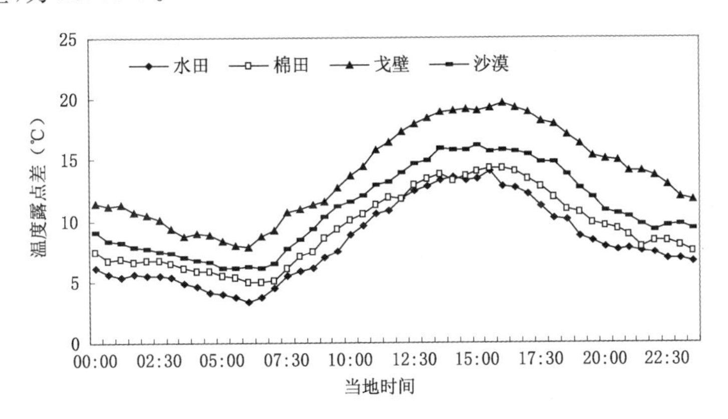

图9-45　不同下垫面温度露点差日变化(2005年6月30日至7月30日)

②棉田的$t-t_d$要比戈壁小4.45℃，比附近的沙漠小2.68℃。

③一天4种下垫面的$t-t_d$都在早晨06:00—07:00最小，水田在下午15:30—16:00达到最大。

④从棉田与水田、戈壁和沙漠的$t-t_d$之差的日变化看，棉田与水田在12:00—15:30 $t-t_d$之差较小，其他时间较大。棉田与戈壁的$t-t_d$在晚上11:00左右达到最大，在03:30左右达到最小。棉田和沙漠的$t-t_d$之差在下午18:00达到最大，在晚上22:30最小。

(5)不同下垫面风速和风向日变化

风承担着输送不同性质的气团，交换空气中的水分和热量的角色。风的日变化特征主要由太阳加热的不均匀、湿对流的潜热释放等局地因素引起的。

图 9-46 为不同下垫面的风速日变化。将原 16 个风向分成北(N、NNE、NE、NW、NNW)、东(ENE、E、ESE)、南(SE、SSE、S、SSW、SW)、西(WSW、W、WNW)四个方向,分别以 0°、90°、180°和 270°表示,见图 9-33。

从图 9-46 可以清楚地看出:

①4 种下垫面风速差别明显,水田风速最小,棉田次之,再次是沙漠,风速最大的是戈壁,平均风速分别是 0.61、0.87、1.32 和 2.07 m/s。戈壁的风速比水田大 3 倍、比棉田大 2 倍多。

②4 种下垫面风速在早晨 06:00 左右开始启动逐渐增大,至 13:00—14:30 达到最大风速,之后均有一个风速稍有减小,在 2 个多小时的时间内再次增大的过程,然后风速逐渐减小。棉田风速最大的时间是 12:30,水田是 13:30,沙漠是 13:00,戈壁是 14:30。

③各种下垫面的风速在 10:00—19:30 相差最大,其他时间相差较小。

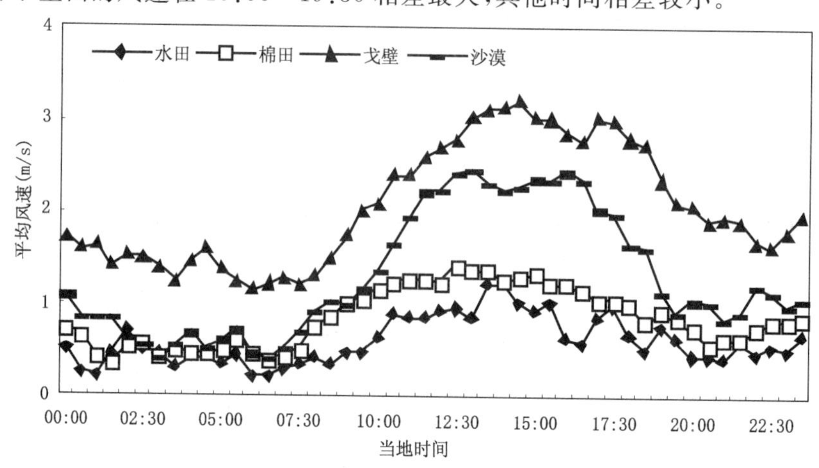

图 9-46　2005 年 6 月 30 日至 7 月 30 日不同下垫面风速日变化

从图 9-47 的风向日变化可以看出,温宿(阿克苏西部约 15 km)水田和戈壁的山谷风特征非常明显,即白天吹偏南风(谷风),夜间吹偏北风(山风)。水田是 09:30—21:00 为谷风,21:30—9:00 为山风。戈壁要早一个小时,08:30—20:00 为谷风,20:30—08:00 为山风。而阿拉尔棉田和沙漠就完全没有山谷风的特征,无论白天和夜间都吹偏北风。

这与前面的分析结果是一致的,也就是阿克苏与其西北部的南天山东坡之间存在明显的山谷风特征,特别在夏季能够达到阿克苏市。该山谷风环流在夏季覆盖整个阿克苏河流域,而春季山谷风只能到达山脚,冬季更弱。

9.5.5　夜间和白天降水的变化

在研究降水增多与灌溉的关系过程中,降水日循环规律的研究是十分重要的。从白天和夜间降水的分布入手,能够说明局地因素对降水长期变化的影响。

(1)新疆降水日变化空间分布

把降水分成两个时间段:08:00—20:00 段(20 时观测数据,北京时间,下同)为白天降水,20:00—08:00 段(08 时观测数据)视为夜间降水。将各站每天的白天降水和夜间降水进行累积得到年白天降水和年夜间降水,再将年白天和年夜间的累积降水按暖季(4—9 月)和冷季

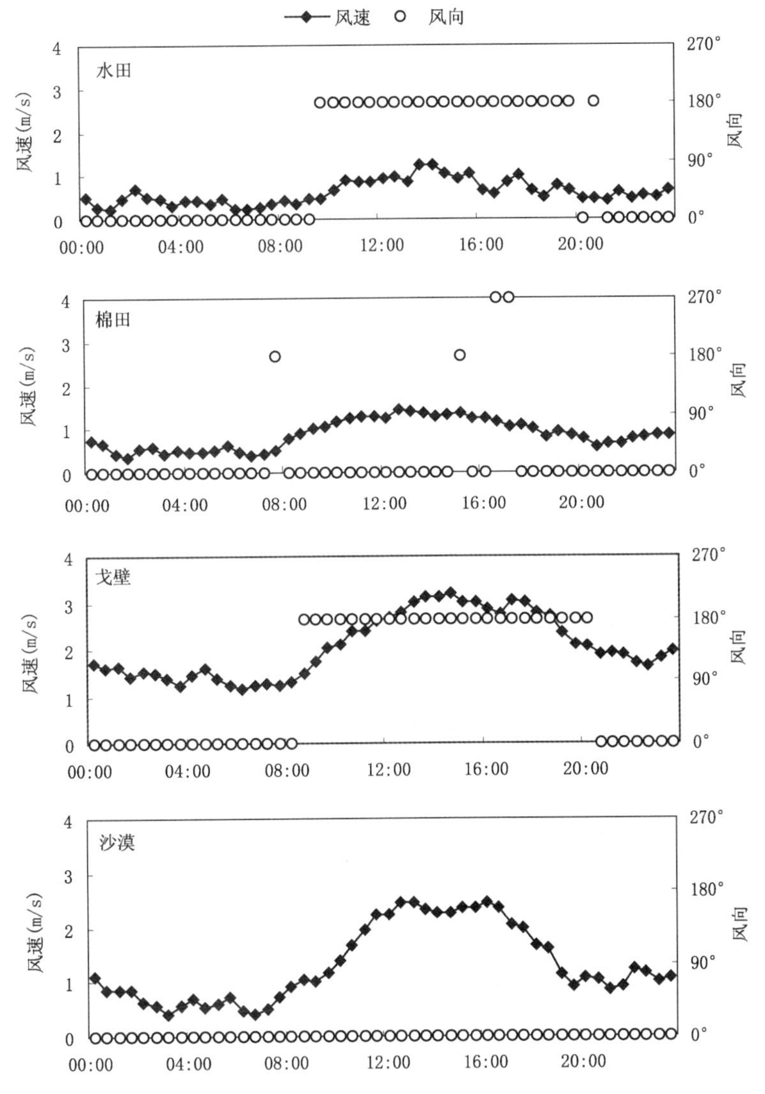

图 9-47　不同下垫面风速和风向日变化(2005 年 6 月 30 日至 7 月 30 日)

(10—3 月)分开,分别计算暖季夜间、暖季白天、冷季夜间和冷季白天累积降水占总降水的百分比。

(彩)图 9-48 和(彩)图 9-49 是暖季和冷季夜间降水的百分比。新疆暖季夜雨百分比达到 60%以上的主要有两个区域:天山北坡的精河、乌苏、石河子、昌吉等地;昆仑山西北坡的阿图什、喀什、英吉沙、莎车和叶城等地。到了冷季,虽然上述地区的夜雨比例也相对较大,但较暖季已明显减弱,很少有超过 60%的夜雨比例。另外,东天山北坡也出现夜雨区,如奇台、鄯善和达坂城等地。

(彩)图 9-50 和(彩)图 9-51 分别是暖季和冷季白天降水的百分比。新疆暖季白天降水区也是两个区:一个是阿尔泰山南坡的哈巴河、布尔津、阿勒泰和青河一带,最大的是和布克赛尔,68%的降水发生在白天,其位于东塔尔巴哈台山的南坡;另一个区在天山南坡一带,包括库车、轮台、库尔勒、库米什以及东天山南坡的哈密和伊吾等地。同样,到了冷季,这些区域的白

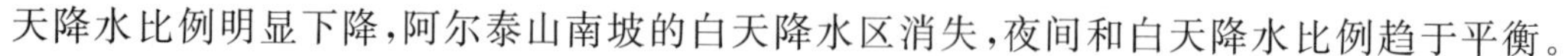

天降水比例明显下降，阿尔泰山南坡的白天降水区消失，夜间和白天降水比例趋于平衡。

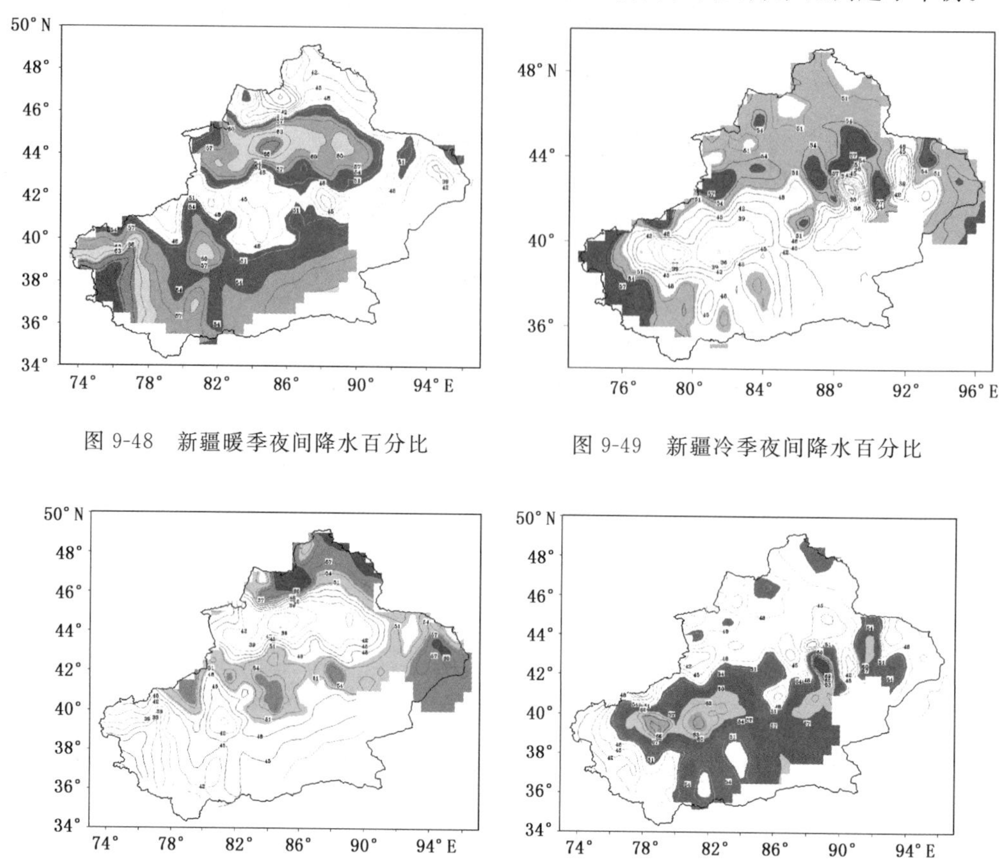

图 9-48　新疆暖季夜间降水百分比

图 9-49　新疆冷季夜间降水百分比

图 9-50　新疆暖季白天降水百分比

图 9-51　新疆冷季白天降水百分比

在夏季，太阳对地面强的加热作用产生的干热和潜热通量由地面向对流层底部输送，很容易在午后造成对流降水。虽然在本研究中看不出白天的降水是否更容易发生在午后，但由于局地风在午后达到最大，可以推断白天的降水更多地会发生在午后，这也是在今后的研究中需要用每小时的降水资料进行证实的。另外，降水日变化的长期趋势也有待于进一步的研究。降水发生在一天中的什么时刻在很大程度上影响到一个地区的地表水循环、温度日较差，与湿对流和云的形成紧密相关。例如，如果发生在午后的降水呈增加趋势，那么湿对流就会得到加强。云在一天中的什么时刻形成则直接影响地表太阳辐射。这些对于局地气候的演变具有十分重要的意义。目前，很多降水模式对于发生在夜间的降水缺乏预报能力，其原因就是对降水日循环物理机制的研究还相当有限，模式中的物理过程不够完善，需要很多这方面的研究予以支持。

另外，暖季的大降水事件（一个夜间或白天降水≥15 mm）的统计结果表明，伊犁河谷、中东天山及天山北坡，昆仑山北坡 60％以上发生在夜间，阿尔泰山和塔尔巴哈台南坡、天山东南部盆地地区 60％以上发生在白天。

（2）新疆夜间和白天降水的长期变化

新疆气候变化的特征是冬季的增暖和夏季降水的增多。对于夏季的增雨到底增加在夜间还是白天，很少有人研究，而降水发生在一天中的什么时间具有不同的意义。同样，对于长期的降水变化，增雨到底发生在白天还是夜间对于一个地区的气候变化也有不同的指示意义。

将暖季夜间降水占总降水 60%以上的测站夏季(6、7、8 月)夜间降水和白天降水的演变趋势分别进行统计分析，分别得到图 9-52 和图 9-53，由夜间降水和白天降水的差得到图 9-40。

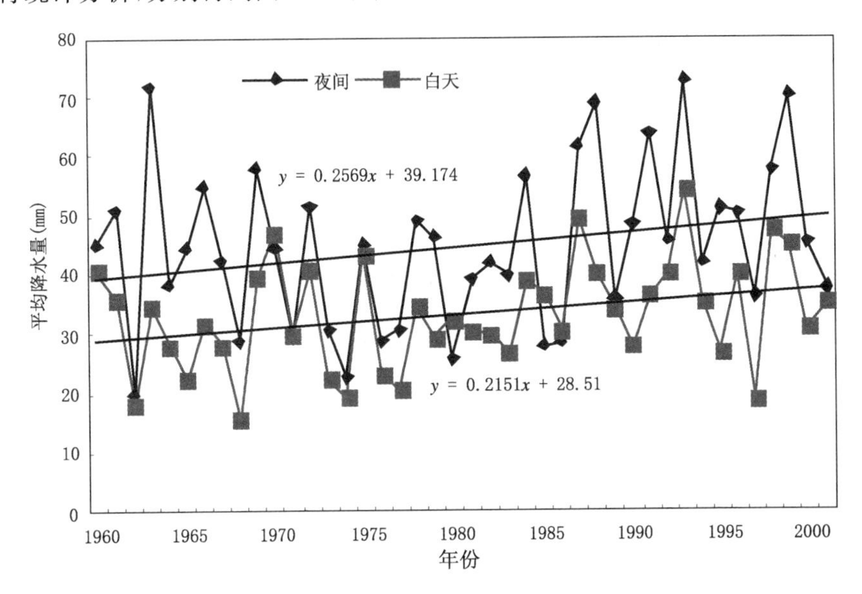

图 9-52　天山北坡暖季夜间降水百分率 60%以上的 18 测站夏季(6、7、8 月)夜间和白天平均降水的长期变化

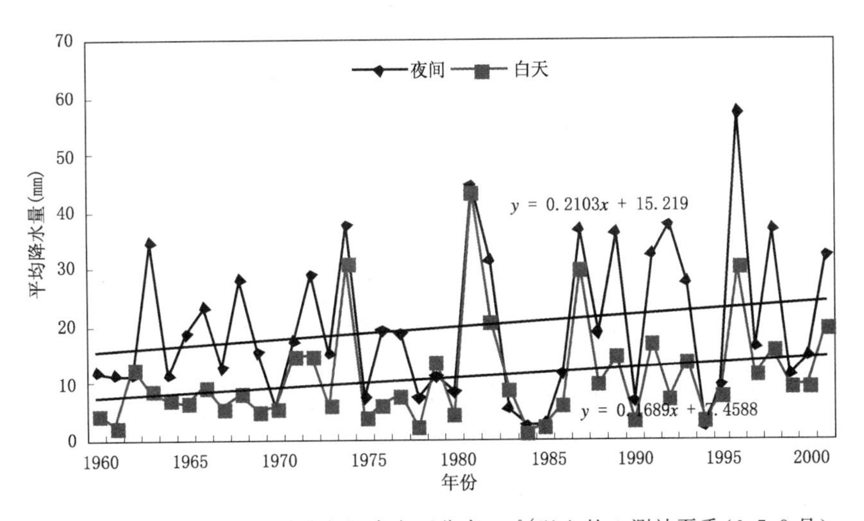

图 9-53　昆仑山西北坡暖季夜间降水百分率 60%以上的 9 测站夏季(6、7、8 月)夜间和白天平均降水的长期变化

从图中可以看到以下两个特征：

①这两个区域的夜间降水增加率都大于白天降水增加率，天山北坡的夜间降水增加率(25.7 mm/10a)比白天降水增加率(21.5 mm/10a)稍大；昆仑山西北坡的夜间降水增加率(21.0 mm/10a)比白天降水增加率(16.9 mm/10a)的差要大于天山北坡。

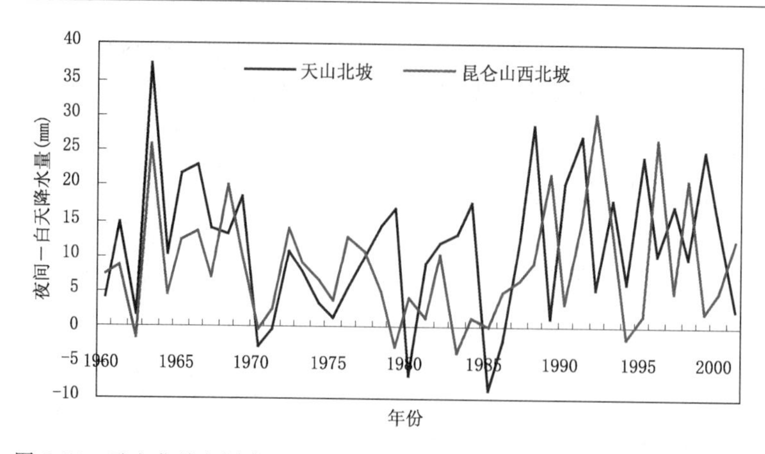

图 9-54　天山北坡和昆仑山西北坡夏季夜间和白天平均降水差的长期变化

②天山北坡夜间降水与白天降水的差在 20 世纪 60 年代和 80 年代后较大，但在 70 年代差别较小；昆仑山西北坡则是 60 年代和 90 年代差别较大，70 年代和 80 年代差别缩小。这可能与系统性天气是否占主导以及系统性天气的年代际变化相关。

(3)阿克苏流域降水日变化

1)降水日变化的空间分布

分别统计春(3、4、5 月)、夏(6、7、8 月)、秋(9、10、11 月)和冬(12、1、2 月)白天时段08:00—20:00(北京时间)和夜间时段 21:00—08:00 的降水。计算各个季节白天降水占总降水的百分比并进行平均，得到各个站各季节白天降水的百分比如表 9-6 所示，再结合各站的海拔高度，得到图 9-55。

表 9-6　阿克苏流域 5 站各季节白天降水的百分比

站名	海拔高度(m)	春(%)	夏(%)	秋(%)	冬(%)
阿合奇	1986	54	54	57	50
乌什	1396	53	58	56	47
柯坪	1162	54	53	45	60
阿克苏	1105	52	45	47	49
阿拉尔	1013	50	38	44	51

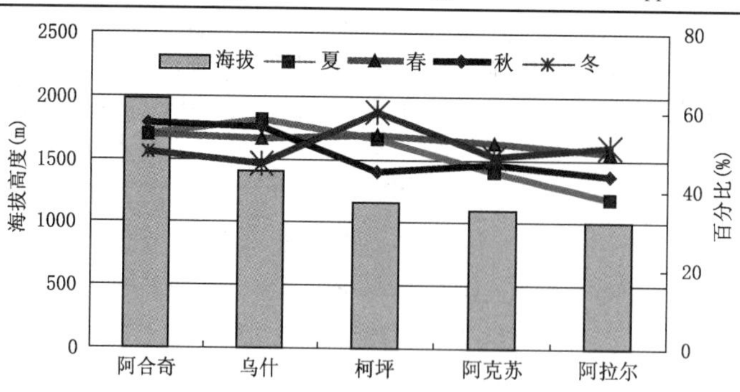

图 9-55　阿克苏流域 5 站各季节白天降水百分比随海拔高度的变化

从以上分析能够看出：

①夏季白天降水百分比随海拔高度呈明显减少趋势，春秋季这种分布趋于减弱，特别是春

季，无论海拔高低，白天和夜间的降水趋于平衡。冬季看不出这种分布。

②夏季处于平原地区的阿拉尔的夜间降水占 62%，阿克苏夜间降水为 55%，到了海拔高度 1396 m 的乌什，夜间降水占 52%。也就是说，山区以白天降水为主，谷地以夜间降水为主，山谷风局地环流引起的降水日分布特征非常明显，也是因为热力因子驱动的环流在夏季最强、春秋季次之、冬季较弱的原因。

2)降水日变化的长期变化

各站各季节白天和夜间增雨率列在表 9-7 中。我们知道，降水在一天中不同时段的分布主要是由局地因子引起的，而大尺度的天气系统从长期的平均而言不会使降水有明显的日变化。因此，为了体现影响降水的局地环流强度因子，可以用白天和夜间增雨率的差的绝对值来体现：

$$J=|R_d-R_n|$$

式中，R_d 是日间 12 小时(08:00—20:00)降水量随时间的变化；R_n 是夜间 12 小时(20:00—08:00)降水量随时间的变化。

5 个站的局地环流强度因子 J 如表 9-8 所示。

表 9-7　各站不同季节白天和夜间增雨率

站名	海拔(m)	春季增雨率(mm/10a)		夏季增雨率(mm/10a)		秋季增雨率(mm/10a)		冬季增雨率(mm/10a)	
		白天	夜间	白天	夜间	白天	夜间	白天	夜间
阿合奇	1986	5.2	3	2.7	−2.5	2.3	2.4	0.7	0.8
乌什	1396	1.7	2.9	4.7	1.6	3	0.8	0.6	0.4
柯坪	1162	1.5	1.5	2.3	3.9	0.3	1.5	0.8	0.4
阿克苏	1105	0.6	0.3	2.3	0.7	1.4	0	0.9	0.6
阿拉尔	1013	−0.4	0	2.7	3	−1.2	−1.1	0.2	0.3

表 9-8　各站不同季节局地环流强度因子 *J*

站名	海拔(m)	春季	夏季	秋季	冬季
阿合奇	1986	2.2	5.2	0.1	0.1
乌什	1396	1.2	3.1	2.2	0.2
柯坪	1162	0	1.6	1.2	0.4
阿克苏	1105	0.3	1.6	1.4	0.3
阿拉尔	1013	0.4	0.3	0.1	0.1
5 站平均		0.82	2.36	1	0.22

本研究从区域或局地因素的变化入手探讨其对当地气候变化的影响。通过对全疆和阿克苏河流域白天和夜间降水的空间分布、随时间的长期变化、随季节的变化等分析，得到以下几点结论：

①降水的日循环主要由局地或区域因子驱动，如热力、地形等。耕地的扩展会引起诸多区域性下垫面性质的改变，这种改变会引起灌溉过的土地温度下降、水汽丰富、风速减小等，进而影响到下垫面热力性质的改变，加之地形的作用，会对降水的日变化产生一定影响。

②新疆暖季夜雨百分比达到 60%以上的主要有两个区域：天山北坡的精河、乌苏、石河子、昌吉等地；昆仑山西北坡的阿图什、喀什、英吉沙、莎车和叶城等地。到了冷季，虽然上述地

区的夜雨比例也相对较大，但较暖季已明显减弱，很少有超过 60%的夜雨比例。另外，东天山北坡也出现夜雨区，如奇台、鄯善和达坂城等地。

③新疆暖季白天降水区也是两个区：一个是阿尔泰山南坡的哈巴河、布尔津、阿勒泰和青河一带，最大的是和布克赛尔，68%的降水发生在白天，其位于东塔尔巴哈台山的南坡；另一个区在天山南坡一带，包括库车、轮台、库尔勒、库米什以及东天山南坡的哈密和伊吾等地。同样，到了冷季，这些区域的白天降水比例明显下降，阿尔泰山南坡的白天降水区消失，夜间和白天降水比例趋于平衡。

④对暖季的大降水事件（一个夜间或白天降水≥15 mm）也进行了统计分析，结果表明：伊犁河谷、中东天山及天山北坡，昆仑山北坡 60%以上发生在夜间，阿尔泰山和塔尔巴哈台南坡、天山东南部盆地地区 60%以上发生在白天。

⑤两个区域的夜间降水增加率都大于白天降水，天山北坡的夜雨增加率（25.7 mm/10a）比白天降水增加率（21.5 mm/10a）稍大；昆仑山西北坡的夜雨增加率（21.0 mm/10a）比白天降水增加率（16.9 mm/10a）的差要大于天山北坡。天山北坡夜间降水与白天降水的差在 60 年代和 80 年代后较大，但在 70 年代差别较小；昆仑山西北坡则是 60 年代和 90 年代差别较大，70 年代和 80 年代差别缩小。

⑥阿克苏河流域夏季白天降水百分比随海拔高度呈明显增加趋势，春秋季这种分布趋于减弱，特别是春季，无论海拔高低，白天和夜间的降水趋于平衡。冬季看不出这种分布。

⑦夏季处于平原地区的阿拉尔的夜间降水占 62%，阿克苏夜间降水为 55%，到了海拔为 1396 m 的乌什，夜间降水占 52%。也就是说，山区以白天降水为主，谷地以夜间降水为主，山谷风局地环流引起的降水日分布特征非常明显，也是因为热力因子驱动的环流在夏季最强、春秋季次之、冬季较弱的原因。

⑧阿合奇、乌什、柯坪和阿克苏四季降水都在增加，海拔较高的阿合奇和乌什增加幅度最大，柯坪次之，阿克苏最小，且主要增加在夏季和秋季。阿拉尔夏季增雨十分明显，冬季略有增加，春秋两季降水呈减少趋势。

⑨夏季海拔较高站（阿合奇和乌什）的增雨主要发生在白天，海拔较低站的夜间降水增加率比白天降水大。阿合奇夏季白天降水明显增加，而夜间降水明显减少，分别为 2.7 mm/10a 和－2.5 mm/10a。乌什白天降水增加率比夜间降水增加率大近 3 倍，分别为 4.7 mm/10a 和 1.6 mm/10a。柯坪和阿拉尔的白天和夜间降水增加率差别不如阿合奇和乌什大，但夜间增雨率大于白天。

⑩局地环流强度因子 5 个站的平均在夏季最强，春季和秋季较弱，冬季最小，分别为 2.36、0.82、1.0 和 0.22。鉴于该局地环流主要由热力因子驱动，因此局地环流强度因子能够体现局地热力因子的强度。也就是说，5 个站降水在白天和夜间的增加率确实反映出局地特性。

⑪夏季局地环流强度因子随高度明显增加。也就是说，局地小尺度环流白天将水汽带到山区造成的降水增加比夜间在谷地造成的降水增加显著。

9.5.6　灌溉—增雨的水分循环概念模型

人类活动导致土地利用类型改变进而对气候产生影响的很多研究都集中在城市化的热岛效应方面。水泥地面的铺设以及建筑物群吸收热量，阻挡蒸发，使温度升高。但人类的另一类土地利用——种植却在起相反的作用。加利福尼亚州是美国最大的农业州，13.5%的州土地，或者说34000 km^2 的土地是农业灌溉土地。2006年美国加州大学Merced分校的自然生态系统科学家Lara Kueppers率领加州大学圣克鲁兹(Santa Cruz)分校的研究团队用区域气候模式研究两种截然不同的地貌：天然的植被和包括现代农地及都市。结果发现，灌溉可以有效地降温，特别是在酷热的夏天。平均来说，有灌溉作物的农地8月的平均温度比以往降了3.7℃，而且最高温度平均降了7.5℃(Lara et al.,2007)。

然而，降温只是灌溉带来的一个效应。灌溉过的土地就是一个水汽源，在系统性天气来临时增加大气中的水汽，在其他降水条件具备时增加降水的概率；在没有系统性天气的情况下，在地形等引起的局地环流(山谷风)的作用下，这些人类活动带来的水汽会被带到山区，在地形的抬高作用下更容易导致降水(图9-56)。

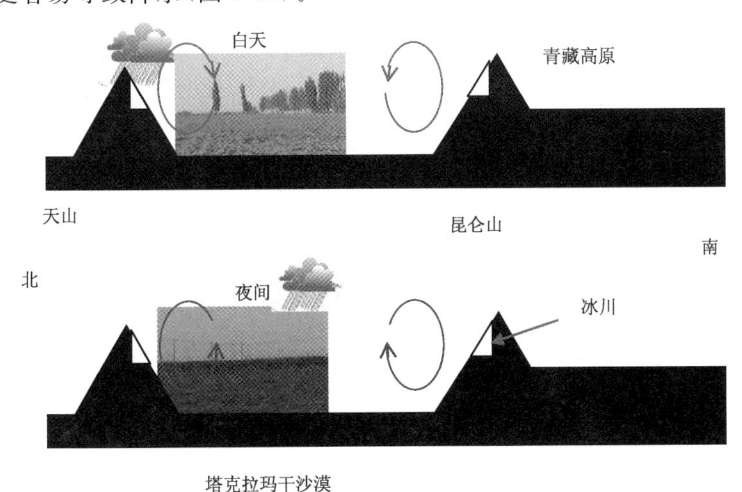

图9-56　塔克拉玛干沙漠近山区的山谷风环流导致降水的日循环

灌溉导致降水量增加的过程模式(图9-57)如下：大面积的人工灌溉导致用水量增加→蒸发增加→近地面水汽压增加→露点增加→温度露点差减小→凝结高度下降→降水量增加。

9.6　地形对降水影响作用的数值模拟敏感性试验

随着各种数值模式的发展，利用模式对地形作用进行数值研究逐渐成为一种主要手段。通过对新疆"5·25"降水、大风、降温天气过程中地形高度对降水的敏感性试验，分析了天山地形对此次强天气过程中降水的影响。

9.6.1　天气过程

受西西伯利亚较强冷空气东南下和西南暖湿气流的共同影响，2009年5月24日夜间至26日夜间，新疆地区自西向东出现了明显的降水、大风、降温天气过程。北疆各地、天山山区出现了小到中雨(山区雨转雪)，主要降水在乌苏到木垒的北疆沿天山一带、天山山区和伊犁河谷东部，均达到暴雨(雪)量级，局地出现大暴雨(雪)，乌鲁木齐的降水量突破了有降水记录以来历史同期(5月)日最大降水极值；达到大暴雨的测站有6个，达到暴雨的测站有11个((彩)图9-59)。

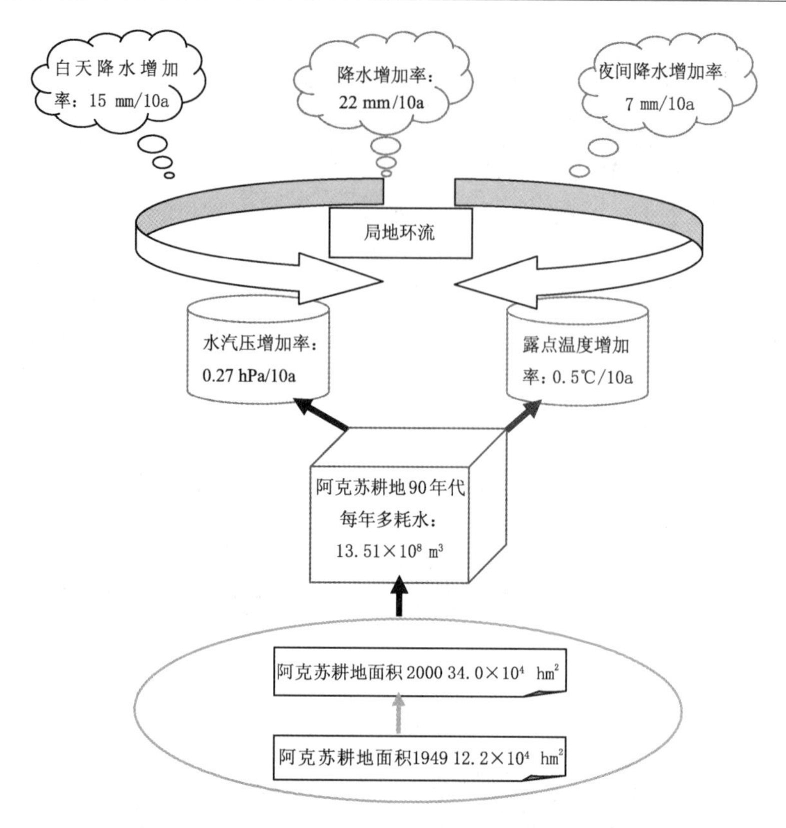

图 9-57　灌溉—增雨的水分循环概念模型

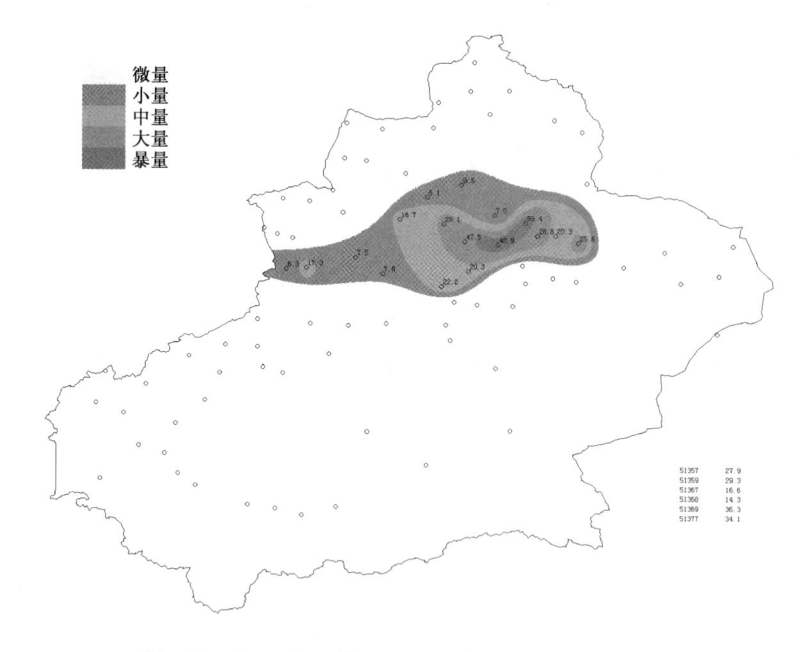

图 9-58　2009 年 5 月 24—26 日新疆地区过程降水量

9.5.2 数值模拟方案

采用2009年4月9日最新发布的WRF V3.1对2009年5月24日夜间至26日夜间发生在新疆的强降水天气过程进行数值模拟。使用NCEP 1°×1°再分析资料作为初始场及边界条件,取双重嵌套区域,区域中心均为(45°N,85°E),粗网格水平方向为100×140个格点,格距为45 km,细网格水平方向为289×181个格点,格距为15 km,垂直分层为31层,模式顶为50 hPa,时间步长为60 s。微物理过程内外层均采用Lin方案,长波辐射采用RRTM方案,短波辐射采用Dudhia方案,积云对流方案采用Eta的Kain-Fritsch浅对流方案,侧边界采用PSU(宾州大学)方案。此次模拟过程初始时刻选为2009年5月24日00 UTC(世界时,以下同),积分24 h,每1 h输出一次模拟结果。

9.6.3 地形敏感性试验

为了进一步研究天山山脉地形(见图9-59)对"5·25"降水天气的影响,在其他参数保持不变的情况下,通过改变特定区域内地形高度设计了一组地形敏感性试验。其试验方案设计如下:

方案1:保持原地形高度不变;

方案2:将天山山脉高于500 m的地形高度降为500 m。

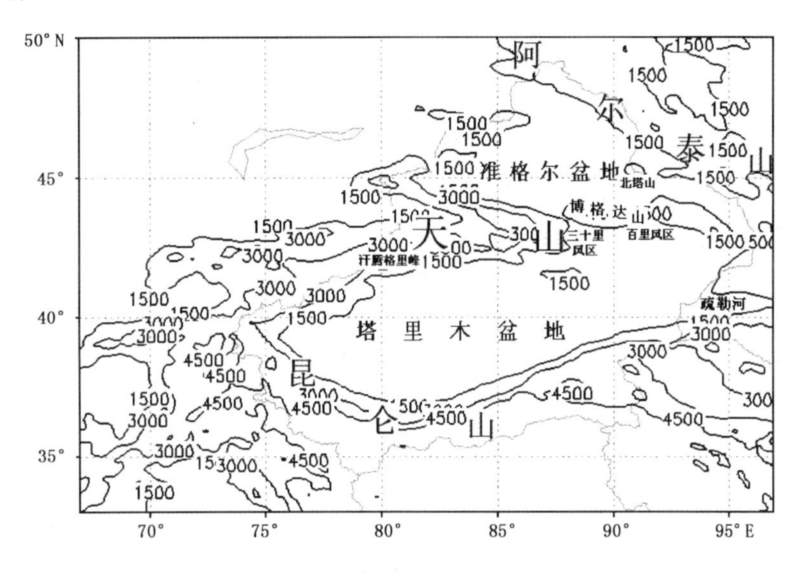

图9-59 新疆地形(单位:m)

(1)地形对24 h降水量的影响

从模式模拟的24日00 UTC至25日00 UTC 24 h累积降水量图(图9-60)可以看到,模拟的24 h累积降雨量极值中心位于(43.30°N,86.45°E),与实况极值中心位置(43.88°N,88.12°E)偏离约62.7 km,中心极值为52.30 mm,小于实况极值59.40 mm。根据Wu等(2002)的研究结果,模拟降水量与实际降水量之间存在差异的原因可能是模式的水平分辨率不高,对地形的描述能力不足,所使用的NCEP资料水平分辨率不够。雨带走向与实况接近,但模拟的雨量在中雨以上(≥6 mm)的降水落区范围与实况相比明显偏移,并且在昆仑山、阿尔金山北坡模拟出了虚假的雨带，用 MM5 和 GRAPES 模拟时，此处也出现了明显的虚假降水落区。造成此处模拟效果较差的原因是多方面的，其具体原因有待于进一步探究。整体来看，此次数值试验对降水的模拟是成功的。

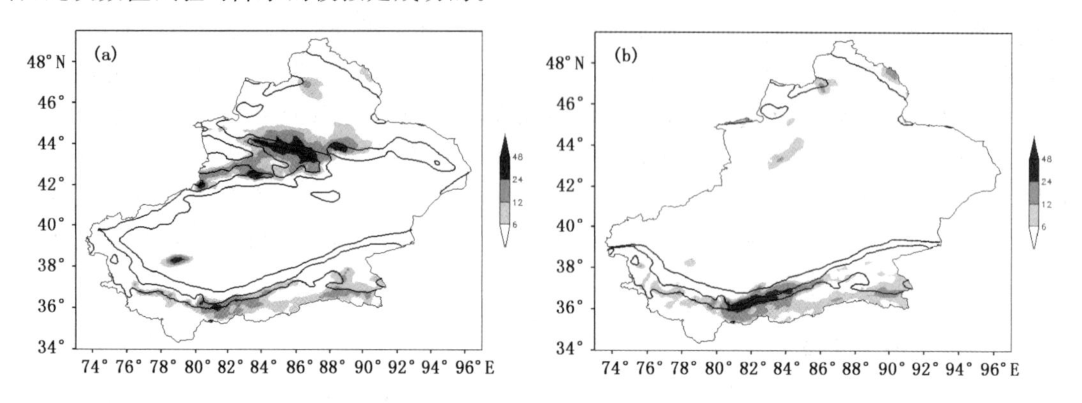

图 9-60 2009 年 5 月 24 日 00 UTC 至 25 日 00 UTC 24 h 累积降水量(单位：mm)
(a)方案 1 模拟；(b)方案 2 模拟

如上所述方案 1 模拟的 24 h 累积降水量大于 10 mm 的区域主要集中在 80°～90°E 的天山山区，另外沿青藏高原北缘出现了呈带状分布的弱降水落区，在(47°N，92°E)附近的阿尔泰山区也出现了小范围的降水区域(图 9-60a)。而方案 2 的模拟结果(图 9-60b)显示，将天山的地形高度降为 500 m 时，控制实验(方案 1)中天山山区的暴雨落区几乎完全消失，而青藏高原北缘呈带状分布的虚假弱降水落区范围扩大，此处的降水极值增加，另外位于(47°N，92°E)附近的阿尔泰山区的降水落区范围增大，降水极值增加。由此可知，天山山脉的地形作用是此次强降水天气过程在天山山区形成暴雨的主要原因之一。随着地形的升高，雨带在天山山脉迎风坡一侧的带状分布特征越明显，迎风坡一侧的降水量极值越大。这说明地形的抬升作用对暴雨在山脉迎风坡一侧的降雨量有明显的增幅作用，对其雨带分布也有显著影响。

(2)地形对西南暖湿气流的影响

水汽混合比是指水汽质量与同一容积中干空气质量的比值。通过对比分析“5·25”强降水天气过程中两种方案模拟的水汽混合比高值区的移动及变化，可以得知其水汽传输情况。西南暖湿气流为“5·25”强降水天气提供了充沛的水汽来源。由于新疆中部山脉的地形作用，在 25 日 06 UTC，西南暖湿气流带被分为南北两支(图 9-61a)，其北支覆盖了整个准格尔盆地，北至阿尔泰山以北的扎布汗河，南达北疆沿天山一带，水汽混合比的极大值位于赛罗克努山北坡，达 8.03。其南支从汗腾格里峰到昆仑山北坡呈准南北走向的带状分布，水汽混合比的极大值位于(38.3°N，80.5°E)附近，达 9.418。到 25 日 12 UTC(图 9-61b)，北支暖湿气流带继续东移，部分水汽越过天山和博格达山之间的山口东移北进，水汽混合比的极大值区位于博格达山北坡(44.5°N，87.8°E)附近，极大值较 25 日 06 UTC 略有减小，为 7.838。随着系统的东进，位于南疆塔里木盆地的高湿区范围明显减小，极大值中心到达昆仑山北坡的(36.5°N，81.6°E)附近，较 25 日 06 UTC 略有增大。

将新疆中部天山山脉的地形高度降为 500 m 时，西南暖湿气流带未被分流，在 25 日 06 UTC 和 12 UTC 均呈准东北—西南走向的带状分布。其中，水汽混合比的极大值中心在 25 日 06 UTC 位于 42.0°N 附近，达 9.017，较方案 1 中同一时刻有所增大。在 25 日 12 UTC 位

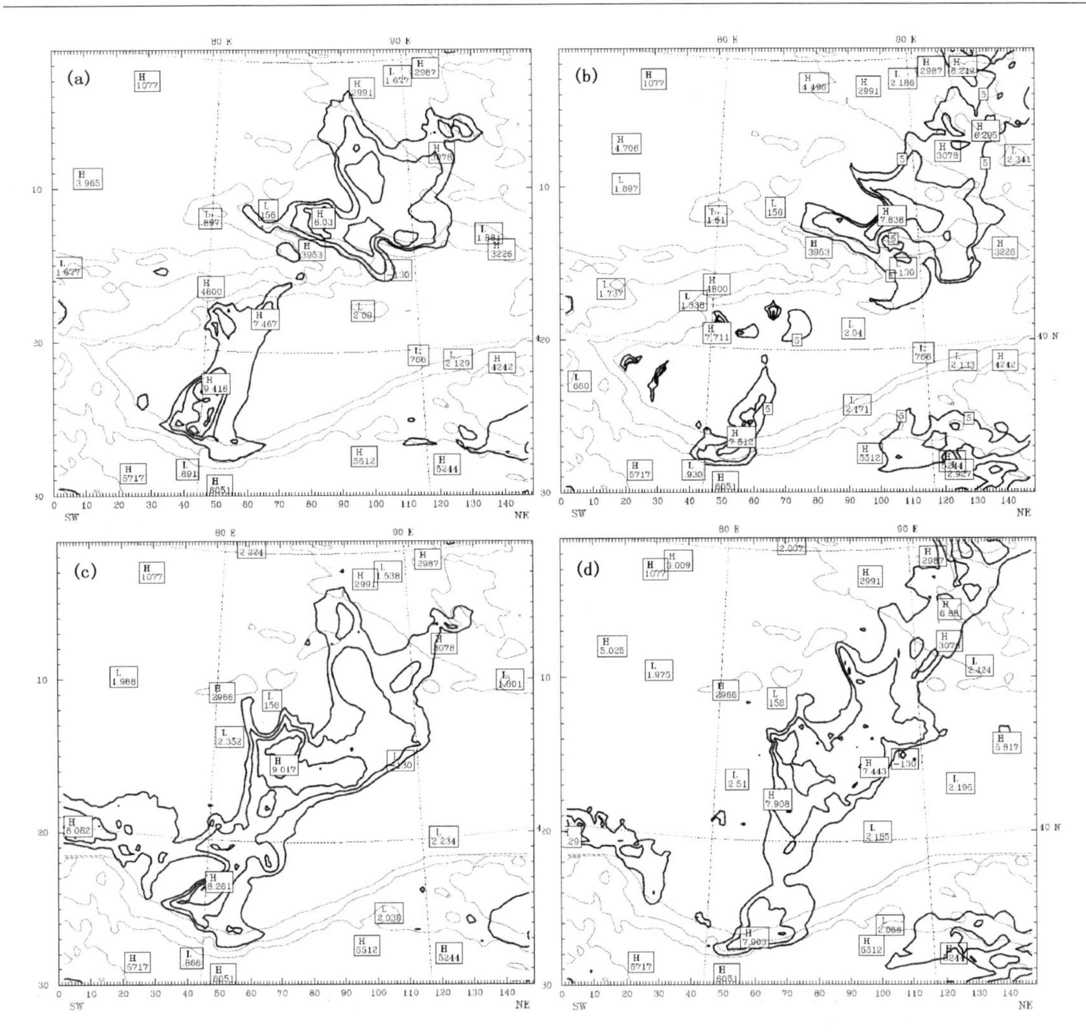

图 9-61 2009 年 5 月 25 日 18 UTC 850 hPa 大于 5 水汽混合比(粗线为水汽混合比,细线为地形高度)
(a)方案 1,25 日 06 UTC;(b)方案 1,25 日 12 UTC;(c)方案 2,25 日 06 UTC;(d)方案 2,25 日 12 UTC

于同一纬度的极大值略有减小,值为 7.908,湿区范围有所扩大。南疆塔里木盆地极大值从 25 日 06 UTC 的 8.261 变成 12 UTC 的 7.903。位于南疆塔里木盆地的湿区范围较该方案模拟的 25 日 06 UTC 略有减小,但较方案 1 模拟的 12 UTC 明显增大。

由以上的分析得知,天山山脉对"5・25"强降水天气过程中的西南暖湿气流有明显的分流与阻挡作用。天山山脉将西南暖湿气流分为南北两支,使北支的水汽混合比极大值减小,湿区范围增大;使南支的水汽混合比极大值增大,湿区范围增大。

(3)地形对水汽垂直运动的影响

大气在绝热、无摩擦条件下,保持位势涡度守恒。但对大气中的突发性暴雨过程来说,在其发生发展的过程中有大量的凝结潜热释放,对暴雨有重要的反馈作用,因此使用湿位涡来诊断暴雨过程,能够克服干位涡的局限性,更具有合理性。

将湿空气的位势涡度(moist potential vorticity,简称 MPV,湿位涡)在等压面上展开:

$$MPV=\frac{\vec{\zeta}\cdot\nabla S}{\rho}=\frac{\vec{\zeta}\cdot\nabla\theta_M}{\rho}=-g(\zeta_p+f)\frac{\partial\theta_M}{\partial p}+g\frac{\partial v}{\partial p}\frac{\partial\theta_M}{\partial x}-g\frac{\partial u}{\partial p}\frac{\partial\theta_M}{\partial y}$$

式中，ζ_p 是垂直涡度，f 是地转涡度。

“5・25”强降水天气过程中，西南暖湿气流为新疆地区带来了充沛的水汽。源源不断的水汽向天山山区输送，使暴雨区低空形成了高温高湿环境，为对流不稳定的增长创造了条件((彩)图 9-62a)。水汽的垂直运动主要发生在天山山区和昆仑山北坡。在天山山区，湿位涡在25 日 18 UTC 的极大值位于天山和腾格达山间的峡口处，达 18.00 PVU，极小值出现在极大值中心的西南侧，位于东天山的东南坡一侧，极小值达－21.00 PVU。在昆仑山北坡也出现了较大范围的水汽辐合上升区，位于(39.0°N，88.2°E)附近的湿位涡极大值达到了 11.13 PVU。

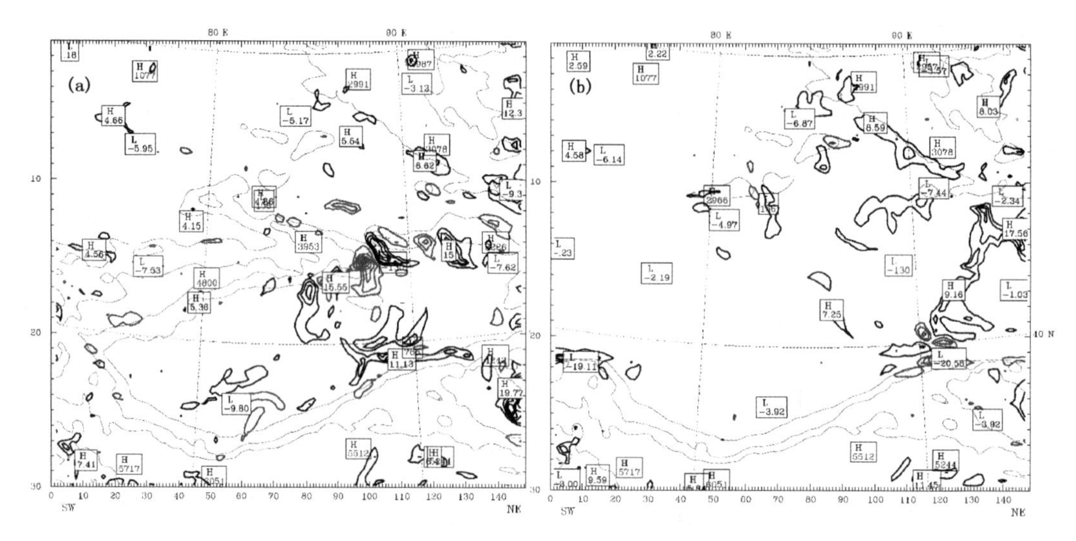

图 9-62　2009 年 5 月 25 日 18 UTC 850 hPa 绝对值大于 3 的湿位涡

(单位：PVU，黑线为正值，红线为负值)

(a)方案 1；(b)方案 2

将新疆中部天山山脉的地形高度降为 500 m 时，水汽的垂直上升运动主要发生在阿尔泰山西南坡及新疆以东的北山迎风坡一侧。在阿尔泰山西南坡，湿位涡在 25 日 18 UTC 的极大值达 8.59 PVU。在新疆以东的北山迎风坡一侧，湿位涡极大值为 17.56 PVU。湿位涡在阿尔泰山西南坡及新疆以东的北山迎风坡一侧的极大值较方案 1 中相应时刻、相应位置的湿位涡极大值明显增大((彩)图 9-62b)。

由此可见，天山山脉的地形抬升作用为“5・25”强降水过程在天山山区发生暴雨天气创造了水汽的垂直上升运动条件。与此同时，天山山脉地形对昆仑山北坡暖湿气流的垂直上升运动也有一定的贡献。

(4)地形对风场的影响

“5・25”强降水天气过程中，西南暖湿气流为新疆地区带来了充沛的水汽。源源不断的水汽向天山山区输送，使暴雨区低空形成了高温高湿环境，为对流不稳定的增长创造了条件。图 9-63 所示为 25 日 06 UTC2 种方案模拟的 850 hPa 流场的比较状况。

保持原地形高度不变时(方案 1，图 9-63a)，低空流场在山脉的背风坡一侧、三十里风区和百里风区附近的山脉风口处形成了明显的急流区，山脉迎风坡一侧的水平风速明显小于背风坡一侧。以 26 日 00 UTC 850 hPa 速度场为例，风速大于 20 m/s 的急流区位于哈尔克山北侧(82.5°E，41.8°N)附近、三十里风区和百里风区，中心极值为 33.4m/s，位于百里风区以南的

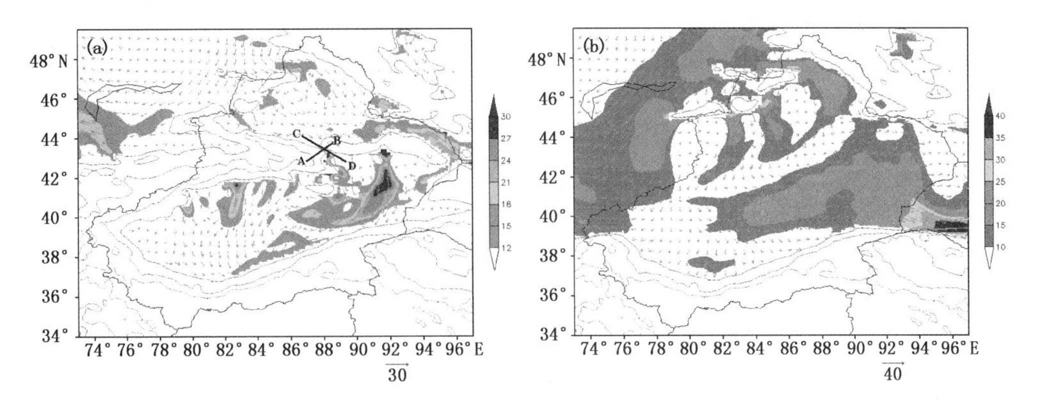

图 9-63　2009 年 5 月 25 日 06 UTC 850 hPa 速度场(箭头,单位:m/s)(阴影为风速大于 10 m/s 的区域)
(a)方案 1;(b)方案 2

(81.3°E,43.5°N)附近。

而方案 2(图 9-63b)中,由于天山山脉阻挡作用减少,25 日 06 UTC,准格尔盆地西北侧出现了一个东北—西南走向的大于 10 m/s 的低空急流带,风速大于 20 m/s 的急流区出现在准格尔盆地西北侧背风坡一带。因不受天山山脉的阻挡,部分气流在天山山脉西南直接进入塔里木盆地,与从阿尔泰山西南侧入侵的冷气流汇合,在塔里木盆地中部偏东地区直至疏勒河一带出现了一个准东西走向的大于 10 m/s 的低空急流带,风速极值达 44 m/s,中心位于(96.0°E,39.2°N)附近。整体来看,敏感性实验区域 25 日 06 UTC 850 hPa 的水平流场急流区范围较方案 1 大,模拟时段内其他各个时次方案 2 模拟的水平流场急流区均较方案 1 大,风速极值增大,极值中心位置均向东有所偏移。

图 9-64 所示为方案 1 积分 6 h 沿图 9-63a 中所示线段 AB、CD 的速度场、位势涡度场的垂直剖面图。从图 9-64 可知,25 日 06 UTC,沿图 63a 中线段 AB 的剖面上,气流垂直上升速度大值区位于 400～500 hPa 之间;风速极值达到了 36.4 m/s,其中垂直速度的最大值达到了 0.70 m/s,指示了天山山脉迎风坡一侧低层存在着倾斜上升运动。气流的下方,即 700 hPa 以下湿度场上的相应区域,存在着水汽混合比的高值区,中心值为 6.9 g/kg。这样,地形抬升作用产生的强上升气流把低层的高湿空气向高空输送。此时位势涡度的高值区位于 400 hPa 附近(图 9-64a),达到了 3.02 PVU。在位温场上的相应区域,垂直运动区上空 400 hhPa 以上,等温线下凹,这是降水过程引起潜热释放的结果。在湿度场上的相应区域,水汽混合比等值线在暴雨中心附近略微上凸,即在等压面上暴雨中心附近湿度更大,这是地形抬升作用引起的强烈的上升运动将低层水汽向高空输送的结果。位势涡度的增大反映了涡旋的增强,而低层位势涡度的高值区与相应时刻的暴雨区有很好的对应关系。

沿图 9-63a 中线段 CD 的剖面上,地势较为平坦,气流沿博格达山西侧的山口准水平运动,无明显的垂直方向的起伏变化,风速极值达到了 33.4 m/s,位于 300～400 hPa 之间的高空(图 9-64b)。此西北—东南走向的气流在三十里风区形成一个明显的急流区,这是由气流在山脉迎风坡一侧堆积使山脉峡口处风速增大造成的。

在此次天气过程中,天山山脉地形对新疆地区低空水平流场有显著的影响,对新疆范围内准格尔盆地西北侧背风坡一带直至天山山脉北侧的气流有明显的阻挡与减缓作用,对三十里风区、百里风区、汗腾格里峰北坡强风带的形成有直接而重要的作用。地形高度越高,产生垂直运动的

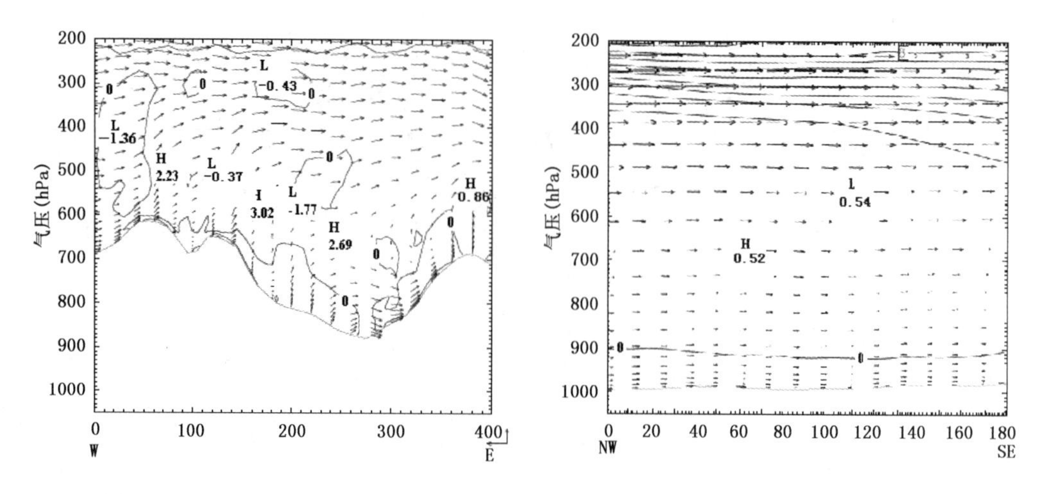

图 9-64 2009 年 5 月 25 日 06 UTC 沿图 9-63a 中线段 AB(a)、CD(b)附近位势涡度场(等值线,单位:PVU)、速度场(箭头,单位:cm/s)的垂直分布

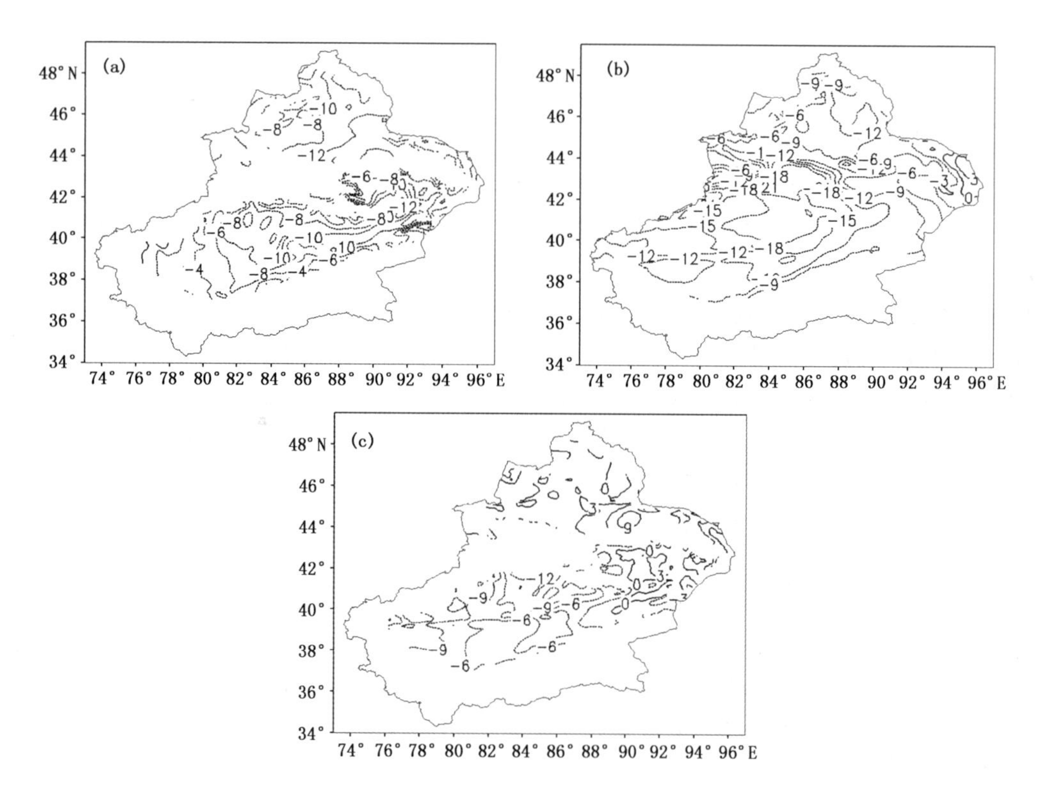

图 9-65 2009 年 5 月 25 日 00 UTC—26 日 00 UTC 850 hPa 高度的 24h 变温(单位:℃)
(a)方案 1;(b)方案 2;(c)方案 2 减方案 1

地形强迫抬升作用越明显,地形强迫抬升作用产生的垂直上升运动越剧烈。

(5)地形对降温的影响

保持原地形高度不变时(图 9-65a),25 日 00 UTC—26 日 00 UTC 850 hPa 上的 24 h 正变温主要位于新疆以西、以北地区,24h 正变温的极值在巴尔喀什湖以北地区达到 6℃。在准格尔盆地和塔里木盆地均为负变温区域，负变温幅度在准格尔盆地达到－12℃，极值中心位于阿尔泰山北坡与腾格达山之间。在塔里木盆地，24h 负变温达到－10℃，极值中心位于百里风区以南(92.0°E，41.5°N)附近。

将天山山脉地形高度降为 500 m 时(图 9-65b)，25 日 00 UTC—26 日 00 UTC 850 hPa 上的 24 h 正变温区域西退北上，沿巴尔喀什湖呈准东北—西南走向带状分布，而在准格尔盆地和塔里木盆地均为负变温区域，24h 负变温极值达－21℃，中心位于(42.5°N，83.8°E)附近的伊犁河谷地区。准格尔盆地的负变温极值区位于准格尔盆地西南角，负变温极值达－12℃。塔里木盆地的负变温极值达－18℃，极值区位于塔里木盆地中部偏北直至天山南缘地区。

与方案 1(图 9-65a)相比，方案 2(图 9-65b)中 25 日 00 UTC—26 日 00 UTC 850 hPa 上的 24 h负变温幅度在塔里木盆地巴尔喀什湖以东以北的部分地区偏大(图 9-65c)，负变温增幅极值在塔里木盆地西南部的昆仑山以北地区，增幅达到了－9℃。24h 负变温减幅区位于准格尔盆地东部的北塔山西南侧，减幅达到了 9℃。

由此可见，天山山脉对南疆塔里木盆地的寒潮天气降温幅度有较为明显的减缓作用，对北疆北塔山及其以西地区直至巴尔喀什湖的寒潮降温幅度也有一定的减缓作用，但对塔里木盆地的“保温”作用较北疆明显。

第 10 章 结论与讨论

在全球变化的背景下，新疆气候明显变暖，蒸发加大，高空零度层抬高，天山山区雪线上升。《中国科学技术蓝皮书》中引用国内外气候专家研究结果认为，从现在到本世纪中期，西部地区干旱化的总格局不可能有根本的改变，甚至有进一步加剧的趋势；天山以及昆仑山的小冰川都将趋于消失，近十年已累计缩小 10%～15%，缺水将严重威胁着人类的生存。

新疆山区的自然降水是新疆河川径流的主要来源，山区降水决定着地表水资源时空分布的主要特征。高山冰川是新疆的固体水库，起着重要的调节作用，冰川本体融水是河川径流量的重要补给，补给量占径流量的 15%左右，尤其是南疆补给量比例可达 21.4%。新疆受气候变暖的影响，山区冰川融水量与河川径流量显著增加，平原地下水天然补给量有所增加。1987—2000 年河川平均年径流量较 1956—1986 年平均年径流量增加 62.1×10^8 m^3，相当于原径流量 873.7×10^8 m^3 的 7.1%，其中增幅最大的河流在天山南坡，增加的幅度达 20%～40%；其次为天山北坡的河流、帕米尔高原和阿勒泰地区的河流，增加幅度为 5%～15%。气候变化对水资源增加的另一作用是冰川融水伴随气温的持续上升而增加，以天山一号冰川为例，1985—2000 年平均融水量较 1958—1985 年增加 84.2%。

新疆水汽主要受西风带系统的影响，每年流经新疆上空的水汽总量约为 26000×10^8 m^3。西边界、北边界和南边界为净流入，东边界为净流出。由于新疆地形的原因，在对流层中层水汽输送量最大，低层和高层水汽输送量相当；低层为水汽净输出，中、高层为水汽净输入。低层 700 hPa 以下新疆处于干旱下沉气流控制下，水汽以流出为主。南边界水汽输送很小，东边界海拔低，水汽输送量最大。中层 700～500 hPa 水汽流量最大，总水汽流入量为 11765.8×10^8 m^3，占 45.1%，总流出量为 11396.5×10^8 m^3，占 44.4%。高层从青藏高原上空有较丰富的水汽流入新疆，南边界有 1168.5×10^8 m^3 水汽流入。

从季节变化来看，夏季流经新疆的水汽量最大，约占 39%；春、秋季次之；冬季最小。夏季对流层低层为净流入，中、高层为净流出。春、秋、冬三季对流层低层为水汽净流出，中、高层为净流入。新疆区域年平均水汽转化率为 10.4%，最高年份可达 14.2%，近 40 年新疆水汽转化率呈增加趋势。

同时，气候变暖也会导致水分蒸发加剧，水资源消耗增加。因此，在本世纪前期，以小冰川为主的流域，气候变暖有利于冰川融水，使得河流径流增加。但在本世纪中期或其以后，持续增暖造成冰川大幅度萎缩，使融水削减，将加剧水资源紧张，同时冰川固体水库的调节功能急剧下降，将会危及下游绿洲的生存。

近 45 年来新疆总体上存在增"湿"趋势，南疆增幅最大，但是天山山区降水增加的绝对量是最大的，山区降水增加有利于水资源的增加和补充，也有利于生态环境的恢复。从面雨量增幅趋势看，增长最明显的是冬季，夏季次之，春、秋两季相当。80 年代中后期至今，降水呈现出明显偏多的趋势，1986—2005 年比 1961—1985 年春、夏、秋、冬各季分别增加 17.4%、22.2%、17.6%、

44.3%，这期间新疆年平均面雨量达3020.2×10^8 m^3，比前期（20世纪60—70年代）多两成以上（21.4%），比45年平均值多10.8%，尤其是1987年以后降水明显增多，存在着明显的突变。历史上最大的面雨量出现在1987年，高达4060.6×10^8 m^3，最低年份为1985年，约为1963.6×10^8 m^3，相差约2.1倍。

新疆气候变“湿”的另一个特点是，中量以上的降水明显增加，洪水出现频次和强度增大。以超过年最大洪峰流量多年平均值的洪水出现次数分析，1987—2000年比1956—1986年年平均多44%。1956—2000年出现的28次特大洪水中，1987年以来发生了21次，占75%。

但是，必须清醒地认识到，增“湿”的概念是相对的，所谓“湿”只是降水量有所增加而已。新疆平均降水量仅为165 mm，即使未来增加50%，也不过才达到248 mm，降水增加的绝对量十分有限，与南方的“湿润”有着天壤之别，增“湿”趋势并不能改变新疆干旱区气候的本质。这是由于新疆深处大陆内部，远离海洋水汽源地，特定的地理环境造成的控制新疆天气气候的基本环流特征不会改变，长期历史条件下形成的极端干旱区、干旱区不会改变所决定的。

根据IPCC所设定的三种排放情景SRESA1B、SRESA2、SRESB1的模式计算结果分析，预测21世纪新疆区域温度将继续升高、降水量将增加。其中在21世纪前半叶，平均降水量增加幅度不大，2041—2050年新疆地区年平均降水增加5%左右，到21世纪末达到10%以上；21世纪初期（2001—2020年）年平均温度增加幅度在0.5～0.9℃，21世纪前期（2021—2030年）温度增加幅度在1.2℃左右，到21世纪中后期气温将进一步增高。

综上所述，新疆气候增暖增“湿”还将继续持续一段时期，对水资源的各种影响继续存在。虽然降水有了一定程度的增加，但是增“湿”并不能改变干旱区的本质，也远远不能满足新疆经济社会迅速发展对水资源的需求，气候变“湿”背景下的新疆水资源形势依然十分严峻，水资源匮乏仍然是长期制约新疆经济社会可持续发展的主要因素。

为了积极应对气候变化，在进一步严密监测气候变化的基础上，应该充分利用当前新疆气候相对“湿润”期的有利时机，切实加强山区人工增水工程建设，开发利用山区空中丰富的云水资源，加快水分内循环，提高云水资源转化为降水的比值，从而增加山区自然降水量。

参考文献

艾伦 C W. 1976. 物理量和天体物理量. 上海:上海人民出版社.

毕宝贵,徐晶,林建. 2003. 面雨量计算方法及其在海河流域的应用. 气象,**29**(8):39-42.

蔡英,钱正安,宋敏红. 2003. 华北和西北区干湿年间水汽场及东亚夏季风的对比分析. 高原气象,**22**(1):14-23.

蔡英,钱正安,吴统文,等. 2004. 青藏高原及周围地区大气可降水量的分布、变化与各地多变的降水气候. 高原气象,**23**(1):1-10.

陈峰,袁玉江,魏文寿,等. 2008. 利用树轮图像灰度重建南天山北坡西部初夏温度序列. 中国沙漠,**28**(5):842-847.

陈建江. 2002. 新疆干旱区的水环境问题分析及对策. 中国水利学会 2002 学术年会论文集.

陈隆勋,朱乾根,罗会邦,等. 1991. 东亚季风. 北京:气象出版社:49-61.

陈曦主编. 2010. 中国干旱区自然地理. 北京:科学出版社.

陈亚宁,李卫红,陈亚鹏,等. 2007. 新疆塔里木河下游断流河道输水与生态恢复. 生态学报,**27**(2):538-545.

陈亚宁,徐长春,郝兴明,等. 2008. 新疆塔里木河流域近 50 年气候变化及其对径流的影响. 冰川冻土,**30**(6):921-929.

陈亚宁,徐长春,杨余辉,等. 2009. 新疆水文水资源变化及对区域气候变化的响应. 地理学报,**64**(11):1331-1341.

陈颖,邓自旺,史红政. 2006. 阿克苏河径流量时间变化特征及成因分析. 干旱区研究,**23**(1):21-25.

陈勇航,黄建平,陈长,等. 2005. 西北地区空中云水资源的时空分布特征. 高原气象,**24**(6):905-912.

崔彩霞,李杨,杨青. 2008. 新疆夜雨和昼雨的空间分布和长期变化. 中国沙漠,**28**(5):903-907.

崔彩霞,魏荣庆,秦榕. 2006. 灌溉对局地气候的影响. 气候变化研究进展, **2**(6):292-295.

崔彩霞. 2007. 塔里木河流域气候要素变化及灌溉对降水的影响研究. 北京:中国农业大学博士学位论文.

戴新刚,李维京,马柱国. 2006. 近十几年新疆水汽源地变化特征. 自然科学进展,**16**(12):1651-1656.

戴新刚,任宜勇,陈洪武. 2007. 近 50a 新疆温度降水配置演变及其尺度特征. 气象学报,**65**(6):1003-1010.

邓铭江,蔡建元,董新光,等. 2004. 干旱地区内陆河流域水文问题的研究实践与展望. 水文,**24**(3):18-24.

邓铭江,郭春红. 2004. 干旱区内陆河流域水文与水资源问题. 水科学进展,**15**(6):819-823.

邓铭江,裴建生,王智,等. 2007. 干旱区内陆河流域地下水调蓄系统与水资源开发利用模式. 干旱区地理,**30**(5):621-628.

邓铭江,章毅,李湘权. 2010. 新疆天山北麓水资源供需发展趋势研究. 干旱区地理,**33**(3):315-324.

邓铭江. 2004. 塔里木河流域未来的水资源管理. 水资源管理,**17**:20-23.

邓铭江. 2006. 塔里木河流域气候与径流变化及生态修复. 冰川冻土,**28**(5):694-702.

邓铭江. 2009. 新疆水资源战略问题探析. 水资源管理,**17**:23-27.

第二次气候变化国家评估报告编写委员会. 2011. 第二次气候变化国家评估报告. 北京:科学出版社.

第二次气候变化国家评估报告编写委员会. 2011. 第二次气候变化国家评估报告. 北京:科学出版社.

丁一汇,胡国权. 2003. 1998 年中国大洪水时期的水汽收支研究. 气象学报,**61**(2):129-145.

丁一汇,任国玉,等. 2007. 中国气候变化的检测及预估. 沙漠与绿洲气象,(1):1-9.

董新光,姜卉芳,邓铭江. 2001. 新疆水资源短缺原因分析. 新疆农业大学学报,**24**(1):10-15.

段建军,王彦国,王晓风,等. 2009. 1957—2006 年塔里木河流域气候变化和人类活动对水资源和生态环境的影响. 冰川冻土,**31**(5):781-791.

方慈安,潘志祥,叶成志,等. 2003. 几种流域面雨量计算方法的比较. 气象,**29**(7):23-26.

冯文,王可丽,江灏. 2004. 夏季区域西风指数对中国西北地区水汽场特征影响的对比分析. 高原气象,**23**(2):271-275.

符淙斌,王强. 1992. 气候突变的定义和检测方法. 大气科学,**16**(1):111-119.

符淙斌,曾昭美. 2005. 最近530年冬季北大西洋涛动指数与中国东部夏季旱涝指数之联系. 科学通报,**50**(14):1512-1522.

傅丽昕,陈亚宁,李卫红,等. 2009. 近50a来塔里木河源流区年径流量的持续性和趋势性统计特征分析. 冰川冻土,**31**(3):157-163.

高卫东,魏文寿,张丽旭. 2005. 近30a来天山西部积雪与气候变化——以天山积雪雪崩研究站为例. 冰川冻土,**27**(1):68-73.

龚道溢,王绍武. 1999. 大气环流因子对北半球气温变化影响的研究. 地理研究,**18**(1):31-38.

韩萍,薛燕,苏宏超. 2003. 新疆降水在气候转型中的信号反应. 冰川冻土,**25**(2):179-182.

韩淑媞,王承义,袁玉江. 1992. 北疆干旱区500年来环境演变序列. 中国沙漠,**12**(1):1-8.

何清,杨青,李红军. 2003. 新疆40 a来气温、降水和沙尘天气变化,冰川冻土,**25**(4):423-427.

何清,袁玉江,魏文寿,等. 2003. 新疆地表水资源对气候变化的响应初探. 中国沙漠,**23**(5):493-396.

胡汝骥,姜逢清,王亚俊. 2003. 新疆雪冰水资源的环境评估. 干旱区研究,**20**(3):187-191.

胡汝骥,马虹,樊自立. 2002. 近期新疆湖泊变化所示的气候变化. 干旱区资源与环境,**16**(I):20-27.

胡汝骥. 2004. 中国天山自然地理. 北京:中国环境科学出版社.

胡文超,白虎志,董安祥. 2005. 中国西部空中水汽分布结构特征. 南京气象学院学报,**28**(6):808-814.

胡义成,魏文寿,袁玉江,等. 2012. 基于树轮的阿勒泰地区1818—2006年1—2月降雪量重建与分析. 冰川冻土,**34**(2):319-327.

黄健,毛炜峄,李燕,等. 2003. 渭干河流域"2002.7"特大洪水分析. 冰川冻土,**25**(2):204-201.

黄荣辉,张振洲,黄刚,等. 1998. 夏季东亚季风区水汽输送特征及其与南亚季风区水汽输送的差别. 大气科学,**22**(4):460-469.

黄荣辉,张振洲,黄刚,等. 1998. 夏季东亚季风区水汽输送特征及其与南亚季风区水汽输送的差别. 大气科学,**22**(4):460-469.

江远安,包斌,王旭. 2001. 南疆西部大降水天气过程的统计分析. 新疆气象,**24**(5):19-20.

江远安,魏荣庆,王铁,等. 2007,塔里木盆地西部浮尘天气特征分析. 中国沙漠,**27**(2):301-306.

姜逢清,胡汝骥. 2004. 近50年来新疆气候变化与洪、旱灾害扩大化. 中国沙漠,**24**(1):35-40.

蒋艳,夏军. 2007. 塔里木河流域径流变化特征及其对气候变化的响应. 资源科学,**29**(3):45-52.

蒋艳,周成虎,程维明. 2005. 阿克苏河流域径流补给及径流变化特征分析. 自然资源学报,**20**(1):27-34.

蒋艳,周成虎,程维明. 2005. 新疆阿克苏河流域年径流时序特征分析. 地理科学进展,**24**(1):87-96.

靳立亚,符娇兰,陈发虎,等. 2006. 西北地区空中水汽输送时变特征及其与降水的关系. 兰州大学学报(自然科学版),**42**(1):1-6.

蓝永超,沈永平,吴素芬,等. 2007. 近50年来新疆天山南北坡典型流域冰川与冰川水资源的变化. 干旱区资源与环境,**21**(11):1-8.

蓝永超,吴素芬,韩萍,等. 2008. 全球变暖情境下天山山区水循环要素变化的研究. 干旱区资源与环境,**22**(6):99-104.

蓝永超,吴素芬,钟英君,等. 2007. 近50年来新疆天山山区水循环要素的变化特征与趋势. 山地学报,**25**(2):177-183.

蓝永超,钟英君,吴素芬,等. 2009. 天山南、北坡河流出山径流对气候变化的敏感性分析——以开都河与乌鲁木齐河出山径流为例. 山地学报,**27**(6):712-718.

李红军,江志红,魏文寿. 2007. 近40年来塔里木河流域旱涝的气候变化. 地理科学,**27**(6):801-807.

李建平,丑纪范,史久恩. 1996. 气候均值突变的检测方法. 北京气象学院学报,(2):16-21.

李建通,张培昌. 1996. 最优插值法用于天气雷达测定区域降水量. 台湾海峡,**15**(3):255-259.

李江风,等. 2006. 乌鲁木齐河流域水文气候资源与区划. 北京:气象出版社.

李江风,袁玉江,由希尧,等. 2000. 树木年轮水文学研究与应用. 北京:科学出版社,**115**,186-245.

李江风. 2003. 塔克拉玛干沙漠和周边山区天气气候. 北京:科学出版社.

李军,杨青,史玉光. 2010. 基于 DEM 的新疆降水量空间分布. 干旱区地理,**33**(6):868-873.

李霞,张广兴. 2003. 天山可降水量和降水转化率的研究. 中国沙漠,**23**(5):509-513.

李燕. 2003. 近 40a 来新疆河流洪水变化. 冰川冻土,**25**(3):342-346.

李忠勤,韩添丁,井哲帆,等. 2003. 乌鲁木齐河源区气候变化和一号冰川 40a 观测事实. 冰川冻土,**25**(2):117-123.

梁宏,刘晶淼,李世奎. 2006. 青藏高原及周边地区大气水汽资源分布和季节变化特征分析. 自然资源学报,**21**(4):526-534.

梁萍,何金海,陈隆勋,等. 2007. 华北夏季强降水的水汽来源. 高原气象,**26**(3):28-33.

林而达,许吟隆,蒋金荷,等. 2006. 气候变化国家评估报告(Ⅱ):气候变化的影响与适应. 气候变化研究进展,**2**(2):51-56

林忠辉,莫兴国,李宏轩,等. 2002. 中国陆地区域气象要素的空间插值. 地理学报,**57**(1):47-56.

刘国纬,周仪. 1985. 中国大陆上空的水汽输送. 水利学报,**11**:1-14.

刘国纬. 1997. 水文循环的大气过程. 北京:科学出版社.

刘蕊,杨青,王敏仲. 2010. 再分析资料与经验关系计算的新疆地区大气水汽含量比较分析. 干旱区资源与环境,**24**(4):77-85.

刘时银,丁永健,张勇,等. 2006. 塔里木河流域冰川变化及其对水资源影响. 地理学报,**61**(5):482-490.

刘世祥,杨建才,陈学君,等. 2005. 甘肃省空中水汽含量、水汽输送的时空分布特征. 气象,**31**(1):50-54.

刘晓阳,毛节泰,张帆,等. 2012. 塔克拉玛干沙漠地区水汽分布特征. 中国科学:地球科学,**42**(2):267-276.

刘新春,杨青,梁云. 2006. 近 40 年阿克苏河流域径流变化特征及影响因素研究. 中国人口资源与环境,**16**(3):82-87.

刘屹岷,吴国雄,刘辉,等. 1999. 空间非均匀加热对副热带高压形成和变异的影响 III:凝结潜热加热与南亚高压及西太平洋副高. 气象学报,**57**(5):525-538.

陆桂华,何海. 2006. 全球水循环研究进展. 水科学进展,**17**(3):419-424.

陆渝蓉,高国栋. 1987. 物理气候学. 北京:气象出版社.

马京津,高晓清. 2006. 华北地区夏季平均水汽输送通量和轨迹的分析. 高原气象,**26**(5):133-139.

马玉芬,赵玲,赵勇. 2012. 天山地形对新疆强降水天气影响的数值模拟研究. 沙漠与绿洲气象,**6**(5):41-45.

满苏尔·沙比提,楚新正. 2007. 近 40 年来塔里木河流域气候及径流变化特征研究. 地域研究与开发,**26**(4):97-101.

满苏尔·沙比提,胡江玲,迪里夏提·司马义. 2008. 近 40 年来渭干河-库车河三角洲绿洲气候变化特征分析. 地理科学,**28**(4):518-524.

毛炜峄,曹占洲,沙依然,等. 2007. 隆冬异常升温北疆积雪提前融化. 干旱区地理,**30**(3):460-462.

毛炜峄,樊静,沈永平,等. 2012. 近 50a 来新疆区域与天山典型流域极端洪水变化特征及其对气候变化的响应. 冰川冻土,**34**(5):1037-1046.

毛炜峄,孙本国,王铁,等. 2006. 近 50 年来喀什噶尔河流域气温、降水及径流的变化趋势. 干旱区研究,**23**(4):531-538.

毛炜峄,王铁,江远安,等. 2007. 影响阿克苏河年径流量变化的前期大气环流指数因子研究. 冰川冻土,**29**(2):242-249.

毛炜峄,吴钧,陈春艳. 2004. 零度层高度与夏季阿克苏河洪水的关系. 冰川冻土,**26**(6):697-704.

毛炜峄,玉素甫·阿布都拉,程鹏,等. 2007. 1999年夏季中昆仑山北坡诸河冰雪大洪水及其成因分析. 冰川冻土,**29**(4):553-558.

毛炜峄,张旭,杨志华,等. 2010. 卫星遥感首次监测到准噶尔盆地西北部的冬季融雪洪水. 冰川冻土,**32**(1):211-214.

毛炜峄. 2007. 盛夏流域面融雪量初步分析. 沙漠与绿洲气象,**1**(6):24-28.

苗秋菊,徐祥德,施小英. 2004. 青藏高原周边异常多雨中心及其水汽输送通道. 气象,**30** (12):44-46.

苗秋菊,徐祥德,张胜军. 2005. 长江流域水汽收支与高原水汽输送分量"转换"特征. 气象学报, **63**(1):93-99.

南峰,李有利,张宏升. 2006. 新疆玛纳斯河径流波动与北大西洋涛动的关系. 北京大学学报(自然科学版),**42**(4):534-541.

潘娅婷,袁玉江,喻树龙,等. 2005. 用树木年轮重建博尔塔拉河流域的降水量序列. 新疆气象,**28**(6):1-4.

钱永甫,张琼,张学洪. 2002. 南亚高压与我国盛夏气候异常. 南京大学学报(自然科版), **38**(3): 295-308.

钱正安,吴统文,梁萧云. 2001. 青藏高原及周围地区的平均垂直环流特征. 大气科学,**25**(4):444-454.

秦承平,居志刚. 1999. 清江和长江上游干支流域面雨量计算方法及其应用. 湖北气象,(4):16-18.

秦大河,陈振林,罗勇,等. 2007. 气候变化科学的最新认知. 气候变化研究进展,**3**(2):63-73.

秦大河,丁一汇,苏纪兰,等. 2005,中国气候与环境演变评估(I):中国气候与环境变化及未来趋势. 气候变化研究进展, **1**(1):4-9 58.

秦大河. 2002. 中国西部环境演变评估(综合卷). 北京:科学出版社,9-l0.

任宏利,张培群,李维京,等. 2004. 中国西北东部地区春季降水及其水汽输送特征. 气象学报, **62**(3):365-374.

任宏利,张培群,李维京,等. 2006. 西北区东部春季降水及其水汽输送的低频振荡特征. 高原气象,**25**(2):119-126.

尚华明,魏文寿,袁玉江,等. 2011. 哈萨克斯坦东北部310年来初夏温度变化的树轮记录. 山地学报,**29**(4):402-408.

邵春. 2008. 气候变化与人类活动对开都河流域水文过程的影响研究. 兰州:中国科学院寒区旱区环境与工程研究所,

沈永平,刘时银,丁永建,等. 2003. 天山南坡台兰河流域冰川物质平衡变化及其对径流的影响. 冰川冻土,**25**(2):124-129.

沈永平,王国亚,苏宏超,等. 2007. 新疆阿尔泰山区克兰河上游水文过程对气候变暖的响应. 冰川冻土,**29**(6):845-853.

沈永平,王国亚,张建岗. 2008,人类活动对阿克苏河绿洲气候及水文环境的影响. 干旱区地理,(07):524-534

沈永平,王顺德,王国亚,等. 2006. 塔里木河流域冰川洪水对全球变暖的响应. 气候变化研究进展,**2**(1):32-35.

沈永平,王顺德. 2002. 塔里木盆地冰川及水资源变化研究新进展. 冰川冻土,**24**(6):819.

施雅风,沈永平,胡汝骥. 2002. 西北气候由暖干向暖湿转型的信号、影响和前景初步探讨. 冰川冻土,**24**(3):219-226.

施雅风,沈永平,李栋梁,等. 2003. 中国西北气候由暖干向暖湿转型的特征和趋势探讨. 第四纪研究,**23**(2):152-164.

施雅风. 1990. 山地冰川与湖泊萎缩所指示的亚洲中部气候干暖化趋势与未来展望. 地理学报,**45**(1):1-13.

施雅风. 2003. 中国西北气候由暖干向暖湿转型问题评估. 北京:气象出版社,39-45.

施雅风. 2005. 简明中国冰川目录. 上海:上海科学普及出版社.

史玉光,孙照渤,杨青. 2008. 新疆区域面雨量分布特征及其变化规律. 应用气象学报,**19**(3):326-332.

史玉光,孙照渤. 2008. 新疆大气可降水量的气候特征及其变化. 中国沙漠,**28**(3):519-525.

史玉光,杨青,魏文寿. 2003. 沙漠绿洲—高山冰雪气候带的垂直变化特征研究. 中国沙漠, **23**(5):488-492.

史玉光. 2008. 新疆区域面雨量及空中水汽时空分布规律研究. 南京:南京信息工程大学理学博士学位论文.

苏宏超,沈永平,韩萍,等. 2007. 新疆降水特征及其对水资源和生态环境的影响. 冰川冻土,**29**(3):343-350.

苏宏超. 2008. 2005年以来新疆的冰凌灾害. 冰川冻土, **30**(6):343-350.

苏志侠,吕世华,罗四维. 1999. 美国 NCEP/NCAR 全球再分析资料及其初步分析. 高原气象, **18**(2):209-218.

孙本国,毛炜峄,冯燕茹,等. 2006. 叶尔羌河流域气温、降水及径流变化特征分析. 干旱区研究, **23**(2):203-209.

孙本国,沈永平,王国亚. 2008. 1954—2007年叶尔羌河上游山区径流和泥沙变化特征分析. 冰川冻土, **30**(6):1068-1072.

谭新平,李春梅,曹晓莉,等. 2004. 塔里木河干流近50 a地表水资源利用问题评估. 干旱区研究, **21**(3):193-198.

陶辉,毛炜峄,白云岗,等. 2009. 45年来塔里木河流域气候变化对径流量的影响研究. 高原气象, **28**(4):854-600.

王宝鉴,黄玉霞,何金海,等. 2004. 东亚夏季风期间水汽输送与西北干旱的关系. 高原气象, **23**(6):912-918.

王宝鉴,黄玉霞,陶健红,等. 2006. 西北地区大气水汽的区域分布特征及其变化. 冰川冻土, **28**(1):15-21.

王宝鉴,黄玉霞,王劲松,等. 2006. 祁连山云和空中水汽资源的季节分布与演变. 地球科学进展, **21**(9):948-955.

王国亚,沈永平,毛炜峄. 2005. 乌鲁木齐河源区44a来的气候变暖特征及其对冰川的影响. 冰川冻土, **27**(6):813-819.

王国亚,沈永平,苏宏超,等. 2008. 1956—2006年阿克苏河径流变化及其对区域水资源安全的可能影响. 冰川冻土, **30**(4):562-568.

王可丽,江灏,赵红岩,等. 2005. 西风带与季风对中国西北地区的水汽输送. 水科学进展, **16**(3):432-438.

王圣杰,张明军,李忠勤,等. 2011. 近50年来中国天山冰川面积变化对气候的响应. 地理学报, **66**(1):9-29.

王世江,邓铭江,李世新. 2002. 新疆水资源开发利用的基本认识与实践. 新疆农业大学学报, **25**:11-15.

王书峰. 1995. 新疆维吾尔自治区塔里木盆地水文地质研究报告. 塔里木石油勘探开发指挥规划处.

王顺德,李红德,胡林金,等. 2004. 2002年塔里木河流域四条源流区间耗水分析. 冰川冻土, **26**(4):496-502.

王顺德,李红德,许泽锐,等. 2003. 塔里木河中游滞洪区的形成及其对生态环境的影响. 冰川冻土, **25**(6):712-718.

王顺德,王彦,王进,等. 2003. 塔里木河流域近40 a来气候、水文变化及其影响. 冰川冻土, **25**(3):315-320.

王秀荣,徐祥德,苗秋菊. 2003. 西北地区夏季降水与大气水汽含量状况区域性特征. 气候与环境研究, **8**(1):35-42.

王秀荣,徐祥德,王维国. 2007. 西北地区春、夏季降水的水汽输送特征. 高原气象, **26**(4):97-106.

王秀荣,徐祥德,姚文清. 2002. 西北地区干、湿夏季的前期环流和水汽差异. 应用气象学报, **13**(5) : 550-558.

王亚俊,吴素芬. 2003. 新疆吐鲁番盆地艾丁湖的环境变化. 冰川冻土, **25**(2):229-231.

王颖,任国玉. 2005. 中国高空温度变化初步分析. 气候与环境研究, **10**(4):780-790.

王永波,施能. 2001. 近45a冬季北大西洋涛动异常与我国气候的关系. 南京气象学院学报, **24**(3):315-322.

王永莉,玉苏甫·阿布都拉,马宏武,等. 2008. 和田河夏季流量对区域0℃层高度变化的响应. 气候变化研究进展, **4**(3):151-155.

王永莉,玉苏甫·阿布都拉,马宏武,等. 2008. 和田河夏季流量对区域零度层高度变化的响应. 气候变化研究进展, **4**(3):151-155.

王宗太,苏宏超. 2003. 世界和中国的冰川分布及其水资源意义. 冰川冻土, **25**(5):498-503.

魏凤英. 1999. 现代气候统计诊断与预测技术. 北京:气象出版社, 18-36.

魏文寿,袁玉江,喻树龙,等. 2008. 中国天山山区235a气候变化及降水趋势预测. 中国沙漠, **28**(5):803-808.

吴素芬,陈广新,黄玉英,等. 2003. 2002年渭干河流域特大暴雨洪水和水文在抗洪减灾中的作用. 新疆水利, (4):20-23.

吴素芬,韩萍,李燕,等. 2003. 塔里木河源流水资源变化趋势预测. 冰川冻土, **25**(6):708-711.

吴素芬,刘志辉,韩萍,等. 2006. 气候变化对乌鲁木齐河流域水资源的影响. 冰川冻土, **28**(5):703-706.

吴素芬,刘志辉,邱建华. 2006. 北疆地区融雪洪水及其前期气候积雪特征分析. 水文,**26**(6):84-87.
吴素芬,王志杰,吴超存,等. 2010. 新疆主要河流水文极值变化趋势. 干旱区地理,**33**(1):1-7.
吴素芬,张国威. 2003. 新疆河流洪水与洪灾的变化趋势. 冰川冻土,**25**(2):199-203.
武炳义,黄荣辉. 1999. 冬季北大西洋涛动极端异常变化与东亚冬季风. 大气科学, **23**(6):641-651
谢义炳,戴武杰. 1959. 中国东部地区夏季水汽输送个例计算. 气象学报,**30**:173-185.
谢自楚,王欣,康尔泗,等. 2006. 中国冰川径流的评估及其未来 50a 变化趋势预测. 冰川冻土,**28**(4):457-466.
辛渝,陈洪武,张广兴. 2008,新疆年降水量的时空变化特征,高原气象,**27**(5):993-1003.
《新疆短期天气预报指导手册》编写组. 1986. 新疆短期天气预报指导手册. 乌鲁木齐:新疆人民出版社.
新疆维吾尔自治区人民政府,中华人民共和国水利部. 2002. 塔里木河流域近期综合治理规划报告. 北京:中国水利水电出版社.
徐长春,陈亚宁,李卫红,等. 2006. 塔里木河流域近 50 年气候变化及其水文过程响应. 科学通报,**51**(增刊):21-30.
徐长春,陈亚宁,李卫红,等. 2007. 45a 来塔里木河流域气温、降水变化及其对积雪面积的影响. 冰川冻土,**29**(2):183-190.
徐贵青,魏文寿. 2004. 新疆气候变化及其对生态环境的影响. 干旱区地理,**27**(1):14-18.
徐海量,叶茂,宋郁东. 2007. 塔里木河源流区气候变化和年径流量关系初探. 地理科学,**27**(2):219-224.
徐建军,何金海,等. 1994. 亚洲夏季风季节与季节内平均水汽输送的分析. 海洋学报,**16**(4):48-54.
徐晶,林建,姚学祥,等. 2001. 七大江河流域面雨量计算方法及应用. 气象,**27** (11):13-16.
徐淑英. 1958. 我国的水汽输送和水分平衡. 气象学报, **29**(1):33-43.
杨景梅,邱金桓. 1996. 我国可降水量同地面水气压关系的经验表达式. 大气科学, **20**(5):620-626.
杨景梅,邱金桓. 2002. 用地面湿度参量计算我国整层大气可降水量及有效水汽含量方法的研究. 大气科学, **26**(1):9-22.
杨莲梅,史玉光,汤浩. 2010. 新疆北部冬季降水异常成因. 应用气象学报,**21**(4):491-499.
杨莲梅,杨涛,赵玲,等. 2010. 新疆北部夏季降水与海温异常. 中国沙漠,**30**(5):1215-1220.
杨莲梅,张庆云. 2007. 新疆北部汛期降水年际和年代际异常的环流特征. 地球物理学报,**50**(2):412-419.
杨莲梅. 2003. 南亚高压突变引起的一次新疆暴雨天气研究. 气象,**29**(8):21-25.
杨莲梅. 2003. 新疆极端降水的气候变化,地理学报,**58**(4):577-583.
杨莲梅. 2007. 夏季亚洲西风急流 Rossby 波活动年际变化研究. 北京:中国科学院大气物理研究所博士学位论文.
杨青,崔彩霞,孙除荣,等. 2007. 1959—2003 年中国天山积雪的变化. 气候变化研究进展, **3**(2):80-84.
杨青,崔彩霞. 2005. 气候变化对天山巴音布鲁克高寒湿地地表水的影响. 冰川冻土,**27**(3):397-403.
杨青,雷加强,魏文寿,等. 2004. 人工绿洲对夏季气候变化趋势的影响. 生态学报,**24**(12):2728-2734.
杨青,刘晓阳,崔彩霞,等. 2010. 塔里木盆地水汽含量的计算与特征分析. 地理学报,**65**(7):853-862.
杨青,刘新春,霍文,等. 2009. 塔克拉玛干沙漠腹地 1961—1998 年逐月平均气温序列的重建. 气候变化研究进展,**5**(2):85-88.
杨青,史玉光,李扬. 2007. 开都河流域雨量与径流变化分析. 沙漠与绿洲气象,**1**(1):11-15.
杨青,史玉光,袁玉江,等. 2006. 基于 DEM 的天山山区气温和降水序列推算方法研究. 冰川冻土,**28**(3):337-342.
杨青,孙除荣,史玉光,等. 2006. 阿克苏河流域面雨量序列的计算及其与径流关系的研究. 地理学报, **61**(7):697-704.
杨素英,王谦谦,孙凤华. 2005. 中国东北南部冬季气温异常及其大气环流特征变化. 应用气象报,**16**(6):334-344.
杨扬,方勤生. 1997. 利用地理信息系统软件计算面雨量. 水文,(6):24-27.

杨针娘,刘新仁,曾群柱,等. 2000. 中国寒区水文. 北京:科学出版社.

杨针娘. 1991. 中国冰川水资源. 兰州:甘肃科学技术出版社.

姚俊强,杨青,韩雪云,等,2013. 乌鲁木齐夏季水汽日变化及其与降水的关系. 干旱区研究,**30**(1):31-35.

姚俊强,杨青,韩雪云,等. 2012. 天山山区及周边地区空中水资源的稳定性及可开发性研究. 沙漠与绿洲气象,**6**(1):31-35.

姚俊强,杨青,黄俊利,等. 2012. 天山山区及周边地区水汽含量的计算与特征分析. 干旱区研究,**29**(4):567-573.

姚俊强,杨青. 2012. 全球变暖情景下天山山区近地面大气水汽变化研究. 干旱区研究,**29**(2):320-327.

姚俊强. 2012. 天山山区水汽含量时空分布及强降水过程的水汽演变特征. 新疆师范大学 2012 届硕士学位论文.

俞亚勋,王宝灵,董安祥. 2000. 西北地区大气水分和水汽平均输送特征. 谢金南主编. 中国西北干旱气候变化与预测研究(一). 北京:气象出版社, 219-227.

俞亚勋,王劲松,李青燕. 2003. 西北地区空中水汽时空分布及变化趋势分析. 冰川冻土, **25**(2):149-156.

喻树龙,袁玉江,魏文寿,等. 2008. 天山北坡西部树木年轮对气候因子的响应分析及气温重建. 中国沙漠,**28**(5):827-832.

喻树龙,袁玉江,魏文寿,等. 2008. 天山北坡西部树木年轮对气候因子的响应分析及气温重建. 中国沙漠,**28**(5):827-833.

袁玉江,韩淑媞. 1991. 北疆 500 年干湿变化特征. 冰川冻土,**13**(4):314-322.

袁玉江,何清,喻树龙. 2004. 天山山区近 40 年降水变化特征与南北疆的比较. 气象科学,**24**(2):220-226.

袁玉江,李江风. 1999. 天山乌鲁木齐河源 450a 冬季温度序列的重建与分析. 冰川冻土,**21**(1):64-70.

袁玉江,桑修成,龚原,等. 2001. 新疆气候对地表水资源影响的区域差异性初探. 应用气象学报,**12**(2):210-217.

袁玉江,邵雪梅,魏文寿,等. 2005. 乌鲁木齐河山区树木年轮——积温关系及≥5. 7℃积温的重建. 生态学报,**25**(4):756-762.

曾红玲,高新全,戴新刚. 2002. 近 20 年全球冬、夏季海平面气压场和 500 hPa 高度场年代际变化特征分析. 高原气象,**21**(1):66-73.

曾红玲,高新全,戴新刚. 2002.近 20 年全球冬、夏季海平面气压场和 500 hPa 高度场年代际变化特征分析. 高原气象,**21**(1):66-73.

翟盘茂,郭艳君. 2006. 高空大气温度变化研究. 气候变化研究进展,**2**(5):228-232.

翟盘茂,周琴芳. 1997. 中国大气水分气候变化研究. 应用气象学报,**8**(3):342-351.

张存杰,谢金南,李栋梁. 2002. 东亚季风对西北地区干旱气候的影响. 高原气象,**21**(2):193-198.

张广兴,何清,李娟,等. 2005. 近 40a 来新疆极地类对流层顶温度变化的若干事实和突变分析. 干旱区地理,**28**(6):729-733.

张广兴,李娟,崔彩霞,等. 2005. 新疆 1960—1999 年第一对流层顶高度变化的若干事实和突变分析. 气候变化研究进展,**1**(3):106-110.

张广兴,孙淑芳,赵玲,等. 2009. 天山乌鲁木齐河源一号冰川对夏季零度层高度变化的响应. 冰川冻土,**31**(6):1057-1062.

张广兴,杨莲梅,杨青. 2005. 新疆 43a 来夏季零度层高度变化和突变分析. 冰川冻土,**27**(3):376-378.

张广兴. 2007. 新疆夏季零度层高度变化对河流年径流量的影响. 地理学报,**62**(3):279-290.

张国威,吴素芬,王志杰. 2003. 西北气候环境转型信号在新疆河川径流变化中的反映. 冰川冻土,**25**(2):183-187.

张家宝,陈洪武,毛炜峄,等. 2008,新疆气候变化与生态环境的初步评估. 沙漠与绿洲气象, **2**(4):1-11.

张家宝,邓子风. 1987. 新疆降水概论. 北京:气象出版社, 276-280.

张家宝，史玉光，等. 2002. 新疆气候变化及短期气候预测综合系统研究. 北京：气象出版社.

张家宝，苏起元，孙沈清，等. 1986. 新疆短期天气预报指导手册. 乌鲁木齐：新疆人民出版社.

张家宝，袁玉江. 2002. 试论新疆气候变化对水资源的影响. 自然资源学报，**17**(1)：28-34.

张建岗，王建文，毛炜峄，等. 2008. 阿克苏河地表径流过程与绿洲耗水分析. 干旱区地理，**31**(5)：713-722.

张建龙，张军民. 2006. 气候变化对未来绿洲发展的影响及对策研究. 石河子大学学报(自然科学版)，**24**(3)：285-289.

张建新，廖飞佳，王文新. 2003. 中天山山区大气总水汽量和云液态水的遥感研究. 中国沙漠，**23**(5)：565-568.

张建云，王国庆，等. 2007. 气候变化对水文水资源影响研究. 北京：科学出版社.

张姣，刘光琇，沈永平等. 2008. 20世纪下半叶以来阿克苏河山前绿洲带气候、径流变化特征及其人类活动影响. 冰川冻土，**30**(20)：218-223.

张俊岚，段建军. 2009. 阿克苏河流域春季径流变化及气候成因分析. 高原气象，**28**(2)：465-473.

张俊岚，毛炜峄，王金民，等. 2004. 渭干河流域暴雨融雪型洪水预报服务新技术研究. 气象，**30**(3)：48-52.

张连强，赵有中，欧阳宗继，等. 1996. 运用地理因子推算山区局地降水量的研究. 中国农业气象，**17**(2)：6-10.

张明军，王圣杰，李忠勤，等. 2011. 近50年气候变化背景下中国冰川面积状况分析. 地理学报，**66**(9)：1155-1165.

张强，张杰，孙国武，等. 2007. 祁连山山区空中水汽分布特征研究. 气象学报，**65**(4)：633-643.

张瑞波，魏文寿，袁玉江，等. 2009. 1396—2005年天山南坡阿克苏河流域降水序列重建与分析. 冰川冻土，**31**(1)：27-33.

张同文，王丽丽，袁玉江，等. 2011. 利用树轮宽度资料重建天山中段南坡巴仑台地区过去645年来的降水变化. 地理科学，**31**(2)：251-256.

张同文，袁玉江，喻树龙，等. 2008a. 用树木年轮重建阿勒泰西部5—9月365年来的月平均气温序列. 干旱区研究，**25**(2)：288-295.

张同文，袁玉江，喻树龙，等. 2008b. 树木年轮重建阿勒泰西部1481－2004年6－9月降水量序列. 冰川冻土，**30**(4)：659-667.

张晓伟，沈冰，黄领梅. 2007. 和田河年径流变化规律研究. 自然资源学报，**22**(6)：974-979.

张学文. 1962. 新疆的水分循环和水分平衡. 新疆气象论文集(二)，新疆气象学会，63-81.

张学文. 2002. 新疆水汽压力的铅直分布规律关系. 新疆气象，**25**(4)：9-11.

张学文. 2004. 可降水量与地面水汽压力的关系. 气象，**30**(2)：9-11.

张云惠，杨莲梅，肖开提·多莱特，等. 2012. 1971—2010年中亚低涡活动特征. 应用气象学报，**23**(3)：312-321.

章曙明，王志杰，尤平达，等. 2008. 新疆地表水资源研究. 北京：中国水利水电出版社.

赵芬，吴志勇，陆桂华. 2008. 塔里木河流域空中水汽状况分析. 中国科技论文在线，http://www.paper.edu.cn/releasepaper/content/200801-439.

赵虎，晏磊，季方. 2001. 塔里木河干流上游土地利用动态变化研究. 干旱区资源与环境，**15**(4)：40-43. 赵玲，马玉芬，张广兴，等. 2009. MP-3000A微波辐射计的探测原理及误差分析. 沙漠与绿洲气象，**3**(5)：3-5.

赵玲，马玉芬，张广兴，等. 2010. 基35通道微波辐射计观测资料的初步分析. 沙漠与绿洲气象，**4**(1)：56-58.

赵勇，邓学良，李秦. 2010. 天山地区夏季极端降水特征及气候变化. 冰川冻土，**3**(5)：927-934.

赵勇，黄丹青，古丽格娜. 2010. 新疆北部夏季强降水分析. 干旱区研究，**27**(5)：773-779.

赵勇，黄丹青，杨青. 2012. 新疆北部汛期降水的变化特征. 干旱区研究，**29**(1)：35-40.

赵勇，黄丹青，朱坚. 2011. 北疆极端降水事件的区域性和持续性特征分析. 冰川冻土，**33**(3)：524-531.

中国气象局. 2003. 地面气象观测规范. 北京：气象出版社.

周长艳，李跃清，李薇，等. 2005. 青藏高原东部及邻近地区水汽输送的气候特征. 高原气象，**24**(6)：46-54.

周筱兰，张礼平，王仁乔. 2003. 应用最优化订正法制作长江上游面雨量预报. 气象，**29**(3)：31-33.

朱会义，贾邵凤. 2004. 降雨信息空间插值的不确定性分析. 地理科学进展，**23**(2)：34-42.

卓嘎,徐祥德,陈联寿. 2002. 青藏高原夏季降水的水汽分布特征. 气象科学,**22**(1):1-7.

宗海锋,张庆云,陈烈庭. 2008. 东亚-太平洋遥相关型形成过程与ENSO盛期海温关系的研究. 大气科学,**32**(2):220-230.

邹进上,刘惠兰. 1981. 我国平均水汽含量分布的基本特点及其控制因子. 地理学报,**36**(4):377-391.

Amani A and Lebel T. 1998. Relationship between point rainfall,average sampled rainfall and ground truth at the event scale in the Sahel. *Stochastic Hydrology and Hydraulics*, **12**:141-154.

Bueh Cholaw,Nakamura H. 2007. Scandinavian pattern and its climatic impact. Quarterly Journal of the Royal Meteorological Society,**33**:2117-2131.

Chahine M T. 1992. The hydrological cycle and its influence on climate. *Nature*, **359**(6394):373-380.

Chen T C, Tzeng R Y. 1990. Global-scale intra seasonal and annual variation of divergent water vapor flux. *Meteor Atmos Phys*,**44**:133-151.

Chen T C. 1985. Global water vapor flux and maintenance during FGGE. *Mon Wea Rev*,**113** (10):1801-1819.

Dai A,Giorgi F ang Trenberth K E. 1999. Observed and model-simulated diurnal cycle of precipitation over the contiguous United States. Journal of Geophysical Research,**104**(6):6377-6400.

Dai X G, Wang P, Zhang P, et al. 2004. Rainfall in North China and its possible mechanism analysis. *Progress in Natural Sciences*, **14**(7):598-604.

Hewitson B C, Crane R G. 2005. Gridded area-averaged daily precipitation via conditional interpolation. *Journal of Climate*, **18**(1):41-57.

Ian A Nalder, Ross W Wein. 1998. Spatial interpolation of climatic Normals:test of a new method in the Canadian boreal forest. *Agricultural and Forest Meteorology*, **92**:211-225.

IPCC. 2001. Impacts, adaptation and vulnerability climate change 2001. *Third Assessment Report of the IPCC*. Cambridge University Press.

IPCC. 2007. *Climate Change 2007:The Physical Science Basis*. Contribution of Working Group I to the Fourth Assessment Report of the Intergovernmental Panel on Climate Change . Cambridge, UK: Cambridge University Press.

Johansson B and Chen D. 2003. The influence of wind and topography on precipitation distribution in Sweden:Statistical analysis and modeling. *International Journal of Climatology*, **23**:1523-1535.

Johansson B and Chen D. 2005. Estimation of areal precipitation for runoff modelling using wind data:a case study in Sweden. *Climate Research*, **29**(7):53-61.

Lara M. Kueppers,Mark A. Snyder and Lisa C. 2007. Sloan Irrigation cooling effect: Regional climate forcing by land-use change. Geophysical Research Letters,**34**:L03703.

Li Zhongqin, Wang Wenbin, Zhang Mingjun, et al. 2009. Observed changes in streamflow at the headwaters of the Oramqi River, Eastern Tianshan, Central Asia. *Hydrological Processes*, dot:10. 1002/hyp. 7431

Narayan Pokhrel. 2004. *Study of Areal Precipitation Distribution Pattern in The Chepe Catchment, Nepal*. International Conference on Hydrology:Science & Practice for the 21st Century 12-16 July 2004 London.

Plumb,R A. 1985. On the three-dimensional propagation of stationary waves. Journal of Atmospheric Science,**42**:217-229.

Starr V P. 1955. Direct measurement of the hemispheric pole ward flux of water vapor. *J Meteor Res*,**14**:217-225.

Takaya K and Nakamura H. 1997. A formulation of a wave-activity flux for stationary Rossby waves on a zonally varying basic flow. Geophysical Research Letters,**24**:2985-2988.

Wang D H,Michael B Smith,Zhang Z,et al. 2000. Statistical Comparison Of Mean Areal Precipitation Estimates From Wsr-88d, Operational And Historical Gage Networks. Presented at 15th Conference on Hydrology, AMS, January 9-14,Long Beach,CA.

Wu C C, Yen T H, Kuo Y H. 2002. Rainfall simulation associated with typhoon Herb (1996) near Taiwan. PartI: The topographic effect. Weather and Forecasting, **17**: 1001-1015.

Yang Qing, Wei Wengshou, Li Jun. 2008. Temporal and spatial variation of atmospheric water vapor in Taklimakan Desert and its surrounding areas. *Chinese Science Bulletin*, **53**(Supp. II): 71-78.

Yang Qing, Cui Caixia. 2005. Impact of climate change on the surface water of Kaidu River basin. *Journal of geographical Sciences*, **15**(1): 20-28.

Yu Yaxun, Wu Guoxiong. 2001. Water vapor content and its mean transfer in the atmosphere over Northwest China. *Acta Meteorologica Sinica*, **15**(2): 191-204.

Zhai Panmao, Robet E Eskridge. 1997. Atmospheric water vapor over China. *J Climate*, **10**: 2643-2652.

图 1-1　新疆区域地形影像图

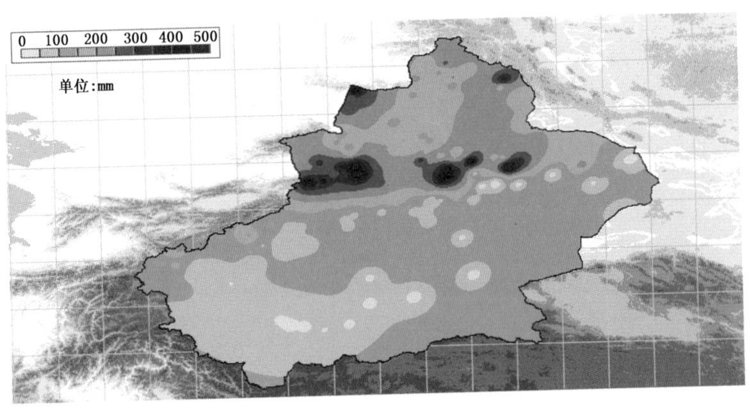

图 4-1　距离平方反比法的计算结果

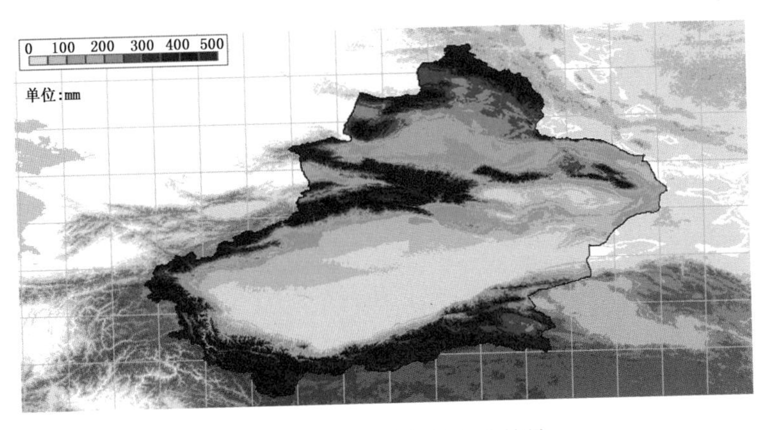

图 4-2　多元回归法的计算结果

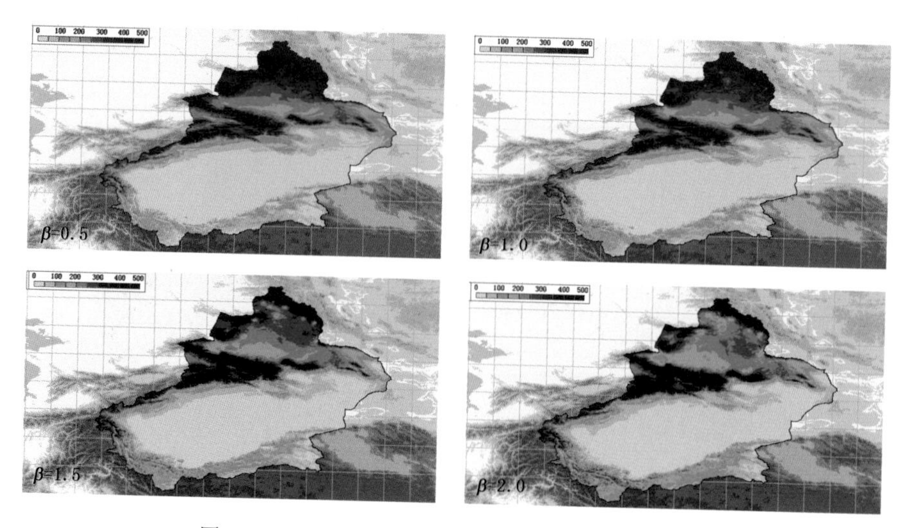

图 4-3　梯度距离平方反比法计算结果(单位:mm)

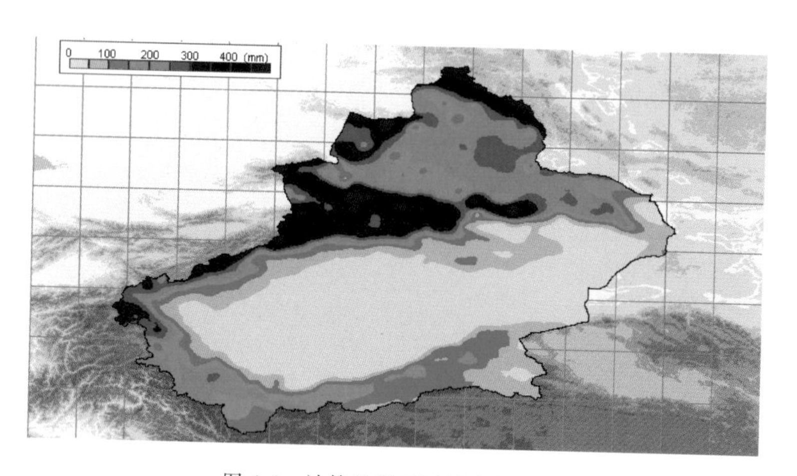

图 4-4　计算的新疆区域降水分布

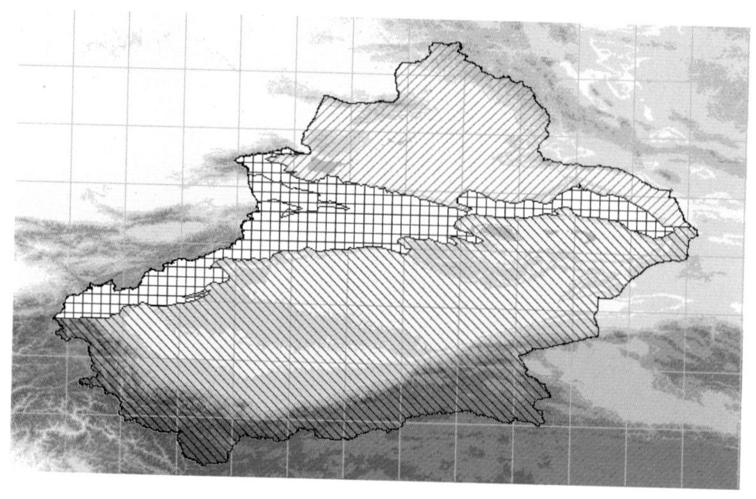

图 4-6　北疆、南疆和天山山区(海拔高度≥1500 m,含伊犁河谷)的划分

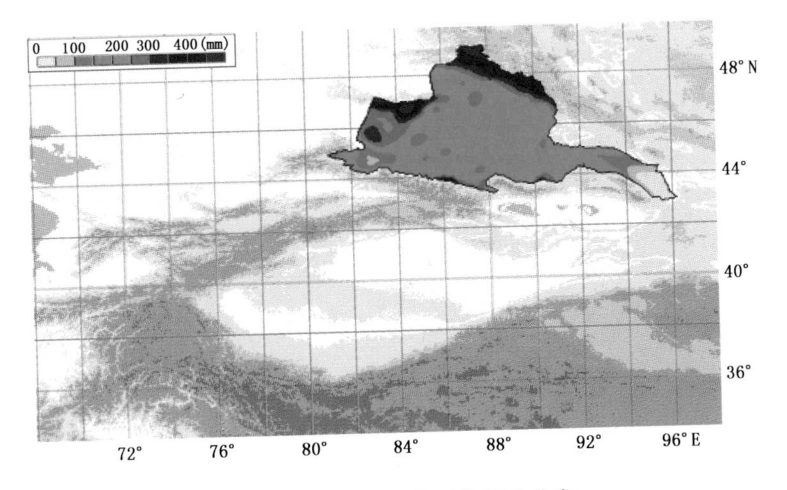

图 4-7　北疆地区年平均降水分布

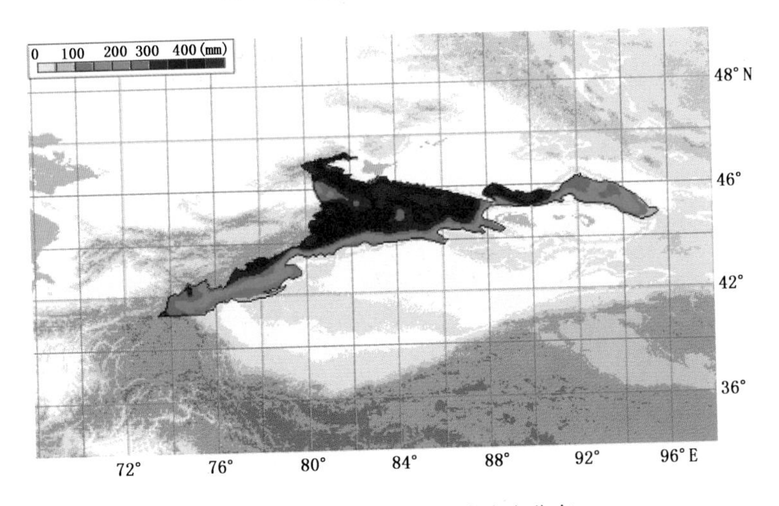

图 4-8　天山山区年平均降水分布

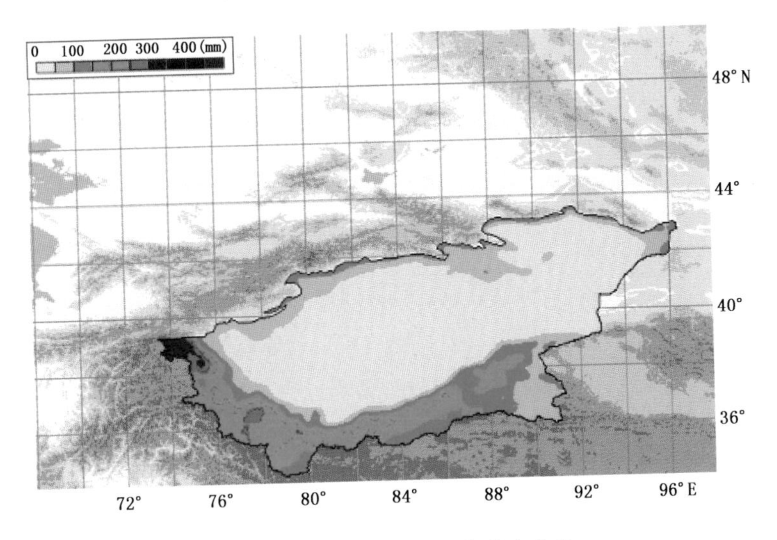

图 4-9　南疆地区年平均降水分布

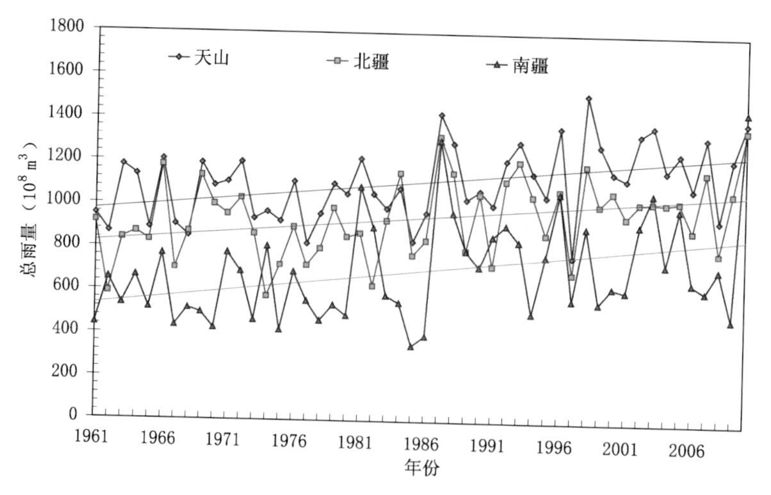

图 4-14　1961—2010 年各区域面雨量的年际变化

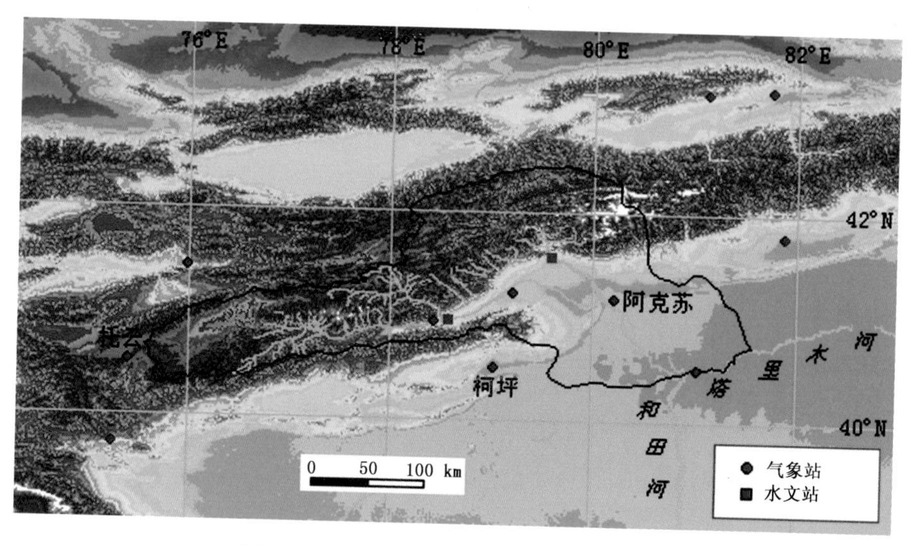

图 5-1　气象站、水文站的位置及计算区域

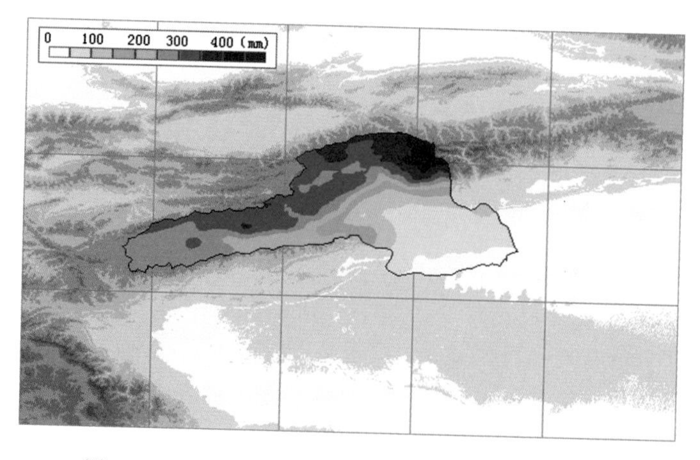

图 5-3　阿克苏河流域年降水量的分布(1961—2000)

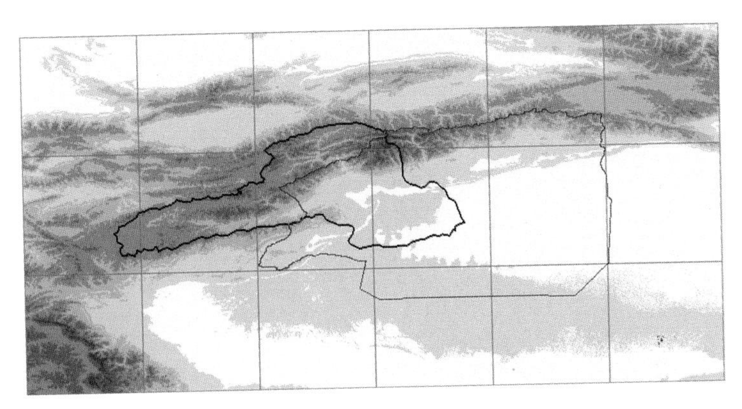

图 5-5　阿克苏行政区域与阿克苏河流域地理范围

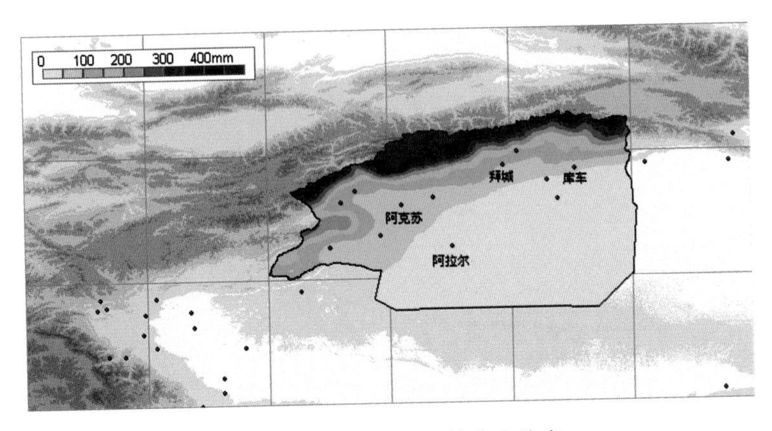

图 5-6　阿克苏行政区域降水分布

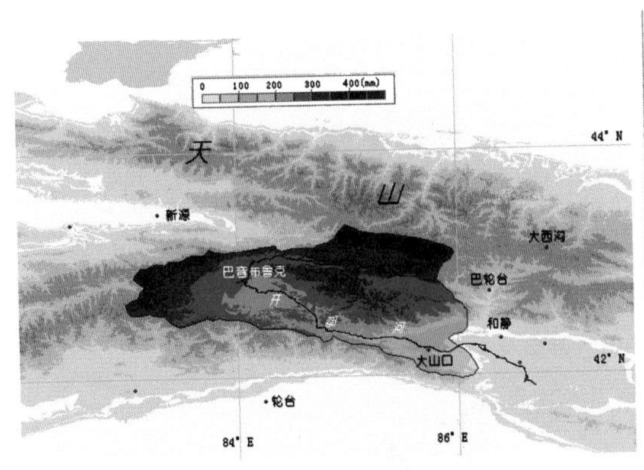

图 5-9　开都河流域年降水量的分布
（1961—2000 年）

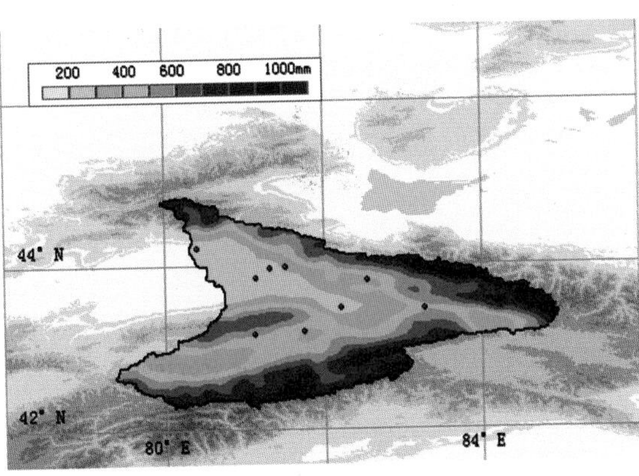

图 5-13　伊犁河流域降水的空间分布

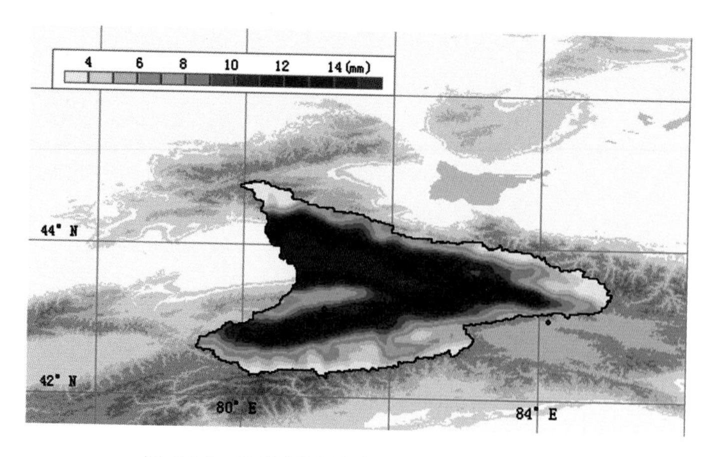

图 5-17　伊犁河流域水汽含量的空间分布

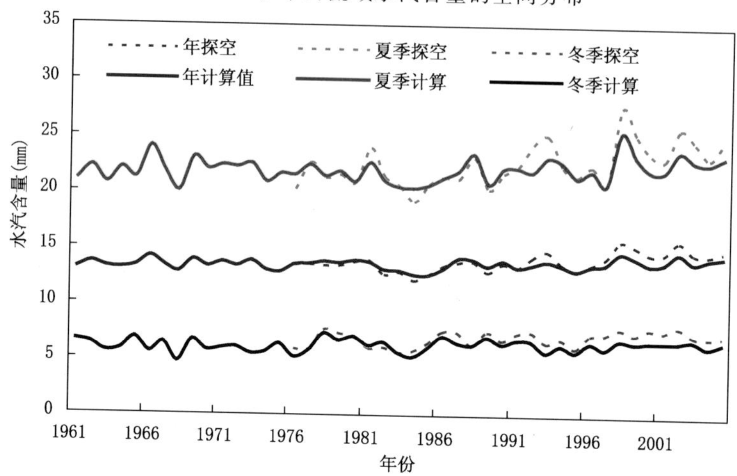

图 5-20　伊宁站年、夏季及冬季水汽含量变化曲线

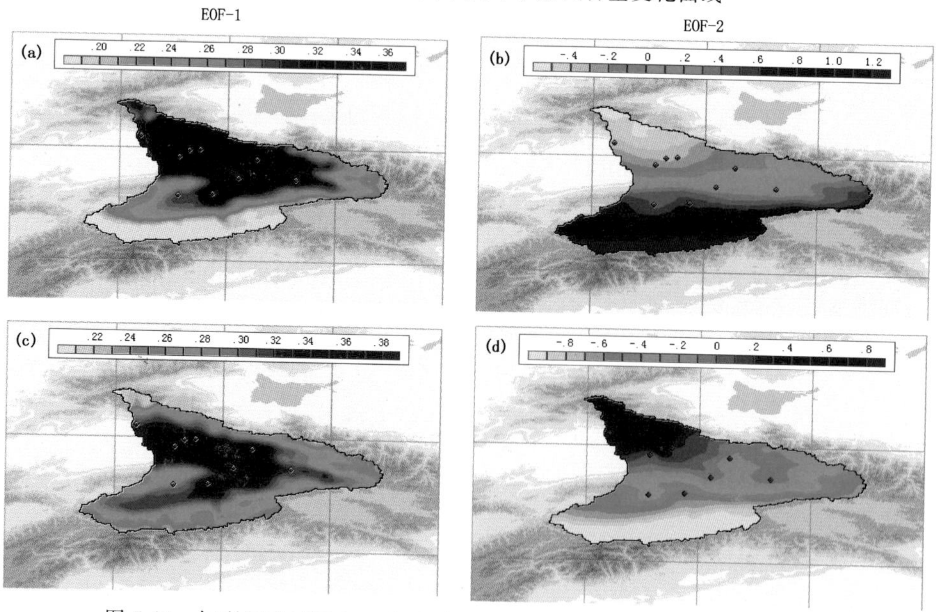

图 5-22　伊犁河流域降水(a,b)与水汽(c,d)第 1、2 特征向量的空间分布

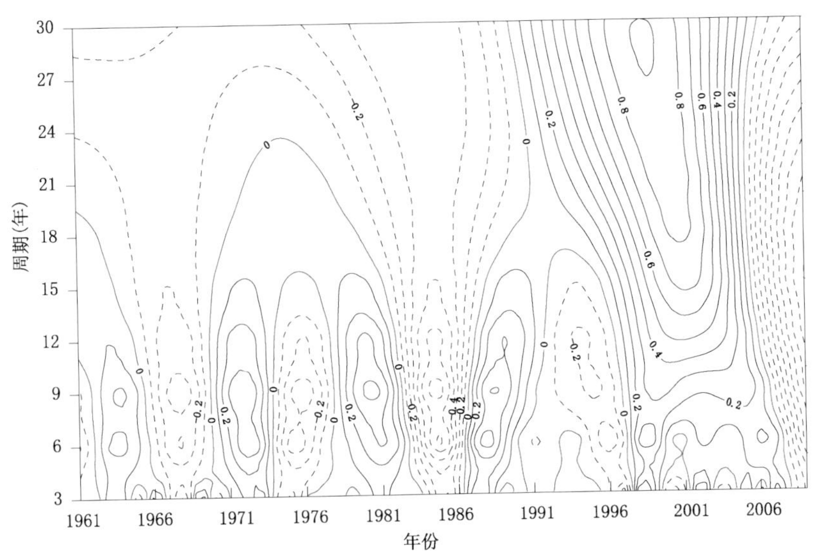

图 6-8　天山山区及周边水汽含量的小波分析

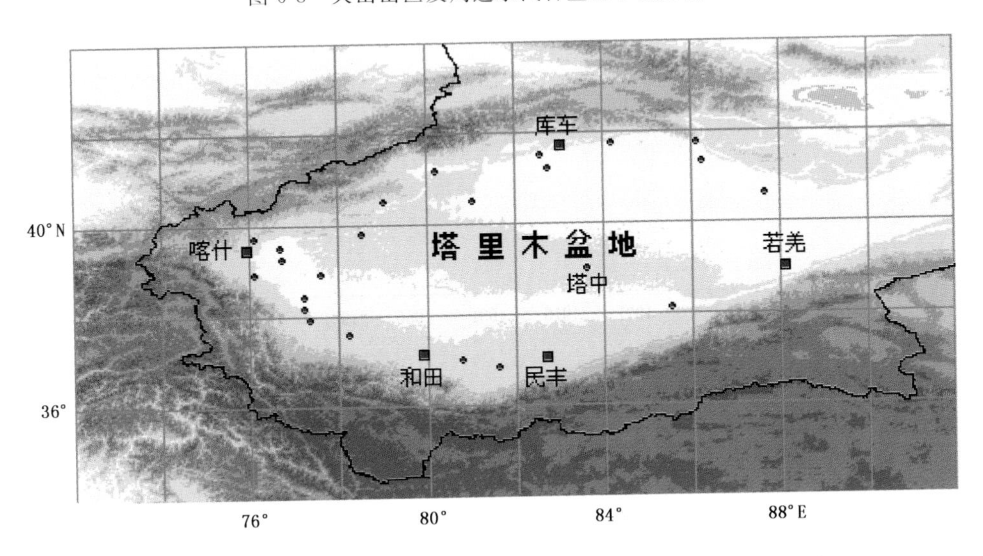

图 6-10　塔里木盆地气象站分布(■探空站　　●气象站)

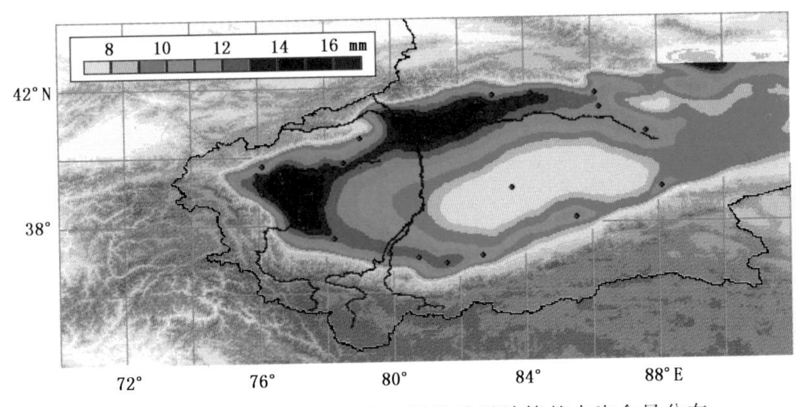

图 6-14　根据探空与地面水汽压的关系计算的水汽含量分布

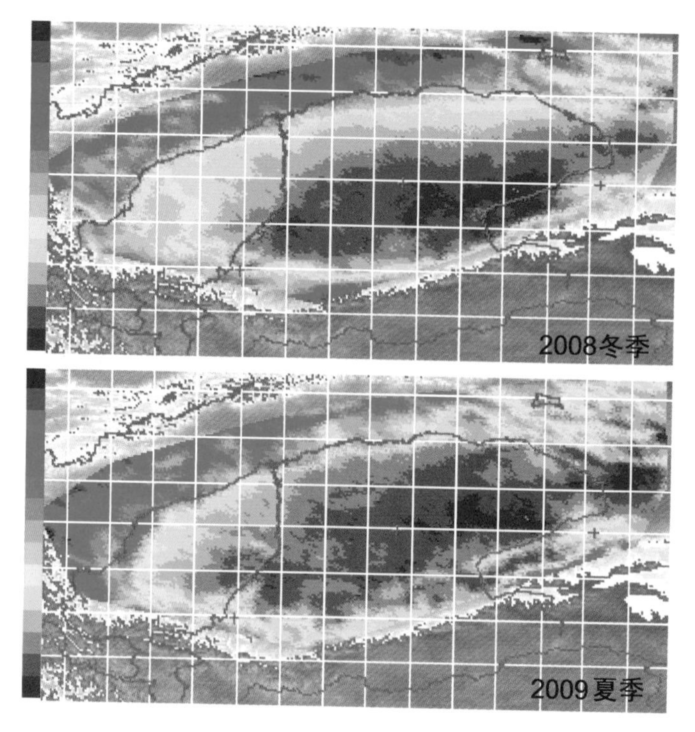

图 6-15 FY2C 水汽遥感(刘晓阳,2009)

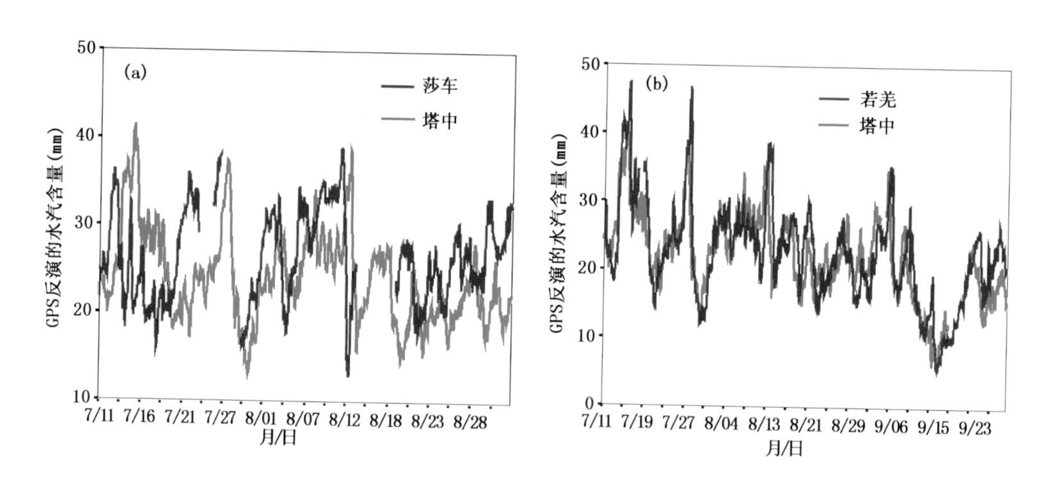

图 6-29 若羌、莎车与塔中站夏秋季 GPS 水汽含量对比

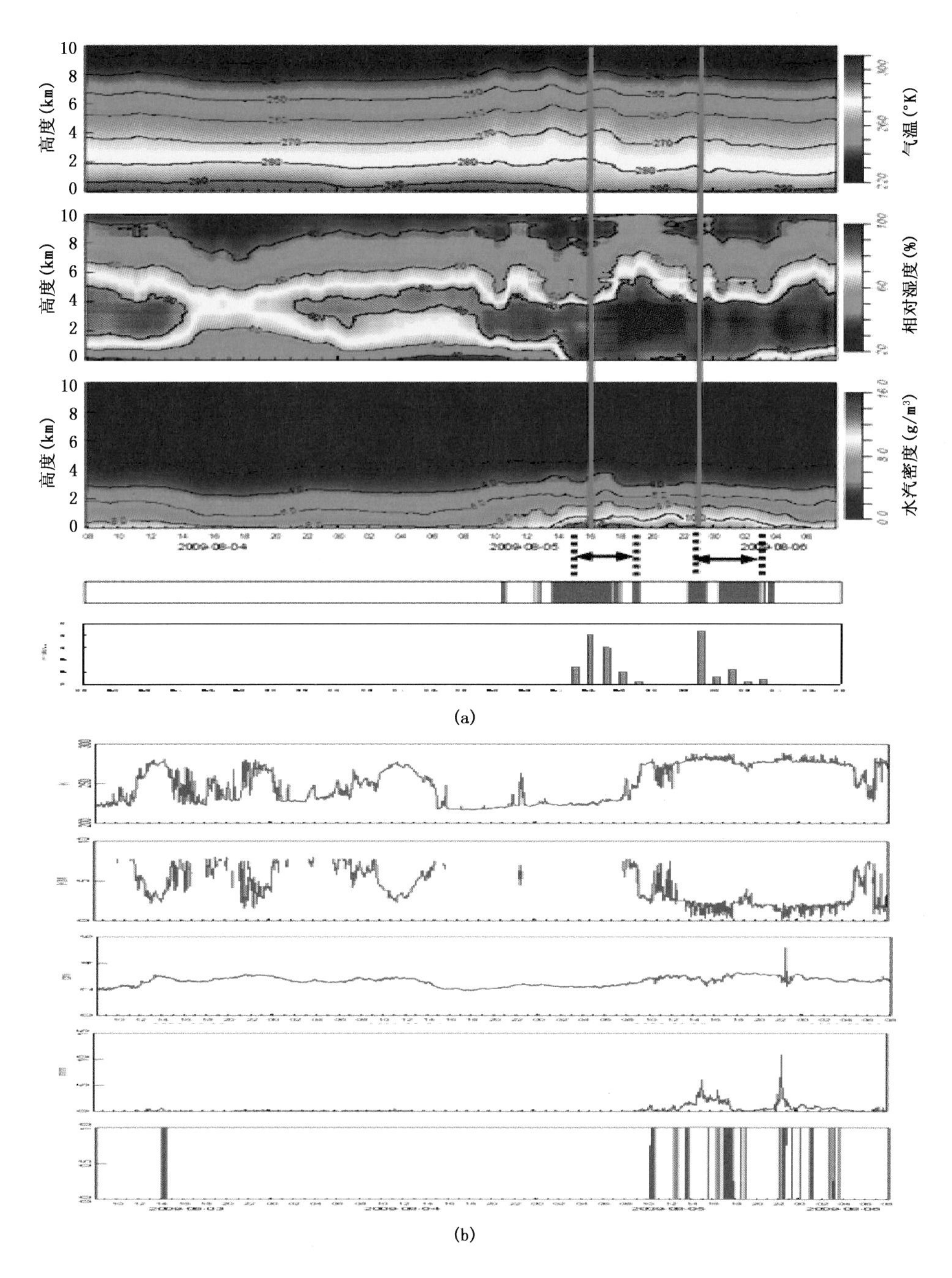

图 6-36　2008 年 8 月 5—6 日微波辐射计的三维彩色图(a)和二维曲线图(b)

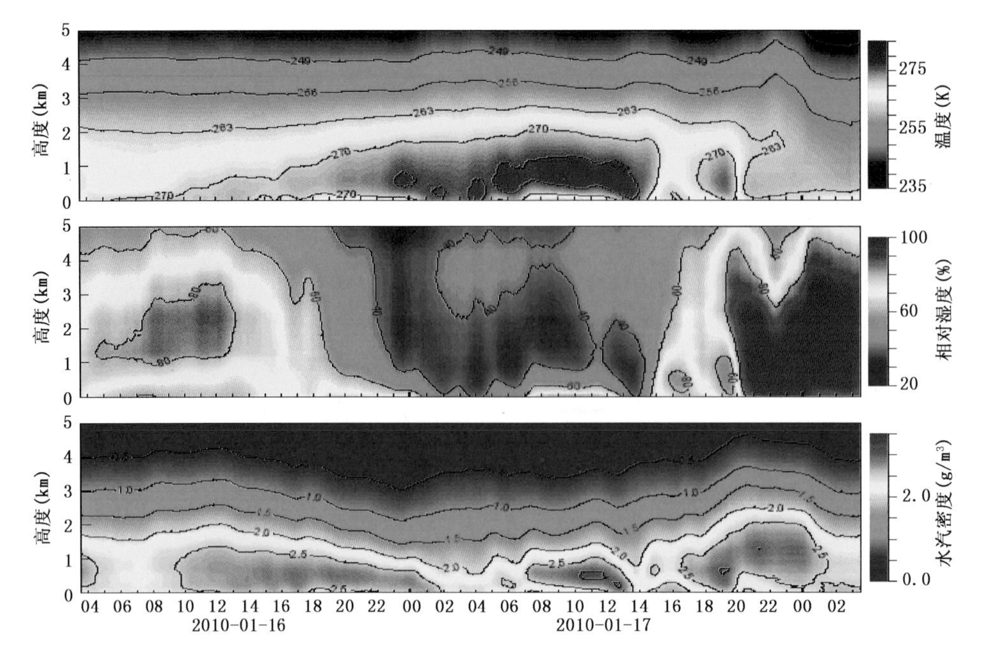

图 6-41　2010 年 1 月 17 日微波辐射计三维彩色图

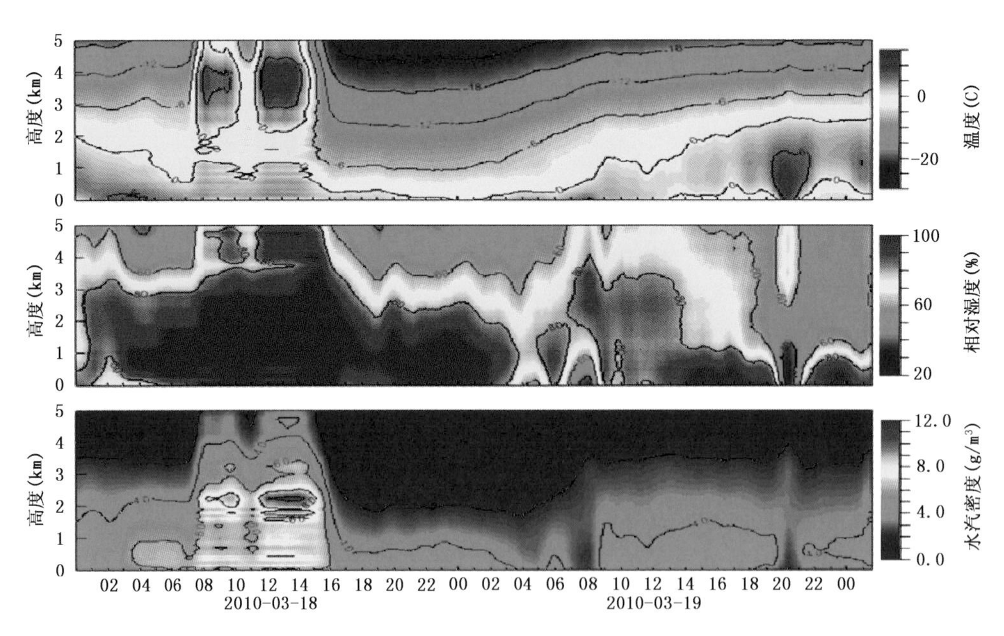

图 6-43　2010 年 3 月 20 日微波辐射计图

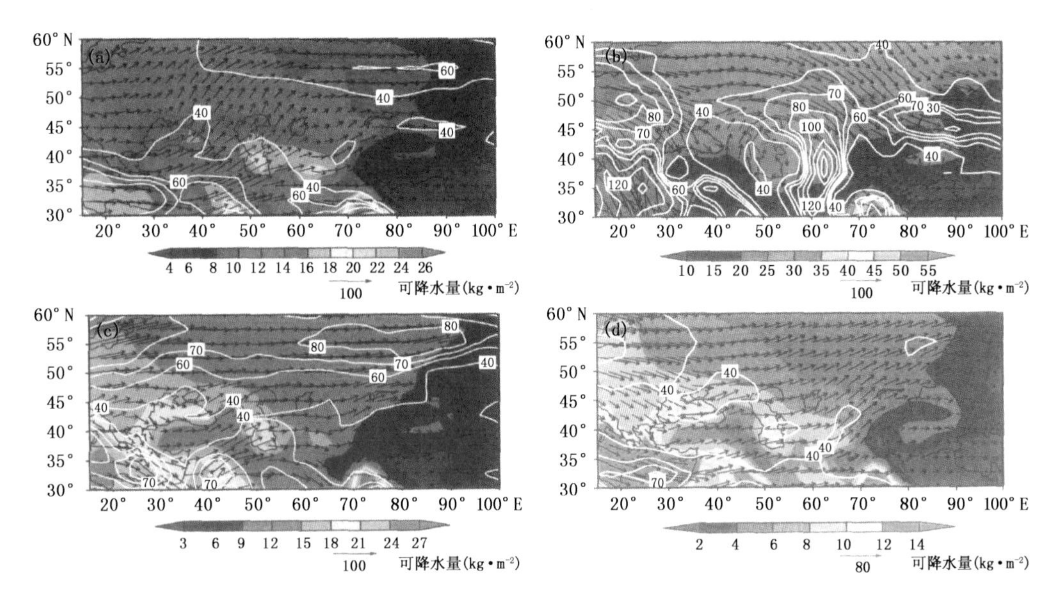

图 7-2 ERA-40 计算的 1980—2000 年月平均地面至 300 hPa 定常水汽输送场和大气可降水量场图中白色曲线是水汽输送矢量模的等值线

(a)4 月；(b)7 月；(c)10 月；(d)1 月

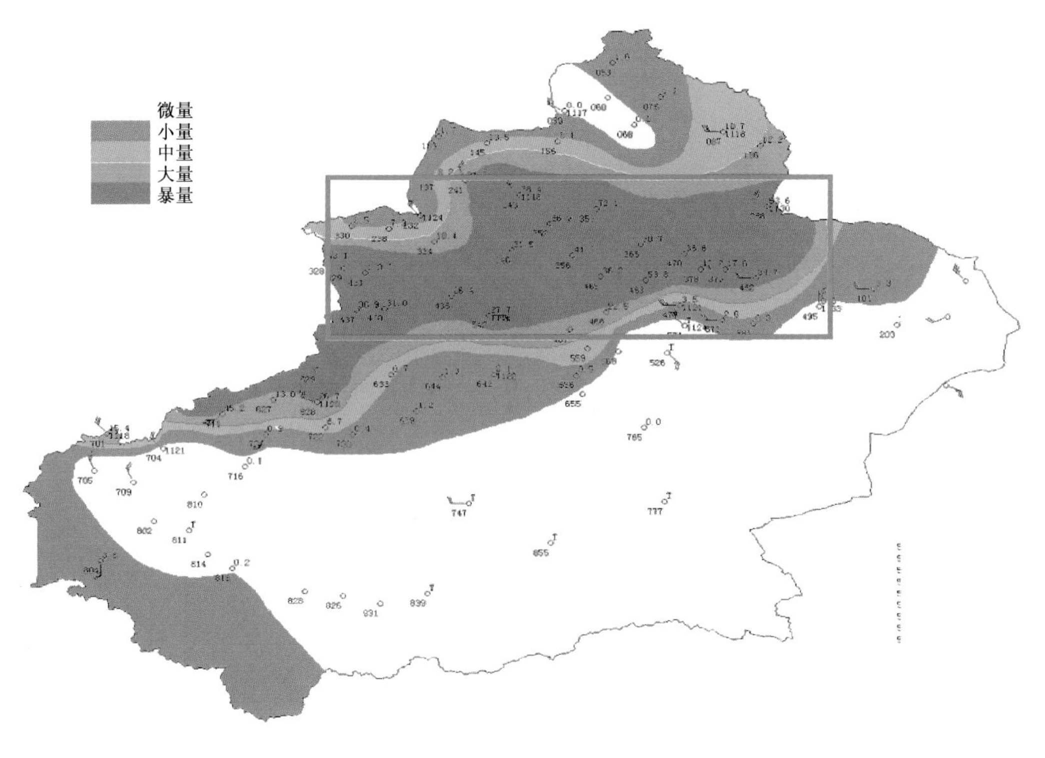

图 8-45 2004 年 7 月 17—21 日新疆降水实况

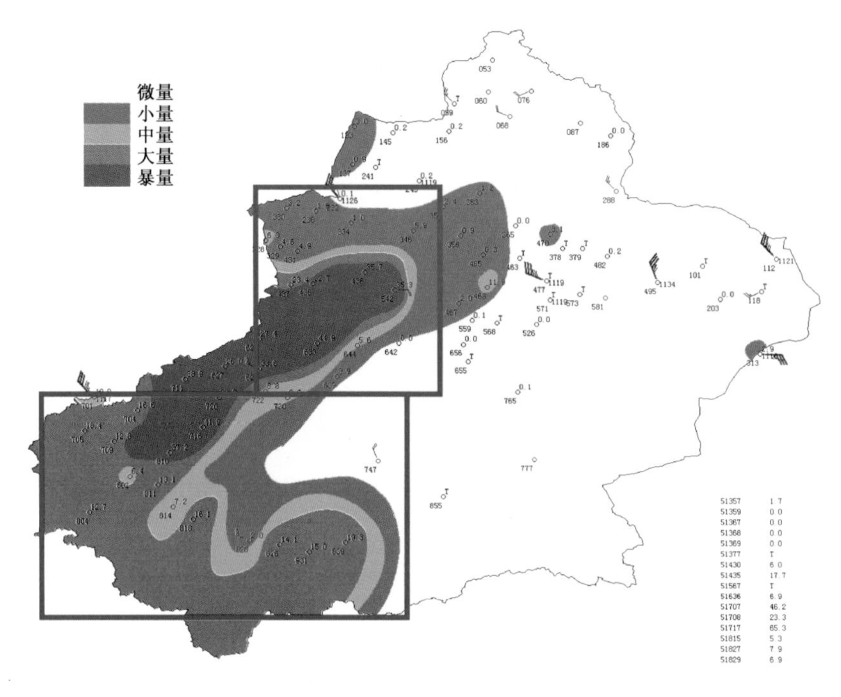

图 8-49　2010 年 7 月 28 日至 8 月 1 日新疆暴雨降水实况

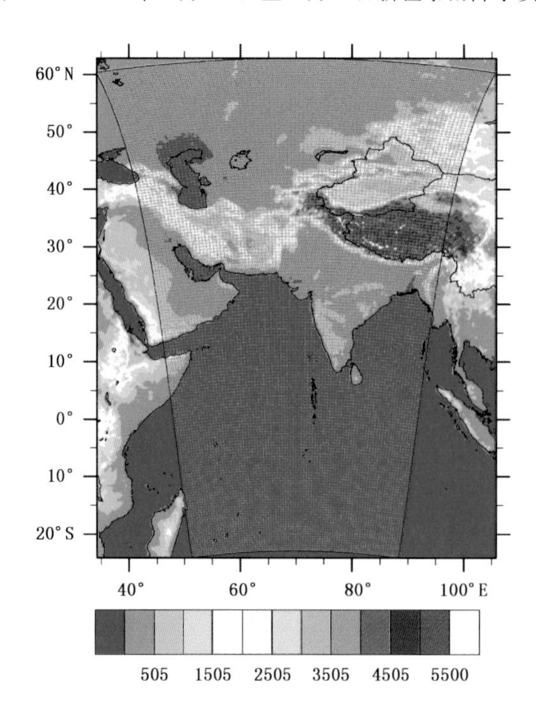

图 9-6　模拟区域及模式网格(60 km×60 km,红框内为模拟区域及网格),
阴影为地形高度(单位:m)

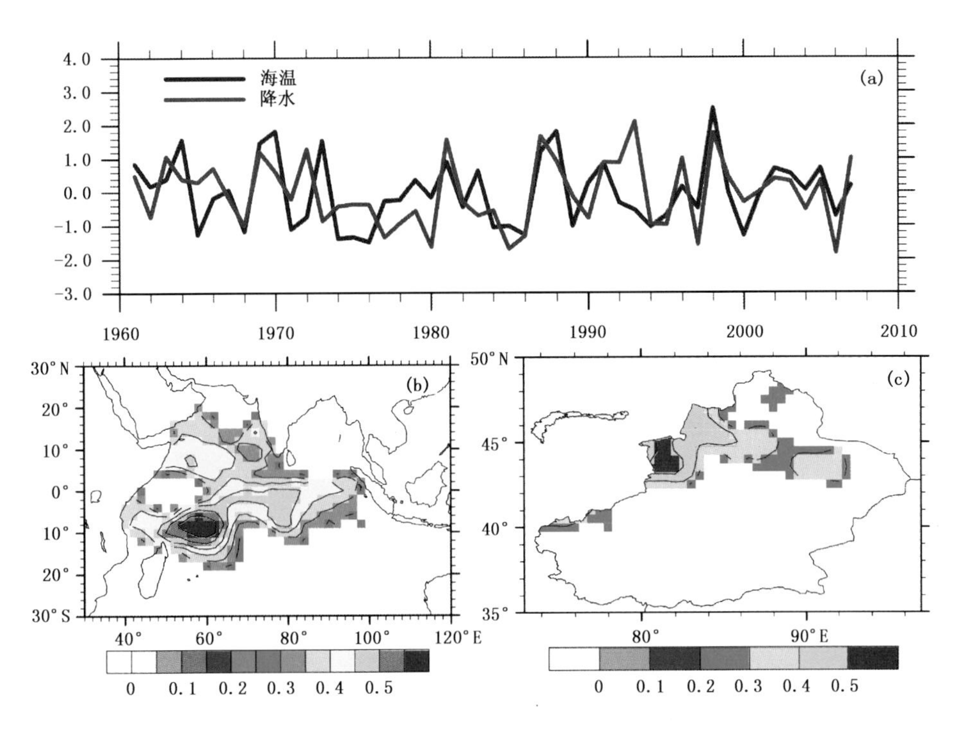

图 9-7 (a)1961—2007 年 3 月印度洋海温的年际变化(蓝线)与新疆夏季平均降水的年际变化。其中,印度洋海温为(b)中的阴影区域的海温平均。(b)新疆夏季平均降水与印度洋格点海温的相关系数,阴影区域通过了 5%的显著性检验。(c)印度洋平均海温(通过 5%的显著性检验的区域)与新疆 83 站夏季降水的相关。

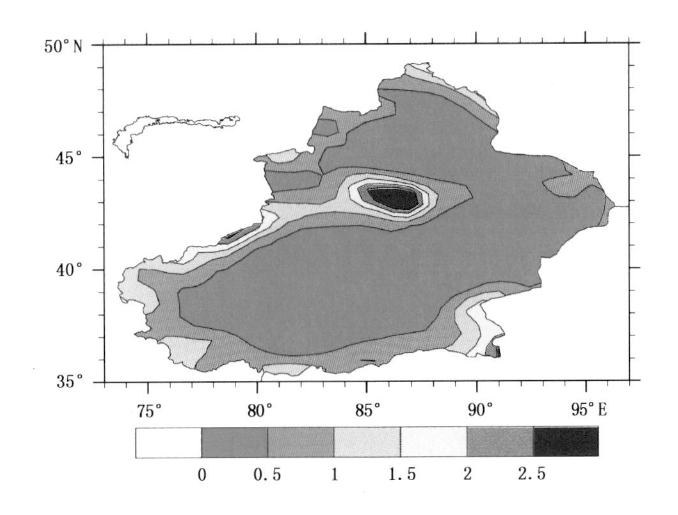

图 9-8 控制试验模拟出的降水空间分布

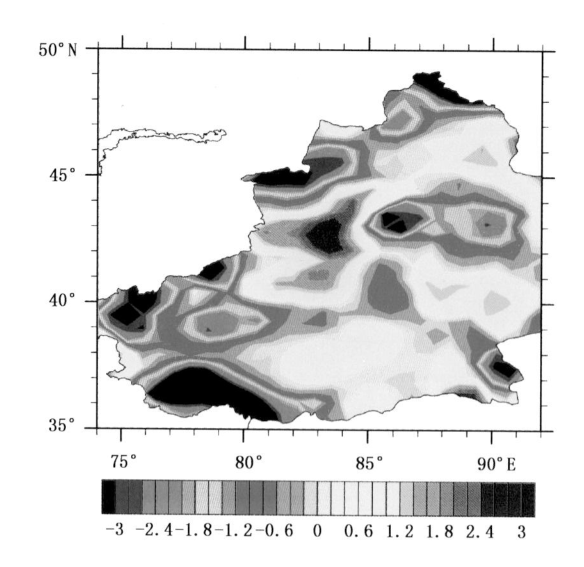

图 9-9　3 月海温正异常(+1 和+2 STD)的与海温负异常(−1 和−2 STD)敏感性试验中夏季平均降水的差异(单位:mm/month),即[(Pos1+Pos2)−(Neg1+Neg2)]/2。

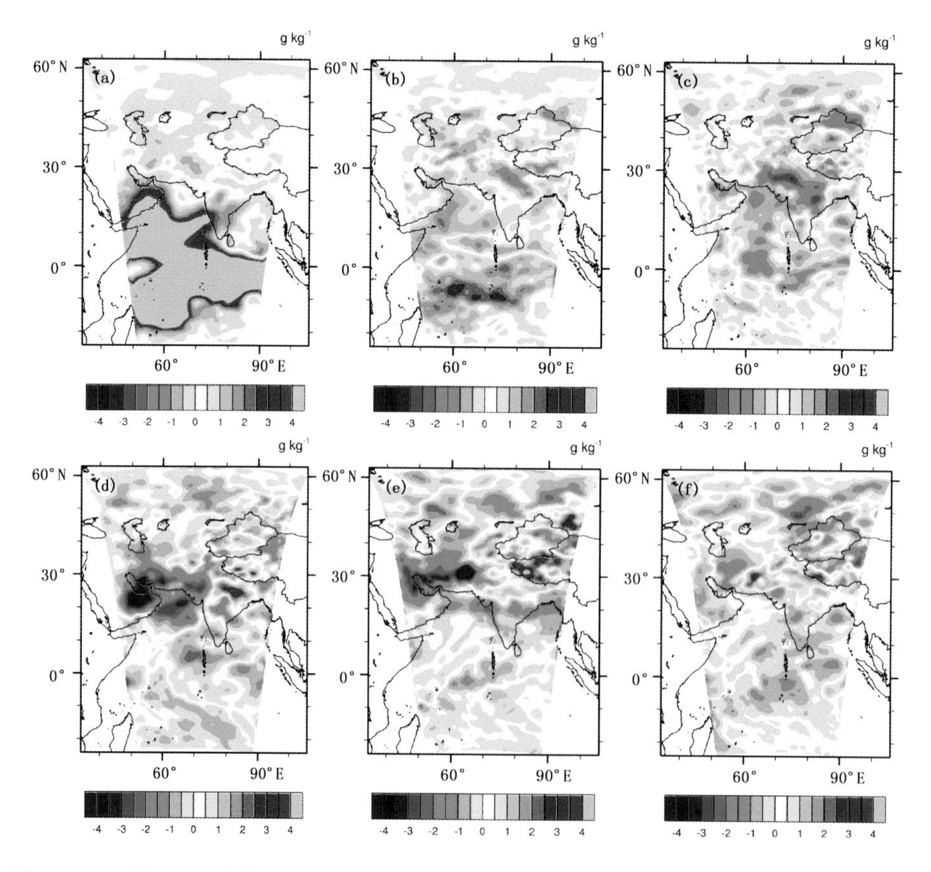

图 9-11　3 月海温正异常(+1 和+2 STD)的与海温负异常(−1 和−2 STD)的敏感性试验中1000～300 hPa 的平均水汽混合比的差异(单位:g/kg)。a—f 依次为 3—8 月。

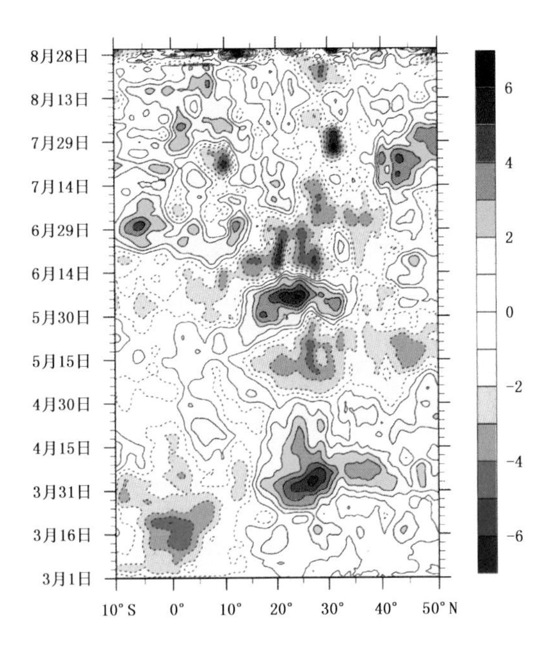

图 9-12　500 hPa 位势高度随时间和纬度的变化

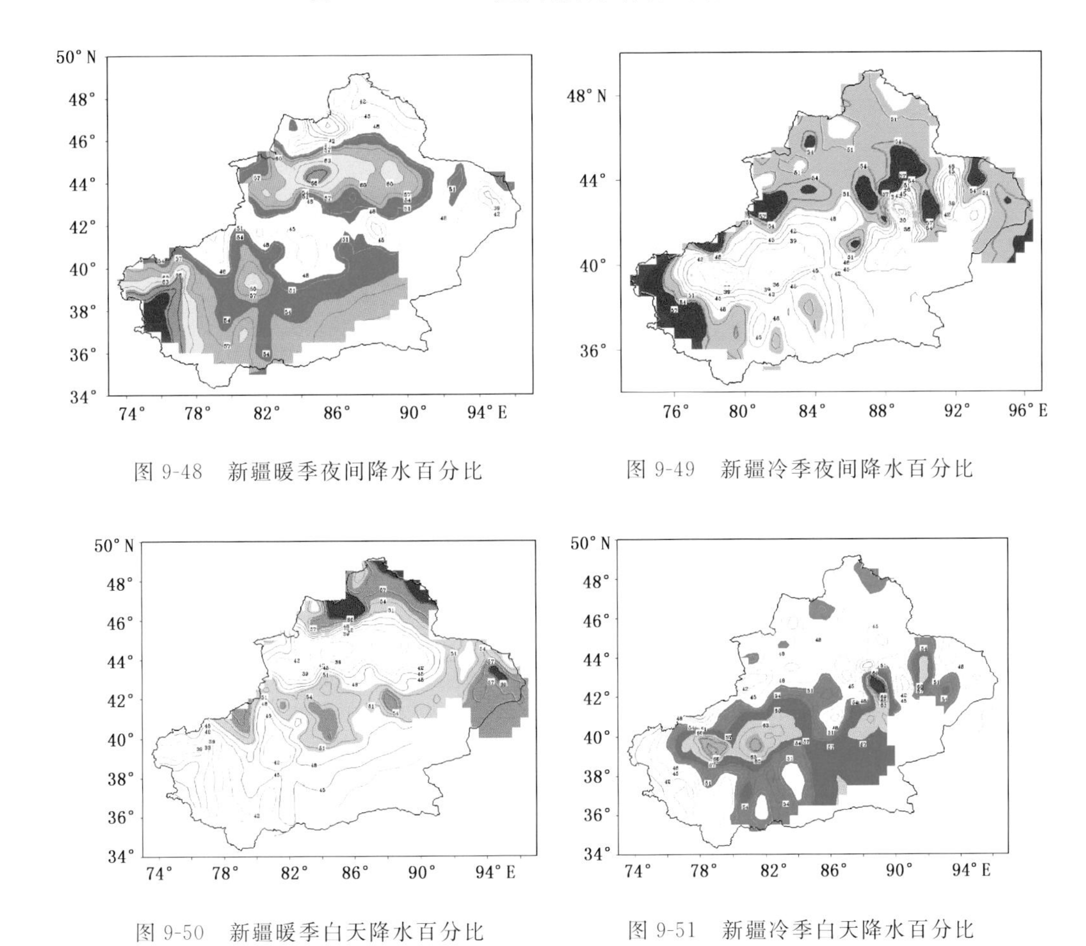

图 9-48　新疆暖季夜间降水百分比

图 9-49　新疆冷季夜间降水百分比

图 9-50　新疆暖季白天降水百分比

图 9-51　新疆冷季白天降水百分比

图 9-58　2009 年 5 月 24—26 日新疆地区过程降水量

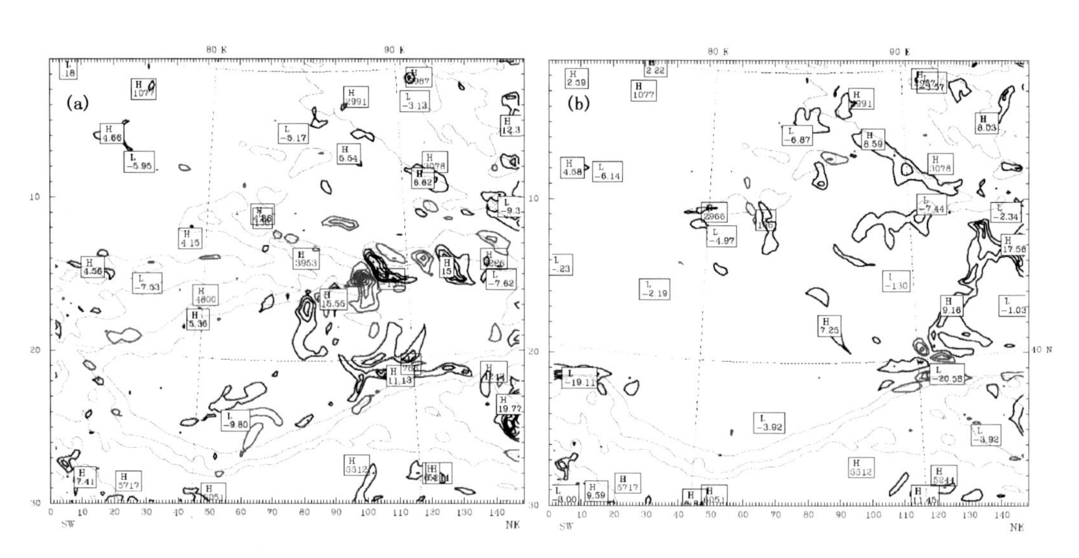

图 9-62　2009 年 5 月 25 日 18 UTC 850 hPa 绝对值大于 3 的湿位涡

（单位:PVU,黑线为正值,红线为负值）

(a)方案 1;(b)方案 2